인류 역사를 뒤바꾼

바다의 힘

원제: The Power of the Sea, by Bruce Parker

오현택 · 이웅열 · 신재영 역

Brockman, Inc.

A-JIN 도서출판 아진

THE POWER OF THE
SEA

Tsunamis, Storm Surges, Rogue Waves, and Our Quest to Predict Disasters

BRUCE PARKER

"내가 가는 길을 그가 아시나니 그가 나를 단련하신 후에는
내가 순금 같이 되어 나오리라 (욥23 : 10)"

추천사

시중에는 해양에 관한 서적이 꽤 많이 나와 있지만 대부분 책들이 해양학을 처음 시작하고자 하는 입문자나 해양을 더 깊이 공부하고자 하는 해양 전공자들이 이해할 수 있도록 해양현상을 난해한 용어나 수치를 활용하여 기술하고 있습니다. 이러한 책들은 해양학에 익숙치 못한 일반 독자나 비해양전공자들에게는 무척 어렵고 딱딱한 느낌을 주기 때문에 한번 손에 들면 끝까지 읽어내기에 부담을 많이 줍니다.

모든 과학이 그러하듯 해양연구도 해양의 관측, 분석, 예측, 활용하는 과정을 거쳐 이루어집니다. 이러한 진행과정의 가장 밑바탕에는 학문에 대한 호기심이나 대상 학문에서 느끼는 재미가 해양을 공부하는 동기가 되고 있습니다. 이 책은 역사 속에서 해양현상이 우리와 어떻게 관련되어 있었고 우리 생활에 미치고 있는 영향을 상세하게 기술함으로써 해양현상을 독자들에게 재미있고 쉽게 설명해주고 있습니다.

예를 들면, 노르망디상륙작전과 인천상륙작전에 기여한 조석과 파고 예측기술, 해양학을 이용한 유태민족의 이집트 대탈출, 풍파를 이용하여 살라미스해전에서 승리한 고대 그리스, 방글라데시를 독립시킨 폭풍해일, 제방붕괴를 몸으로 막아낸 네덜란드 소년의 이야기, 놀라운 고대와 중세 해양과학 발전 과정, 신화 속 에피소드에 대한 해양학적 분석 등 저자는 흥미로운 예시를 통해 쉽게 해양현상을 설명해주고 있어서 문외한이라도 해양과학을 흥미진진하게 이해할 수 있게 도와주고 있습니다.

이 책에서 다루고 있는 조석, 쓰나미, 기후변화, 엘리뇨 등의 주제는 우리 모두의 관심을 끌고 있는 분야입니다. 해양에서 일어나는 문제는 한 개인이나 국가만의 문제가 아니고 전세계의 문제가 되는 경우가 많습니다. 1960년에 창설된 정부간해양학위위원회(IOC: Intergovernmental Oceanographic Commission)는 현재 쓰나미나 폭풍해일 등에 의한 해양재해예방, 지구온난화에 따른 해양기후변화, 해양보호구역설정 등을 통한 생태계 기반 해양관리에 초점을 맞추어 국제협력을 촉진하고 있는 UN의 유일한 해양과학 전담기구입니다. 2004년 12월 24일 인도양에서 쓰나미가 발생하여 인도네시아해역에서 20만명 이상의 인명피해가 발생하였고, 2011년 3월 11일 일본 동북부 미야키현에서 쓰나미가 발생하여 일본에 막대한 인명과 경제적 손실을 주었던 해양재해는 워낙 피해 규모가 커서 한 나라에만 국한되지 않고 여러 나라에 동시에 영향을 주게 됩니다. 한 나라의 힘만으로는 쓰나미, 기후변화, 엘리뇨 문제를 해결할 수 없기 때문에 IOC를 비롯한 국제기구나 전 세계 국가들이 서로 협력하여 해양재해에 대처하고 피해를 줄이고자 노력하고 있습니다.

해양은 분명히 인류의 미래일 것입니다. 우리 나라의 경우 1960년대 말에는 해양에 대한 인식이 해운과 수산밖에 없었으나 지금은 환경, 광물자원, 에너지, 해양바이오, 공간, 관광 등 새로운 산업에서 중요성이 커가면서 국가경제의 큰 축을 담당할 정도가 되었습니다. 미래에는 더 큰 변화가 해양에서 일어날 것입니다. 해양을 잘 알지 못하였던 분들께도 우리의 미래가 해양에 있고 해양에 관한 보다 많은 관심과 이해를 갖는데 이 책속의 내용들이 크게 기여하리라 확신합니다.

UNESCO정부간해양학위원회 의장 변상경

서 문

바다, 그 엄청난 괴력

바다의 분노를 예측하라

바다가 갑자기 그 거대한 힘으로 우리를 덮쳐온다면, 피하는 것이 상책일 것이다. 그러나 살기 위해서는 언제, 어디로 뛰어야 할지 알아야 한다. 만약 쓰나미가 2004년 12월 26일 인도양 해안가를 덮칠 것을 미리 알 수 있었다면, 12개국 30만 명이나 되는 사람들이 죽지는 않았을 것이다. 하다못해 30분 전에 경보가 울렸다면, 사람들은 수마트라Sumatra 북서쪽 해안 도시들을 싹 쓸어버린 30미터짜리 물기둥으로부터 도망갈 수도 있었을 것이다. 이렇게 끔찍한 규모로 많은 사람들이 한꺼번에 죽었다는 것은 정말 이해하기 힘든 일이다. 그러나 그런 재앙은 수세기 동안 계속 발생해 왔다. 1970년에는 벵골만Bay of Bengal에 사이클론이 생기면서, 높이 6.6미터 폭 160킬로미터의 대형 폭풍해일storm surge을 만들어냈다. 그리고 이 폭풍해일이 방글라데시 해안을 덮쳐서 30만 명을 익사시켰다. 2008년에도 5.4미터 높이의 폭풍해일이 버마 해안을 휩쓸고 가는 바람에 14만 명이 목숨을 잃었다.[1] 만약 이러한 재난이 발생하기 전에 사람들이 이에 대한 경보방송을 미리 들을 수 있었다면 그들은 육지로 대피했을 것이고 수십만 명의 사람들은 그들의 목숨을 구할 수도 있었을 것이다.

바다에서 생긴 27미터 높이의 이상파랑rogue wave은 여객선을 전복시키고 유조선을 두 동강 내기도 한다. 이러한 무시무시한 파도들은 예측할 수 없었을 뿐 아니라 심지어 많은 과학자들은 그러한 존재 자체를 믿지도 않았다. 최근까지도 이상파랑에 대한 보고서는 과장된 이야기라고 무시되었다. 2005년 4월, 21미터의 이상 파랑이 버지니아 앞바다에 있던 호화유람선 노르웨이의 새벽Norwegian Dawn호를 덮칠 것이라는 것을 미리 알 수 있었다면 이 호화유람선은 다른 항로를 택했을 것이고, 유람선이 부서져서 항구로 되돌아오게 되는 일도 없었을 것이다.

심지어 모든 해양현상 중에서 (달과 태양의 중력에 의해 발생하고 있다는 것이 잘 알려져 있기 때문에) 가장 잘 예측할 수 있는 밀물과 썰물조차도 아직 위험한 측면이 있어서 조석예보를 무시하다가는 죽을 수도 있다. 예를 들면 배가 심하게 빙빙 도는 조수 소용돌이tidal whirlpool에 갇히거나, 썰물 때 갯벌에 나가 굴을 따던 어민을 밀물이 들어오면서 덮치게 되면 조석으로 인해 사람이 죽는 사고가 발생하게 되는 것이다.

바다는 전 세계의 날씨에 큰 영향을 주고 기후를 변화시키고 있기 때문에, 바다의 힘은 지구적 규모에서 봤을 때 더욱 크게 발휘된다. 페루 앞바다가 따뜻해지면서 시작되는 엘니뇨El Niño때문에 지구의 다른 지역에서는 폭우와 홍수가 일어나고, 또 다른 지역에는 가뭄이 일어난다. 19세기 말에 일어난 2개의 대형 엘니뇨는 아시아 지역에 엄청난 가뭄을 만들어 인도와 중국에서 수십만 명이 굶주림과 질병으로 죽게 만들었다. 보다 최근인 1998년에는 강력한 엘니뇨가 전 세계에 큰 영향을 준 적이 있다. 이 때 캘리포니아 지역에서는 많은 폭우와 산사태가 발생했고 집들이 바다 속으로 미끄러져 들어가는 장면이 신문을 장식하기도 했다. 엘니뇨가 전 지구적으로 피해를 발생시키는 것에 대한 기본적인 대책도 역시 엘니뇨의 영향이 나타나기 전에 그것을 미리 예측해서 대비하는 것이다. 바다는 항상 지구의 장기적인 기후변화에 핵심적인 역할을 해서, 지구가 빙하기로 갈 것인지 심각한 온난화시기로 갈 것인지를 결정한다. 빙하기 동안에는 두꺼운 얼음덩어리가 대부분의 육지를 덮게 되고 해수면은 수백 미터 아래로 낮아진다. 따뜻한 기간 동안에는 얼음덩어리가 녹아서 해수면은 상승하고 세계 곳곳의 연안지역에서는 바닷물이 범람한다. 기후변화에 대해 우리가 취할 수 있는 모든 대책은 정확한 예측에서부터 시작한다. 만일 세계 곳곳의 기후가 미래에 어떻게 변할 것인지를 정확히 예측할 수 있다면 우리는 미래를 제대로 준비할 수 있을 것이다. 또한 인간의 활동 때문에 실제 지구의 기후가 위험하게 된 것일 수도 있지만, 이를 반대로 이야기하면 이는 인간의 행동이 미래를 바꿀 수도 있다는 이야기가 되기도 한다. 심각해지고 있는 지구온난화는 화석연료 사용에 따른 이산화탄소의 증가 때문일 수도 있고, 남벌 때문일 수도 있고, 특정한 천문학적 주기에 따른 지구의 복잡한 반응 때문일 수도 있다. 그리고 어쩌면 이러한 사실들이 모두 원인이 될 수도 있다. 그러나 어쨌든 바다는 지금 발생하고 있는 기후변화에서 매우 중요한 역할을 하고 있다.

역동적인 바다의 움직임을 예측할 수 있는 수단을 개발하는 것은 어려운 일이지만 인간은 오랜 기간 동안 계속적으로 바다를 움직이는 힘을 이해하기 위해 노력해왔다. 이 책은 초기의 바다에 대한 초보적인 생각에서부터 인공위성 및 첨단기기들로부터 수집된 막대한 양의 실시간 해양 정보와 컴퓨터가 사용되는 현대적인 해양예측까지를 다루고 있는 과학여행이라고 할 수 있다. 이 책은 과학적 발견의 이야기들과 예측하지 못한 자연 재난의 이야기들을 섞어서 설명하고 있다. 수세기동안 과학자들과 선원들은 바다가 어떻게 움직일지 예측하는 방법을 알아내기 위해 노력해왔지만 바다는 수백만 명의 생명을 앗아가고 수많은 재산을 파괴해 왔으며 역사를 바꾸기도 했다. 이 책은 바다의 힘에 의해 결과가 달라진 역사적 사건들에 대한 이야기를 하게 될 것이다. 이 역사적 사건들을 이끌고 있는 인물들에는 나폴레옹, 모세, 알렉산더대왕, 줄리어스 시저, 콜럼부스, 2차 세계대전 당시 타라와Tarawa의 미 해병대와 같은 역사적인 인물들이 포함되어 있다. 또한 이 책에서는 과학 분야에서 유명한 인물들인 아리스토텔레스, 뉴턴, 라플라스, 켈빈, 갈릴레오, 레오나르도 다빈치, 벤자민 프랭클린 등이 어떻게 바다의 움직임을 예측하려고 했는지에 대한 이야기들도 다루고 있다.

바닷가에 살거나 항해를 해서 일찍부터 바다를 접했던 사람들은 바다의 변덕스러움에 대해 잘 알고 있었다. 바다는 음식공급원이자 탐험, 무역, 번영의 길이었지만 또한 언제든지 경보도 없이 갑자기 생명과 재산을 빼어갈 수 있는 힘도 가지고 있었다. 바다와 함께 살기 위해서 사람들은 언제 바다가 그들을 덮칠 것인지를 예측할 수 있어야 했다. 사람들은 바다의 움직임을 어떻게 예측하기 시작했을까? 그것은 바다 가까이 사는 사람들이 달의 움직임과 해수면의 움직임 간에 관계가 있음을 알게 되면서 시작되었다. 그들은 달의 모양이 바뀜에 따라 조차tidal range가 한 달 내내 바뀐다는 사실을 발견하였다. 일찍이 인류는 밀물과 썰물을 만드는 원인을 이해하기 오래전에 이미 그것을 예측하는 방법을 배웠다. 선장들은 저조가 되는 시점을 알고 있었기 때문에 항구에 돌아올 때 배가 좌초되는 것을 피할 수 있었다. 중국의 범선들도 조석해일tidal bore이 언제 오는지를 알고 있었기 때문에 첸탕강Qiantang River을 질주해 올라오는 조석해일을 피할 수 있었다. 선원들은 또한 바람이 불 때 큰 파도가 만들어진다는 것을 알고 있었기 때문에 바람이 세게 불게 되면 배를 항구에 정박시켰다. 국지풍local wind을 기초로 풍랑을 예측해보려고 했던 사람들도 있었지만 때로는 바람이 없을 때도 큰 파도가 일어나 배들이 전복되기도 해서 그러한 시도는 실패로 돌아가기도 했다. 선원들은 위험을 무릅쓰고 광활한 바다로 나갔을 때, 특정지점에서는 바닷물이 빠르게 움직여서 배를 바닷물의 방향으로 휩쓸리게 한다는 것을 알게 되었다. 그리고 그들은 새로운 신세계를 탐험하기 위해 이러한 해류를 이용하는 방법을 배웠다. 사람들을 가능한 그들에게 일어났던 자연재해들과 그것 이전에 일어난 변화들의 상관관계를 기초로 자연재해를 예측해보려고 노력했다. 이따금 그러한 예측이 맞았을 때는 많은 생명을 구할 수도 있었다.

예측은 과학의 핵심이다. 우리는 과학적 이론들이 특정한 현상을 예측하지 못하면 그러한 이론들을 믿지 않는다. 실용적인 관점에서 보면 우리는 과학을 이용하고 미래를 예측해서 우리의 삶을 관리하고 주변 환경으로부터 우리를 보호해 왔다. 바다의 움직임을 정확하게 예측하기 위해서는 우리는 먼저 바다가 어떻게 움직이고 무슨 이유로 그렇게 다양하고 복잡하게 변하는지, 어디에서 그런 힘이 발생하는지를 알아야만 했다. 그리고 우리는 궁극적으로 바다의 힘이 태양, 달, 그리고 지구라는 세 가지 원천에서 온다는 것을 알아냈다. 바다는 바다가 받은 에너지를 저장해서 지구의 환경을 안정적으로 만들고 지구에서 살고 있는 생명체들을 극단적인 상황으로부터 보호하기도 하지만, 때로는 에너지를 응집시키고, 증폭하고, 발산해서 엄청난 재난을 만들어 내기도 한다.

우리가 이 책에서 이야기할 바다의 파괴적인 현상들은 위에서 언급한 세 가지 에너지 원천(태양, 달, 지구) 중의 하나로부터 나온 것이다.[2] 폭풍해일과 풍파는 태양의 에너지로부터 발생한다. 해일이나 파도를 만들어 내는 바람은 햇볕이 지구를 덥힐 때 적도로부터 극지방까지 열이 불균형하게 분포되기 때문에 생기는 것이다. 극단적인 경우에 바람은 허리케인 카트리나Katrina가 뉴올리언스New Orleans를 덮친 것처럼, 큰 폭풍해일을 형성하여 해안가로 엄청난 양의 물이 넘치게 만든다. 큰 바람은 2차 세계대전 때 연합군의 노르망디 상륙작전을 위협했던 것처럼 큰 파도를 만들어 내기도 한다. 밀물과 썰물은 바다에 대한 중력효과를 통해 달과 (미미하게는) 태양으로부터 그 힘을 만들어 낸다. 조석tide은 하루에 두 번씩 바닷물이 전 세계의 모든 만과 하구들에 들어왔다 나갔다 하고 있다. 조석은 먼 바다에서는 1미터도 안 되는 안 되는 수직적 운동이지만, 캐나다 동남쪽 해안인 펀디만Bay of Fundy 같은 곳에서는 이러한 움직임이 증폭되어서 15미터나 되는 조차tidal range를 만들어내기도 한다. 쓰나미는 지구 내부의 에너지로부터 그 힘을 가지고 온다. 지구 내부의 에너지란 지구가 만들어질 때 생긴 열과 방사능의 감속과정에서 발생한 약간의 추가적인 열을 말한다. 지구 내부의 열은 맨틀이 천천히 대류 하도록 만들고, 대륙판이 움직이게 해서 대륙판 간의 충돌을 발생시킨다. 결국 이러한 대륙판간의 충돌로 인해서 바다 밑의 지진이나 화산폭발이 일어나는 것이다. 바다 밑 지진이나 화산폭발은 매우 기다란 파도인 쓰나미tsunami를 만드는데, 이런 파도가 해안가 가까운 얕은 바닷물에 도착할 때에는 1755년 리스본 근처에 큰 지진이 발생했을 때나 1883년 크라카토아Krakatoa의 화산폭발이 있었을 때처럼 그들이 지나가는 곳에 있는 모든 것을 휩쓸어 버릴 만큼 커지게 된다.

이처럼 바다가 전 세계에 큰 영향을 미치는 것은 놀라운 일이 아니다. 바다는 지구 표면의 70퍼센트를 덮고 있다. 그리고 바닷물은 지구의 물중에서 약 97퍼센트를 차지하고 있는데, 빙하기(바다로부터 나온 물이 눈으로 변해서 광활한 대지 위에 두꺼운 빙하가 쌓이는 시기) 동안에는 바다의 수위가 낮아지고 따뜻한 간빙기(빙하로 변했던 물이 녹아서 바다로 흘러들어가는 시기)에는 바다의 수위가 높아져서 바닷물의 양은 어느 정도씩 계속 변하고 있다. 바다는 지구상에서 가장 큰 태양열의 흡수원이고 대기보다 4,000배나 더 많은 지열을 저장한다. 바다는 대기보다 500배나 많은 이산화탄소를 저장하고 있고 화석연료에 의해 생성되는 이산화탄소의 절반가량을 흡수하고 있다. 바다는 태양에 의해 직접 데워질 뿐 아니라 바람으로부터도 태양에너지를 전달 받는다. 달에서는 중력에너지를 받고 있으며 지구로부터는 구조상의 에너지를 받고 있다. 유체역학hydrodynamics이라고 알려진 해양물리학 내의 한 분야는 예측기술에 기본적인 지식을 제공하고 있는 데, 우리는 이를 통해 세 가지 에너지원이 어떻게 바다의 움직임을 만드는 지에 대해서는 설명 할 수 있다. 오랫동안 과학자들은 어떻게 바다가 움직이는 지에 대해 이론들을 만들어 냈으며 그 이론들을 통해 수학적으로 계산해 왔다. 그들은 또한 바다의 온도와 염분, 해수면의 변화, 해류의 속도와 방향, 요동치는 파도의 움직임들을 측정하기 위한 다양한 기기들을 발명해 왔다. 우리는 이 책에서 해양을 측정하기 위해 시도했던 초기의 방법으로부터 최신의 방법까지 진화해온 과정들을 살펴볼 것이다. 오늘날에는 예측모델을 운영하는 슈퍼컴퓨터에 부표, 선박, 섬, 해안선, 위성의 실시간 해양조사 센서들을 연결하여, 거대한 국제적 네트워크로 만들려는 노력을 하고 있다. 궁극적으로 이 작업은 국제적인 협력과 국제해양관측시스템Global Ocean Observing System(GOOS)의 실행을 필요로 하는 것이기도 하다.(역자 주: 국제해양관측시스템은 국제지구관측시스템Global Earth Observing System의 해양 분야를 담당하는 국제협력사업으로 해양관측자료의 공동 활용 등을 위해 만들어졌고 유네스코 산하의 정부간해양학위원회가 운영하고 있다)

해양을 조사하게 되면서 인간은 서서히 바다의 움직임이 얼마나 복잡한지를 알게 되기 시작했다. 과학자들은 자신들의 이론을 가지고 과학적으로 관측한 내용을 설명하지 못하면 자신들의 이론을 계속적으로 수정해 왔다. 그러나 과학자들은 오랜 세월 동안 조류와 해류를 제외하고는 재난상황일 때뿐 아니라 평상시의 조건에서도 바다의 움직임을 예측하는 데 거의 성공하지 못했던 것 같다. 과학자들의 이론들은 결과적으로 실제 측정한 것과 맞아떨어져야 했다. 그러나 많은 이론들은 거의 유일한 예외였던 조류의 규칙성을 제외하고는 결국 바다의 움직임이 얼마나 불규칙적이고 혼란스러웠는지를 보여주는 정도에 그쳤다. 더군다나 바다의 움직임을 설명하기 위해 만들어진 수학방정식들은 너무 복잡해서 20세기에 컴퓨터가 발명되기까지는 완전히 풀 수 없을 정도였다. 20세기 후반에서야 기술의 발전에 의해 개발된 각종 기기들로부터 막대한 양의 실시간 해양관측자료가 생산되었고, 이들이 컴퓨터 모델링에 입력될 수 있었다. 현재는 바다환경을 예측하기 위해서 국제해양관측시스템이 복잡한 유체역학 컴퓨터 모델링에 필요한 실시간 데이터를 제공하기 시작하고 있다. 이것이 많은 성공사례를 만들고 있긴 하지만 쓰나미나 폭풍해일 그리고 엘니뇨와 기후변화의 많은 부분들을 예측하는 데 있어서는 아직도 많은 문제들이 있다.

바다는 한 덩어리의 크고 복잡한 지구물리학적 시스템이지만 우리는 단지 바다의 일부분에 대해서만 알고 있다. 우리는 바다의 특정한 현상이 언제 어디서 공격할 지에 대해 예측하는 방법들을 주로 고민해 왔기 때문에 우리가 본능적으로 살아남기 위해 알게 된 단편적 지식만 습득해왔다. 그러나 해양현상들은 모두 서로 간에 연결 되어 있기 때문에 우리는 국제해양관측시스템처럼 통합적으로 구성되어 있는 관측시스템을 운영함으로써 해양현상을 보다 잘 이해할 수 있게 될 것이다. 국제해양관측시스템이 완전하게 실행될 때 이 시스템과 이를 지원하는 해양모델들은 해양과학의 수준을 최고조로 높일 수 있을 것이고, 결과적으로는 전 세계가 필요로 하는 해양예측 결과들을 제공하게 될 것이다. 오늘날 전 세계 인구의 절반은 바닷가에 살고 있다. 뿐만 아니라 거대한 컨테이너선으로 실려 오는 수많은 상품들, 사람들이 먹는 수산물, 바다로부터 발생하는 기상변화, 바다에 의해 조절되는 기후변화 등을 고려해 보면 바다 멀리 있는 사람들도 바다에 의해 큰 영향을 받고 있다는 것을 쉽게 알 수 있다.

바다가 내일 또는 백년 후에 어떻게 변할 지를 미리 아는 것은 지구상의 모든 사람들에게 매우 중요한 일이다. 일찍이 인류는 달을 관찰함으로써 대략적으로 밀물과 썰물을 예측할 수 있는 능력을 가질 수 있었다. 조석의 천문적 힘, 즉 달과 해가 주기적으로 변화하는 것이 조석을 독특한 해양현상으로 만들기는 했지만, 어쨌든 조석예측에 있어서의 성공은 이후의 모든 해양학적 관찰과 예측에 있어서 토대를 닦아 놓을 수 있었다. 조석예측과 관련해서 우리는 수 세기전에 프랑스 장군을 매우 놀라게 만들었던 한 사건을 다음 장에서 살펴보고자 한다.

역자 서문

이 책의 저자인 브루스 파커는 해양물리학자로서 해양현상이 어떻게 인류사에 영향을 끼쳤는지를 꼼꼼한 자료조사를 통해 보여주고 있습니다. 조석현상을 이해하고 있던 모세가 바다에 대해 무지했던 이집트 군대를 곤경에 빠뜨리는 모습을 보여주고, 노르망디 상륙작전을 준비하기 위해 해양 과학자들이 조석을 예측하는 모습도 생생하게 그려냅니다. 저자는 또한 태풍이 만들어내는 폭풍해일의 원리에 대해 전 세계의 과학자들이 논쟁했던 이야기와 폭풍해일을 대비하기 위해 만들어졌던 초기의 경보체계에 대해서도 소개하는 한편, 성경에 나오는 노아의 방주 사건도 폭풍해일 현상에 대한 이야기일 수도 있다는 것을 조심스럽게 언급하고 있습니다. 아직 과학자들조차 제대로 된 원인을 밝혀내지 못하고 있는 이상 파랑이 대형선박들을 두 동강 낸 적도 있다는 이야기처럼 한국에는 아직 잘 소개되지 않은 이야기들도 이 책에 담겨 있습니다. 책이 2010년에 발간되어 2011년 발생한 일본 동북부 쓰나미에 대한 이야기를 다루고 있지는 않지만 1775년 리스본 쓰나미, 1883년 크라카토 쓰나미, 1960년 칠레 쓰나미, 2004년의 인도양 쓰나미의 사례를 소개하면서 쓰나미 경보체계에 대한 중요성을 강조하고 있습니다. 이 책의 가장 큰 장점은 과학적 사실과 이론들을 역사적 사례를 들어 쉽게 설명하고 있을 뿐 아니라 해양 현상에 대해 인류가 대비해야 하는 길도 제시하고 있다는 점입니다. 저자는 정부에서 근무한 과학자로서 역사적 사건들을 배경으로 이론과 현실을 씨줄과 날줄처럼 잘 엮어내고 있습니다.

마지막 장의 기후변화 이야기는 우리 앞에 놓인 새로운 과제를 제시하고 있습니다. 수천 년 동안 지속되어온 인간과 바다의 역사를 서술하며 저자가 내린 결론은 바다에 대해서는 좀 더 겸손한 자세로 연구하고 대비하는 것이 우리의 생명과 재산을 지키는 유일한 방법이라는 것입니다. 다가오고 있는 해수면 상승이나 해양산성화의 문제 역시 이러한 교훈에 따라 예측하고 대비해야 할 문제라고 생각됩니다. 자연을 정복해 왔다는 인간의 오만함은 대형자연재해나 기후변화의 흐름 속에서 약화되고 있지만 이윤창출을 향한 인간의 욕망과 경쟁은 오히려 커지고 있어서, 즉각적인 경제적 이익이나 손해가 보이지 않는 장기적인 환경변화에는 쉽사리 대비하지 못하고 있는 것이 사실입니다. 인류 공동의 자산인 바다를 이해하고 바다가 어떻게 변화할 지를 예측하는 것은 수천 년간 인류가 고민해오고 풀어가야 할 숙제 같아 보입니다. 이 책은 그 수천 년간의 여정에 대한 친절한 안내서 같은 역할을 해줄 것으로 기대합니다.

목 차

제1장

모세의 기적이 실화였을 수도 ...

밀물과 썰물이 생기는 이유

1798년 7월 25일, 나폴레옹 보나파르트는 피라미드 전투에서 이집트의 맘룩크족Mamluks을 격퇴한 후 이집트의 정복자로서 카이로에 입성했다.[1] 나폴레옹은 영국과 터키가 프랑스의 이집트 정복을 가만히 두고 볼 리 없음을 잘 알고 있었기 때문에 승리에 도취할 틈도 없이 새로운 전투를 준비했다. 그러는 한편, 나폴레옹은 최근에 정복한 지역을 탐험하면서 이집트 지역문화도 열심히 연구하였다. 카이로에는 과학기술연구소를 신설해서 프랑스로부터 데려온 167명의 기술자들과 과학자들을 배치하였다.[2] 그리고 그해 12월에는, 고대 이집트의 파라오들이 나일 강과 홍해(지금보다 해수면이 더 높았었음)를 연결하기 위해 수세기 전에 건설한 고대 수에즈Suez 운하 유적을 답사했다. 또한 그는 지중해와 홍해를 연결하기 위해 계획되어졌던 새로운 운하 후보지도 조사했다. 12월 28일, 나폴레옹은 수색대를 파견해서 홍해의 북쪽, 수에즈만의 반대편에 있던 모세의 우물Wells of Moses을 찾아가게 했다. 1798년 당시 수에즈만은 오늘날 보다 북쪽으로 4.8킬로미터 정도 더 깊이 들어와 있었고, 수색대가 건너려던 지점은 폭이 1.6킬로미터 가량 되었다. 썰물 때는 거의 육지나 마찬가지여서 걸어서 건널 수도 있었기 때문에 토르Tor나 시나이 산Mount Sinai으로부터 온 대상들은 보통 이 지점에서 수에즈만을 건넜다.

1789년 당시, 조석(潮汐)tide은 과학적으로 예측할 수 있게 되었기 때문에[3] 나폴레옹의 과학자들이 12월 28일 오전 중 썰물 때를 예측하는 것은 크게 어렵지 않았을 것이다. 그러나 예전에 과학적 방법을 몰랐을 때는 각 해안가에 사는 사람들마다 나름대로의 방식으로 밀물과 썰물의 시간을 예측해야만 했다. 프랑스 해안은 지중해 쪽을 제외하고는 조차(潮差)Tidal range가 매우 컸는데 영국해협 방면에서는 조차가 6미터 정도가 되었고 어떤 지역은 14미터에 육박하는 곳도 있었다. 그러한 해안에서는 밀물 때 몇 미터밖에 안 되던 해변이 썰물 때가 되면 6시간 만에 몇 킬로미터 정도로 넓어졌다. 바다가 삶의 터전인 주민들에게는 이렇게 큰 조석과 그와 함께 요동치는 강한 조류를 예측하는 것이 무엇보다 절실했다. 어민들은 갯벌에 나갔을 때 굴이나 조개를 캐다가 빠져죽지 않으려면 밀물이 언제 들어오는지 알아야만 했다.

그리고 출항하는 배의 선장은 배가 바닥에 끌리거나 침몰하지 않도록 고조(高潮)high tide시점을 잘 알고 있어야 했고, 배가 항구로 들어오는 강한 밀물에 갇힐 수도 있기 때문에 조류가 언제 바뀌어서 썰물이 되는지도 알아야만 했다. 조력으로 물레방아를 돌려서 밀을 빻는 수도사들은 조력이 최대가 되는 저조 때로 작업시간을 맞추곤 했다.

원시적인 조석 예측방법은 달이 조석의 비밀을 가지고 있다는 사실을 알게 된 다음부터 발전하기 시작했다. 뱃사람들은 해수면이 최고조면까지 상승한 뒤 6시간쯤 지나면 최저조면까지 내려가고, 또 6시간이 지나면 다시 최고조면 수준으로 돌아가는 것을 목격했다. 그들은 전체적인 주기는 반복되며 대략적으로 하루에 2번의 주기가 생긴다는 것도 알게 되었고,[4] 밀물 때 최고수위의 변화가 한 달의 주기를 보인다는 것도 알게 되었다. 보름달이 뜰 때 밀물의 수위가 가장 높아지고 썰물의 수위가 가장 낮아져서 조차tidal range(밀물과 썰물 때의 수위 차이)가 최대가 되는 데, 이를 대조(大潮) 또는 사리spring tide라고 한다. 그러나 2주 후에는 달은 어두워지고 초승달이 되는데 이 때 조차는 다시 커져서 또 다시 대조가 된다. 초승달이 보름달만큼 큰 조차를 만드는 이런 현상은 달의 크기가 조차에 비례한다는 직관에 반대되었기 때문에 당시에는 매우 풀기 어려운 수수께끼였다. 사람들은 달이 크고 밝을수록 많은 바닷물을 끌어당길 것이라고 생각했지만 실제는 그렇지는 않았던 것이다. 대조와는 반대로 조차가 최소가 되는 소조(小潮) 또는 조금neap tide은 보름달과 초승달의 중간, 즉 반달이 뜰 때 발생한다. 선원들은 달이 동쪽에서 떠오를 때 바닷물이 올라가고 달이 밤하늘의 가장 높은 곳에 있게 되면 바닷물도 고조점에 도달했다가, 달이 다시 서쪽으로 질 때면 바닷물이 낮아진다는 것을 알고 있었다. 또한 연안지역의 주민들은 조석이 일정한 패턴에 따라 날마다, 달마다, 해마다 바뀐다는 것을 알고 있었고 그러한 패턴을 통해 해수면의 높이를 개략적으로 예측할 수 있었다.

바닷가 주민들은 밤낮을 결정하는 태양이 아니라, 조석을 결정하는 달에 그들이 생활하는 시간대를 맞췄다. 이를테면 썰물 때 갯벌에 나가 굴을 따는 어민들은 밀물이 들어오기 전에 작업을 마쳐야 하는데, 밀물 때가 매일 조금씩 늦어지므로 작업 시간도 조금씩 늦어지게 된다. 어떤 날은 첫 번째 썰물이 정오에 생기지만 다음날은 거의 한 시간 후에 생긴다. 그리고 그 다음날은 또 한 시간이 늦어지고 6~7일이 지나면 썰물은 거의 저녁에 생기게 된다. 그렇게 되면 어민들은 어두울 때 굴을 따거나 다음번 썰물 때를 기다려서 다음날 아침 일찍 굴을 따야 할 것이다.

나폴레옹을 포함해서 대부분의 프랑스 사람들은 영국해협과 연결된 세인트 말로만Gulf of St. Malo 남동쪽 끝에 있는 원뿔모양의 바위섬인 몽셀미쉘Mont-Saint-Michel 근처의 조석이 위험하다는 이야기를 들어왔다. 몽셀미쉘에서는 바닷물이 불과 6시간 반 만에 약 14미터나 차오를 정도로 조차가 심한데 이는 매 시간당 최소 2미터씩 바닷물이 높아진다는 것을 뜻한다. 썰물 때 갯벌에서 굴을 따는 어민들에게는 굴을 따고 물이 들어오기 전에 다시 돌아갈 수 있는 시간이 많지 않았기 때문에 더욱 위험한 여건이었다. 그러나 바닷물이 얼마나 빨리 들어오는 지 못지않게 바닷물이 어떻게 갯벌을 덮는지도 중요관심사였다. 밀물은 708년에 몽셀미셀에 세워진 베네딕트 수도원을 빠르게 에워싸게 되는데, 이 지방 사람들은 이 밀물이 '질주하는 말' 처럼 들어온다고 묘사해왔다. 때를 잘못 맞추어 갯벌에 들어간 어민들은 갑자기 사방으로 들어온 물에 잠기게 되었고 많은 사람들이 익사하기도 했다.

홍해 북쪽 끝의 조차는 몽셀미셀만큼 크지는 않지만 2.4미터 정도가 되기 때문에 밀물 때 진흙이나 모래 갯벌에 갇힌 사람에게는 문제가 될 수 있었다. 그래서 나폴레옹에게는 정확하게 조석을 예측하는 것이 중요했다. 나폴레옹의 군대가 수에즈만의 해안가에 예정대로 도착했을 때는 그의 과학자들이 예측했던 대로 썰물 때였고, 1.6킬로미터 정도 되는 갯벌이 드러나 있었다. 나폴레옹과 그의 기병대는 밀물이 오기 전에 바다를 무사히 건너 반대편 해안의 모세의 우물에 도착했다. 그는 오후 내내 그곳에 머물면서 시나이 산에서 온 수도사들과 토르로부터 온 아라비아 부족장들을 만났다. 나폴레옹과 그의 부하들은 오후 늦게 그곳을 떠나서 수에즈로 다시 돌아가려고 했다. 그들이 해안가에 도착했을 때는 해질 무렵 썰물 때여서 충분히 바다를 건널 수 있을 것으로 보였다. 그러나 바다 바닥은 그리 오래 드러나 있지는 않았다. 갑자기 밀물이 거의 모든 방향에서 그들에게 돌진하기 시작했다. 바닷물은 어둠 속에서 빠르게 차올랐고 부대는 혼란과 공포에 빠졌다. 그들은 어느 방향에서도 해안선을 볼 수가 없었고 육지가 어느 쪽 인지도 분간할 수 없었다. 밀물이 들어오면서 바닷물은 빠르게 깊어졌고 그들을 삼켜버리려고 위협했다. 유일한 해결책은 해안가로 걸어 나갈 수 있을 만큼 낮은 곳을 찾는 것이었다.

나폴레옹은 부하들을 진정시키고 그를 중심으로 원을 형성하라고 명령했다. 동심원 외곽의 기병들이 수레바퀴의 살처럼 각각 다른 방향으로 향하는 여러 개의 직선을 만들어서 바깥쪽으로 전진하게 했다. 열의 가장 앞쪽 말이 더 이상 전진할 수 없을 만큼 깊은 물에 도달하게 되면 그 열은 그 방향을 포기하고 뒤로 돌아와서 옆의 열로 옮겨 붙게 했다. 이러한 과정이 반복되면 모든 대원들은 가장 수위가 낮은 방향으로 열을 짓게 되는 방법이었다. 어둠 속에서 풍파가 일어나 그들을 덮치고 해수면은 점점 높아지고 있었음에도 불구하고, 한 장군이 외다리였던 탓에 말에서 떨어져서 죽을 고비를 넘긴 것을 제외하면[5] 전원이 무사히 생환했다. 나폴레옹은 "내가 만약 이집트 군대처럼 빠져 죽었다면 세상의 모든 사제들에게 나를 비난할 수 있는 엄청나게 많은 설교 주제를 제공했을 것이다"라며 이 날의 위기를 회고했다.[6] 나폴레옹은 유대인들이 모세의 인도를 받아 이집트로부터 탈출한 출애굽 사건을 이야기한 것인데,

나폴레옹은 이 길이 이스라엘 민족이 홍해를 건넜던 바로 그 길이라고 전해지는 것을 알고 있었던 것이다.

3천 년 전 이스라엘 민족은 홍해Red Sea 또는 갈대의 바다Sea of Reeds 북쪽 끝에 있는 수에즈만 해안가에서 야영을 했었는데, 그곳은 민물과 바닷물이 만나는 기수(汽水)brackish water 지역으로 갈대습지가 있었기 때문에 많은 사람들은 그곳이 당시에는 홍해가 아니라 갈대의 바다라고 불렸을 것이라고 생각한다.[7] 출애굽기의 해수면이 나폴레옹 때보다 높았다는 점을 감안하면, 유대인들이 지나간 곳은 나폴레옹이 죽을 뻔했던 곳보다 더 북쪽이었으리라 추측할 수 있다. 이스라엘 민족은 파라오 치하의 노예 같은 삶을 벗어나려고 이집트를 탈출했다. 그러나 막상 파라오의 이륜전차들이 만들어내는 먼지구름이 멀리서 보이자 이스라엘인들은 파라오군대와 갈대의 바다 사이에 갇혀 공포에 질리게 되었다. 그러나 이스라엘인들을 이끌던 모세는 아마 파라오가 군대를 보내 이스라엘 민족을 뒤쫓을 것을 알고 있었을 것이다.

그리고 파라오의 이륜전차들이 만드는 모래먼지조차도 아마 모세에게는 그의 계획 중 일부분이었을 것이다. 모래먼지로 인해 모세는 파라오의 군대가 해안가에 얼마 후에 도착할 것인지를 계산할 수 있었기 때문이다. 모세는 확실한 계획을 가지고 있었던 것 같다. 그 어떤 지도자도(설령 그가 신의 가호를 받는 지도자라 할지라도) 별 계획도 없이 한 민족의 해방을 이끄는 무모한 일을 시도하지는 않았을 것이다. 모세는 성공의 중요한 열쇠는 시간, 특히 적이 해안에 도달할 정확한 시간을 포착하는 것이라는 것을 분명히 알고 있었다. 일찍이 모세는 자연 속에서 살았었고[8], 그래서 갈대의 바다 주변지역도 잘 알고 있었다. 그는 밤하늘을 읽을 수 있었고 사막의 대상들이 저조시에 갈대의 바다를 건너는 지역도 알고 있었을 것이다.

반면에 파라오는 거의 조석이 없는 지중해와 연결된 나일 강가에 살아왔기 때문에 갈대의 바다에서 생기는 조석에 대해서는 거의 몰랐던 것 같다. 파라오는 노예들의 탈출로가 순식간에 밀물에 덮이리라는 것은 상상조차 할 수 없었을 것이다. 모세는 언제 썰물이 생기는 지, 얼마동안 바다 바닥이 말라있을 지, 언제 밀물이 다시 들어오는지를 알았기 때문에 조석을 이용해서 갈대의 바다를 건너는 탈출을 계획할 수 있었다. 탈출시점으로 보름달이 떴을 때를 선택한 것도 대조 때의 큰 조차를 이용하기 위함이었을 것이다.(어쩌면 단지 야간에 횡단하는 그들의 도주로를 밝게 하기 위한 것이었을지도 모른다) 큰 조차는 저조시의 수면이 더 낮아져서 바다 밑바닥이 더 오래 드러나게 되고 이스라엘인들이 바다를 건널 시간은 더 길어진다는 것을 의미하는 동시에 그 이후 파라오의 추격부대를 덮치는 고조면은 더욱 높아진다는 것을 의미했을 것이다. 중요한 것은 타이밍이었다. 이스라엘인들의 후미가 조석이 바뀌기 바로 전에 바다를 건너감으로써 파라오의 이륜전차부대를 말라있는 바다로 유인하고 결국 밀물에 익사하게 만들어야 했다.[9]

성경에서는 강한 동풍이 밤새도록 불어서 바닷물을 밀어 올렸다고 적고 있는데, 해양 물리학자들은 얕은 수로에서 부는 바람이 깊은 수로에서 부는 바람보다 더 많은 물을 밀어 올릴 수 있다고 이야기한다.[10] 이와 같이 만일 바람이 기막힌 우연으로 이스라엘 사람들이 홍해를 건널 때 불었다면 어느 때보다 저조시에 더 넓은 해저면을 드러내는데 효과적이었을 것이다.[11] 그런 기막힌 우연은 신의 뜻이 아니면 기대하기 어려운 기적이므로 출애굽의 전설을 묘사하는 데 더 적합했을 것이다. 그리고 출애굽의 이야기가 몇 차례 전해지는 과정에서 저조를 예측하여 탈출한 모세의 계획은 빛을 잃게 되었던 것 같다. 그러나 모세는 갑자기 그렇게 이로운 바람이 불 것이라고 예측하지는 못했을 것이므로 그런 요행을 기대하고 대탈출 계획을 세우지는 않았을 것이다. 결국 성공적인 이스라엘 민족의 출애굽은 조석예측에 근거해서 정확한 시간을 포착할 수 있었기 때문에 가능하였다고 할 수 있다.

오늘날 수에즈만의 북쪽 끝부분에서는 봄철 평균조차가 1.5미터 아래로 내려갔다가 어떤 시점에는 바람의 영향이 없어도 1.8미터까지 올라가게 된다. 홍해에서는 1890년대까지 조석이 측정되지 않았지만, 나폴레옹이 돌진하는 밀물로부터 탈출했던 백 년 전, 그의 개인 비서이자 회고록 작가인 루이 드 뷔이엔Louis de Bourrienne은 당시 고조 시점에 바닷물이 1.5~1.8미터까지 높아졌고, 바람이 밀물 쪽 방향으로 불자 2.7~3미터까지 더 높아졌다고 적었다.[12]

우리는 나폴레옹과 그의 군대를 습격한 조석은 단지 소조neap tide에 불과하다는 것을 천문학적으로 추정할 수 있다. 당시 정황을 묘사한 동판화(그림1.1)에는 달이 하현달에 가깝게 그려져 있는데 이는 실제와 비슷해 보인다. 만일 그 때가 대조spring tide가 되는 보름달이나 초승달이 뜨는 때였다면, 나폴레옹은 홍해를 탈출하지 못했을 지도 모른다. 갑작스런 밀물로 인해 죽을 고비를 넘겼던 나폴레옹의 사례를 생각해 보면, 해수면이 더 높았던 출애굽 시기에는 비교적 작은 조석도 파라오의 군대를 충분히 물리칠 수 있었을 것이라 생각할 수 있다. 특히 전차 바퀴는 젖은 모래 속에 끼었을 텐데 만일 그랬다면 출애굽 이야기는 물기둥이 파라오의 전차부대를 익사시킨 이야기를 포함하여 더욱 더 극적인 이야기가 될 수 있을 것이다.

그렇지만 모세가 살던 때에는 홍해 가장 북쪽 끝에 조차가 더 커지는 곳이 있었다. 유대인들이 이집트를 탈출했다던 3천 년 전의 해수면은 지금보다 높았고, 수에즈만은 더 북쪽으로 확장되어 있었다는 증거가 있으니 출애굽의 전설은 충분한 개연성이 있다.[13] 게다가 지금보다 더 길었던 수에즈 만 또는 수에즈 만과 연결된 작은 해역은 아마 조석을 더욱 증폭시켜서, 출애굽 시기의 조차는 오늘날이나 나폴레옹 시기보다 더 컸을 것이다. 만일 그랬다면 홍해 사건은 수 세대에 전해져서 성경에 쓰이게 되었을 때 많이 과장할 필요가 없었을 것이다.(신학자들에 따르면 성경은 최소한 세 명의 다른 저자들에 의해 쓰인 다른 종류들이 있다고 함)[14] 만일 조석이 모세가 행한 홍해의 "갈라짐"과 관련이 있다면, 이것은 아마도 역사상 가장 극적인 조석예측이라고 할 수 있을 것이다.

그러나 알고 보면 모세가 저조 시점을 예측해서 홍해를 건널 계획을 세웠을 것이라는 추측은 새로운 것이 아니다. 케사레아Caesarea의 주교였던 에우세비우스Eusebius(AD 263~339)는 '복음의 준비'Praeparatio Evangelica라는 책에서 헬레니즘 시대의 역사가인 아르타파누스Artapanus (BC 80~40)의 책을 인용한다. 인용문에 따르면 아르타파누스는 홍해를 건넌 일에 대해 두 가지 설명을 하고 있다. 그가 힐리오폴리스Heliopolis 사람들로부터 들었다는 첫 번째 이야기는 성경의 이야기와 거의 비슷하다. 그러나 또 다른 설명에서는 "최근 멤피스Memphis의 사람들은 이집트 사정을 잘 아는 모세가 썰물 때를 기다려 사람들이 마른 바다를 건널 수 있도록 했다고 말한다."[15]라고 적고 있다.

그림 1.1 1798년 12월 홍해를 탈출하는 나폴레옹을 묘사한 동판화로 대조spring tide를 지나 소조neap tide에 가까운 달의 모습을 나타내고 있다.

조석에 대한 가장 오래된 기록은 당연히 고대문명지역 중 큰 조차가 발생하는 지역들에서 발견된다. 인도 서해안에서는 뭄바이Mumbai 또는 봄베이Bombay 북쪽에 있는 캄베이 만Gulf of Cambay의 조차가 9미터 이상이 되고, 쿠치 만Gulf of Kutch 북쪽지역의 조차는 6미터 이상이 된다. 기원전 2,300년경 인더스 계곡에서 발전한 고대 하라판Harappan 문명은 이 두 지역을 포함해서 남쪽으로 세력을 확장했었다. 따라서 조석에 대한 최초기록이 기원전 1,100년경에 쓰인 고대인도 성가집 사마베다*Sāmaveda*에 나온다는 것은 놀라운 것이 아니다. 조석을 서술하고 있을 뿐 아니라 그 원인을 정확히 달에서 찾고 있다. 이러한 이해를 기초로 그들은 조석을 대략 예측할 수 있었을 것이다. 그러나 더 놀라운 것은 하라판인들이 사마베다가 쓰이기 천 년 전부터 조석을 잘 알고 있었음을 보여주는 유적이다. 인도 고고학 조사국Archaeological Survey of India은 캄베이 만 북쪽, 로탈Lothal에서 기원전 2,300년경에 배를 정박하기 위해 만들어진 조선소를 발굴한 적이 있다. 이곳 조선소의 잠금장치가 놀라웠는데 배가 밀물 때에 수로로 들어오면 나무로 된 문이 수로의 양쪽 끝에 있는 홈에 끼워져서 수로를 닫도록 되어 있었다. 그러면 썰물 때가 되어도 일정한 물을 확보되어 배가 계속 떠 있을 수 했다. 더 북쪽의 인더스 계곡Indus Valley에 살고 있는 하라판인들은 조석해일tidal bore같은 흔치않은 조석현상에도 익숙했었다. 매일 두 번씩 인더스 강을 덮치는 폭풍 같은 물기둥은 8백년 후 지중해에서 온 어떤 사람을 경악하게 만든 적도 있다(그가 누구인지는 이 책에서 곧 소개할 것이다).

지중해 주변 문명권의 고대철학자들이 조석에 대해 알지 못했다는 사실은 의아스러울 수도 있다. 그러나 지중해의 조석은 매우 작아서 바람에 의해 발생하는 해수면의 움직임이나 불규칙한 파도와 구별할 수 없을 정도였다.[17] 그리스인들은 헤로도토스Herodotus가 홍해를 여행하고 그곳에서 조석을 관찰했던 기원전 450년경까지는 조석에 대해 알지 못했었다.[18] 백년 후에는 마실리아의 피테아스Pytheas of Massilia가 대서양을 여행하고 영국 섬들의 해안선을 따라 큰 조차가 생긴다는 것을 보고 조석의 존재를 알게 된다.[19] 또 한 세기 후에는 바빌로니아로부터 온 헬레니즘 시대의 수학자인 셀루커스Seleucus가 페르시아 만의 조석을 관찰했는데, 아마 그가 정기적으로 해양학적 측정을 한 최초의 사람인 것 같다. 그는 밀물과 썰물의 시점과 그 높이를 명확하게 표로 만들어서 수개월 동안 기록했고 조석주기마다 이러한 밀물과 썰물이 변화한다는 것을 알아냈다. 이런 자료로부터 그는 하루 두 번 생기는 고조점의 높이가 상당히 다르고 달이 적도의 북쪽 또는 남쪽의 가장 먼 쪽에 위치할 때에는 큰 조차가 발생한다는 것을 처음으로 알아냈다.[20]

사람들은 조석이 존재한다는 것을 알아내고 어떤 경우에는 조석이 달과 관련되어 있다는 것을 관찰하면서 엉성하게나마 조석을 예측할 수 있게 되었지만 이것이 조석이 생기는 원리를 알게 되었다는 것은 아니었다. 가장 위대한 그리스와 로마의 사상가들조차 오늘날에는 우습게 보이는 추측을 하기도 했다. 플라톤은 지구가 큰 동물이라고 믿었고 조석은 지구라는 동물 안에 있는 액체가 요동치면서 발생한다고 생각했다. 그리고 400년 후 아폴로니우스Apollonius는 플라톤의 생각을 발전시켜서 조석은 지구라는 동물이 호흡하기 때문에 또는 물을 마시거나 뱉기 때문에 발생한다고 말했다. 플라톤의 제자였던 아리스토텔레스는 이 지구동물설을 부정하고 대신에 바닷물을 비추고 있는 태양과 달이 바람을 만들고, 이 바람에 의해 조석이 만들어 진다는 의견을 제시했다. 비슷한 시점에 티마이오스Timaeus는 조석은 바다로 흘러가는 강물에 의해 생긴다고 추측했다. 그 때까지 다른 그리스나 로마의 철학자들은 별로 상상력이 풍부하지 않았고 단순히 조석은 신이 만든다고 생각했다. 다른 어떤 고대 사상가보다도 조석의 패턴과 달과 조석과의 관계를 잘 이해하고 있었던 셀루커스Seleucus조차도 달이 조석을 어떻게 만드는지는 알지 못했다. 달이 대기를 압박해서 대기가 바다를 밀어 낸다는 것이 그의 최고의 추측이었던 것 같다. 그 이론은 1,700년이 지난 후에 다시 반복되어 제시되기도 한다.

한 때 전 세계에서 가장 큰 세력을 가지고 알렉산더대왕도 아마 조석에 대해서는 잘 모르고 있었던 것 같다.[22] 기원전 325년 7월, 알렉산더 대왕은 마케도니아로부터 8년 동안 전쟁을 거듭하면서(포루스Porus왕의 코끼리부대까지 무찌르고) 4,800킬로미터를 동진한 끝에 현재의 파키스탄 영토인 파탈라Pattala에 서서 인더스 강을 내려 보고 있었다. 그 때까지만 해도 조석이 어떤 일을 불러올지 상상조차 하지 못했다. 지금도 대자연의 힘을 거스를 수 있는 자는 없지만, 과거에는 대부분 자연현상이 거스를 수 없는 신의 섭리라고 생각했기 때문에 알렉산더대왕은 그가 겪은 그 일 역시 신의 장난이라고 믿었을 것이다. 알렉산더는 스승인 아리스토텔레스로부터 (단지 올림푸스산의 신들이 주관하는 것이 아닌) 물리학적 세계에 대한 이해를 배워왔지만, 인더스강의 조석이 이집트, 페르시아, 티레Tyre, 인도의 군대보다 강력하리라고는 꿈에도 생각지 못했다.

8년 전쟁 후에 알렉산더는 그의 군사들이 지쳤기 때문에 집으로 돌아가도록 했다. 승리하긴 했지만 특히 인도코끼리들과의 마지막 전투 때문에 군사들이 크게 동요하고 있었고 사실상 거의 반란 직전에 놓여 있었다. 그러나 알렉산더는 자연과 세상에 대한 궁금증, 탐구욕과 향학열을 아리스토텔레스와 그의 다른 스승들로부터 배웠기 때문에 마케도니아로 돌아가기 전에 마지막 탐험을 하고 싶어 했다. 정복전쟁을 위해 마케도니아를 떠날 때 그는 측량기사, 지리학자, 식물학자, 동물학자 그리고 많은 과학자들을 데리고 왔다. 알렉산더가 귀환 했을 때 그들이 얻은 정보는 그리스와 로마의 사상가들이 출판한 여러 과학저서의 기초가 되었다. 물론 지리학자들과 과학자들은 알렉산더가 들어가고자 하는 새로운 지역을 정찰하기 위해 미리 파견되는 일처럼 직접적이고 실용적인 일을 위해서도 유용했다. 그들의 지도와 다른 정보는 알렉산더가 전투계획을 세우는 데 매우 유익했다. 파탈라Pattala지역에서는 인더스 강이 두 개의 지류로 갈라지는데 알렉산더는 서쪽 지류로 가는 것을 택했다. 그는 항구와 조선소를 건설하기 위해 그의 군사를 약간 뒤에 남겨놓은 채, 나머지 군사와 함께 가장 빠른 배를 타고 강 하류로 갔다. 그러나 그에게는 그들을 안내할 지역 안내자가 없었다. 그 전에 있었던 안내자들은 다들 도망갔고 그는 또 다른 전투가 있을 것이라고 생각하지 않았기 때문에 강을 조사할 과학자들을 미리 보내지도 않았다. 알렉산더는 바다를 보고 육지의 끝에 도착하고 싶다는 욕심 때문에 그답지 않게 잘 알지도 못하는 강을 준비도 없이 내려가게 되었다.[23] 약 70

킬로미터 가량을 지난 후에 그는 지역주민 몇을 붙잡아서 바다가 얼마나 멀리에 있는지를 물어보았다. 지역사람들은 바다에 대해 들어 본적이 없고 다만 3일 후에 쓴맛이 나는 물이 흘러 들어와 민물을 망쳐놓을 것이라고 말했다.[24] 알렉산더는 그들이 말하는 것이 바닷물이라고 직감하고 그가 제대로 된 방향으로 가고 있다고 판단했다. 그들은 3일 동안 노를 저어 마침내 강의 중간에 있는 섬에 배를 정박시킨 뒤 탐색을 위해 부하들을 몇 무리로 나누었다. 그 때 갑자기 강이 거꾸로 흐르기 시작해서 모든 사람을 깜짝 놀라게 만들었다. 격렬하게 강을 거꾸로 흐르고 있는 물에서는 바다 냄새가 났다.

그런데 그 때 정말 어마어마하고 놀라운 일이 일어났다. 사납고 천둥치는 것 같은 물기둥이 강을 질주해 와서 그들을 덮쳤던 것이다. 한 가파른 파도는 강 전체를 완전히 뒤덮었고 그들이 전에 싸웠던 인도코끼리와 같은 소리를 내면서, 그들의 배를 부수고 땅으로 넘쳐흘렀다. 마케도니아 사람들은 전에는 이런 것을 본 적이 없었기 때문에 그들이 하늘이 노여워하는 표시라고 생각했다.[25] 배들은 조수에 떠내려갔고 함대는 산산이 흩어졌다. 물가에 있던 병사들은 그들의 배들을 잡으려고 안간힘을 썼다. 예상치 못한 재앙에 당황하여 어떤 배들은 선원들도 없이 정박지를 떠났고 배들은 배들끼리 서로 부딪쳤다. 물은 차 올라와서 모든 주변의 물가를 빠르게 침수시켰고 작은 섬처럼 언덕의 꼭대기들만 남겨두어서 남은 사람들은 그 곳으로 가려고 필사적으로 수영을 했다. 잠시 후 물에 잠겼던 곳에서 물이 빠르게 빠져나가기 시작했고, 마른 땅에는 부서진 배들이 남게 되었다. 또한 각종 수화물, 무기, 조각난 노, 부서진 판자 그리고 마케도니아 사람들에게는 무서운 괴물처럼 보이는 각종 해양 생물들이 땅을 어지럽게 뒤덮고 있었다.

밤이 왔을 때 알렉산더는 기병들을 강 하류로 보내서 물기둥이 다시 그들을 덮치는 경우에 미리 경보 할 수 있도록 했다. 그의 부하들은 배를 고치기 시작했지만 그 동안에도 계속 물기둥 소리가 들리는 지 귀를 쫑긋 세우고 듣고 있었다. 잠시 후에 첫 번째 파도가 온지 약 12시간 반 만에 말달리는 말발굽소리가 났다. 그들은 또 다른 파도보다 먼저 도착하기 위해 최대한 빨리 말을 달렸다. 다행히 두 번째 물벼락은 첫 번째보다 작았던 덕에 피해가 적었다. 병사와 선원들은 목숨을 부지하게 된 것을 너무 기뻐하며 강이 떠나가도록 만세를 불렀다.[26]

알렉산더 부대는 배를 수리하여 결국 인도양의 일부인 아라비아해Arabian Sea에 도착하게 된다. 알렉산더는 여기에서 넵튠Neptune과 그 지역의 신들에게 제물을 바치고 마케도니아의 집으로 돌아가는 긴 여행을 시작했다. 우리는 알렉산더가 아라비아해에 도착했을 때쯤에는 (오늘날에도 6미터 정도에 달하는) 큰 밀물과 썰물의 차이를 알게 되었는지는 알 수 없다. 알렉산더는 지중해에서 그런 큰 조차를 결코 경험해보지 못했을 것이고 바다로부터 인더스 강을 거슬러 올라온 거친 물기둥이 조석해일tidal bore이라는 것을 알 수 있는 방법도 없었을 것이다.

조석해일이 어떻게 인더스강과 같은 곳에서 생기는 지를 이해하기 위해서는 먼저 바다에서의 조석 운동을 이해해야 한다. 밀물과 썰물은 이장의 뒷부분에서 살펴보는 바와 같이 해와 달의 중력에 의해 발생되는 매우 긴 파장이다.[27] 이런 긴 파의 물마루가 해안가에 도착했을 때가 고조high tide이고 물마루 사이의 골이 해안가에 도착했을 때가 저조low tide가 된다. 이 파장은 한 물마루에서 다음 물마루까지의 길이가 수백 수천 킬로미터나 되어 너무 길기 때문에 해안가에서 관찰하는 사람들은 조석이 파도라는 것을 알기 힘들다. 밀물에서 썰물로 그리고 다시 밀물로 바뀌는 데는 대략 12시간 25분 정도의 긴 시간이 소요되며 이를 조석주기tidal period라고 한다. 매우 긴 조석파는 해안을 따라 이동하고 물의 깊이에 따라 속도를 달리해서 강을 거슬러 올라간다. 수심이 깊은 곳에서는 빨라지고 얕은 곳에서는 느려진다. 얕은 물은 조석파의 속도를 느리게 할 뿐 아니라 파의 길이도 짧게 만든다. 얕은 물에서는 조수가 바다 바닥과 마찰하여 에너지가 손실되기 때문에 보통 조석파의 높이도 낮게 된다.[28]

그러나 조석파가 거슬러 올라갈 때 폭이 좁은 강에서는 반대현상이 일어난다. 파도가 강의 좁은 부분으로 들어올 때 많은 물이 좁은 지역으로 집중되기 때문에 조석파의 높이는 올라간다. 강이 갑자기 좁아질 경우 물살은 그만큼 크게 증폭되어 강바닥과의 마찰효과도 파도를 약화시키지 못한다. 얕은 물에서 일어나는 현상은 조석해일의 형성을 설명할 수 있다. 얕은 물에서는 물마루(고조)의 깊이를 물골(저조)의 깊이보다 더 크게 만든다. 이는 얕은 물에서는 물마루가 물골보다 더 빠르게 이동한다는 것을 의미한다. 이와 같이 파도가 이동할 때 물마루는 앞에 있는 물골에 점점 가깝게 된다. 반면에 물골은 앞에 있는 물마루에서 점점 뒤로 멀어지게 된다. 이 때 물이 물마루에 쌓이게 만들어서 높아지고 가파르게 만든다. 깊은 바다에서는 파의 형태가 단순한 사인곡선형태로 나타나지만, 얕은 물에서 상당히 멀리 이동한 뒤에는 파의 형태가 상당히 왜곡되게 나타난다. 각각의 물마루(밀물)는 가파른 쇄파의 연속처럼 보이거나 아예 강을 거슬러 올라오는 물로 된 절벽처럼 보인다. 만일 강의 입구에 큰 조차가 있다면, 상류 쪽에는 큰 조석해일이 만들어지게 될 것이다. 이것이 바로 알렉산더가 기원전 325년에 인더스 강에서 목격한 조석해일이다. 조석해일은 하루에 두 번씩 규칙적으로 강을 따라 발생하므로 만일 누군가 조석해일을 잘 관찰해서 그 시점은 달의 움직임과 관련이 있고, 높이는 달의 모양과 관련이 있다(즉 초승달이나 보름달이 뜰 때 조석해일이 더 크다)는 것을 알아냈다면 조석해일은 충분히 예측 가능한 것이었다. 조석해일은 전 세계의 많은 강에서 일어나고 있는 데 잠시 후 우리는 중국의 유명한 사례를 하나 살펴볼 것이다.

앞서 언급했듯이 그리스인들은 조석에 대해 많은 경험이 없었다. 알렉산더의 스승인 아리스토텔레스는 조석에 대한 자신의 무지를 죽고 싶어 할 정도로 자책했다. 또한 그리스 서해안과 에보이아Euboia의 섬들 사이에 있는 좁고 얕은 해협인 에우리포스Euripus에서 생기는 역류의 원인을 알아내지 못한 것에도 몹시 괴로워했다고 하는 데 보다 자세한 이야기는 세 가지 다른 종류가 전해지고 있다. 현대인들은 에게 해Aegean Sea해협 양 끝에 있는 조석의 역류가 (너무 작아서 알아보기 힘들 정도지만) 조류tidal currents라는 것을 알고 있다. 에우리포스Euripus 양 끝은 조차tidal range가 서로 다르고 고조 시점도 서로 달라서, 좁고 얕은 해협 내의 조류는 시속 10킬로미터의 빠른 속도로 흐른다. 때문에 조류를 거슬러서 수영하거나 항행하기가 어렵다. 그러나 이런 사실들은 쉽게 알 수 있는 것이 아니어서 아리스토텔레스나 다른 그리스 철학자들은 바닷물이 언제 어느 방향으로 흐르는지 예측할 수 없었다.

아리스토텔레스 이야기의 첫 번째 설명은 프로코피오스Procopius의 '전쟁의 역사'라는 책에 나온다. 아리스토텔레스는 왜 조류가 때로는 서쪽으로부터 흐르고 다른 때는 동쪽으로부터 흐르는 지 그 이유를 알아내기 위해 에우리포스Euripus 해협을 관찰했다고 한다. 그는 조류의 흐름이 바람의 변화와는 관련이 없다고 생각하긴 했지만 정확한 이유는 알아낼 수 없었다. 그래서 아리스토텔레스는 평생토록 이를 관찰하고 고민하다가 결국은 걱정과 근심 속에 죽었다고 한다.[29] 두 번째 설명은 로마인인 순교자 저스틴Justin Martyr이 그리스인들에게 한 연설에 나오는 이야기인데, 그는 연설 도중 "아리스토텔레스는 에우리포스의 본질을 밝혀낼 수 없다는 오명과 치욕에 어쩔 줄 몰라하다가 죽었다"라고 말했다고 한다. 끝으로 세 번째 설명은 크레타 사람인 엘리아스Elias가 좀 더 과장되게 한 이야기로서, 아리스토텔레스는 에우리포스 해류를 이해하는데 실패하자 "나는 너를 이해할 수 없으니 네가 나를 이해시켜라"라고 말하며 물에 뛰어들어 익사했다는 이야기이다.[30] 고대 그리스인들이 불규칙하고 변화무쌍한 분위기를 '에우리포스스럽다Euripus'라고 표현했을 정도로 에우리포스 해류의 변화는 몹시 복잡한 것이었다. 위의 모든 이야기들은 아리스토텔레스가 이런 에우리포스 부근의 할키다Halkida에서 말년을 보냈기 때문에 생긴 것일 수도 있다.

고대인들에게 조석은 조석해일이나 에우리포스의 빠른 조류 말고도 또 다른 위협이 되었다. 에우리포스에서의 해류 속도는 다른 좁은 해협의 해류보다는 상당히 느린 편이었다. 빠른 곳은 강의 격류에 비할 만한 속도를 가지고 있는데 노르웨이 서해안의 솔츠트랄먼 해협Saltstraumen Strait과 캐나다의 시모어 해협Seymour Narrows(밴쿠버 섬과 브리티시 컬럼비아 사이에 위치)에서는 조류의 속도가 시속 32킬로미터 정도에 달하고, 일본의 간몬 해협Kanmon Strait에서는 시간당 19킬로미터 정도에 달한다. 이 정도의 속력이면 하필 닻줄을 선수 쪽이 아닌 선미 쪽에 묶어놓은 배를 침수 시킬 수도 있고 수영하는 사람들을 속절없이 하류나 상류로 쓸고 갈 수도 있다. 다만 밀물과 썰물이 교차되어 유속이 느려지는 게류slack water동안에는 수영하는 사람들이 탈출 할 수 있는 기회가 있을 것이다. 대양이나 넓은 만의 앞바다에서는 조류가 역류하는 대신에 천천히 방향을 바꾸고 하나의 조석주기 동안 일정범위에서 회전한다. 이렇게 회전하는 조류는 게류slack water를 만들지 않는다.[31]

그러나 빠른 조류에 있어서 가장 위험한 현상은 메일스트롬maelstrom이라고도 불리는 조수 소용돌이tidal Whirlpool인데 깔때기 모양으로 격렬하게 회전하며 배를 바다 밑으로 빨아들일 수 있다. 역사적으로 가장 유명한 소용돌이는 시칠리Sicily와 남 이탈리아 사이에 있는 좁고 얕은 수로인 메시나 해협Strait of Messina에서 생기는 소용돌이다.[32] 그 소용돌이는 조류가 방향을 바꾼 다음에 생기게 되는데, 케이프 펠로러스Cape Peloro 근처에서 해협의 폭이 갑자기 변하기 때문에 만들어지는 것이다.[33] 배도 삼켜버리는 이 난폭한 소용돌이를 소재로 많은 신화와 전설이 만들어졌다. 특히 호머의 오디세이Odyssey로 이 소용돌이는 유명하게 되었고, 버질Vigil의 '아이네이드Aeneid'와 아폴로니우스Appolonius의 '아르고대항해Argonautica'에도 이 소용돌이에 대한 이야기가 등장한다. 호머는 이 소용돌이를 율리시스가 만난 두 괴물, 스킬라Scylla와 카리브디스Charybdis 중 카리브디스로 표현했었다. 그리스신화에 나오는 카리브디스는 검정 물을 빨아들였다가 뱉어내기를 반복했다고 한다.(실제로 그 해협에서는 조류가 얕은 바닥과 부딪치면서 용승류upwelling를 만들어내고 이 용승류가 이오니아해Ionian Sea 밑에 있는 썩은 유기물과 죽은 생물체들을 해수면으로 올리기 때문에 바닷물이 검다)[34]

호머Homer가 살던 시기에는 역류하며 소용돌이치는 검은 물을 과학적으로 설명하기 힘들었기 때문에 이를 괴물의 입으로 들어갔다 나오는 물이라고로 묘사하는 것이 가장 좋은 설명방법이었다. 그리고 그것은 확실히 극적인 폭발력을 가지고 있었다. 오디세이에서 마술사 키르케Circe는 율리시스에게 카리브디스 속으로 빨려 드는 것을 피하기 위해 바깥쪽에서 가능한 한 빨리 노를 저어 가야 한다고 말해준다. 이는 항해술적으로 적절한 충고였다. 또한 키르케는 머리가 여섯 개 달린 괴물이자 율리시스의 부하들을 잡아서 먹어버린 스킬라Scylla을 지나가게 될 때도 이런 방법을 사용하라고 충고한다. 그러나 사실 신화나 전설이 아닌 실제 경험 많은 항해사들은 수백 년 전부터 카리브디스 같은 소용돌이가 언제 일어날지를 예측할 수 있었다. 이런 조석 현상의 발생은 결국 달의 운동과 관련이 있고 강도는 달의 형태와 관련이 있었기 때문이다.

그리스 로마인들이 지중해 밖 미지의 세계를 탐험할 때에는 조석의 높이를 미리 아는가는 것이 매우 중요했다. 줄리어스 시저Julius Caesar는 갈리아와 영국을 정복할 때 영국 해협에서 6~12미터에 달하는 조차를 상대해야 했다. 시저는 갈리아 전쟁기에서 기원전 56년에 브르타뉴Brittany 지역에 살고 있던 베네티족은 항해술에 능했을 뿐 아니라 밀물을 이용해 도시를 방어할 정도로 바다를 잘 알고 있었다고 적고 있다. 그들은 곶의 끝에 집을 짓고 살아서 저조시에만 육지에서 접근할 수 있었고 강한 조류 때문에 바다에서 접근하는 것은 불가능했다.[35] 시저는 영국을 정복하기 위해 한 척에 수백 개의 노가 달린 함대를 끌고 영국 해협을 건넜다. 이것은 조차가 상당히 큰 지역에서 행해진 역사상 최초의 상륙작전이었던 것 같다. 시저의 로마군은 배를 해안에 정박시켜 놓아도 배를 잃어버릴 걱정이 없을 정도로 조류가 약한 지중해에서만 항해를 해봤다. 그러나 로마군은 영국 해안에 도착한 이후, 이 지역은 조차가 크기 때문에 고조시에 배를 정박시키지 않으면 밀물이 배를 떠오르게 만들고, 이 때 바람이라도 약간 불면 서로 부딪히게 만들거나 멀리 떠내려가게 만들 수도 있다는 것을 알게 되었다. 그래서 그들은 배에 감시병을 항상 배치할 필요가 없도록 고조시에 배를 뭍에 대긴 했다. 그러나 로마군은 고조의 높이가 매달 바뀌어서 보름달이나 초승달 때에 가장 높아지고(대조spring tide) 상현달이나 하현달 때 가장 낮아진다는(소조neap tide) 것까지는 알지 못했다. 불행히도 시저는 소조 기간 중의 고조 때에 그의 함선 대부분을 뭍으로 올려놓았고, 수송선만 근처의 얕은 물에 정박시켜 놓았다. 약 7일 후에 보름달이 뜨고 대조 때가 되었을 때 밤에 폭풍우가 불자 높은 밀물이 밀려왔다. 이로 인해 뭍으로 올렸던 배는 침수되거나 닻을 끊고 물에 뜨게 되었다. 그리고 물에 뜬 배들은 서로 부딪쳐서 침몰하고 말았다. 배를 잃은 시저의 부하들은 결국 겨울이 되기 전에서야 영국해협을 건널 배들을 수리할 수 있게 되었다.[36] 그는 퇴각했다가 다음해에 다시 돌아왔고 그 때는 같은 실수를 하지 않았다. 로마군은 이제 보름달과 초승달이 뜰 때 더 큰 밀물이 온다는 지식도 알게 되었기 때문에 좀 더 발전된 조석예측 기술을 가지게 된 것이었다.

서유럽에서는 이후 천 년 동안 조석예측에 있어서는 더 발전이 없었다. 중세시기 동안에는 조석에 대한 책이 몇 권 쓰였지만 이는 기본적으로는 종교적 저술가들에 의한 것으로 단지 스트라보Strabo의 지리학Geography이나 플리니우스Pliny the Elder의 박물지Natural History같은 고대 서적에서 쓰인 내용을 단순히 반복하는 것에 불과 했다.[37] 물론 조차가 6~12미터에 달하는 대부분의 영국 해안에서는 조석이 매일 사람들의 삶, 특히 바다에서 일하는 사람들의 삶에 크게 영향을 미친다. 그러나 때때로 조석은 매우 극적인 사건에서 결정적인 역할을 하기도 한다. 서기 991년 말던전투Battle of Maldon에서는 밀물이 노르디섬Northey Island에 있는 앵글로색슨인들을 바이킹으로부터 (일시적으로나마) 지켜주었고 어려운 고비를 넘기게도 해주었다.[38] 1020년에 영국을 지배한 바이킹왕인 크누트 대왕Canute the Great주변에는 '왕의 위력이라면 바다의 물살도 돌릴 수 있으리라' 고 아첨한 신하가 있었다. 그러나 독실한 기독교인으로 거듭난 크누트 대왕은 일부러 왕관을 해변에 놓고, 바다에게 멈추라는 명령을 내렸다 (그 명령이 이행될 리 없으니 그로 인해 신만이 자연을 통제할 수 있고 왕의 힘은 신에 비하면 아무것도 아니라는 것을 증명하려 했던 것이다). 1066년 9월, 바이킹에 이어 영국을 정복한 노르만족의 왕 윌리암William the Conqueror은 헤이스팅스전투Battle of Hastings를 준비하면서 기원전 54년과 55년에 있었던 시저의 침공에 대해 연구했다. 대조 때 높은 밀물이 들어와 배를 잃었던 시저의 실수를 되풀이 하지 않기 위해 그는 밀물 때 최대한 해안 안쪽으로 배를 정박시켰다. 윌리암은 또 조석을 이용해서 프랑스왕 헨리1세와 제프리 백작Count Geoffrey을 다이브스강River Dives 교차점에서 격퇴하기도 했다. 빠른 조류는 헨리왕의 군대를 떨어트려 놓았기 때문에, 윌리암은 쉽게 헨리왕의 군대를 몰살시킬 수 있었다.[39] 1216년 10월, 조석은 마그나 카르타Magna Carta에 억지로 서명했던 존John

왕을 죽인 장본인이라고 말할 수 있다. 존 왕의 군대는 북해와 연결된 와쉬Wash를 건너고 있었는데 갑자기 밀물이 밀려와 그의 보물을 포함한 모든 짐들을 쓸고 가버렸다. 이에 존 왕은 분을 참지 못한데다가 이질에 걸리게 되는 바람에 일주일 후에 뉴어크Newark에서 죽게 된다. 이 후 9살의 헨리3세가 왕위를 계승한다. 돌이켜보면 존 왕의 군대가 조석에 대해 잘 모르고 있었다는 것은 좀 뜻밖이었다. 그 당시에도 해양 국가였던 영국은 조석을 예측하는 다양한 기술을 고안해 놓고 있었다. 그 중 일부는 세대와 세대를 넘어 가족의 비밀로 전해지기도 했다. 사실 영국과 유럽에서 최초로 출판된 조석예측표는 존 왕이 조석 때문에 배를 잃기 몇 년 전에 런던교London Bridge를 위해 출판된 것이었다.

그러나 영국의 조석표가 전 세계 최초의 조석표는 아니다. 세계최초의 영예는 그로부터 200년 전에 중국 항저우Hangzhou 첸탕강Qiantan River의 조석해일을 예측하기 위해 사용한 조석표에게 돌아가야 한다.[40] 첸탕강에서는 조석해일이 커지고 위험해지는 때도 있긴 했는데, 그 주변에 사는 사람들은 언제나 하루에 두 번 오는 이 조석해일의 위험을 잘 알고 있었다. 폭이 3.2킬로미터에 달하는, 이 거대하고 무서운 물기둥은 강을 타고 빠르게 올라왔다. 그리고 중국 범선들을 (해안가의 선박대피소로 피한 것을 제외하고는) 모두 전복시켜 버렸다.[41] 조석해일이 올라올 때 생기는 천둥 같은 소리는 일종의 경보방송이 될 수 있었다. 그러나 조석예측표로 조석해일이 오는 시점을 미리 알 수 있으면 사람들이 좀 더 빨리 조석해일을 피할 수 있었다.[42] 특히 대조 시에 높이 7.6미터의 조석해일이 시속 24킬로미터의 속도로 올라오는 때에는 더욱 그런 예측이 필요했었다. 첸탄강 입구에서는 강폭이 88킬로미터 정도였지만 항저우 가까이에서는 단지 몇 킬로미터 이하로 강폭이 크게 좁아졌기 때문에 조석해일의 높이가 높아지게 되었다.

원래 조석해일이 상당히 커지는 옌관Yanguan 첸탕강 제방의 누각에는 조석표가 새겨진 돌이 있었고, 1056년에는 인쇄된 조석표가 만들어졌다.[43] 중국의 조석예측표는 850년부터 사용되었다는 기록이 있다. 그러나 이 조석표는 아직 발견되지 않았고 1056년의 조석표가 발굴된 최초의 조석표인 셈이다. 그것이 만들어지기 전에도 조석에 대한 중국인들의 지식은 초기의 생각에서 상당히 발전해왔다. 조석의 발생에 대한 가장 대중적인 설명은 고래나 바다뱀이 동굴로 들어갔다 나왔다 하면서 조석이 생긴다는 설명이었다. 다른 하나는 은하수가 하늘에서 바다 밑으로 흘러넘치면서 조석이 만들어진다는 설명이었다.[44]

중국인은 기원전 2세기경에 조석해일이 보름달에 가장 커진다는 것을 알아냈고 1세기경에 왕청Wang Chung은 조석이 달 그리고 태양과 관련이 있다고 썼다. 그는 또한 조석해일의 궁극적인 원인은 조석이 흐르는 강이 좁고 얕기 때문이라고 믿었다.[45] 1056년 조석표를 만들면서 중국 과학자들은 해가 적도 북쪽에 있을 때(북반구의 여름)와 적도 남쪽에 있을 때(북반구의 겨울) 또는 적도 위에 있을 때(봄 또는 가을) 각각 조석이 달라진다는 것을 알고 있었다.[46] 조석해일을 위한 조석표는 3개의 표를 포함하고 있었는데 하나는 여름에 하나는 겨울에 그리고 다른 하나는 봄과 가을에 사용하는 것이었다.[47] 각각의 표는 하루에 두 번 생기는 조석해일의 시간을 십이지의 측면에서 알려주고 있다. 십이지는 하루를 12등분으로 나눈 시간으로, 오후 11시부터 시작하여 쥐-소-호랑이-토끼-용-뱀-말-양-원숭이-닭-개-돼지의 순서로 이름 붙여져 있다. 조석해일의 높이는 가장 낮은 때부터 가장 높은 때까지 구분하고 있는 데, 가장 낮음, 매우 낮음, 낮음, 약간 높음, 높음, 매우 높음, 가장 높음으로 7가지로 구분하고 있다.

중국과학자들은 조석해일은 조석이 만드는 것이고 예측도 가능하다는 것을 잘 알고 있었지만, 중국의 일반 사람들은 전설을 통해 해일을 설명하는 것을 더 좋아했다. 가장 인기있는 조석해일에 대한 중국의 전설은 우주슈Wu Tzu-Hsu라는 사람과 관련된 이야기 이다. 이 전설에 따르면 기원전 484년에 우주슈라는 착한 관리가 왕에게 불충하다는 누명을 쓰고 부당하게 자결을 강요당하게 된다. 그리고 그의 시신은 바다에 던져졌는데 그의 원혼이 하루에 두 번씩 거친 파도를 일으켜서 조석해일이 만들어진다는 것이다.[48] 조석해일이 가장 커져서 강의 가장 멀리까지 올라갈 때는 종교적으로도 중요한 순간이 된다. 가을 보름달이 떠서 조석해일이 가장 커지고 가장 안쪽까지 올라오는 8월 18일이 되면 많은 사람들이 물가에 모여 범선을 바라보고 어선이 파도 속으로 뛰어드는 것을 구경한다. 사람들은 우주슈를 만나기 위해 물에 뛰어들거나 손에 깃발을 들고 수영을 하는 의식을 행한다. 이 축제기간 중에 익사사고가 빈번해 18세기경에는 이런 의식을 금지시키기도 했다. 그러나 축제는 19세기까지 지속되었고 최근에도 조석해일이 올 때마다 구경꾼들이 몰려들고 있다. 특히 옌관Yanguan의 장오탑Zhan'ao Pagoda 부근은 가장 인기 있는 관광지가 되어서 조석해일을 보기 위해 많은 관광객들이 이곳을 방문하고 있다. 이 지점으로부터 멀지 않은 곳에서 관광객들은 바다 신을 모신 사찰도 방문한다. 그곳에는 실물보다 큰 우주슈Wu Tzu-Hsu의 상과 왕의 상이 서있다.

놀랍게도 1056년에 만들어진 조석표는 오늘날의 옌관Yanguan에서도 조석해일의 도착을 예측하는 데도 상당히 잘 맞고 있다.[49] 강의 수심과 해안선은 18세기 이후로 상당히 달라졌을 것이고 그러한 변화는 조석해일의 크기와 시간에 영향을 미쳤을 것이므로 조석표가 쓰였던 때와 동일한 조건으로 강이 다시 변했다고 추측 할 수도 있다.

연중 어떤 때는 첸탕강의 조석해일이 7.6미터 정도로 높게 일어 강의 제방을 넘기도 하기 때문에 관광객들이 깜짝 놀랄 때도 있다. 첸탕강의 조석해일과 아마존 강에 있는 조석해일이 거의 유일하게 지구상에 남아있는 대형 조석해일이다. 다른 강에서는 댐이나 준설 또는 강의 환경변화로 인해 과거에 있었던 조석해일이 없어지거나 줄어들었다. 프랑스의 센 강Seine River이나 미국의 콜로라도 강에는 더 이상 조석해일이 생기지 않는다. 오늘날 인더스 강에서는 바람이 약간 불어 주지 않으면 조석해일은 거의 발생하지 않는다. 1778년, 제임스 쿡James Cook 선장이 처음으로 알래스카 앵커리지의 쿡만Cook Inle 북쪽 끝을 탐험했을 당시, 턴어게인암Turnagain Arm에서는 규칙적으로 조석해일이 생기고 있었다. 그 조석해일이 지금보다 컸었는지 알 수는 없지만 크건 적건 간에 어쨌든 강폭만큼 넓은 물마루가 다가오는 것은 무서운 일이었다. 당시 쿡 선장은 조사요원들을 보냈었는데 그들에게는 조석이 너무 컸기 때문에 쿡 선장은 몇 번이나 그들에게 돌아오라는 신호를 보내야만 했다. 그 때문에 지역은 턴어게인 강River Turnagain이라는 이름 붙게 되었다.[50] 오늘날 파도타기를 하는 사람들은 턴어게인 암Turnagain Arm의 조석해일에서 무한정으로 파도타기를 할 수 있고 몇 킬로미터씩 나아 갈 수 있기 때문에 조석해일을 좋아하기도 한다.

서유럽이 조석예측분야에서 중국을 따라잡는 데는 200년이 걸렸다. 그러나 그 후 수세기 동안 거의 발전이 없었다. 비록 수치적, 지리적 기술들은 발전하여 항해하는 사람들이 대중적으로 이용할 수 있도록 도움을 주고는 있었으나 조석예측방법은 아직 조잡한 수준이었다. 조석, 조석달력, 조석도표, 조석시계 등이 나타났지만 조석예측에는 같은 방법이 사용되었다. 특정 항구에서는 초승달 또는 보름달이 뜬 날에 달이 머리 위 자오선을 지나가는 시간과 고조가 되는 시간 간에 차이를 알 수가 있는 데, 이 시간의 차이를 조후시(潮候時)establishment of the port라고 부른다.[51]

그림 1.2 중국 첸탕강 장오탑 부근의 조석해일 (The Century Magazine)

초승달이나 보름달이 뜨는 날, 고조 시점을 예측하려면 (천문학자들이 정확하게 예측가능한) 달이 자오선을 통과하는 시간에다가 사전에 관찰된 시간 차이를 더한다. 초승달이 뜬 뒤

부터는 매일 48분을 더하면 고조 시점을 알 수 있다. 다음에 다루겠지만 55분을 더하는 것이 더 정확할 수도 있다. 런던교의 조석표는 세인트올번스 성당Abbey of St. Albans에서 달의 이동시간을 기초로 하여 만든 한 페이지짜리 표다.[52] 그 이후 조석예측표는 더 정교해지고 예술적이 되어서 국왕을 위한 특별한 종류도 만들게 된다. 항구별 조석정보를 보여주는 원형표는 1375년 프랑스의 찰스 6세를 위해 만든 카탈란 지도집Catalan Atlas에 수록되어 있다.[53] 이것은 영국해협 주변에 있는 프랑스와 영국 14개 항구의 조후시(潮候時)establishment of the port의 값을 보여준다. 1540년에는 30개의 항구 정보가 있는 브라우스콘 조석 달력Brouscon tidal almanac이 포켓사이즈로 고급 양피지에 만들어져 항해사들의 환영을 받았다.[54] 17~18세기에 화려하고 멋지게 만들어진 조석을 알려주는 시계들은 교회탑에 있는 커다란 조석시계들을 포함해서 모두 달의 변화와 조석과의 관계를 이용하여 조석을 예측하는 기초적인 방식을 사용했다.[55]

그러나 고대 자연 철학자들 못지않게 명석한 과학자들과 선원들은 조석을 예측하는 방법들을 계속 발전시켜왔고 결국 달과 태양이 어떻게 조석을 만드는 지가 밝혀지면서 기존의 예측방법은 신뢰성을 잃게 되었다. 세계의 많은 해양 국가들에게 이 문제는 중요했음에도 불구하고 바빌로니아의 셀루커스Seleucus의 연구 이후 17세기까지 거의 2천년 동안 이 수수께끼에 대한 대답은 없었다. 17세기 중반에는 어떻게 조석이 생기는 지를 설명하는 세 학파가 있었다.[56] 첫 번째, 프랑스의 수학자이자 철학자인 데카르트René Descartes의 이론을 믿는 사람들이 있었다. 데카르트는 공간은 비어있는 것이 아니라 눈에 보이지 않는 정기(精氣)ether로 차있다고 주장했다. 그리고 그는 달이 움직이면서 정기를 압박하면 정기가 바다 표면을 밀기 때문에 조석이 생기는 것이라고 생각했다. 이 이론에 따르면 달이 머리 위에 있을 때는 고조가 생기는 것이 아니라 저조가 생겨야 하니 사실과 다른 점이 있었다. 그러나 오류에도 불구하고 많은 프랑스 사람들이 이 이론을 지지했다.

두 번째, 이탈리아의 과학자 갈릴레오 갈릴레이Galileo Galilei는 놀랍게도 조석은 달과 관련이 없다고 생각했다. 그는 일단 바닷물은 바다의 폭과 깊이에 따른 자연 주기를 가지고 앞뒤로 찰랑거리며 긴 유역일수록 물은 천천히 진동한다는 정확한 생각에서부터 출발했다.[57] 예를 들면 욕조에 있는 물은 커피 잔에 있는 물보다 천천히 앞뒤로 찰랑거리지만 호수에 있는 물보다는 빨리 움직인다. 이것은 진자의 고유주기natural period가 그 길이에 비례하는 것과 유사하다. 그러나 갈릴레오는 지구가 태양의 주위를 돈다는 것을 증명하기 위해 조석을 이용하려고 했고, 지구의 자전과 공전의 조합 때문에 움직임이 가속화되어 바다의 그런 진동이 생겼다고 추측했다. 그는 대서양의 고유주기natural period가 12시간 30분이기 때문에 조석이 12시간 30분의 주기를 가지고 있다고 믿었다.(실제 대서양의 고유주기natural period는 19시간이다) 갈릴레오는 지구가 우주의 중심이 아니라는 코페르니쿠스적 관점에 대한 증거로 그의 조석이론을 제시했다. 그러나 그것은 교황청의 견해와는 상충되었으므로 그는 이단으로 몰려 화형 당할 뻔했다가 간신히 모면하는 대신 종신 가택연금형에 처해진다. 아울러 조석을 포함해서 과학적 주제에 대해 토론하기 위해 사람을 만나는 것도 전면 금지되었다.[58]

조석에 대한 세 번째 이론은 독일 과학자인 요하네스 케플러Johannes Kepler의 이론으로 중력과 관련이 있었는데 자기작용magnetism의 초기 연구에 기반을 둔 이론이었다. 영국의 과학자 윌리엄 길버트 William Gilbert는 지구가 자석처럼 작용한다는 것을 발견했는데 그는 그의 사후에 출판된 책에서 조석은 지구와 달 사이에 자력magnetic attraction 때문에 생긴다고 주장했다. 길버트 전에도 플랑드르의 수학자인 사이몬 스테번Simon Stevin은 조석은 달의 인력 때문에 생긴다는 이론을 제시했다. 그러나 태양을 도는 행성의 궤도를 설명한 수학법칙을 제시한 것으로 유명했던 케플러는 스테번이나 길버트 보다 좀 더 나아가서 중력을 기초로 한 조석의 수학적 설명을 발전시켰다. 케플러는 바닷물을 당기는 달의 중력에 대해서는 정확하게 설명했지만 조석의 가장 기본적인 측면 다시 말해 왜 하루에 두 번 밀물이 생기는 지는 설명할 수 없었다.

문제는 이 세 학파가 모두 틀렸다는 것이다. 갈릴레오와 케플러는 퍼즐의 한 조각을 이해하고 있었지만 둘 다 문제를 해결하지는 못했고, 데카르트는 정답에 근접도 못했다. 결국 영국의 과학자이자 수학자인 아이작 뉴턴Isaac Newton이 이러한 조각을 하나로 모아서 어떻게 조석이 생기는 지를 설명하게 된다. 1687년 뉴턴은 '자연철학의 수학적 원리Philosophiae Naturalis Principia Mathematica'에서 조석은 (케플러가 추측했던 것처럼) 달의 중력과 (갈릴레오가 설명했던 가속도와 관련이 있는) 달-지구 궤도의 원심력때문에 생기는 것임을 보여주었다. 중력은 지구와 달을 서로 잡아당기지만 동시에 그들은 공통점을 중심으로 돌기 때문에 원심력이 생겨서 그들을 반대로 밀게 된다 (지구는 달보다 82배 크기 때문에 공통점은 지구의 중심에 가깝고 사실상 지구 내부에 있어서 달이 지구를 돌고 있는 것처럼 보인다) 중력과 원심력은 정확하게 지구의 중심에서 중심을 잡는다. 그러나 달에 가까운 지구의 표면에서는 중력이 원심력보다 크고 그 반대편에서는 원심력이 중력보다 크다. 이 때문에 물로 덮여 있는 지구상의 두 곳은 불룩하게 불러온다. 하나는 달에 가장 가까운 지점에서 달을 향해서 부풀어 오르는 것이고, 다른 하나는 달로부터 가장 먼 지점에서 달의 반대쪽으로 부풀어 오르는 것이다. 지구가 두 해수융기점과 함께 회전하므로 하루에 두 번의 고조가 생기는 것이다.

고조 시점에서 다른 고조 시점으로 (한 번의 팽창에서 다음번의 팽창) 가는 것은 대략 반나절이 걸린다. 사람들은 이 때문에 기본적인 조석 주기가 12시간이 되는 것으로 생각할 지도 모른다. 그러나 뉴턴은 조석주기가 왜 12시간 25분이 되는지를 보여 주었다. 지구가 태양을 한 바퀴 도는 것이 24시간이고 양력 하루가 된다. 그러나 달은 지구가 자전하는 같은 방향으로 지구주변을 공전한다. 그래서 지구가 태양을 기준으로 한번 자전했을 때 달은 조금 더 움직여 있게 되고 지구가 달을 기준으로 완전한 1회전을 하기 위해서는 태양기준보다 좀 더 회전해야 한다. 이 때문에 태음일로 하루는 24시간 50분이 된다. 그리고 따라서 1조석주기(한 번의 순환이 이루어지는 데 걸리는 시간)가 12시간 25분이 된다. 태양일을 기준으로 할 경우, 일일 조석 순환은 엄밀히 하루 1.93회이다. 이를 기본태음빈도primary lunar frequency라고 한다. 조석 용어에서는 조석주기tidal period 보다는 조석빈도tidal frequency가 더 자주 사용된다. 주기가 특정고조에서 다음 고조 때 까지 걸리는 시간(12시간 25분)인데 반해 빈도는 일정 시간 동안 이루어진 순환의 횟수이다 (예를 들면 1태음일 당 1.93).

태양도 조석을 만드는 데 일조한다. 그러나 태양은 달보다 비교할 수도 없이 크고 무겁긴 하지만 1억5천만 킬로미터 멀리 떨어져있다. 중력문제에 있어서 근접성은 크기보다 중요해서 태양은 달이 조석을 만드는 영향력의 절반도 가지지 못한다.[59] 뉴턴은 달과 태양을 모두 고려하는 완전한 수학적 해법을 보여주었다. 그는 수천 년 동안 인지하고는 있었으나 이해할 수는 없었던 문제, 왜 조차가 초승달과 보름달 때 크고 상현달과 하현달 때 작은 지도 설명해냈다. 뉴턴은 초승달이나 보름달이 떴을 때 달과 태양이 지구와 일직선을 형성하여 조석 팽창이 함께 더해지기 때문에 더 큰 대조가 생긴다고 설명했고 상현이나 하현 때에는 달과 태양이 서로 다른 방향으로 끌어당겨서 작은 소조가 생긴다고 했다.

뉴턴은 또 달의 궤도가 원형이 아니라 타원이기 때문에 한 달 동안의 달과 지구와의 거리가 다르게 되고 이로 인해 조석의 높이가 계속 달라지는 또 하나의 변수를 보여주었다. 달이 지구에 가장 가까워졌을 때(근지점 perigee) 조차는 더 커지고, 달이 지구에서 가장 멀어질 때(원지점 apogee) 조차는 더 작아진다. 달과 지구와의 거리는 26.7일 주기로 바뀌는데 이는 근지점에서 원지점으로 다시 근지점으로 가는 기간이다. 뉴턴은 어떤 장소에서 왜 바로 전의 고조보다 더 고조가 커지는 지도 설명했다. 두 개의 연속되는 고조에서 높이가 차이 나는 것을 일조부등(日照不等)diurnal inequality이라고 하는데 2천 년 전 셀루커스Seleucus 에 의해 처음 알려졌다. 뉴턴은 이는 지구축이 달에 비해 기울어져 있기 때문에 생긴다고 설명했다. 이 경사도는 13.7일 간격으로 변하기 때문에 일조부등도 그 간격으로 변화한다. 축이 기울어 지지 않고 달이 바로 적도 위에 보일 때(적도의 적위equatorial declination라고 한다)에는 달이 팽창하게 만든 지구 위의 두 지점은 대칭적이고 연속되는 고조나 저조시에 높이 차이가 발생하지 않는다. 그러나 축이 기울어져 있고 달이 적도의 북쪽이나 남쪽에 있을 때(북방태음적위 northern lunar declination 또는 남방태음적위 southern lunar declination라고 한다)에는 두 팽창지점은 비대칭적이고 연속되는 고조의 높이에는 차이가 발생하며 연속하는 저조의 높이도 차이가 생긴다.[60]

모든 궁금증을 명쾌히 해결한 뉴턴의 조석이론이 널리 받아들여지는 데는 수십 년이 걸렸는데, 그 까닭은 1729년까지 영국에서는 뉴턴이 쓴 프린시피아Principia가 출판되지 않았기 때문이기도 하고 부분적으로는 많은 사람들이 이런 새로운 개념을 이해하기 어려워했기 때문이기도 했다. 뉴턴의 연구를 진척시키기 위해, 혜성의 발견자이자 조석연구가였던 에드먼드 헬리 Edmund Halley는 당초 제임스2세를 위해 썼던 조석에 관한 뉴턴의 이론 요약서를 출판했다.[61] 그러나 이것은 데카르트의 정기ether 이론을 강력하게 지지하고 있는 파리의 왕립과학회를 명확하게 설득하지는 못했다. 헬리가 책을 출판한 지 9년 후, 파리 왕립과학회는 조석예측의 진전에 불만을 표시하며 '바다의 밀물과 썰물'에 관한 최고의 논문에게 주는 상을 만들었다. 2년 후 조석연구는 국제적인 과학 분야가 되어서 4개국 4명의 학자에게 상이 주어진다. 그 중 한 명은 앙뜨완 카발렐리Antoine Cavalleri라는 프랑스 학자로, 그는 뉴턴의 중력이론을 거부하고 데카르트의 이론을 발전시키려고 했다. 나머지 세 명의 수상자는 스위스의 수학자 레온하르트 오일러Leonhard Euler, 스코틀랜드의 수학자 콜린 멕커런Colin Maclaurin, 네덜란드의 수학자 다니엘 베르누이Daniel Bernoulli였는데 이들은 전적으로 뉴턴의 이론을 지지하고 상세히 설명했다. 그 중 오일러는 중력과 원심력 간 차이의 수직적 요소는 해수를 융기시키기에는 너무 작다는 점을 지적하면서 물을 적도 쪽으로 밀어내서 지구의 양 쪽에 팽창을 만들어 내는 것은 이 힘의 수평적 요소라고 주장했다.[62](뉴턴의 이론이 수정, 발전되는 데 가장 중요한 기여를 했다고 할 수 있다) 뉴턴의 연구로 인해 어떻게 조석이 생기는지에 대해 과학적으로 잘 알게 되었음에도 불구하고 조석 예측의 기술에 있어서의 즉각적인 발전은 없었다. 뉴턴, 오일러 그리고 다른 학자들의 새로운 이론의 일부 문제는 그들은 바다가 어떻게 유체역학적으로 달과 해의 기조력tide-producing force에 반응하는지를 설명하지 못한다는 것이다.

해와 달은 바다에서 조석의 진동을 만들어 내는데, 얼마나 진동이 클지 결정하는 것은 유역의 크기이다. 관련된 다른 주기들과 마찬가지로 12시간 25분의 조석주기를 만드는 것은 천문(주기적 달, 해 그리고 지구의 운동)이다. 그러나 특정한 장소에서 밀물과 썰물의 높이와 시간을 결정하는 것은 유체역학hydrodynamics(바다의 운동에 관한 물리학)이라고 할 수 있다. 간섭이 일어나는 해역의 해수면은 그 해역의 넓이와 깊이에 따라 달라지는 자연적인 주기를 가지고 진동한다. 만약 진동의 자연적인 주기가 12시간 25분에 거의 유사하다면 조차는 더 커질 것이다. 이런 효과를 공진(共振)resonance이라고 한다.[63]

유체역학은 긴 조석파의 속도와 파장이 왜 바다의 깊이에 따라 다른지 설명하고, 또한 조석파가 어떻게 해저의 마찰, 지구의 자전, 수로 폭의 변화 등에 의해 영향을 받는 지도 설명한다. 중국의 남해안과 같은 지역에서는 하루에 한번만 밀물과 썰물이 생기는 지역도 있다. 해역의 크기가 반일주조(diurnal, 하루에 두 번 생기는 조석) 보다 일주조(semidiurnal, 하루에 한번 생기는 조석)를 더 크게 만들도록 하는 것도 유체역학의 효과이다. 연속하는 밀물 또는 썰물의 높이가 다르게 되는 일조부등diurnal inequality은 지구축이 기울어져서 생기게 되는데 일조부등은 원래 작지만 유체역학에 의해 더 커지게 된다.[64]

갈릴레오는 조석에서의 유체역학의 영향을 처음으로 이해했다. 그는 일정 해역은 그 해역의 넓이에 의해 결정되는 자연적인 진동주기를 가지고 있다는 개념을 이해하고 있었다. 불행히도 갈릴레오는 이 개념을 그의 잘못된 조석이론에 사용하고 말았다. 왕립학회상의 수상자 중 한명인 콜린 맥컬린Colin Maclaurin은 그가 상을 탄 논문에서 또 다른 유체역학 효과를 설명하였다. 그는 지구의 자전은 조류tidal currents가 북반구에서는 오른쪽으로, 남반구에서는 왼쪽으로 흐르게 만든다고 했는데 이는 만bay의 한쪽보다 다른 쪽에서 조차가 더 커지게 만드는 효과도 있다.[65] 그러나 이 이론은 1776년까지 조석의 움직임을 유체역학으로 완전히 설명하지는 못했다. 조석을 만들어내는 힘(기조력, tide-producing force)은 달과 태양의 중력이 변화하면서 생기게 되는데 이 힘에 대해 바다가 어떻게 반응하는지를 수학적으로 설명한 것은 프랑스 과학자 라플라스Laplace가 최초였다. 1776년에 라플라스는 뉴턴에 의해 만들어지고 라이프니츠에 의해 확립된 미적분학을 활용해서, 전 세계의 바다에 대한 3개의 방정식을 도출해 냈다. 첫번째 방정식은 질량보전법칙에 기반을 두고 있고 다른 두개는 운동량보전법칙에 근거하고 있다.[68] 라플라스는 후에 코리올리 힘Coriolis force라고 불리게 되는 지구 자전의 영향도 고려했다. 코리올리Coriolis가 이 힘을 발견한 것은 맥컬린이 처음 추측한지 95년 후, 라플라스가 발견한지 59년 후임에도 불구하고 이름은 코리올리 힘으로 붙여졌다.[69]

라플라스의 조석 방정식들은 유체역학적 해양모델링의 시초이자 해양에 물리학을 실제 적용한 최초사례이다. 그렇지만 세 방정식의 변수들은 결국 조석예측보다 더 많은 곳에 사용되게 되었다. 그들은 지구물리 유체역학geophysical fluid dynamics이라고 불리는 분야의 시작을 보여주었다. 유사한 방정식은 폭풍해일, 해류, 해파와 쓰나미 등의 모델을 만들고 예측을 하는데 사용되게 된다. 이런 방정식들은 열의 전달을 다루는 열역학thermodynamic 방정식에도 적용 되고, 대기에도 적용되어 현대 기상예측 모델의 기본이 되었다. 해양모델과 대기모델은 엘니뇨El Niño나 기후변화를 예측하기 위해서 나중에는 통합된다. 라플라스의 조석방정식은 너무 복잡해서 방정식 내에 일부 상수는 무시하고 물이 지나는 길은 단순한 모양으로 가정해서 간단하게 만들지 않으면 풀 수 없을 정도였다. 그리고 진짜 바다와 만의 전체 방정식을 해결하기 위해서는 20세기 후반(수치적 방법을 다룰 수 있는 슈퍼컴퓨터가 개발될 때)까지 기다려야만 했다.

라플라스의 방정식은 복잡했기 때문에, 이런 복잡한 수학적 방정식의 완벽한 해결을 필요로 하지 않는다는 점에서 천문조석도 편리한 측면이 있었다. 라플라스는 조석은 그 모든 에너지가 특정 빈도수들에서만 발견되어 진다는 점에서 바다와 대기의 모든 현상 가운데도 특이한 것이라고 설명했다. 예를 들면 대부분의 에너지는 달의 영향 때문에 하루에 1.93번 순환하는 곳에서 발견될 것이다. 태양의 영향 때문에 하루에 2번 순환하는 곳이나 (지구와 달 사이의 거리가 변하는)달의 타원궤도로 인해 하루에 1.9번 순환하는 곳에서는 추가적인 에너지가 발견될 것이다.[70] 또한 지구의 자전, 지구와 달의 공전, 태양을 도는 지구의 궤도 등과 관련된 다른 요인들로 인해 다른 빈도수들도 만들어지고 있다. 이것은 해수면 높이를 변하게 만드는 바람이나 기상에서 오는 다른 에너지와는 크게 대조된다. 다른 에너지들은 무작위로 항상 변하면서 전파된다. 라플라스는 만일 가장 중요한 조석 빈도수들의 개별 에너지를 계산할 수 있다면 정확히 조석을 예측할 수 있을 것이라고 제시했다. 이런 통찰력은 조석예측의 핵심이 되어서 결국 개발된 것 중에서는 가장 최신의 멋진 컴퓨터 계산기에 적용되게 된다.

그러나 그렇게 멋지고 정확한 조석 예측 계산기는 90년 후에나 나오게 되었다. 그 기간 중에 선장이나 어부들은 과거 수천 년간 그랬던 것처럼 조석과 달과의 관계를 기초로 조석을 계산하고 예측하였다. 몇 사업가들은 보다 정확하게 조석예측을 해서 다른 경쟁자들보다 많은 조석표를 팔기 위해 복잡한 공식들을 만들어 내기도 했다. 그러나 대부분의 조석예측은 앞서 설명했던 초승달이 뜬 날에 달이 자오선을 지나가는 시간과 고조가 되는 시간 사이의 차이를 의미하는 조후시(潮候時)establishment of the port를 활용해서 이루어졌다. 그러나 가끔 선장들이 배를 항구에 입항시킬 때 조석 예측이 잘 맞지 않아서 사고가 생기기도 했다. 1777년 영국 리버풀의 윌리암 허친슨William Hutchinson이라는 도크마스터dockmaster는 '실용적인 선박조종술에 관한 논문'을 발표하고 몇 가지 사고사례를 소개했다. 그 중 하나는 그가 서인도 배를 타고 아일랜드에 있는 항구의 앞에 있는 모래톱을 넘어가려고 했을 때 선장은 그 항구에 맞는 조석표를 이용했었다. 그러나 그 조석표는 잘못된 것이어서 결국 배는 모래톱에 얹혀서 타가 부러지고 선미와 용골이 크게 부서졌으며, 구멍이 생겨서 물이 2.1미터나 들어왔다. 그들은 침수를 막기 위해 배를 해안가로 움직여서 간신히 살아 날 수 있었다. 그는 또 리버풀에서 많은 배들이 소조 때 입항하면서도 소조와 대조 때 수심의 차이를 알려주지 않는 조석표를 따르고 있는 사례를 보았다고 한다. 이러한 배들은 충분한 수심을 확보하지 못하고 좌초되어 때로는 침몰하거나 사람이 죽는 경우도 있었다고 한다.

다음 장에서는 '브래스 브레인brass brains' 같은 대형장비가 조석예측의 정확도를 높인 과정을 보게 될 것이다. 그리고 제2차 대전 중에 조석예측을 정확히 하는 것이 매우 중요하게 되었던 사례도 살펴 볼 것이다.

제2장

전쟁에 이용된 해양과학

조석예측기술의 발전

1776년 12월 16일 저녁, 보스톤 올드사우스 회관Old South Meeting House에 모인 식민지 미국의 주민들은 영국 동인도회사 소속 선박 3척을 습격하려는 거사를 앞두고 매우 격앙되어 있었다. 습격 예정 시간이 근지점perigee 썰물 때라는 것을 미리 알았다면 아마 습격계획은 수정되었을 지도 모른다. 물론 그렇다고 해서 습격 자체를 포기하지는 않았을 것이지만, 어쨌든 이 역사적인 보스톤 차 사건은 강한 썰물 때문에 뜻밖의 차질을 빚게 된다. 근지점 대조가 되는 경우, 달과 해와 지구가 동일선상에 오게 되어 달과 태양의 조석을 만드는 힘이 합쳐지게 될 뿐 아니라(대조) 타원 궤도를 도는 달은 지구에 가장 가깝게 되므로(근지점) 조석을 일으키는 힘이 가장 크게 된다.[1] 보통 이러한 조합은 일 년에 몇 번 정도 일어나게 되어 가장 높은 고조와 가장 낮은 저조를 만들어 내게 된다. 보스톤 차사건 당일, 오후 7시 23분은 하루 중 수위가 가장 낮아지는 저조 때였다.[2] 따라서 미국인들이 인디언 복장을 하고 보스톤 항의 그리핀 부두Griffin's Wharf에 있던 3척의 배에 올라탔을 때 심한 썰물 때문에 곤란한 일이 생겼다. 다트머스Dartmouth호, 비버Beaver호 그리고 엘리노어Eleanour호는 단지 60센티미터 깊이의 물 위에 있었다. 부두에 묶여 있긴 했지만 사실상 뭍에 올라온 상태였다.[3]

미국인들은 45톤 분량의 342개의 차 상자를 뜯어 배 밖으로 던졌다. 그러나 바닷물 수심은 60센티미터 밖에 안 되었고 조류가 거의 정지상태가 되는 시점이어서 차를 휩쓸고 갈 강한 조류도 없었다. 차들은 버려졌지만 그냥 드러난 뭍에 놓이게 되었다. 차는 쌓이기 시작했고 수면 위로 올라오기 시작했다. 곧 세 척의 배 주위에는 엄청난 양의 차가 산더미처럼 쌓이게 되었다. 차의 일부는 배 옆쪽 위로 쌓여서 다시 배로 넘어오기도 했다. 미국인들은 차를 밟고 휘저어서 갯벌 위에 차가 넓게 퍼지도록 해야 했다. 밀물이 들어오기 시작하면서 산더미 같은 차는 점점 더 수면 위로 떠올랐고 차오르는 밀물은 떠있는 차를 해안가로 밀어 올렸다. 한 목격자는 다음날 아침 일찍 건초더미만큼 커다란 차 더미가 부두에서 캐슬 아일랜드Castle Island까지 펼쳐져 있었다고 말했다. 일부 식민지 주민들은 배에서 내려서 차가 보스톤 항의 물과 섞이도록 저어야 했다. 몇 주 동안 차는 계속 보스톤 주변 해안가로 밀려왔다. 그 중 일부는 물에 떠 있는 것도 있어서 주민들은 그것을 쓸 수 없도록 노로 내리쳐야만 했다.

보스톤 차 사건은 조석과 관련해서는 재미있는 사건이다. 그것이 일 년에 몇 번만 나타나는 근지점 대조 때 발생한 사건이어서가 아니라 미국인들이 흥분하는 바람에 조석에 대한 것을 잊었다는 점에서 그렇다. 당시 대부분의 미국인들이 살아가는 데 있어서 조석을 예측하는 것은 매우 중요했다. 유럽과의 무역이나 미국 주민들 사이의 교역은 배를 이용해서 이루어졌고 선박을 안전하게 입항, 정박시키려면 조석을 미리 알아야 했다. 식민지 미국의 해군은 항행안전과 영해수호를 위해 조석 및 조류를 잘 알아야만 했고, 짧은 시간 동안 조개와 굴을 안전하게 따려면 어촌주민들도 조석을 예측해야 했다. 사실 오늘날에도 마찬가지이기 하지만 식민지시기 미국의 다른 산업들도 조석에 의존하고 있었다. 조석은 일종의 동력자원이기도 해서 수많은 제재소나 방앗간이 조석을 이용해서 동력을 얻었다. 롱 아일랜드의 글렌 코브Glen Cove에 있는 두 곳이 대표적이었는데 한 곳은 1600년대 후반 뉴욕시에 건축 붐이 일었을 때 목재를 공급하던 곳이었고 다른 한 곳은 선원들이 먹는 비스킷의 원료인 밀과 옥수수를 정제하는 곳이었다.[4] 캐롤라이나 지역에서는 면화를 재배하기 전에 주로 했던 쌀농사를 위해서 조석을 이용한 관개(灌漑)가 중요했다.[5] 이러한 조력 방앗간이나 조석 관개는 기본적으로 조석 예측을 필요로 했다.

대부분의 미국인들은 식민지들을 대상으로 출판된 달력을 기반으로 조석을 예측했다. 벤자민 프랭클린의 '가난한 리처드의 달력Poor Richard's Almanack' 같은 것은 이 시기 최고의 베스트셀러였다.[6] 이 달력에서 저자들은 조석표를 만들면서 조후시를 사용했는데 조후시는 앞 장에서 설명했던 것과 같이 특정항구에서 초승달이 머리 위 자오선을 지나가는 시간과 고조가 되는 시간과의 차이를 이용하는 것이었다. 이 방식은 초승달이 뜬 날부터 매일 48분을 더해나가는 방식을 사용했다. '벤자민 베네커의 펜실베니아, 델라웨어, 메릴랜드, 버지니아력Benjamin Banneker's Pennsylvania, Delaware, Maryland, and Virgnia Almanack'에 포함되어 있는 조석표도 조후시를 활용해서 만들어졌다. 베네커의 조석표에는 그 달 날짜 수만큼의 행과 5개의 열이 있었던 데, 첫 열에는 월령 즉 초승달을 기점으로 한 달의 양태가 적혀있고, 나머지 4열에는 체사피크만Chesapeake Bay 주변의 4개 지역(케이프찰리Cape Charles, 포인트 룩아웃Point Lookout, 애나폴리스Annapolis, 볼티모어Baltimore)에서의 고조 시점이 적혀있었다. 미국주민들은 이 표를 가지고 지역별로 매일 마다 달라지는 최고조 시간을 찾을 수 있었다.

조석 예측은 독립전쟁 기간 동안에 미국인들에게 더욱 중요해 졌다. 조석을 예측해서 전쟁의 결과가 달라진 사건들이 전쟁 기간 중 몇 번 있었는데 보통 영국측보다는 미국 식민지 주민들이 조석 예측을 활용했다. 1772년 6월, 미국인들은 영국 해군 범선인 개스피호Gaspee를 공격했는데 이것은 미국이 영국에 대해 처음으로 조직적인 무력을 사용한 사건이다. 이 사건은 유명한 총격전이었던 렉싱턴Lexington이나 콩코드Concord 전투보다도 3년 전에 일어난 것이었다. 8개의 대포를 가진 개스피호Gaspee는 영국의 무역규제였던 항해조례를 집행하기 위해 내러겐셋만Narragansett Bay에서 항해하고 있었다. 조석을 예측 할 수 있었던 미국의 작은 배 해나호Hannah는 개스피호에게 쫓기던 중 개스피호를 얕은 물쪽으로 유인했다. 그러는 도중 썰물 때가 되어 수심이 낮아지게 되자 큰 배였던 개스피호는 뭍에 얹혀서 움직일 수 없게 되었다. 잠시 후에 한 미국 주민이 로드아일랜드의 프로비던스 중심가로 나와 드럼을 치면서 개스피호가 냄퀴드포인트Namquid Point에서 좌초되었다는 사실을 알렸다. 그리고 그는 조석을 고려하면 다음날 새벽 3시까지는 다시 뜰 수 없을 것이라는 것도 알렸다. 그는 또한 이 영국 군함이 옴싹달싹 못하게 된 틈을 타 공격을 하려고 하니, 의용군은 제임스 사빈James Sabin씨의 집에 모여 달라고 했다.[8] 그리고 그날 저녁, 8척의 대형보트가 노를 저어, 강을 타고 내려가서 무력한 개스피호로 다가갔다. 그 때는 저조시가 되어 배가 한 쪽으로 기울어 있었다. 미국인들은 영국인들을 붙잡고 배는 불태웠다.[9]

2년 후 다른 영국함선 캔코HMS Cancaeux는 뉴햄프셔의 포츠머스Portsmouth로 가고 있었다. 포츠머스의 윌리엄 앤 매리Fort William and Mary요새에는 엄청난 탄약이 있었지만 단지 6명의 영국군이 그것을 지키고 있어서 영국은 이 요새를 보강하려고 했다. 미국인 도선사는 캔코호를 밀물 때에 수심이 낮은 곳으로 유인한 다음 썰물이 되어 배가 움직일 수 없을 때까지 배를 그곳에 오랫동안 머무르게 했다. 그래서 캔코호는 몇시간 동안이나 그곳에서 움직이지 못하고 있었다. 더군다나 그 밀물 때는 대조 시점의 밀물이었기 때문에 보름 중에 가장 물이 높을 때 배가 들어왔었던 것이었다. 그래서 다음 밀물이 들어와도 캔코호는 그곳을 빠져나올 수 없었고 몇 일 동안을 그곳에 갇혀있어야 했다.[10] 이는 미국 독립군의 전령사였던 폴 리비어Paul Revere가 포츠머스로 가서 그곳 주민들에게 상황을 알릴 충분한 시간을 주었다. 그리고 포츠머스 주민들은 1774년 12월 13일, 요새로 몰려가서 장총과 대포 그리고 수백 통의 화약을 탈취했고 이 무기들은 나중에 미국인들이 벙커힐 전투Battle of Bunker Hill에서 쓰게 된다.[11]

4달 후 영국군은 렉싱턴에 있는 존 행콕과 존 아담스를 체포하고 콩코드의 무기 저장고를 장악하려고 군대를 보냈다. 당시 연락원으로 있던 폴 리비어는 다시 콩코드 근교로 말을 달려 미국 주민들에게 영국군이 쳐들어온다는 사실을 알렸다.(역자주 : 이것이 바로 미국 역사에서 독립전쟁의 개전을 알리는 '폴 리비어의 심야 대역주Paul Revere's midnight ride'이다) 이때도 조석은 중요한 역할을 담당하게 된다. 1775년 4월 18일 저녁, 영국군은 보스톤의 찰스강을 건너 렉싱턴으로 진격해왔다 (미국측은 영국군을 보게 되었을 때 '땅으로 오면 램프 하나, 바다로 오면 램프 둘'을 켜서 연락하기로 했었는데 영국군은 바다 쪽으로 온 셈이다). 그리고 폴 리비어도 찰스강을 건너 렉싱턴으로 말을 달렸다. 리비어는 찰스강의 상류쪽 대각선 방향으로 강을 건넜기 때문에 조류를 따라 움직일 수 있었다. 그러나 영국군은 하류를 향한 대각선 방향으로 강을 건너서 조류를 거슬러서 움직여야 했다. 조류가 영국군을 지체 시킨 덕분에 리비어는 영국군보다 먼저 렉싱턴에 도착할 수 있었다.[12]

달력에서 사용된 간단한 조석 예측의 방법들이 지역 뱃사람들의 노련한 경험과 결합되면 제법 의미 있는 예측이 가능했지만 그렇다고 정확하다고 할 수는 없었다. 1776년 라플라스는 보다 정밀한 조석 예측을 위해 정확한 이론을 제시했다. 그러나 1867년이 되어서야 사람들은 정밀한 방법을 발전시킨 그의 이론을 이용할 수 있었고 조석에너지는 단지 특정한 빈도수(다음 장에서 살펴볼 예정이다)에서 발견된다는 사실도 활용할 수 있었다. 영국의 과학자 윌리엄 톰슨경Sir William Thomson은 각 조석 빈도별로 얼마나 많은 에너지를 가지고 있는지를 알아보기 위해 시계열적으로 조석을 측정해서 분석하는 조화분석(調和分析)harmonic method을 발전시켰다.[13] 만이나 수로가 조석의 진동에 유체역학적 영향을 미치기 때문에 조석의 에너지양은 장소마다 다르게 된다. 그런데 조화분석을 하면 유체역학의 영향을 이해할 필요가 없으므로 매우 간편하다. 우리는 단지 유체역학의 결과를 계산하기 위해 오랜 기간 동안의 자료를 분석하기만 하면 된다. 미국 연안조사국Coast Survey의 윌리엄 페럴William Ferrel은 라플라스의 영향을 받긴 했지만 톰슨의 작업과는 별도로 조화분석과 조석예측방법을 발전시켰다.[14] 찰스 다윈의 아들인 조지 다윈George Darwin도 미국 연안조사국의 과학자들처럼 조화분석을 보다 정교하게 만드는데 기여했다.[15]

특정한 조석빈도에서의 에너지로 인해 조석의 일부는 (달이 머리 위에 있을 때와 같은 어떤 참조시점에 대해) 특정한 진폭과 특정한 고조 시점을 가지는 코사인 그래프로 그려질 수 있다. 한 코사인 곡선은 달의 영향을 받는 조석의 일부를 나타내고, 다른 코사인 곡선은 태양의 영향을 받는 조석의 일부를 나타낸다. 또 다른 코사인 곡선들은 우리가 1장에서 살펴본 것처럼 달의 궤도가 타원형(근지점perigee에서 원지점apogee으로 움직이는 달의 궤도)이기 때문에 생기는 영향이나 지구 적도에 대한 달이나 해의 위치가 변화하는 영향을 나타낼 것이다. 이러한 코사인 곡선이 합쳤을 때 나오는 곡선은 측정된 조석 곡선과 거의 일치한다. 조화분석은 가능한 한 예측한 조석 곡선과 측정된 조석 곡선을 일치시키기 위해서는 각각의 코사인 곡선의 진폭과 시간이 어떻게 되어야 하는 지를 결정하는 데 사용하는 방법이다. 각각의 특정한 조석 빈도수들은 분조(分潮)harmonic constituents라고 한다. 그리고 분조를 설명하기 위해 계산된 진폭과 위상차는 조화상수(調和常數)harmonic constants라고 한다. 조석을 측정하는 검조기에서 매 시간 수위를 측정하고 이 결과를 분석해서 조화상수들을 구할 수 있다.

지구를 도는 달의 궤도, 태양을 도는 지구의 궤도 등 조석에 영향을 미치는 다른 분조들을 알아내기 위해서 수많은 조화상수들을 계산할 수 있지만, 대부분의 조화상수는 조석을 예측하는데 별로 영향을 미치지 못한다. 그러나 최대한의 정확도를 얻기 위해 일부 조화상수를 추가로 포함시켜 계산하기도 한다.[16] 얕은 물에서는 비선형적인 유체역학적 효과가 조석에너지를 다른 빈도로 전달하게 된다는 것이 나중에 알려지게 되고 이를 조화분석 시에 고려할 수 있게 되었다. 이러한 분조 중에는 천문적 요인에 의해 만들어지는 기본적인 빈도보다 더 많아지게 되는 고조파(高調波)harmonics, 다시 말해 빈도가 두 배, 세 배가 되는 분조가 있기도 하다.(상대적으로 조석기간은 이분의 일, 삼분의 일로 줄어든다) 이를 음악에서의 배음(倍音)overtones에 비유하여 배조(倍潮)overtide라고 한다. 깊은 수심의 바다에서는 조석이 간단한 코사인 곡선 형태로 나타나는 데 비해 얕은 바다에서는 왜곡되어 보이는 조석 곡선이 만들어지는 것도 이런 배조의 영향 때문이다. 얕은 바다에서는 조석 곡선이 밀물 때 빨리 올라가고 썰물 때 천천히 내려간다. 극단적인 경우가 우리가 1장에서 예를 들었던 조석해일tidal bore이다.[17]

톰슨이나 페럴의 조화분석을 사용하기 위해서는 많은 자료가 필요하기 때문에 수심측정은 최소한 몇 주일 동안 자주 해야 한다(보통 매 시간). 오랜 기간의 자료가 있을수록 조석에너지들을 대표하는 더 많은 분조를 알아낼 수 있어서 조석예측을 정확하게 할 수 있다. 몇 세기동안 조석을 측정하는데 검조주(檢潮柱)tide staff를 사용했다. 검조주는 부둣가에 영구적으로 세워놓고 자처럼 정확한 눈금을 표시해 놓은 긴 막대였다. 그러나 15일 동안 매 시간마다 검조주를 읽어서 조석자료를 얻는 것은 매우 수고스럽고 힘든 일이었다. 다행히 요즘에는 자동검조기self-registering tide gauge가 발명되어서 자동으로 자료를 얻을 수 있게 되었다. 최초의 자동검조기는 헨리 팔머Henry Palmer가 1831년에 만든 것으로, 풍파로 인해 해수면이 흔들려서 측정값을 왜곡시키지 않도록 하기 위해 깊은 우물 속에 부표(浮標)를 가지고 있는 것이었다. 이 때문에 정지정(靜止井)stilling well이라고 불렸다.[19] 정지정은 보통 부두에 설치되었다. 그 안에는 부표가 줄로 연결되어 있고, 줄이 묶여있는 도르래에는 펜이 있어서, 펜이 밀물과 썰물에 따라 오르락내리락 하면서 회전하는 종이다발에 조석 곡선을 그렸다. 이 검조기는 정확한 시간을 제공하기 위해 시계장치도 가지고 있었다.

1851년 미국 연안조사국은 조셉 색스턴Joseph Saxton이 디자인한 자동검조기self-registering tide gauge를 자체적으로 개발하게 된다. 3년 후에 이 검조기는 샌프란시스코에 설치되어 미국에서 가장 오랫동안 수위water level자료를 만들어내게 된다. 7장에서 살펴볼 것처럼, 샌프란시스코의 검조기와 샌디에고에 설치된 또 다른 검조기는 1854년 일본에서 발생한 지진이 태평양을 지나면서 만들어낸 쓰나미를 최초로 관측하기도 했다. 쓰나미는 샌프란시스코와 샌디에고의 조석 곡선에 매우 작은 진동으로 나타났었다. 이 검조기들은 또 1883년 쓰나미 신호를 포착하는 방법으로 크라카토아Krakatoa 화산이 폭발한 것을 원거리에서 알아냈던 최초의 기기들이기도 하다.[21] 색스턴의 자동검조기는 태평양, 대서양, 멕시코 만의 해안선을 따라 미국 연안에 많이 설치되어서 미국 최초의 해양관측체계를 구축하기 시작했다. 다른 나라에서도 항해를 지원하기 위한 목적으로 검조기 네트워크가 설치되었다. 우리가 앞으로 살펴볼 것처럼 이러한 검조기들은 조석 뿐 아니라 다른 해양현상을 예측하는데 중요한 자료들을 제공하게 되었다.

1893년 델라웨어강의 리디 아일랜드Reedy Island와 뉴욕항의 포트 해밀턴Fort Hamilton에 있는 두 개의 미국 검조기들은 측정자료를 선원들이 바로 볼 수 있도록 성능이 향상되었다. 이는 아마 실시간으로 해양자료를 활용한 최초의 사례인 것 같다. 검조기에서 측정한 최신 내용은 검조기에 부착된 대형 조석 알림판에 자동으로 보내졌고 대형 알림판은 10미터 높이의 반원형 눈금판 위에 조석측정결과를 보여주었다.(그림 2.1) 한 화살표는 조석의 높이를 가리키고 있고, 다른 화살표는 밀물 때인지 썰물 때인지를 나타내고 있다.[22] 이러한 안내는 망원경을 가진 선장이 멀리에서도 볼 수 있어서 자기 배가 좌초되지 않고 수로를 통과할 수 있을 만큼 충분한 수심이 확보되고 있는 지를 판단할 수 있게 해주었다. 이 조석 알림판은 천문의 영향 뿐 아니라 바람의 영향에 의한 조석의 변화(다음 장에서 살펴 볼 것이다)를 포함하여 실시간으로 수심을 알려준다는 점에서 매우 유용했다.

그림 2.1 델라웨어강의 리디 아일랜드에 설치된 조석 알림판 1893. (U.S. Coast and Geodetic Survey)

해양자료를 실시간으로 전달한다는 것은 결국 자료가 보여주는 상황을 가지고 바로 의사결정을 할 수 있을 만큼 자료가 빨리 전달된다는 것을 뜻한다. 실시간 자료는 이 책의 전체에서 논의하고 있는 모든 해양현상의 예측에 있어서 매우 중요한 역할을 한다.

자동검조기를 사용함에 따라 장기간의 조석자료를 얻을 수 있게 되었고 중요한 조석 분조(分潮)harmonic constituents의 시간과 크기를 분석할 수 있게 되었다. 그러나 어떻게 시간도 오래 걸리고 몹시 힘든 수학적 계산도 없이 조화상수(調和常數)harmonic constants를 사용해서 조석예측을 할 수 있었을까? 조화분석을 발전시킨 톰슨은 조화상수를 사용해서 자동적으로 조석예측을 할 수 있게 하는 독창적인 발명품을 선보였다. 컴퓨터가 아직 발명되지 않았던 시기에 그는 아나로그 조석예측 기계를 만들었던 것이다. 이 기계는 수십 개의 톱니바퀴와 줄로 움직이는 도르래로 구성되어 있었는데 줄에는 펜이 연결되어 움직이는 종이다발에 닿아있었다.[23] 각 분조는 특정한 빈도에 부합하는 속력으로 회전하고 있는 톱니바퀴로 표시되었다. (예를 들면 반일주조 상수의 톱니바퀴는 일주조를 나타내는 톱니바퀴보다 2배 빠르게 회전한다) 핀과 이음쇠의 배열은 각 톱니바퀴의 회전을 줄을 당기는 상하운동으로 바꿨다. 이런 과정을 통해서 조석분조를 종이 위에 조석 곡선으로 그릴 수 있게 되었다. 핀과 이음쇠 한 쌍은 조석 분조 하나의 정확한 높이와 시기를 알려주도록 조정되어 있었다. 각 조석분조는 조석 자료를 분석해서 도출한 조화상수의 쌍에 의해 결정된 것이었다.

톰슨의 첫 번째 조석 예측기계는 1872년에 런던에서 리지 엔지니어링 컴퍼니Légé Engineering Company에 의해 만들어진 것으로 10개의 가장 중요한 조석 분조들을 종합한 것이었다. 톰슨이 켈빈경Lord Kelvin이라는 작위를 받은 1892년 이후부터는, 이 구리로 만들어진 정밀기계를 켈빈의 조석기계라고 부르게 된다. 미국에서는 퍼렐Ferrel이 1882년 워싱턴에서 퍼스 앤 컴퍼니Fauth and Company와 19개의 조석 분조를 고려할 수 있는 기계를 만들었다.[24] 1906년 켈빈의 기계 중 톱니바퀴를 고안했던 에드워드 로버츠Edward Roberts는 40개의 조석 분조들을 계산할 수 있는 조석예측기계를 만들었다. 1894년에는 롤린 해리스Rollin Harris가 미국에서의 두 번째 조석기계를 설계했는데 37개의 조석분조를 계산할 수 있는 이 기계는 1910년에 만들어져서, 1912년 미국 연안 및 측지 조사국Coast and Geodetic Survey의 워크숍에서부터 이를 사용하게 된다.[25](그림 2.2) 이 기계 덕에 미국의 주요항구에서는 연중 조석예측이 가능해졌다. 이 예측자료들을 가지고 매년 고조 및 저조의 시간과 높이를 표시한 조석표를 발간했다. 미국 연안 및 측지조사국에서는 해리스의 기계를 "올드 브래스 브레인Old Brass Brains"으로 불렀는데 이 기계는 전자식 컴퓨터가 나오게 되는 1960년대까지 조석예측에 이용되었다.

1939년에 제 2차 세계대전이 일어날 때쯤에는 많은 해양 국가들이 청동으로 만들어진 대형 조석예측 기계들을 가지고 있었고, 전 세계 중요 항구에서는 정확한 조석예측이 보편화되었다. 예측은 대체로 효율적이었으나 수위water level자료를 분석하여 조화상수를 뽑아내고 이를 기기에 입력하는 과정은 사람의 손으로 해야 했다. 시간과 노력을 줄이기 위해 시간별 수위변화를 특정 양식에 기재되도록 한 후, 각 과정에 필요한 종류의 값만이 보이도록 천공된 종이를 그 양식 위에 덧대는 방법을 썼다. 이러한 방법을 사용했음에도 불구하고 수많은 자료를 합산하는 지루한 작업은 '인간 컴퓨터'가 해야했다. 오늘날 전자식 컴퓨터가 몇 초면 해낼 수 있는 일 년치 자료의 분석은 수주일이 걸렸다.

선원들과 해안가에 사는 사람들은 공식적인 조석표에서 조석예측정보를 얻었다. 공식적인 조석표는 매년 발간되며 두 가지 형태의 표로 구성되어 있었다. 첫 번째는 기준관측정점reference stations별로 고조 때와 저조 때의 시간과 높이를 예측해서 알려주는 것인데, 기준관측정점은 보통 항구에 있으며 어떤 나라에서는 이를 표준항standard port이라고도 한다.

그림 2.2 미국 연안 및 측지조사국의 조석예측기계 제2호는 1910년에 완성되었고 37개의 조석요인들을 다루고 있다. 이 기계는 2차 대전 당시 북아프리카와 태평양에서의 상륙작전 시 조석예측을 하는 데 사용되었다.

조석예측기계는 조석자료를 분석해서 만들어진 조화상수를 가지고 이러한 일일 예보를 했다. 두 번째 형태의 조석표는 수많은 보조정점(또는 부차정점)을 보여주는데 각 표의 줄마다 한 개의 정점이 표시되어 있다. 각 열에 있는 숫자는 보조정점과 근처의 기준관측정점간의 고조 시 시간차와 높이차를 의미한다. 저조시에도 비슷한 숫자들을 제시했다. 이러한 차이들을 지정된 기준관측정점의 일일 조석예측에 적용시킴으로써 보조정점을 위한 조석예측을 계산하였다. 조석은 두 칸(고조, 저조)만 사용하면 되는 데 반해 조류를 나타내는 표는 조류의 예측을 위해서는 추가적인 칸이 필요하다. 왜냐하면 조류예측은 네 가지 측면에서 이루어지기 때문이다 (최강창조류, 썰물 전 게류, 최강낙조류, 밀물 전 게류).

수심이 낮은 항구에 대형선박이 뭍에 얹히지 않고 입출항 하기 위해서는 고조가 언제 생기는 지를 예측해야 했기 때문에 조석표가 매우 중요하게 사용되어졌다. 그러나 제2차 세계대전이 일어나면서 조석예측은 다른 측면에서 전쟁의 승패를 결정짓는 결정적인 요소로 간주되어졌는데, 이는 상륙작전을 수행함에 있어 조석표를 활용했기 때문이다. 일본군이 장악하고 있는 태평양의 섬들을 탈환하기 위해서는 미 해병들이 산호초를 피해 상륙할 수 있을 만큼의 수심이 확보되는지를 알아야 했다. 유럽 전선의 연합군은 상륙작전을 할 때 독일 해안포 사정거리 하에서 건너야 하는 해변의 거리를 최소화하려고 가능한 최고조 시점에 상륙작전을 시도했다.

적군이 장악하고 있는 해안가에 상륙작전을 할 때 최적의 작전일은 보통 언제 밀물 때가 되고 얼마나 수심이 높아질 지를 살펴보고 선택하게 된다. 그러나 거기에는 또 다른 고려 상황이 있는데 예를 들면 해가 언제 뜨고 지는지, 밤은 얼마나 어두울 것인지 소위 보름달이 뜨는 날인지 어두운 초승달이 뜨거나 그 중간쯤 되는지 등이다. 미국 연안 및 측지조사국은 태평양의 대부분 섬들에 대한 '조석과 빛 도표' Tide and Light Diagram라는 이름의 색다른 예측 결과를 만들었다.[26] 이 도표는 한 달 동안의 고조시와 저조 시, 해가 뜨고 지는 때, 달이 뜨고 지는 때, 다양한 정도의 어스름한 때를 그래프 식으로 묘사했다. 조석조사과에서 일했던 왈터 저브Walter Zerbe는 버나드 제틀러Bernard Zetler의 도움을 받아서 이런 일급비밀의 도표를 만들었다. 조석조사과에서는 2차 세계대전 중에 거의 천여 개의 태평양과 북아프리카에 대한 이런 표들을 만들었다. 이 과의 인원은 거의 25명이 되기에 이르렀고 결국 육군-해군 합동정보국 산하로 가게 되었다. 일본 스파이들이 도표들을 빼낼 경우를 대비하여 도표들의 대다수는 미국이 공격할 의도가 없는 연안지역에 대해서도 만들었다. 연간 조석표처럼 일반적 조석예측자료들은 수도 워싱턴에 있는 조석 예측기계가 고장 나거나 파괴될 때를 대비해서 미리 4년 치를 만들어 놓았었다.

미국 연안 및 측지조사국은 태평양의 많은 섬들에 대해 조석을 계산할 수 있는 조화상수harmonic constants를 가지고 있었다.[27] 그러나 몇 섬들에 대해서는 조화상수를 알 수가 없었고 분석을 위한 조석자료도 없었다. 가장 악명 높은 사례는 태평양의 길버트 제도에 있는 타라와 환초인데, 1943년 11월 20일 해병들이 상륙작전을 하는 도중에 많은 수가 죽게 되어서 조석 때문에 실패했다고 비난받는 곳이었다.[28] 미국의 중요공격 목표는 타라와 환초로부터 북서쪽 820 킬로미터 떨어져 있는 마셜군도의 콰잘렌Kwajalein이었는데, 이를 공격하기 위해서는 타라와 환초의 남서쪽에 있는 베티오섬Betio Island의 비행장이 필요했다. 베티오 섬은 일본군이 철통같이 방어하고 있어서 일본군 해군소장 게이지 시바사키Keiji Shibasaki는 수백만 명이 공격해도 천년동안은 타라와를 함락시키기 못할 것이라고 자부했다고 한다. 일본군이 베티오의 바다 쪽 측면에 방어를 집중하고 있는 것을 보고, 미국 해병대는 석호 쪽을 공격하기로 결정했다. 그러나 그러려면 소형 상륙정이 산호초를 건너가야 했기 때문에 언제 산호초를 지날 수 있을 만큼 충분한 수심이 생기는지를 아는 것은 정말 중요했다.

사람을 가득 채운 상륙정은 1미터에서 1.2미터 정도로 가라앉았다. 상륙작전을 하기 위한 최적의 시점을 결정하기 위해서는 일주일 또는 이주일 간의 밀물 때를 정확하게 아는 것이 필요했다. 상륙작전을 오후에 하게 되면 증원부대는 다시 밀물 때를 기다렸다가 밤에 상륙을 해야 했기 때문에 미국은 밀물이 이른 아침에 들어오는 날 작전을 하려고 했다. 또 상륙작전 전에 하는 정확한 폭격은 밝을 때 해야 했기 때문에 해가 뜬 후 오랫동안 밀물이 들어와야 했다. 가장 중요한 것은 이 밀물 때 상륙정이 산호초에 부딪히지 않고 지나갈 수 있을 만큼 충분한 수심을 확보하는 것이었다. 만일 상륙정이 산호초에 걸린다면 해병대는 일본군들의 총앞에 무방비 상태가 될 것이고 해병대원들은 상륙정을 버리고 해안가까지 수백 미터를 총탄세례를 피하면서 빠져나와야 할 것이다.

지휘부는 1943년 11월 20일을 타라와 상륙작전의 날로 정했다. 문제는 그날이 달과 지구와의 거리는 가장 멀고 지구와 태양은 서로 반대방향으로 작용하기 때문에 일 년 중 가장 작은 고조가 생기는 원지점 소조apogean neap tide가 있은 바로 다음 날이라는 것이었다.[29] 그러나 분석할 충분한 조석자료가 없었기 때문에 이 원지점 소조 기간 중의 밀물 때에 상륙정이 산호초를 건널 만큼 충분한 수심이 생기는 지를 아무도 알지 못했다. 타라와의 조석에 대한 자료는 1901년 측정된 자료가 유일한 것이었다. 연안 및 측지조사국은 조차를 추정해서 밀물 시점을 계산하기 위해 이 자료를 사용했다. 1943년 당시의 미국 측 조석표에서는 타라와는 보조 조석정점이었고, 평균조차는 1.2미터, 대조 시 조차의 평균은 1.6미터 정도라고 나타내고 있어서 원지점 소조 때의 조차는 최소한 1.2미터 보다는 작을 것이라고 추측하는 정도였다.[30] 조석을 예측하기 위해 1,600킬로미터 이상 떨어져 있었던 사모아 제도 아피아 기준관측정점의 고조와 저조간의 시간과 높이차를 참고하기는 했다. 그러나 보조 정점에서의 조석예측을 정확하게 하기 위해서는 기준관측정점이 비슷한 조석 특징을 가지고 있어야 했고, 두 정점간의 거리가 멀지 않았어야 했다.[31] 따라서 1943년 조석표에 나타난 수치들을 가지고 조석을 예측한 자료가 얼마나 정확한 지는 아무도 알 수 없었다. 해군 정보부는 길버트 제도에 친숙한 호주인들과 뉴질랜드인들을 찾았다.(그들을 '외인부대'라는 별명으로 불렸다) 그들은 조석예측에 대해 걱정했지만 11월 20일 오전 10시 1분에는 산호초 위쪽의 수심이 1.5미터 정도는 될 것이라고 했다. 그러나 특정할 수는 없지만 특별한 상황에서는 1.2미터 정도 밖에 되지 않을 수도 있다고 했다. 단지 한 사람은 다른 사람들에 동의하지 않고 그곳 수심은 1미터 정도가 될 것이라고 말했다.

모두들 공격을 며칠 연기하면 물이 더 깊어질 것이라는데 동의했지만 제5상륙군 지휘관인 리차드 터너Richard Turner소장은 20일에 공격하는 것으로 결정했다. 그는 서풍이 세져서 파도가 높아질 것을 더 걱정했던 것이다. 공격계획을 책임지고 있었던 데이비트 숍David Shoup중령은 최악의 상황을 대비해서 LVT라고 불리는 수륙양용장갑차를 보강하기로 했다. 이 차량은 보통 보급품을 운반하거나 암초가 있는 지역에서 사람을 수송하는데 쓰였다. 일반적인 LVT는 히긴스상륙정Higgins boat보다 물에 덜 잠기기 때문에 산호초 위로도 지날 수 있었지만 적의 공격으로부터 자신을 보호할 적절한 방어수단이 부족했다.

11월 20일 오전 3개 부대의 LVT가 암초들을 지났고, 오전 9시 13분 1,500명의 해병들을 해안가에 내려놓았다. 대부분의 LVT는 일본군의 공격에 부서졌고, 나머지 공격조는 충분히 밀물이 들어왔을 때 공격해서 히긴스상륙정이 암초 위를 지날 수 있도록 했다. 그러나 첫 번째 히긴스상륙정이 암초 가까이에 갔을 때, 산호초가 금속을 찢는 높은 톤의 끔찍한 소리가 들렸는데 이는 수위가 충분히 높지 않다는 것을 명확히 보여주는 것이었다. 히긴스 상륙정은 산호초에 걸리자 굉음을 내며 멈춰 섰다. 장병들은 상륙정에서 뛰어내려 약 700미터 앞의 육지로 내달렸지만 무자비한 일본군들의 총탄세례에 쓰러지기 시작했다. 산호초에 걸리지 않은 LVT들은 좌초된 히긴스상륙정에서 병력을 태워서 산호초 위에 내려놓았다. 그러나 작전을 하기에 충분히 도움이 된 것은 아니었다. 정오가 넘어서서 거의 수심이 최고에 오르고 있을 때에도 히긴스상륙정들이 자유롭게 움직이기에 충분하지는 않았고 그리고 나서 다시 물은 낮아지기 시작했다. 자정까지는 다시 고조가 되지 않을 것이었고 다시 고조가 되어도 충분한 수심이 될 것 같지는 않았다. 절망적이고 피비린내 나는 전투가 76시간이나 계속된 후에 해병대는 간신히 승리했다. 그러나 거의 천명이 사망하고 2천명이 부상당했는데 거의 산호초와 해안가 사이에서 그런 피해가 발생했다. 일본군은 항복을 거부하고 최후의 일인까지 싸워서 거의 4천명 넘게 죽었다.

이는 그 당시까지 해병대 역사상 가장 피해가 큰 전투였는데 그 작은 섬을 확보하려기 위해 그 큰 피해를 본 것이었다. 미국에서는 여론이 들끓었다. 11월 30일자 뉴욕타임지는 해군장관인 프랭크 녹스Frank Knox가 '갑작스런 바람의 변화'로 예상치 못하게 타라와 주변의 수심이 낮아졌고 이로 인해 해병대가 어려움을 겪었다고 말한 것을 보도했다. 그러나 이는 사실이 아니었다. 조석예측 등 이 전투의 문제점을 파악하기 위해 해군진상조사위원회가 진주만에서 소집되었다. 11월 30일 해군은 타라와에서의 조석 측정을 시작했고 자료를 연안 및 측지조사국으로 보내 분석하도록 했다. 다음해 1월 26일, 연안 및 측지조사국 국장대리인 훌리J.

H. Hawley는 조사국의 분석에 따르면 고조 시점은 조석표에 있는 것보다 50분 늦게 일어나지만 바닷물의 높이는 정확했다는 내용의 편지를 해군에 보냈다.[34] 해군 조석 자료는 5월 3일까지 수집되었다. 이 자료(그리고 1948년에서 1949년까지 수집된 영국자료)의 조화분석은 11월 20일 고조는 11시 30분에 일어났다는 것을 확인했고 상륙작전을 위해 예측된 조석의 높이도 크게 잘못 된 것이 없었다는 것을 보여주었다. 그러나 그 높이는 히긴스상륙정이 암초를 건너기에는 충분하지 않았던 것이다. 이틀만 더 기다렸다 공격했다면 고조시에 암초를 건널 수 있는 여분의 수심을 확보할 수 있었을 것이고 11월 20일의 최고조시 수심보다 높은 수심을 네 시간 정도는 더 확보할 수 있었을 것이다. 물론 이런 사항이 다 고려되었다 할지라도 공격은 연기되지 않았을 지도 모른다. 왜냐하면 이미 공격은 5일이나 연기되었고 더 연기하면 향후에 있을 마셜제도에 대한 공격이 어려워질 수 있었다. 타라와는 미국이 강하게 방어하고 있는 적군에 대해 감행한 첫 번째 미군의 상륙작전이었고 조석예측이 그렇게 중요했던 것도 이것이 처음이었다. 그리고 7달 후에는 지금까지 수행된 상륙작전 중에서 가장 규모가 크고 위험한 상륙작전을 수행하게 되는데 여기에서도 큰 조차가 중요한 역할을 하게 된다.

노르망디 해안의 조차는 6미터나 되었기 때문에 나치 치하의 유럽을 탈환하려 하는 연합군이 상륙작전 디데이를 결정하는 데 조석예측이 매우 중요했다. 조석 예측은 작전 지휘부가 상륙작전의 날짜와 시간을 정하는데 가장 중요한 고려사항이었던 것이다.[35] 6미터나 되는 조차는 저조시에 넓은 해변을 드러나게 만들었다. 그리고 독일군의 롬멜 장군은 독일 측의 해안방어를 강화하기 위해 큰 조차의 이점을 최대한으로 살리는 일이라면 무슨 짓이라도 하려고 했다. 롬멜은 해안가에서 연합군을 막기만 하면 독일군은 패배하지 않을 것이라고 확신했다.

또 롬멜은 연합군이 고조 시점에 상륙할 것이라고 확신하고 있었다.[36] 4년전, 독일군이 영국을 침공하려고 하자, 영국도 독일군은 포화 속에서 건너와야 하는 해변의 거리를 최소화하기 위해 고조 시점에 상륙할 것이라고 생각했었다. 새로 영국 총리가 된 윈스턴 처칠은 이전에 해군장관을 역임한 바 있어 조석에 대해 잘 알고 있었다. 1940년 6월 26일 처칠은 해군본부에 “향후 6개월 동안의 조석과 달의 도표”를 요청했다.[37] 처칠은 해군이 이 도표를 사용해서 어떤 날이 상륙작전을 위해 가장 좋은 조건이 될 지를 말해주었으면 했다.[38] 해군본부는 상륙작전을 하기에는 고조가 새벽에 생기고 달이 없는 날이 가장 좋은 날이라고 답변하였다. 그리고 8개의 영국항만과 가까운 해변들 별로 이러한 조건을 만족하는 7,8월 중의 날짜를 골라주었다.[39] 1940년 11월 14일, 영국해군은 조석표를 적군이 사용하지 못하도록 조석표 출판을 금지시키게 된다.[40]

롬멜은 아틀란틱 월Atlantic Wall (독일군이 프랑스와 벨기에의 해안을 따라 만든 방어선에 붙인 이름)을 보강하는 책임을 맡게 되자 철, 시멘트, 나무 등으로 수많은 장애물을 만들어서 고조 시 해안선과 저조 시 해안선 사이의 해변을 덮어버렸다. 물이 절반쯤 들어오게 되면 장애물들은 물에 잠기도록 배치해서 연합군 상륙정의 밑바닥이 찢어질 수 있도록 했다. 연합군 측은 롬멜의 장애물을 1944년 2월 중순 쯤에 항공기 관측으로 알게 되는 데 '버섯처럼 자라나서 5월쯤에는 거의 2~3미터에 하나 꼴로 장애물이 있었다.'고 한다.[41] 장애물들은 갖가지 모양과 크기를 가지고 있었다. 거기에는 1.8미터짜리 쇠막대들을 직각으로 교차시켜서 만든 철조망들도 있었는데 이는 마치 거대한 아이들의 장난감(Jack이라는 서양식 공깃돌) 같이 보이기도 했다. 세로 2미터, 가로 3미터의 강철틀로 세워둔 벨기에식 문도 있었다. 통나무를 날카롭게 만든 다음 비스듬하게 앞쪽으로 향하게 해서 묻어놓은 것들을 줄줄이 늘어놓기도 했고 통나무 위에는 대전차용 지뢰도 많이 설치해 놓았다.

롬멜은 아틀랜틱 월을 보강하는 내내 연합군이 고조 시점에 상륙할 것이라는 것을 확신하고 있었다. 실제로도 연합군은 해변에서 포격을 덜 받기 위해 고조 시점에 상륙하려고 했었다. 그러나 롬멜이 물 속에 장애물들을 만드는 바람에 작전을 변경해야 했다. 초반 상륙은 저조 시점에 하고, 폭파팀이 장애물을 충분히 치워서 상륙정들이 해안가로 갈 수 있을 통로를 열수 있도록 했다.

그림 2.3 롬멜 장군이 노르망디해안가의 저조선과 고조선 사이에 설치에 놓은 수중 장애물들을 저조시에 둘러보고 있다.

그리고 밀물이 들어오고 있는 시점에 작전을 해서 상륙정이 썰물 때문에 좌초되지 않고 병력을 내리고 돌아갈 수 있도록 해야 했다. 썰물 때는 시간당 0.9미터 정도씩 수심이 낮아졌다. 그러나 또 다른 조건도 충족되어야 했다. 연합군이 비밀리에 움직이기 위해서 밤에 영국해협을 건너야 했지만, 해군은 상륙전에 해안 포격과 정확한 해안가 안내를 위해서 30분에서 90분 정도의 햇빛도 필요했다. 이처럼 저조 때 날이 밝아 있어야 했고 상륙작전은 날이 밝은 한 시간 후에 시작돼야 했다. 상륙작전 전 공중 폭격은 밤에 이루어질 예정이었는데 낙하산 부대는 밤에 낙하해야 했지만 목표지점을 보기 위한 달빛을 필요로 했다. 이런 이유로 달은 늦게 뜨는 것이 좋았다. 1944년 6월에는 5일, 6일, 7일 이렇게 3일만 이러한 조건들을 충족하고 있었다. 그 다음 선택할 수 있는 시점은 2주 후였는데 그때는 조석은 비슷했지만 보름달은 아니었다.[43]

조차가 6미터 정도 된다는 것은 물이 최소한 시간당 1미터로 차오른다는 것을 의미했고 얕은 물로 인한 효과 때문에 어떤 때는 물이 더 빨리 차오를 수도 있었다. 저조 시점과 시간당 물이 얼마나 올라오는 지를 정확하게 알지는 못했지만 폭파팀이 롬멜의 장애물들을 제거하기에는 시간이 모자랄 것으로 보였다. 게다가 저조와 고조 시점이 상륙작전을 수행하는 다섯 개의 해변(유타Utah, 오마하Omaha, 골드Gold, 주노Juno, 스워드Sword)마다 다 달랐고 유타와 스워드 간에는 거의 한 시간 15분차이가 있었다. 이 해변들에서의 공격개시 시간은 조석예측에 따라서 시차를 두고 정해져야 했기 때문에 조석예측은 정확해야 했다.[44] 조류는 또 다른 중요고려 사항이었다. 조류는 조석보다 더 예측하기 어려웠고 측정하기도 어려웠다.

영국 해군측은 아서 도슨Arthur T. Doodson 박사가 이끌고 있는 비드스톤 관측소의 리버풀 조석연구소Liverpool Tidal Institute에서 전쟁을 위한 조석과 조류 예측자료를 생산하고 있었다. 그 연구소는 당시 조석 예측에 있어서는 세계 최고의 기관이었다. 도슨 박사는 조석 예측을 하는데 2가지 기계 즉 켈빈이 만든 기계(1872년에 제작되어 1942년에 재조립)와 로버츠가 만든 기계(1906년 제작)를 사용했었다. 기계들은 폭격으로 두 기계가 다 부서지는 것을 막기 위해 관측소의 각각 다른 방에 분리해서 설치해 두었다.[46] 악명 높은 호호경Lord Haw Haw(나치 선전방송을 담당했던 매국노 윌리엄 조이스의 별명)이 대공습 중의 나치 라디오 선전방송을 통해 "아침까지 비드스톤 관측소는 사라질 것이다"라고 공언했기 때문에 점점 더 폭격을 걱정하게 되었다.[47] 관측소 근처로 많은 폭탄들이 떨어졌지만 다행히 문이나 창문들만 부서지고 두 조석예측기계는 손상되지 않고 일주일 내내 이른 아침부터 늦은 저녁까지 돌아가고 있었다.[48] 또한 만일을 대비해서 영국해군은 모든 항구에 대한 조석예측을 향후 2년까지 조석표로 만들어 놓았다.

추가적으로 세계 곳곳의 연합군이 필요한 곳마다 조석예측을 해 놓고 있었다. 1943년 7월 15일 해병 중장 프레드릭 모건Frederick Morgan은 런던에 있는 영국 해군 참모총장에게 나치 치하의 유럽에 대한 연합군의 공격을 위한 최적의 장소로 노르망디 해변을 강하게 추천했고 연합군 사령부는 다음 달 그 제안을 받아들였다.[49]

상륙작전 해변에 대해 정확히 조석을 예측하기 위해서 도슨이 사용할 데이터를 제공하는 일은 영국 해군 수로국의 책임자인 윌리엄 이안 파커슨William Ian Farquharson 중령이 담당하고 있었다. 극도로 엄격한 보안 때문에 파커슨은 도슨에게 연합군 상륙작전이 노르망디에서 실시될 거라는 극비사항을 말할 수는 없었다. 전쟁기간 중에 영국남부의 배스Bath에 살고 있었던 파커슨과 북부인 리버풀에 살고 있었던 도슨은 수백 통의 편지를 교환하고 때로는 전신도 이용했다.[50] 파커슨은 종종 지역명칭보다는 암호를 이용해서 특정 지역 위치를 언급해야만 했다. 만일 편지가 적군 정보원에 의해 가로채어져도 정보원이 파커슨이 도슨에게 물어본 작전 장소를 알아낼 수 없도록 한 것이었다. 한 편지에서 파커슨은 도슨에게 1944년 6월과 7월의 IHB 102번의 시간대별 조석 높이를 물어보면서 경도와 위도는 생략하고 숫자로 답해달라고 한 적이 있었다.[51] 그는 모나코에 있는 국제수로국International Hydrographic Bureau(IHB)에 의해 출판된 '조화상수의 특별판Special Publication of Harmonic Constants'에 있는 102번 정점인 쉘부르Cherbourg에서의 조석 예측을 요청하고 있는 것이었다. 독일은 1933년 국제수로국에서 탈퇴하긴 했지만 이런 식의 표현은 쉽게 알아볼 수 있기 때문에 안전하게 암호화 된 것은 아니었다.[52]

도슨은 노르망디 해변에서의 조석을 정확히 예측하기 위해서 적군 해안들이나 이와 가까운 지역에서 해수면 자료를 측정한 뒤 이를 토대로 조화상수를 계산하려 했다. 그러나 불행히도 그런 자료는 없었고 만일 있다하더라도 나치 정권하의 비시 프랑스 Vichy France가 가지고 있었다. 영국은 세느만의 노르망디 해변을 둘러싸고 있는 프랑스의 가까운 두 항구, 동쪽의 르 아브Le Havre와 서쪽의 쉘부르Cherbourg에 대한 정확한 자료만을 가지고 있었다. 노르망디 해안의 조석은 르 아브나 쉘부르의 조석을 그대로 사용할 수 있을 만큼 비슷한 것은 아니었다. 얕은 물과 관련된 조건이 매우 달랐기 때문에 수학적 계산으로 추정할 수도 없었다. 조석이 얕은 물에서 왜곡되는 현상은 밀물이 보다 빨리 올라오게 만들어서 폭파팀이 활동할 시간을 적게 만든다. 그래서 정확한 노르망디 해안의 얕은 물과 관련된 조석 분조tidal constituents가 예측에 포함되어야 했다. 1943년 해군 조석표에는 노르망디 해변에 가까운 세 지역이 있었는데, 오마하와 골드 해변 사이의 작은 어항인 포트 엉 베쌍Port-en-Bessin, 주노 해변 옆의 쿡쎌르 수흐 메흐Courseulles-sur-Mer, 스워드 해변 동쪽의 두 도시인 머빌과 오이스트럼Merville and Ouistreham이 바로 그 세 지역이었다.[53] 그렇지만 이 모든 지역은 기준관측정점으로 르 아브Le Havre를 사용하는 보조정점들이었기 때문에 영국 조석표에서는 이 지역들의 예측이 정확하지 않을 수도 있다고 경보하고 있었다.[54]

영국은 노르망디 해변 자체의 수심 데이터를 절실히 필요로 했다. 영국은 한밤 중에 작은 보트와 2인승 소형 잠수함을 이용해서 적 해안을 몇 차례 정찰해서 해안 경사도와 모래 샘플을 모으고 수심과 해류 자료도 확보했다.[55] 이러한 조석과 조류 자료는 조석 분석을 위해서는 많이 부족했지만 파커슨은 이 자료들을 쉘부르와 르 아브 그리고 세 개의 보조정점들의 조석 정보와 결합하여 어느 정도 도슨을 위한 조화상수들을 제시할 수 있었다.

1943년 10월 9일 파커슨은 도슨에게 긴급이라고 찍힌 세장의 친필 서한을 보낸다. 그곳에는 그가 도슨에게 1944년 4월 1일부터 4개월간 매 시간 수심을 요구했던 Z로 언급된 장소에 대한 11쌍의 조화상수가 들어있었다. 그는 '이 곳은 익명의 장소이고, 상수들은 추정된 것임'이라고 썼다. 또 그는 '사실 자료가 매우 적어서 나는 도박 삼아 정답 같아 보이는 천해상수를 추정하고 있다'[56]라고 했다. 파커슨이 도슨에게 쓴 많은 편지가 있지만 어떻게 파커슨이 11쌍의 조화상수들을 제시했는지는 알 수는 없다. 그는 아마 노르망디 해변 중 한 곳의 수심자료에서 얻은 약간의 자료로부터 조석 곡선을 도출하여 그 모양을 비교하는 방법으로 르 아브 지역의 상수들을 수정했던 것 같다. 그는 아마 해군 조석표에 있는 다른 정보들과 시간 및 높이 차이들도 고려했을 것이다. 그가 조화 상수를 어떻게 만들었던 간에 상대적으로 최근에 영국해협의 유체역학적 수치 모델로부터 도출된 조화상수들과 그의 노르망디 해변 조화 상수들은 쉽게 비교될 수 있었다.[57] 그리고 나서 도슨은 이 조화 상수를 그의 조석예측기계에 입력하여 작전개시일을 위한 조석예측 정보를 만들어 냈다. 전쟁이 일어나고 몇 년후 도슨은 조화상수들을 보고 노르망디가 작전지역으로 계획 중이라는 것을 추측할 수 있었다고 말하기도 했다.[58] 영국 수로국British Hydrographic Office에서는 도슨의 조석예측이 각 상륙해변별로 수정되고 일출, 일몰, 월출, 월몰 정보를 나타낸 '조석 조명 도표Tidal Illumination Diagrams' (앞서 설명한 연안 측지조사국의 '조석 및 빛 도표' Tide and Light Diagrams 와 유사함)를 포함하여 편리한 방법으로 다양하게 제공되어졌다.[59] 이런 예측들은 미국 공병대의 정보과를 통해 미군에도 전달되었다.

조석이 6월 5, 6, 7일 중에 작전을 하기 가장 좋은 날을 고르는 핵심 요소이긴 했지만 공격일의 날씨도 날짜 결정에 중요한 사항이었다. 기상이 안 좋아서 강한 바람과 해안가의 높은 파도가 생기면 상륙작전이 불가능해 질 것이었다(6장에서 살펴볼 것이다) 또 상륙 작전 이전에 행해지는 항공 작전 측면에서도 구름이 끼고 시야가 좋지 않게 되어 항공지원도 불가능하고 함포사격도 부정확하게 될 수 있었다. 6월의 날씨가 비록 일반적으로는 좋았지만, 나쁜 기상 때문에 원래 아이젠하워와 그의 참모들이 작전개시일로 정했던 6월 5일은 연기되었다. 아이젠하워 휘하의 기상요원들은 36시간 후의 기상예측에 따라서 6월 6일로 작전일을 연기했는데 이는 이 날이 연합군이 공격하기에는 날씨가 좋지 않다고 판단했던 독일군의 허를 찌른 셈이 되었다. 6월 6일, 롬멜은 독일에서 히틀러 총통을 만난 후 집에서 부인의 생일을 축하하고 있었다. 잘 알려진 사실은 아니지만 롬멜이 6월 6일 노르망디를 떠난 또 하나의 이유는 그는 연합군이 고조 시점에 공격할 것이라고 생각했고 6월 6일이 공격하기에는 조석이 좋지 않다고 생각했기 때문이었다.[60]

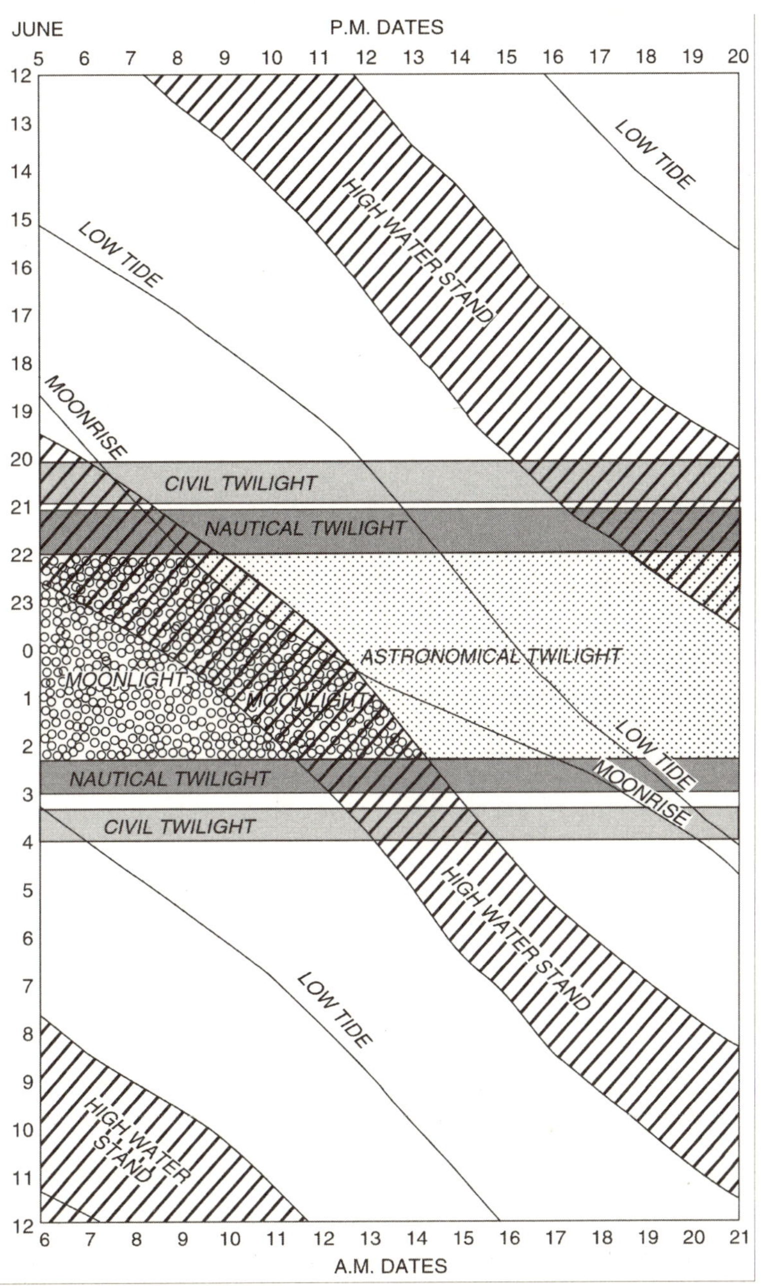

그림 2.4 1944년 6월 5일부터 29일까지의 오마하 비치에 대한 조석 조명도표로 일출, 일몰, 월출, 월몰 정보를 보여주고 있음(Society of American Military Engineers)

공격이 시작되자 조석 예측은 꽤 정확한 것으로 나타났고 조석은 계속 중요한 역할을 했다.[61] 폭파팀은 해변에 놓인 장애물들을 폭파시켜서 7미터 폭으로 16개의 통로를 확보하기 위해 오마하 해변에 저조 후 한 시간쯤 지나서 상륙했다. 밀물이 빠르게 들어오고 있었고 독일군의 중화기가 해변 위 높은 절벽에 있었기 때문에 폭파팀은 6개의 통로와 세 개의 통로 일부만을 폭파시키는데 성공했다. 이 과정에서 투입된 공병대원의 절반이 사망했다.[62] 강한 조류 때문에 상륙정들은 해변에 예정한 만큼 근접하지 못했다. 유타 해변에서는 상륙정들이 해류에 의해 해변의 방어가 약한 쪽으로 쓸려가기도 했는데 그런 경우에는 오히려 조류가 도움이 된 것이었다.[63] 제2차 세계대전이 끝난 후에는 전쟁 전과 마찬가지로 다시 안전한 항해를 지원해 주기 위해 조석과 조류를 예측하게 된다. 다만 1950년 한국 전쟁때 조차가 10미터나 되는 인천에서 상륙작전을 수행하기 위해 다시 군사적 목적으로 조석 예측정보가 활용되기도 했다. 이러한 조석예측은 전쟁시 작전 수행 이외의 많은 용도로 발전했고, 해양환경 분야에도 많이 활용된다. 예를 들면 조류는 하구로부터 오염된 물을 씻어내는 데 중요한 역할을 하기도 하고 조류는 적조를 해안가로 이동시켜서 보건상의 문제를 발생시키기도 한다.

1970년 미국의 연안 및 측지조사국은 새롭게 만들어진 해양대기청National Oceanic and Atmospheric Administration의 국가해양국National Ocean Service에 포함되게 된다. 국가해양국은 수년간 200여개의 영구적인 자동검조기를 미국 전역에 설치하였다. 또한 기술이 발전함에 따라 계속 구형 검조기들을 신형으로 교체해오고 있다. 부표와 연결된 줄에 연필을 달아서 움직이는 종이다발에 곡선을 그리도록 했던 방식은 이제 사라졌다. 오늘날에는 음향검조기가 사용되는데, 음파를 보낸 뒤 해수면에서 반사되어 수신기로 돌아오는 시간을 측정하면 해수면의 높이를 정확하게 측정할 수 있다. 또 그런 음향신호는 빠르게 보내져서 많은 항목을 측정할 수 있으며 파도 때문에 빠르게 상하 운동하는 효과를 제거하기 위해 몇 분 내에 쉽게 평균을 계산할 수도 있다. 이 기기들은 또한 쓰나미로 인한 진동도 감지할 수 있다. 조석을 측정하는 또 다른 새로운 방법도 있는데 예를 들면 해수면에 떠있는 부표에 GPS수신기를 설치해서 육지에서 먼 곳의 조석도 측정할 수 있게 되었다.[65] 위성 고도계는 위성과 해수면 사이의 거리를 레이더(무선신호)로 측정함으로써 넓은 바다의 해수면의 높이를 측정할 수 있다.[66]

검조기Tide gauge는 보통 수위측정기water level gauge라고 불리기도 하는데, 이는 그 자료들이 조석 예측보다 더 많은 곳에서 중요하게 사용되기 때문이다. 미국 해양대기청이 보유한 200개 정점들의 네트워크는 국가 수위 관측망National Water Level Observation Network이라고 하는데, 이 관측망은 전 세계 국가가 다양한 목적으로 사용하는 지구해양관측시스템 Global Ocean Observing System에 미국이 기여하게 된 첫 번째 요소가 되었다. 정확한 해도를 만들기 위해 시행한 국가해양국의 수로(또는 측심) 및 해안선조사 중에 일시적인 해수면 관측정점 수천 개가 추가적으로 수년간 설치되었었다. 오늘날 조석과 조류는 수위와 조류자료가 수집되고 분석되는 어느 곳에서나

쉽고 정확하게 예측된다. 게다가 수치 유체역학 모델은 라플라스에 의해 처음 만들어진 방정식과 유사한 방정식을 사용해서 자료가 없는 곳에서도 조석을 예측할 수 있게 해주었다.[67] 국가해양국과 다른 국가 기관들, 전 세계의 민간회사들은 일상적으로 전 세계 수천 지점에 대한 조석을 예측해서 책, 인터넷, CD에 담긴 소프트웨어 프로그램으로 이를 제공하고 있다. 물론 조석은 더 이상 과거와 같은 수수께끼는 아니다. 조석은 천문학적 근거를 가지고 있기 때문에 해저면과 해안선이 크게 바뀌지 않았다면 향후 수십 년, 수백 년 미래의 조석도 예측할 수 있고 과거의 조석도 설명할 수 있다.[68] 그래서 우리가 이 장에서 언급한 것처럼 역사적인 해양 관련 사건이 있었을 때 달의 모양이 어떠했는지를 설명할 수 있는 것처럼 조석이 어떠했는지도 설명할 수 있게 되었다.

앞서 본 것처럼 선장들이나 도선사들은 큰 배를 입출항 하는데 안전한 시간을 결정하기 위해서 조석예측 자료를 사용한다. 그러나 최근에 만들어진 유조선이나 컨테이너선 같은 대형 선박들은 물 속 깊게 잠기게 되어 깊은 수심을 가진 미국 항구에서조차 고조 시점에 가까운 때에만 배를 움직일 수 있게 되었다. 경제성과 안전성 측면에서 보면 천문학적 조석예측만으로는 더 이상 충분하지 않고 선장은 더 예측하기 어려운 해수면에 대한 바람의 영향도 알고 있어야만 한다. 국가 수위 관측망의 정점에서 나오는 해수면 자료는 인터넷을 통해 실시간으로 전달된다. 미국 해양대기청의 국가해양국은 물리해양실시간시스템Physical Oceanographic Real-Time System(PORTS)을 통해 미국 내 많은 항구들에서의 실시간 조류 자료 뿐 아니라 실시간 해수면 자료를 제공하고 있다. 물리해양실시간시스템(PORTS)에 쓰이는 수치 유체역학 예측모델은 바람의 영향도 예측해서 24시간 수위와 조류에 대한 예측자료를 제공한다. 이 모델은 연안지역에서 해양환경을 예측하기 위한 모델로 사용되고 있지만 원래는 해양대기청의 국가기상국National Weather Service에서 일기예보 모델로 개발된 것이었다. 이 실시간 해수면 자료와 이에 기반한 예보는 용골이 거의 항구 바닥에 닿을 정도인 대형 상선의 안전에 큰 도움을 줄 수 있다.[69] 실시간 해수면 관측능력은 허리케인의 강한 바람이 만들어내는 폭풍해일의 크기를 측정하는데도 핵심적인 요소가 된다. 그래서 홍수예보도 세밀하게 조정될 수 있고 대피지역도 더 정밀하게 결정될 수 있다.(4장 참조) 바다나 바다 가까이에서 지진이 발생하면 이 실시간 검조기는 자동으로 쓰나미를 감지하기 위해 표본 검사 비율을 높게 만든다.(7장 참조) 검조기에서 도출된 태평양 해수면 자료는 엘니뇨El Niño를 연구하는데도 중요하다.(10장 참조) 이런 검조기들은 상당수가 100년 이상 운영되어서 기후변화와 지구온난화의 중요문제인 해수면이 얼마나 빨리 상승하고 있는지에 대한 중요한 자료도 제공하고 있다.(10장 참조) 우리는 이미 얼마나 해양현상들이 상호 연계되어 있는지 그리고 얼마나 해양관측망이 다양한 목적을 가지고 사용되고 다양한 해양예측에 중요한지를 살펴보기 시작했다. 조석 예측은 정확한 해양예측을 향한 인류의 첫걸음이었다고 평가할 수 있다.

전 세계 국가들에 의한 수위 관측망의 설치는 다음 장에서 주로 다룰 전지구해양관측시스템Global Ocean Observing System(GOOS)을 만들기 위한 첫걸음이었다. 지난 백 년 동안 정확한 조석 예측이 보편화되었기 때문에 사람들은 조석이 얼마나 위험한 지를 잊게 되었다. 그래도 아직 자칫 잘못하면 조수 소용돌이, 조수해일, 강력한 조류, 갯벌에서 갑자기 들어오는 밀물 등으로 인해 목숨을 잃을 수 있다. 조석 예측은 위험한 상황을 경보하는데도 중요하다. 그러나 폭넓게 전자통신이 사용되는 오늘날에 있어서도 그러한 예측을 모르고 있거나 무시하는 사람들이 있어서 때로 비극적 결과를 낳게 되는 경우가 있다. 알래스카 앵커리지 근처의 쿡 만Cook Inlet같은 곳은 조차가 12미터나 되기 때문에 이런 조석의 위험성을 무시하는 것은 정말 치명적이다. 턴어게인암Turnagain Arm에 있는 썰물 때 드러나는 넓은 갯벌에는 헤어나기 힘든 곳이 있다. 빙하 진흙에 무릎이 빠진 사람은 갯벌에 완전히 갇히게 되는데 한 시간에 거의 2미터 정도로 밀려오는 밀물 때가 되면 물이 머리 위로 차오기 전에 빠져 나오기 힘들어 질 수도 있다. 빠르게 밀려온 밀물에 갇힌 사냥꾼이 갯벌에서 필사적으로 나오려고 하면서 총의 총열로 숨을 쉬어 목숨을 부지했다는 이야기도 있다.

1장 앞쪽에서 우리는 가장 오래 전에 조석을 예측한 것은 어민들이었을 것이라고 말한 바 있다. 그들은 아마 언제 물이 들어오는지를 알아야 물에 빠져 죽지 않고 썰물 때 갯벌에서 조개를 캘 수 있었을 것이다. 나폴레옹이나 모세가 살던 때의 세인트 말로만Gulf of St. Malo이나 홍해에 대해 우리가 살펴본 것처럼 지금도 어떤 수로에서는 조석이 빠르게 거슬러 올라와서 사람들을 덮치곤 한다.

아일랜드 해Irish Sea의 영국 쪽 해안인 모어캠 만Morecambe Bay에는 조석이 삽시간에 사람을 덮치는 위험한 수로가 있다. 그곳의 조차는 10미터에 달해서 썰물 때는 수 킬로미터에 달하는 진흙갯벌을 만들어내는 영국에서 가장 큰 조간대가 있다. 2004년 2월 5일 저녁, 23명의 중국 이주노동자들은 이 갯벌에 모여서 새조개를 캐다가 밀물에 갇히게 되었다. 그들을 둘러싼 밀물의 빠른 속력 때문에 피할 새도 없었다고 한다.[70] 한 랭커셔Lancashire경찰은 몇몇 노동자들이 점점 깊어지는 물속에서 사투를 벌이면서 필사적으로 핸드폰 전화를 했었다고 전했다. 그 경찰은 살기 위해 몸부림치는 사람들의 끔찍한 비명을 전화기 너머로 들을 수 있었다고 했다. 그들은 가장 가까운 해안가로부터 1.6킬로미터 정도 떨어진 곳의 차가운 물속에서 한밤중에 익사했다. 매우 끔찍하고 무서운 죽음이었다.[71]

죽은 중국인들은 불법 체류자들이었고 두 명의 여자노동자도 있었다. 새조개를 캐게 하려고 중국인 고용주들이 그들을 갯벌로 보낸 것이었다.[72] 새조개는 유럽에서는 인기 있는 조개로 모어캠 만에서는 보통 일 년에 1천2백만 달러어치가 수확되었다. 지역 어민들은 이곳의 빠른 조석이 위험하다는 것을 잘 알고 있어서 트랙터를 타고 갯벌에 나간 다음 조석표에서 위험하다고 하는 시간 전에 돌아오곤 했다. 그런데 가물었던 그 해, 여름 새조개 수확량이 많이 줄자 새조개 가격이 올랐고, 이에 따라 새조개 캐는 일은 위험하지만 돈벌이가 되는 일이 되었다. 이 때문에 불법이주자들은 그 지역의 조석에 대해서는 확인하거나 신경 쓰지도 못한 채 고용주만 믿고 그 곳으로 온 것이었다. 이 일이 있기 5주 전에도 두 명의 중국인이 새조개를 캐다가 갯벌에 갇힌 적이 있었는데 그 때는 구조대가 그들을 구출할 수 있었다. 그러나 이번 경우에는 그렇게 운이 좋지 못했다. 2년 후 죽은 중국인 노동자들의 고용주는 영국 법정에서 과실치사죄를 선고 받았다.[73]

연안을 따라 있는 수로들에서 해수면 높이를 변화시키는 가장 중요한 요인은 달과 태양의 중력에 의해 발생하는 천문 조석요인이다. 그렇지만 허리케인이 올 때는 강한 바람에 의해 만들어지는 폭풍해일이 종종 조석을 압도하기도 한다. 이러한 지역에서는 폭풍해일이 10미터나 30미터 달해서 연안지역을 심하게 침수시킨다. 우리가 살펴봤듯이 선원들과 과학자들은 대략 13세기까지는 천문 조석요인에 의해 조석 예측하는 방법을 발달시켜왔고 19세기 후반쯤에는 꽤 정확하게 조석을 예측할 수 있게 되었다. 그러나 다음 장에서 살펴볼 것처럼 과학자들은 20세기 후반까지도 강력한 폭풍해일에 대해서만큼은 예측할 수 있는 방법을 알지 못했다. 그리고 예측방법을 제대로 발전시키기도 전에 수많은 사람들이 이 폭풍해일로 인해 죽게 된다.

제3장

해변의 대학살

노아의 대홍수와 폭풍해일

1864년 10월 4일 벵골의 아침은 아름답고 화창했다. 그리고 더욱 중요한 사실은 그 날이 건조했다는 것이다. 남서계절풍에 의해 억수로 쏟아지는 비가 거의 5개월이나 내린 후 비가 거의 없는 날이 며칠간 지속되고 있었다.[1] 5개월간의 장마는 상당히 일반적이었고 인도 전역의 사람들은 장마가 끝난 것에 감사하고 있었다. 맑은 아침은 벵골만의 해안가를 따라 상큼하고 푸르른 전경을 드러내고 있었다. 많은 물이 유입되었기 때문에 메그나Meghna, 브라마푸트라Brahmaputra, 갠지스Ganges 이렇게 세 개의 큰 강으로부터는 영양염이 풍부한 수백만 톤의 진흙이 연안으로 흘러들었다. 상당수의 퇴적물들은 히말라야로부터 온 것이었다. 수세기 동안 이 세 강은 벵골에서 합쳐져서 지구에서 가장 큰 삼각주를 만들어 놓고 있었다. 그 삼각주는 바다 쪽 방향으로 수백 개의 섬과 수백 개의 해협을 가지고 있었고 세계에서 제일 큰 맹그로브mangrove 숲도 있었다. 그곳에서는 벵골 호랑이, 코끼리와 악어가 살고 있었고 그곳은 또한 수많은 벵골인들이 늪을 논과 사탕수수밭으로 바꾼 곳이었다. 당시 그 지역은 영국인들이 통치하고 있어서 영국의 많은 배가 후글리강Hooghly River 위쪽의 캘커타항을 가득 채우고 있었다.

이날 아침 벵골인들과 영국인들은 모두 장마가 끝난 후의 고요하고 건조한 날씨를 즐기고 있었다. 그러나 그들은 벵골만의 중심부에서 남쪽으로 800킬로미터 정도 떨어진 바다에서 비가 마치 한 덩어리처럼 내리고 있다는 것을 알지 못했다. 세찬 바람이 바다를 휘저었던 그 3일 동안 입항하는 선박이 없었기 때문에 영국인들은 바다사정을 전혀 알지 못하고 있었다. 그로부터 몇 달 후 인도 기상부Meteorological Department 설립을 추진 중이던 영국 과학자들은 10월 달에 벵골만을 지나던 소형범선들의 측정기록을 통해 몇 달전 그 해역의 기압이 유달리 낮았음을 발견한다. 이 낮은 기압을 가진 지역의 주변에서는 대기의 상당부분이 시계반대방향으로 회전하고 있었고 바람은 그 중심부를 향하여 시속 수 킬로미터로 불고 있었다. 이렇게 인도양의 저기압을 중심으로 회전하는 공기 덩어리가 바로 사이클론cyclone이다. 그리고 대서양에서는 이러한 것들이 허리케인hurricane으로 불리고, 태평양에서는 태풍typhoon으로 불린다. 과학자들은 그 때까지 이러한 격렬한 소용돌이가 어떻게 생기는지를 알지 못했고 당연히 그 경로나 바람의 세기를 예측하지도 못했다. 그러나 그들은 사이클론으로 생기는 피해에 대해서는 잘 알고 있었다.

10월 4일 육지에 있던 사람들은 모르고 있었지만, 벵골만에서 살아남으려고 필사적으로 싸웠던 배들의 측정기에는 폭풍우가 기록되어 있었는데 그 폭풍우는 북북서 방향으로 이동 중이었던 대형 사이클론의 일부분이었다. 이 좋은 날씨가 변할 것이라는 것을 유일하게 알려준 징조는 벵골해안가를 따라서 바람의 방향이 살짝 바뀌었다는 사실이었다. 정오에 사이클론의 중심은 아직 남쪽으로 320킬로미터 밖에 있었다. 그러나 북쪽 끝은 거의 서벵골의 후글리 강에 도착하고 있어서 강한 바람이 불어오고 있었다. 그저 비가 오려나 보다 했던 해안가 주민들은 그 날씨변화가 비가 아닌 비극의 전조였음을 알지 못했다.

저녁에는 사이클론의 맹위를 느낄 정도가 되었고 저녁 8시쯤에는 사이클론이 세차게 불기 시작해서 밤새도록 지속되었다.[3] 다음날 아침 9시경, 후글리강 하류의 사우고 섬Saugor Island 근처의 날씨가 약 45분간 갑자기 좋아져서 그곳에 정박 중이던 배들을 어리둥절하게 만들었는데 그것은 그들이 사이클론의 한가운데(사이클론의 눈)에 들었기 때문이었다. 영국인들이 후에 배들의 측정기에서 얻은 기압계를 살펴보면 이 사이클론은 아마 오늘날 사피어 심슨 척도Saffir-Simpson Hurricane Scale에 따를 때 4단계 정도의 폭풍우였던 것 같다. 그리고 육지로 상륙해서 후글리강 위쪽으로 올때는 3단계 정도로 약화된 것으로 보인다. 맹렬한 바람 때문에 많은 피해가 생겼는데 특히 사이클론의 눈 주변에서 많이 생겼다. 그러나 진짜 피해는 대기에서 온 것이 아니라 바다에서 왔다. 왜냐하면 이 사이클론은 영국 과학자들이 18세기 중반에 폭풍파storm wave라고 불렀던, 현재는 과학자들이 일반적으로 폭풍해일storm surge이라고 불리는 현상을 동반했기 때문이었다.

폭풍파는 사이클론 속에서 배의 갑판에 부딪치는 수많은 작고 거친 풍파들과는 다른 것이다. 이는 해수면을 수백 평방킬로미터 이상 들어 올리는 무척 길고 넓은 파장이며 이 과정에서 폭풍파는 거대한 양의 바닷물을 연안 쪽으로 밀고 온다. 풍파도 있긴 했지만 풍파는 폭풍파의 맨 위를 타고와서 폭풍파가 해안에 도착했을 때 만들어내는 파괴력을 더하는 정도였다. 18세기 중반 과학자들은 폭풍파가 빠른 바람 그리고 사이클론의 눈에 있던 저기압과 어느 정도 관련이 있다고는 생각했지만 어떻게 폭풍파가 생기는 지를 정확히 알지는 못했다. 10월 5일 아침에는 서벵골 해안가의 바닷물과 근처의 강물이 서서히 올라오기 시작했다. 그러나 사이클론의 눈이 지나가고 한 시간이 지난 오전 10시가 넘어서까지 폭풍파의 정점은 아직 후글리 강 입구에 도착하지 않았다.

폭풍파의 정점은 하필이면 밀물 때(조석이 고조에 달하기 단지 2시간 전) 상륙했다. 설상가상으로 그 때는 거의 보름달이 뜰 때여서 대조기간 중의 고조면의 수위는 최고로 높게 되었다. 후글리는 얕은 강이어서 상류에서는 그 폭이 좁았다. 그래서 밀물이 높게 들어올 때는 1장에서 서술한 급한 조석해일이 만들어져서 강 위쪽으로 빠르게 거슬러 올라왔다. 후글리 강을 따라 있던 제방과 둑들은 조석해일을 막을 수 있을 만큼 충분히 높게 만들어졌지만 폭풍파에 의해 만들어진 조석해일도 막을 정도는 아니었다. 폭풍파와 대조의 조합으로 높은 해수면이 육지를 덮친데다가 그 물마루가 갑자기 큰 파괴력을 가지고 도착했기 때문에 압도적으로 강력한 힘을 발휘했다.

폭풍파는 후글리강 입구에 정박해 있던 마르태반호Martaban를 집어 올려서 보통 배 바닥이 닿아서 가까이 갈 수도 없는 얕은 모래톱으로 옮겨 놓았다. 비바람과 풍파가 갑판을 때려 갑판이 부서졌음에도 불구하고 선장은 수심을 측정하는 줄을 가지고 반복적으로 수심을 측정했다. 그는 배가 항상 수심 12미터 보다 깊은 곳으로만 이동했다고 기록했다. 그는 폭풍파가 최소 12미터 이상은 되었기 때문에 자신들의 배가 모래톱을 건널 수 있었던 것이라고 추측했다.[5] 폭풍파는 강을 다니는 증기선인 살윈호Salween도 집어 올려서 해안가로 옮긴 다음 나무 위를 지나 지역 전신국 지붕 위에 내려놓았다.[6]

그러나 진정한 폭풍파의 파괴력은 대홍수가 쓸고 가버린 것처럼 한 마을을 파괴한 것이나 높이가 3미터, 6미터, 9미터에 달하는 제방과 둑들을 부숴버린 것을 보면 알 수 있다. 그 폭풍파는 마을 전체를 쓸고 가 버려서 마을이 거기에 있었다는 것도 알 수 없게 만들 정도였다. 강물은 강둑과 수로로부터 16킬로미터 정도 멀리까지 범람했다. 살윈호의 선장은 전신국 위에 올라갔을 때 안타깝게도 우체국이 완전히 파괴되고 우체국장은 그의 아내와 아이들과 함께 죽었다는 것을 알았을 뿐 아니라 케저리이Kedgeree 마을 전체가 쓸려가고 대부분의 어른과 아이들이 물에 빠져 익사했다는 것을 알게 되었다.[7]

유사한 장면은 모든 서벵골 지역의 마을마다 반복되어 나타났다. 거친 바람과 호우를 피하기 위해 어떤 마을 사람들은 오두막으로 대피했다. 그들은 주변에서 으르렁거리는 바람소리에 놀라서 암흑 속에서 움츠려있었다. 그러나 그 때 '거의 순간적으로 어떤 경보도 없이 물이 마을 전체를 덮쳤다'.[8] 물기둥처럼 나타난 폭풍파는 격렬하게 오두막들을 쓸어버렸고 그 안에 갇힌 사람은 물에 빠졌다. 가옥이 산산 조각나기 전에 탈출한 사람들 중에는 떠다니는 지붕이나 나뭇조각들을 붙잡아서 목숨을 부지한 경우도 있었다. 힘이 있어서 그것을 계속 붙잡고 있었던 사람들은 혼란이 가라앉을 때쯤에는 자신들이 육지로부터 수 킬로미터를 떠내려 왔다는 사실을 알게 되었다. 또다른 운이 좋은 사람들은 나무를 붙잡아서 목숨을 부지할 수 있었다. 여자들이나 어린아이들은 나무를 붙잡거나 나무판을 잡고 오랫동안 떠 있을만한 힘이 없었기 때문에 생존자의 대부분은 남자였다.[9] 운 좋게 나뭇가지를 잡고 살아남은 사람들은 그들의 가족들이 소용돌이치는 물에 의해 안개 속으로 사라지는 끔찍한 광경을 보았다. 소떼와 호랑이도 물에 함께 떠내려갔는데 지척의 소에게 달려들기는커녕 무관심한 맹수란 이런 상황이 아니면 목격할 수 없을 진풍경이었다. 다만 헤엄을 칠 수 있는 물소들만이 세찬 급류 속에서 살아남을 수 있을 정도였다.

다음날 아침에 드러난 처참한 광경은 폭풍파의 힘이 진정으로 어떤 것인지를 알려주고 있었다. 해안가와 내륙 수 킬로미터를 시체들이 뒤덮고 있어서 캘커타에서 온 구조선들은 후글리 강에 떠 있는 많은 시체들을 헤치며 천천히 지나가야만 했다. 시체들은 마을 주변에도 있었다. 공무원들이 생존자들에게 가는 도중에 보게 된 어린 아이들의 수많은 시체는 참기 어려울 정도로 가슴 찢어지는 광경이었다. 그러나 곧 끔찍한 악취가 상황을 더 악화시키게 되었다. 시체 중에 일부는 다른 마을 사람들의 것이었기 때문에 마을마다 시체는 생존자들 곁에서 썩어가고 있었다. 사랑하는 사람들의 시체가 알지도 못하는 다른 마을로 쓸려가서 썩어가고 있는 것이었다. 이는 살아있는 사람에게도 위급한 문제였다. 식료품 창고도 쓸려갔고 물 저장고도 바닷물에 더렵혀졌으며 야채들도 썩어가고 있었다. 절망적으로 사람들은 상한 음식을 먹고 더러운 물을 마셨다. 그래서 콜레라, 이질, 천연두가 창궐했다. 사람들에게는 굶어죽느냐 병들어 죽느냐 두 가지 선택이 있을 뿐이었다.

영국정부의 추산에 따르면 최소 10만 마리의 소가 물에 빠져 죽었고, 벼는 모두 바닷물에 침수 되어 못쓰게 되었으며, 푸른 들판은 검게 변해 버렸다. 대부분의 지역에서 인구의 75% 정도가 사망했는데, 이 중 최소 5만 명이 직접 폭풍해일에 휩쓸려서 죽었고 3만 명은 폭풍해일 이후 발생한 질병으로 사망했다.[11] 당시 이주노동자들이 벼농사 수확을 위해서 다른 지역으로부터 이동해왔기 때문에, 총 사망자는 8만명보다 훨씬 많았겠지만 통계자료에서는 실제로 검증 가능한 최소한의 수치만을 보고하고 있었다.

후글리강 128킬로미터 위쪽에 있는 캘커타에서는 사상자가 거의 나오지 않았다. 캘커타는 해안에서 멀리 떨어져 있어 폭풍이 강을 타고 오면서 세력이 약해졌을 뿐더러 강둑너머로 상당량의 물이 넘친 후여서 큰 피해가 없었던 것이다. 만약 하류의 둑과 제방이 무너지지 않고 강물이 하류에서 넘치지 않았다면 그 물은 모두 캘커타에 쏟아졌을 것이다. 그러나 캘커타항에서는 배들이 주로 피해를 입었다. 항구에 파가 도달하면서 세력이 감소했음에도 불구하고 폭풍파는 정박해있는 배의 닻을 끌거나 체인을 끊고 들어 올릴 정도로 강력했다. 닻과 체인이 버틴 배들은 물속으로 가라앉았고, 정박지에서 이탈한 배들은 뭍으로 올라가거나 서로 부딪쳐서 산산조각이 났다. 인근 지역의 모래 위에는 각종 배들의 잔해들이 뒤섞여 한 덩이가 되어 있었다.[12] 항구에 있던 195척의 대형선박 중에서 단지 23척을 빼고는 모두 피해를 입었기 때문에 런던과 리버풀에 있는 해운회사들은 크게 당황했다. 한 목격자는 '폭풍이 그친 후, 사람들은 원래 그곳에 있던 다양한 종류의 수백 척의 배들을 찾아 헤매고 다녔지만 한척도 보이지 않았고 바다와 해안은 작은 널빤지 조각들로 뒤덮였다'고 쓰기도 했다.[13]

폭풍해일이 벵골해안 저지대를 삼킨 것은 1864년이 처음은 아니었지만 이전에는 인도에 기상부가 없었기에 기록된 바가 없었고 따라서 1864년 폭풍해일이 벵골지역에서는 잘 기록된 최초의 폭풍해일라고 할 수 있다. 영국과학자들은 통계수치 뿐 아니라 생존자들의 설명도 기록했기 때문에 우리는 이 기록들을 통해 폭풍해일의 파괴력과 사람에 미치는 심각한 피해를 잘 알 수 있게 되었다. 분명한 것은 폭풍해일은 완전히 기습적으로 왔다는 것이다. 사람들은 달을 통해 조석을 예측하는 데 도움을 받을 수 있었고 계절을 잘 이해하면 장마가 언제 오는지를 알 수 있었다. 그러나 폭풍해일이 언제 육지를 덮치게 될 지는 어떠한 경보 신호도 없었기 때문에 이를 예측하기 힘들었다.

비록 우리는 제한적으로 작성된 기록을 통해 각 재난을 살짝 엿볼 수 있을 정도지만 폭풍해일로 인해 이와 비슷한 또는 더 많은 사망자가 생겼던 사건은 1864년 전에도 수세기 동안 셀 수도 없을 만큼 자주 발생해 왔다. 더 큰 해안범람의 증거를 찾아 더 먼 과거 역사를 되짚어 본다면, 우리는 고고학적이고 지리학적 연구에 의존해야만 한다. 특정 범람에 대한 역사 기록은 없지만 신화와 종교서적에는 그런 사건들의 단서가 있다. 가장 오래 전에 발생한 것으로 알려진 대홍수는 4천 년 전 벵골만 서쪽 캄베이만Gulf of Cambay의 인도양 연안에 있는 로덜Lothal의 하라파항구Harappan port에서 일어난 것이다. 로덜은 최소한 네 번 정도 파괴되었고 가장 큰 파괴는 기원전 1,900년에 일어난 것이었다. 그 당시 항만 주변의 넓은 지역은 폭풍해일에 의해 철저히 파괴되어졌다고 한다.[14] 따라서 이러한 홍수 이야기들이 고대 인도의 초기 종교서적에 등장하는 것은 그리 놀라운 일은 아니다. 기원전 800년에서 500년 사이에 쓰인 사타파사 브라마나Satapatha Brahmana는 대홍수의 이야기를 자세히 언급하고 있다. 이는 창세기에 있는 노아의 방주와 대홍수에 대한 인도판 이야기이다. 인도의 대홍수 이야기는 성경과 상당히 비슷하다. 약간 다른 점은 인도의 노아인 마누Manu가 물고기 모양을 하고 나타난 인도의 신 비슈누Vishnu에게 대홍수에 대한 경보를 받는다는 것이다. 그러나 경보는 동일한데 홍수가 세상을 다 덮어서 사악한 인간들을 다 죽일 것이고 마누는 그와 그의 가족 그리고 약간의 동물들을 위해 배를 지으라는 이야기를 들었다는 것이다. 다만 이 이야기에서 비슈누는 홍수가 나자 마누의 배를 안전한 곳까지 끌고 와 준다.

세계 어디를 가나 대홍수의 전설이 없는 곳이 없다. 전설들을 사실로 믿고 있는 사람들은 실제로 전 세계를 덮은 홍수(물론 불가능하지만)가 있었기 때문에 모든 나라에서 대홍수의 전설을 가지고 있다고 이야기한다. 그러나 전 세계를 덮은 홍수는 아니더라도 대홍수 이야기들에 영감을 부여했을 수 있는 실제 사건을 찾는 사람들은 지리학적으로 조사를 하기도 한다. 그동안 많은 책들이 이러한 주제를 다루어왔다.[16] 그러나 우리는 여기서 고대 대홍수의 원인이나 장소를 다루고 있는 이론들에 대해 찬성하거나 반대하는 논쟁을 하려는 것은 아니다. 우리는 단지 먼 옛날 노아의 방주이야기에 등장하는 대홍수가 실재했던 재난에서 모티브를 찾았다면, 그런 대홍수는 바다에서 온 거대한 폭풍해일에 의해 일어난 것일 수 있다는 이야기를 하려고 한다.

대홍수에 관한 인류 역사상 최초의 기록은 기원전 2075년경 페르시아만 북쪽 끝에 있는 유프라테스강 유역에서 사용하던 언어인 수메르어로 쓰인 것이었다.[17] 그 수메르인들이 유프라테스강 유역에 바빌로니아라는 천년제국을 건설했는데 바빌로니아역사를 통틀어 대홍수에 관한 기록은 끊이질 않는다. 바빌로니아제국의 기록은 그보다 늦게 쓰여진 창세기의 히브리어 기록과 유사했는데 이는 한쪽이 다른 쪽을 따라 했기 때문이라기보다는 각기 달리 쓰인 두 기록이 기원전 586년 이후 어느 시점에 교차 인용된 때문으로 보인다. 이슬람 경전인 코란과 고대 그리스 역사서에도 대홍수 기록이 남아있다.[18] 많은 역사가들과 과학자들은 많은 이야기들 중에 진짜 홍수에 의해 영향을 받은 이야기가 하나 있었다면 다른 작가들이 첫 번째 이야기를 베낀 다음 약간의 세부적인 내용을 첨가했을 것이라고 추측하고 있다. 그런데 그 홍수는 대부분 수메르인들이 살았던 유프라테스강 어귀 근처에서 일어나고 있다. 모든 대홍수 이야기는 어떤 신이 홍수를 예측해서 알려주는 내용과 노아 같은 인물이 자신과 가족을 구하기 위해 어떤 종류의 배를 만들어서 이에 대비하는 내용을 가지고 있다. 이 경우에 어떤 예측은 예언으로 나타난다. 흥미로운 점은 4천 년 전 또는 그 이전 유프라테스강 유역에서 발생한 대홍수이든 노아의 방주에 나오는 홍수이든 묘사된 바가 집중호우로 인한 홍수보다는 폭풍해일의 특징에 부합한다는 것이다.

호우로 인한 강의 범람을 가지고서는 그처럼 드라마틱한 효과를 내기 어렵다. 범람이 잦았던 나일강유역의 고대 이집트에는 대홍수설화가 없다는 것이 그 반증이다. 실제로 성서 등 대부분의 대홍수설화는 홍수가 바다로부터 왔다고 적고 있다. 성경에서 관계있는 구절은 "노아 육백세 되던 해.. 큰 깊음의 샘들이 터지고 하늘의 창문이 열려" 라는 창세기 7장 11절이다. 여기에서 '큰 깊음'이 의미하는 것은 바다이고 '샘들'은 바닷물이 비를 동반해서 홍수를 만들고 있다는 것을 의미한다. 성경과 여러 대홍수 이야기들을 보면 노아의 방주는 비가 내려 강이 범람을 했을 때처럼 바다(페르시아만)로 흘러가지 않는다. 성경은 노아의 방주가 마치 바닷물이 육지로 넘쳤을 때처럼 내륙(아르메니아)인 북쪽으로 이동했다고 적고 있다.[19] 어떤 신학자들은 "큰 깊음의 샘들"을 지진에 의해 분출되어 깊은 바다의 밑에서 올라오는 지하수로 해석한다. 그러나 신학자들이나 창세기의 저자들은 바람이 바닷물을 바다에서 땅으로 밀어 올릴 수 있다는 사실을 잘 모르고 있었고, 폭풍해일이 넓은 지역에 홍수가 생긴 원인을 더 잘 설명할 수 있다는 사실도 잘 모르고 있었다. 물론 페르시아만의 열대성 저기압tropical cyclone이 비를 몰고 와서 며칠간 비를 내리게 할 수도 있다. 그러나 우리가 1864년 벵골에서 목격했던 것처럼 그리고 앞으로 이 책에서 설명할 다른 사례를 참고해 보면, 대홍수를 일으킨 것은 바람이 만든 폭풍해일이었던 것이다.

바다로부터 대홍수가 시작된 사건들은 성경 이외의 다른 이야기들에서 더 자세하게 설명하고 있는데 아마 그런 곳들에서는 바람이 어떤 역할을 하는지에 대해 어느 정도 이해하고 있었던 것 같다. 예를 들면 길가메시 서사시의 일부로 1872년 조지 스미스George Smith가 짜 맞춘 12개의 점토판 중 11번째 점토판에는 바빌로니아의 이야기가 있는데, 거기에서 우리는 다음과 같은 설명을 발견할 수 있다. "여섯 날 그리고 여섯 밤 동안 바람이 불고 대홍수와 폭풍이 육지를 덮쳤다. 7일째가 가까워오자 군대처럼 싸웠던 폭풍과 홍수가 누그러지기 시작했다. 그리고서 바다가 잔잔해져서 낮아졌으며 폭풍과 홍수는 그쳤다."[20] 성경의 노아에 해당하는 바빌로니아의 선지자는 이렇게 말한다. "내가 세상을 둘러보니 보이는 모든 것이 바다였다." 만일 넓은 저지대가 바다로 뒤덮였다면 홍수는 수평선까지 도달할 수 있고 세상을 덮은 것처럼 보일 수 있다.

홍수가 바다로부터 왔다는 가설은 1885년 에드워드 스위스Eduard Suess가 처음 제기했다. 그러나 그는 바다물이 밀려들어서 땅을 덮었다는 사실을 설명하기 위해 큰 폭풍우 뿐 아니라 지진이 만들어낸 쓰나미가 동시에 일어났다는 것을 제시할 필요가 있다고 생각했다.[21] 그러나 사실 폭풍해일은 쓰나미보다 더 큰 홍수를 만들어 낼 수 있다. 쓰나미가 만들어낸 홍수는 처음에는 굉장한 파괴력을 발휘할 수 있지만 오래 지속되지는 못한다. 그러나 대형 폭풍에 의해 만들어진 홍수는 오랫동안 육지를 뒤덮고 있을 수 있다. 우리는 아라비아해 부근에서 발달하여 페르시아만으로 올라오는 거대한 열대성 저기압을 고려할 필요가 있다. 대형 열대성 저기압은 이 지역에서는 드문 경우이지만 계속 발생해 왔다. 그리고 오히려 가끔 발생하기 때문에 그것을 더욱 주목할 만한 사건으로 만들기도 한다. 최근에는 2007년 6월 3일, 제5급 사이클론 고누Gonu가 시간당 256킬로미터의 바람을 동반하여 아라비아해 역사상 가장 강력한 사이클론으로 기록된 바 있다. 고누는 페르시아만 어귀의 오만을 강타했는데, 열대성 저기압이 육지로 상륙한 것은 865년과 1890년에 이어 역사상 3번째 일어난 일이였다. 고누의 폭풍해일은 오만과 아랍에미리트에서 홍수를 일으켰다. 페르시아만은 입구가 좁기 때문에 고누처럼 강력한 사이클론은 만 안으로 멀리 들어오기가 쉽지 않다. 북아라비아해는 오만만Gulf of Oman으로 들어가면서 좁아지고 오만만은 폭이 20킬로미터 밖에 안되는 더 좁은 호르무즈해협을 지나 페르시아만과 연결되어 있다. 고누는 육지에 도착해서 약화되었고 페르시아만에는 간신히 도착했다.

그렇지만 4천 년 전이 지역의 해수면은 지금보다 높았고 페르시아만의 입구는 더 넓었다. 보험사들은 평균 백년 간격으로 한 번씩 생기는 큰 폭풍이라는 의미에서 흔히 백년만의 폭풍이라고 이야기 하곤 한다. 그런데 4천 년 전에 천년에 한번 일어나는 폭풍우가 페르시아만을 거슬러 와서 유프라테스 강어귀 까지 왔다면 어떠했을까? 폭풍해일은 유프라테스 계곡의 저지대를 비극적으로 휩쓸어 버렸을 것이다. 그리고 그 다음세기에는 그 홍수가 전설 이상으로 부풀려져서 어떤사 람들은 방주가 최종적으로 도착한 산을 제외하고는 세상을 덮어버릴 정도로 컸다고 믿게 되었을 지도 모른다.

물론 종교적 또는 역사적 고대 문헌들은 이 홍수를 만들어 낸 폭풍해일과 열대성 저기압을 언급하지 않고 있고 단지 대홍수만을 언급하고 있다. 예전에 쓰였던 증언에 따르면 15세기가 되어 일부 사람들은 바다로 부터 강한 폭풍이 불어와서 육지를 심하게 침수시키는데 이러한 특수한 바람 중에 열대성 저기압이 있다는 것을 이해하게 되었다. 태평양 해안가에 살고 있는 남중국인들은 이런 종류의 폭풍을 주평jufeng이라고 부른다.[23] 그리고 이 용어는 네 방향에서 오는 폭풍이라는 뜻을 가지고 있는데[24] 바람이 회전한다는 것을 모르는 사람이 태풍의 소용돌이를 설명하기에는 적절한 표현인 것 같다. 북반구에서 태풍은 시계 반대방향으로 회전한다. 그래서 중심의 북쪽에서는 바람이 동쪽으로부터 불어온다.[25] 중심의 서쪽에서 바람은 북쪽으로부터 불어오고 중심의 남쪽에서는 서쪽으로부터, 중심의 동쪽에서는 남쪽으로부터 바람이 불어온다. 열대성 저기압이 지역을 관통해서 움직일 때, 관찰자는 시간이 달라질 때마다 다른 방향에서 바람이 부는 것을 볼 수 있다.

주평은 큰 홍수를 일으키기 때문에 사람들은 주평이 언제 해안가에 도착하는 지를 예측해야 했다. 물론 과학적이지는 않지만 초기의 예측방식은 '주평이 올 때 3일 전 부터 수탉과 개들이 조용해진다'는 일반적인 중국식 격언으로 주평이 다가올 때를 알아내는 것이었다.[26] 이후 주평이란 단어는 다평위쟈하이차오(바닷물을 들어올리는 폭풍)로 바뀌어 쓰이는데 이 서술은 몇세기 후 벵골만의 영국인들이 기록한 것과 같은 종류의 폭풍해일에 대한 최초기록이다. 진탕슈Jin Tang Shu (816년에 쓰인 당나라 역사서)에 보면 주평으로 인한 폭풍해일이 미주Mizhou의 성곽을 부숴다고 적고 있는데 이것이 현존하는 최고(最古)의 주평 기록이다.[27] 19세기 말쯤에는 주평과 폭풍해일을 예측하는 방법이 약간은 좀더 과학적이 된다. 일부 사람들은 주평이 도착하기 전에 사전에 바람(이를 링펑lingfeng이라고 했다)이 분다고 생각했다.[28] 어떤 사람들은 '여름과 가을 사이에 구름이 껴서 흐리지만 무지개 같은 빛을 가지고 있을 때' 주평이 온다고 생각했다. 이러한 경보 표시는 주평의 원인이라는 뜻인 주무jumu라고 불렸는데 '선원들은 폭풍을 대비하기 위해 항상 이를 주의해서 보았다'고 한다. 사람들은 고조 시점에 오는 폭풍해일이 가장 무섭다는 사실도 알고 있었다.[29] 송왕조(960~1279) 초기, 조정은 주평으로 인한 인명 및 재산피해를 포함해서 주평의 상륙과 폭풍해일을 공식적으로 기록하였다.

일본도 열대성 저기압과 이에 동반한 폭풍해일의 파괴력을 경험했었다. 일본인들이 열대성 저기압에 붙인 이름에는 역사적 배경이 있다. 1274년 11월, 징기스칸의 손자이자 몽고제국의 황제인 쿠빌라이칸Kublai Khan은 일본을 정벌하기 위해 몽고군은 물론 한국인과 중국인 등 4천 명의 병력을 한국에서 징발한 배 1,000여척에 태우고 출정시켰다.(몽고는 당시 한국과 북부 중국을 장악하고 있었다) 그런데 갑자기 열대성 저기압으로 인한 강풍, 파도, 폭풍해일이 불어 닥쳐 쿠빌라이칸의 함대는 칼 한번 휘둘러보지 못하고 궤멸되고 만다. 일본인들은 신의 힘이 이 거대한 폭풍을 만들어서 그들의 구원했다고 생각했다. 그리고 그 때부터 그들은 대형 열대성 저기압을 '신의 바람'이라는 뜻의 가미가제kamikaze라고 부르게 되었다.[30] 5년 후 쿠빌라이는 다시 남중국을 정복하고 송나라를 무너뜨린 다음 일본을 재공격해서 추가적인 자원을 얻으려고 했다. 1281년 8월, 그는 4천척의 배와 15만 명으로 구성된 함대를 이끌고 다시 일본을 공격했다. 그러나 놀랍게도 열대성 저기압이 딱 그 시점에 다시 불어와 쿠빌라이의 함대를 파괴하고 일본을 다시 구하게 된다. 이 사건은 가미가제라는 용어가 일본어에서 확실히 자리 잡도록 만들었다.

당시에 열대성 저기압과 그것이 만들어 내는 폭풍해일에 대해 어느 정도 이해를 하고 있었던 유일한 사람들은 카리브해에 살고 있었던 원주민들이었다. 유럽인들이 그곳 해안에 도착했을 때 그들은 지역 주민들이 바람의 신에서 이름을 따와서 휴러케인furacane 또는 우라칸huracán (많은 용어변형이 있었음)이라고 말하는 것을 알게 되었다. 크리스토퍼 콜럼부스는 1495년 6월, 그가 신대륙으로 가고 있었던 두 번째 항해 중 서인도 제도에 있었을 때 허리케인으로 강한바람이 불고 바다가 일어나는 것을 경험하였다. 그리고 그 후 허리케인의 존재에 대해 알게 되었다. 카리브해의 섬 주민들은 유카탄 반도의 마야인처럼 허리케인이 회전하는 바람이라는 것을 일찍부터 알고 있었을지도 모른다. 마야인들의 바람의 신인 우라칸은 종종 머리 옆쪽에서 두 팔을 나선형으로 돌리고 있는 것으로 묘사된다.[32] 이런 나선형의 팔은 보통 시계반대방향(북반구에서 허리케인은 시계반대방향으로 돈다)을 뜻하고 있고 그것은 오늘날 국제적으로 사용하고 있는 열대성 저기압의 상징물과 놀라울 정도로 유사하다.[33]

콜럼부스 때 이후로 카리브해와 멕시코만 그리고 북미의 대서양 해변에서는 많은 허리케인과 폭풍해일이 기록되어 왔다.[34] 유럽탐험가들은 다른 지역에서 허리케인을 만나기도 했는데 종종 그들은 이를 지역명칭으로 언급하기도 했다. 서태평양에서는 열대성 저기압을 뜻하는 말로 주평 대신 태풍typhoon이라는 용어가 사용되어 태풍이라고 언급하도 했다.[35] 때때로 큰 폭풍우에 적용되기는 했지만 허리케인이나 태풍 뿐 아니라 종종 템페스트tempest라는 말도 사용되어 졌다.[36] 사이클론Cyclone은 본래 허리케인, 태풍, 템페스트 보다 나중에 나온 말이다. 국제적으로 사용할 용어를 찾는 과정에서 1844년 영국인이자 캘커타의 해양특별 조사위원회 위원장인 헨리 피딩턴Henry Piddington이 이 용어를 만들어내게 된다.[37]

폭풍해일을 만들어 내는 강한 바람이 반드시 열대성 저기압으로부터 나올 필요는 없다. 열대지역이 아니더라도 특히 대서양이나 태평양의 북쪽 해안지역에서는 우리가 온대성 저기압 extratropical Cyclones(또는 온대성 폭풍 extratropical storms)이라고 부르는 기상현상의 강한 바람에 의해서도 폭풍해일이 자주 만들어진다. 온대성 저기압은 보통 열대성 저기압만큼 강력하지는 않다. 그러나 그것은 매우 넓은 지역에 영향을 미친다. 뉴잉글랜드 지방을 강타하는 강한 북동풍northeasters은 온대성 저기압의 일종이고 영국과 네덜란드의 해안을 때리는 난폭한 돌풍도 온대성 저기압에서 나오는 바람이다. 이러한 폭풍은 보통 겨울철에 가장 강력하게 분다.(보통 늦은 여름과 가을에 생기는 열대성 저기압과는 다르다) 온대성 저기압에도 허리케인보다 약하지만 저기압의 중심이 있다. 그러나 이 중심은 허리케인처럼 따뜻하기 보다는 차갑다. 또한 바람은 북반구에서는 시계 반대방향으로, 남반구에서는 시계방향으로 중심 주위를 돈다. 온대성 저기압의 바람은 위험한 폭풍해일을 만들어낼 수 있을 만큼 강하기는 하지만 일반적으로는 다소 약한 면이 있다. 미국의 대서양 쪽 해안은 열대성 저기압hurricane과 온대성 저기압northeaster 모두의 공격을 받는 불행한 특전을 가지고 있다. 허리케인이 더 큰 폭풍해일을 만들기는 하지만 북동풍이 만드는 폭풍해일이 지리적으로는 더 넓은 지역에 영향을 미치기 때문에 더 큰 재산피해를 발생시킬 수도 있다.

유럽인들은 그들이 신대륙 탐험을 시작했던 15세기까지 열대성 저기압과 폭풍해일에 대한 경험이 없었다.[38] 그러나 그들은 그 때까지 온대성 저기압의 돌풍이 만들어 낸 폭풍해일과 이로 인한 대홍수는 몇 세기 동안 경험한 적이 있었다. 몇 세기 동안 경험은 했지만 다음 돌풍은 언제 일어나고 다음 홍수는 언제 일어날지 예측할 수 있는 방법은 알지 못했다. 예측능력이 없었기 때문에 그들이 할 수 있는 최선의 방법은 큰 폭풍해일이 육지를 휩쓸고 갈 때를 대비해서 해안가에 방벽을 만드는 것이었다. 유럽에서 가장 취약한 연안지역은 네덜란드와 서부 독일, 덴마크, 벨기에, 북부 프랑스 같은 저지대 국가였다. 로마시대의 기록은 북해의 난폭한 돌풍이 만들어낸 폭풍해일의 파괴력을 묘사하고 있다. 서기 15년 타키투스Tacitus는 폭풍해일로 생긴 홍수가 어떻게 로마의 두 지역을 쓸고 갔는지를 묘사했다.[39] 플리니우스Pliny the Elder도 대형 홍수에 대해 기록했었는데, 독일인들은 홍수 피해를 당하지 않으려고 이전에 홍수가 닿은 가장 높은 지점보다 좀 더 높은 지대에 마을을 이루었다고 한다.[40] 이것은 폭풍해일의 파괴력에 대해 사람들이 일찍부터 기술적으로 대처한 사례 중의 하나였다. 그러나 그것은 단지 초보적인 수준이었다. 10세기 무렵 연안에 사는 일부 사람들은 둑과 제방을 만들어서 바다로부터 그들의 집과 농장을 확실히 지키려고 했다.[41] 그리고 나서 그들은 더 나아가 수세기 동안 폭풍해일이 그들의 땅을 침식한 후에는 땅의 일부를 다시 되찾기 시작했다. 그들은 습지의 일부 구획에 제방을 만들어서 바다로부터 이를 분리시키고 사람이 살고 농사지을 수 있도록 물을 빼내어 마른땅으로 만들었다. 이렇게 바다를 메워 만든 땅을 폴더polders(역자 주 : 해발고도가 0보다 낮은 네덜란드의 간척지)라고 부른다.[42] 네덜란드인들과 독일 북부의 프리슬란트 지방 사람들 그리고 덴마크 인들은 풍차를 이용해서 물을 빼내기 시작하면서 폴더를 만들고 유지하는 방법을 많이 발전시켜 왔다. 그리고 그 후 곧 풍차는 전 지역을 뒤덮을 정도로 많이 생기게 되었다.

풍차의 이용이 자연에 대한 인간의 승리처럼 보이지만 바다와의 사투가 끝난 것은 아니었다. 사람들은 북해의 돌풍이 만드는 폭풍해일에 대비하기 위해 제방을 계속 유지해야 했다. 인간이 더욱 높고 튼튼한 제방을 만들 때마다 자연은 더욱 높고 거친 폭풍해일로 그 제방에 균열을 만들어 냈다. 그리고 일단 균열이 생기면 큰 구멍으로 만들어서 제방을 박살내버렸다. 북해발 온대성저기압은 발생한 날과 가장 가까운 천주교 성인의 기념일을 따라 이름이 붙여진 다음 전설처럼 회자되곤 한다. 그러나 피해지역과 취약지구의 주민들에게는 그 중 어느 것도 전설이 아니라 맞닥뜨려야할 치열한 현실이었다.

전설적인 홍수 중의 하나는 1362년에 발생한 고스 만드렌케Grosse Männdrenke(사람들의 대규모 익사)였다. 그해 1월 16일 북해 돌풍이 만들어 낸 폭풍해일은 북부 독일의 북 프리슬란트North Friesland 해안 부근의 스트랜드Strand 섬에 살고 있는 주민의 반 이상을 휩쓸고 가버렸다. 그곳은 네덜란드와 덴마크 해안가 지역의 수만 명도 함께 쓸고 가버렸다. 1월 16일은 성 마르첼로St. Marcellus 축일이었기 때문에 이 참사는 두 번째 성 마르첼로 홍수라고 불리웠다(1219년 같은 날 북해 폭풍이 첫번째 성 마르첼로 홍수를 일으켜서 약 3만 6천명의 사람을 익사시킨 적이 있다). 스트랜드의 북쪽 덴마크에서는 60개의 교구가 쓸려서 사라졌다. 스트랜드의 남쪽 네덜란드에서는 폭풍해일이 조이데르 해Zuider Zee 주변의 육지를 침수시켰고, 스트랜드의 서쪽으로 북해를 지나 영국의 요크셔Yorkshire에서는 레이베너 오드Ravener- Odd항구가 파괴되었다. 스트랜드 섬에 있었던 랑홀츠Rungholt는 부유한 항구였지만 바다 속으로 사라져서 다시는 볼 수 없게 되었다. 랑홀츠는 결국 잃어버린 도시라는 신화적인 지위를 얻게 되었고 그 지역 선원들은 가라앉은 도시의 폐허 위로 항해 할 때 교회의 종이 울리는 것을 들었다고 이야기하기도 한다. 사람들은 재앙을 설명할 때 폭풍해일을 랑홀츠 사람들의 죄와 신성모독, 도덕적 타락이 불러일으킨 신의 천벌로 해석하기도 한다. 랑홀츠에서는 목사와 단 두 명의 수녀만 살아남았다고 전해지기도 한다.[43] 영국에서도 사람들은 레이베너 오드항이 피해를 입은 것은 그들의 해적질과 사악한 행동 때문에 천벌을 받은 것이라고 말하곤 했다.

1362년 이후 몇 세기 동안 제방은 다시 지어졌고 프리지아인들은 폴더를 다시 만들고 땅을 다시 매립하기 시작했다. 1630년 프리드리히 3세 공작은 유명한 네덜란드인 기술자를 고용했는데, 그는 제방과 폴더를 만들 때 보다 효율적으로 방법으로 매립하기 위해 풍차로 물을 퍼내는 기술을 가지고 있어서 더욱 유명했다. 그의 본명은 얀 아드리안손Jan Adriaanszoon이지만 레흐바터Leeghwater(비어있는 물이란 뜻)라는 별명으로 더 유명하다.[44] 레흐바터는 새로운 폴

더 건설을 지휘하는 동안에 스트랜드 섬 맞은편 본토에 있는 다그불Dagebüll에 살았다. 1633년 그의 일꾼들은 보츠슈로터 폴더Bottschlotter polde를 둘러싼 제방의 마지막 부분을 마무리했고, 클레시어 폴더Kleiseer polder가 될 부분에 둑을 쌓고 있었다. 공작은 직접 작업을 감독했었다. 그러나 1634년 10월 11일, 북해에서 불어온 남서풍이 그들을 향해 거대한 폭풍해일을 몰고 오는 바람에 4년간의 작업은 하룻밤 사이에 물거품이 되어 버리고 말았다. 레흐바터는 후에 그날 저녁에 일어난 일을 보고서로 작성했다.[45]

레흐바터는 저녁 때 불어오기 시작한 강한 남서풍이 걱정이 되어 지면에서 3.6미터 높이의 제방 위에 지어진 그의 집으로 돌아왔다. 한밤중에 폭풍해일은 해수면을 높게 솟구치게 해서 폭풍해일의 위쪽을 타고 오는 파도는 제방을 강타했다. 지붕에서는 물이 줄줄 새기 시작했다. 레흐바터의 아들은 침대에 누워있을 때 물이 얼굴에 떨어지는 것을 느꼈다. 바람이 쌩쌩 불고 물이 거의 제방을 넘어오자 레흐바터와 그의 아들은 좀 더 높은 곳에 있는 제방 관리자의 집으로 대피했다. 바람은 북서풍으로 바뀌었고 폭풍해일은 해수면을 더 높게 솟구치게 해서 파도는 대피한 집의 서쪽 문을 때리고 있었다. 물은 벽난로에 있는 불을 꺼버렸고 레흐바터의 장화는 바닷물로 가득 찼다. 보고서에서 레흐바터는 그의 아들이 '아빠, 우리 여기서 모두 죽는 거예요?'라고 물었을 때 가슴이 아팠다고 적고 있다. 사람의 키 높이로 차오른 바닷물 때문에 그 집의 마루와 복도가 깨어지기 시작했다. 사람들과 함께 그 집 전체가 제방을 넘어 성난 바다 속으로 들어갈 것만 같았다. 그러나 집은 간신히 쓸려가지 않았다.

다음날 아침 레흐바터는 그들 아래 지역에 있었던 모든 집들과 텐트들 그리고 그 안에 있던 사람들이 모두 쓸려 가버렸다는 것을 알게 되었다. 그의 수석 도목수와 현장감독, 그리고 그들의 가족들도 모두 사라졌다. 백 년 동안 그곳에 있었던 방파제도 모두 파괴되었다. 스트랜드 섬에는 원래 있었던 24채의 교회건물 중에서 튼튼하게 지어진 4~5채의 교회건물만 남아 있었다. 그는 9명의 목사를 포함해서 7~8천명의 사람들이 익사했다고 추정했다. 제방 위 그의 집이 있던 자리에는 커다란 배 한 척이 뒤집혀 있었다. 여러 척의 배들은 후줌Husum마을 가까이에 있는 높은 쪽의 도로에 놓여 있었다. 폭풍해일은 스트랜드 섬의 절반을 휩쓸고 지나갔다.[46] 나중에 집계한 바에 따르면 스트랜드의 9천명의 주민 중에 6천4백 명이 죽었고, 북 프리슬란트North Friesland에서도 수천 명이 죽었다고 한다. 최소한 4만 9천 마리의 가축도 죽었다.[47] 제방은 무너졌고 간척한 농토는 바닷물로 뒤덮여 있었다.[48]

1743년까지는 기상이나 바다에서 기상의 영향에 대해 알고 있는 것이 거의 없었다. 그래서 어떻게 폭풍해일이 생기는지도 알 수가 없었다. 기상이나 바다에서 본 패턴과 쉽게 관찰 할 수 있는 밤하늘의 달, 별, 행성들의 변화 패턴 간에 어떤 관계가 있는 지를 알아내려고 해왔지만 계속 실패해 왔다. 과학자들과 신학자들은 신께서 정연한 논리를 가지고 세상을 창조했기 때문에 천체현상에 규칙성이 있고 따라서 예측가능하다고 여겼다. 그러나 천문학은 기상을 예측하는 데(계절변화에 대한 것을 제외하고) 도움이 되지 않았고 바다의 움직임을 예측하는 데도 (조석에 대한 것을 제외하고) 도움이 되지 않았다. 조석조차도 과학자들이 분단위로 계산할 수 있는 월식처럼 정확하게 예측할 수는 없었다.

그림 3.1 '끔찍한 홍수' 1634년 독일 북 프리슬란트 해안을 덮친 폭풍해일의 파괴력을 그린 동판화(1683년 출판된 에버하드 하플Eberhard Happel의 '세계에서 가장 궁금한 것들'로부터)

1743년 10월 21일, 필라델피아Philadelphia에서는 월식이 정확히 오후 8시 반에 일어나는 것으로 예측되었다. 필라델피아는 벤자민 프랭클린Benjamin Franklin에게 강풍이 폭풍해일을 만든다는 것을 이해할 수 있도록 자극을 주었던 도시였다. 보다 정확하게는 필라델피아에서 나쁜 기상 때문에 월식을 관찰할 수 없었던 것이 결과적으로 프랭클린에게 영감을 주었다고 할 수 있다. 필라델피아에 있는 그의 집에서는 달이 짙은 구름과 사나운 폭풍우에 의해 가려져 있었다. 그러나 프랭클린은 보스톤에서는 놀랍게도 폭풍이 한 시간 뒤에 시작되기 때문에 월식을 볼 수 있다는 것을 알게 되었다. 보스톤에 있었던 그의 형 토마스는 2시간 반이 지난 오후 11시에도 폭풍우가 오지 않았다고 말했다. 프랭클린은 '북동풍이 불고 있었기 때문에 나는 필라델피아보다 더 북동쪽에 있는 곳에 먼저 폭풍이 올 거라고 생각하고 있었다. 그래서 나는 갑자기 나는 혼란스러워졌다'고 편지에 썼다.[49] 그 때 그는 폭풍이 필라델피아보다 버지니아에 더 일찍 왔었다는 것을 알게 되었던 것이다. 다른 편지에서 그는 다음과 같이 썼다. '폭풍은 전 해안가를 따라 큰 피해를 입혔다. 우리는 보스톤, 뉴포트, 뉴욕, 메릴랜드, 그리고 버지니아의 신문에서 피해에 대한 설명을 보았다.'[50] 보스톤에서는 대형 폭풍해일이 거리를 덮쳤던 것이다.

프랭클린은 폭풍이 바람의 움직임이라는 것을 처음으로 이해한 사람이 되었다. 그리고 폭풍은 바람의 방향과 반드시 같은 방향으로 움직이는 것은 아니라는 것도 처음으로 알게 되었다. 그는 '바람의 방향이 북동쪽에서 남서쪽으로 불고 있지만 폭풍의 방향은 남서쪽에서 북동쪽으로 간다. 코네티컷으로 이동하기 전에 버지니아에서 대기는 격렬하게 움직였고, 코네티컷에서는 캐나다 노바스코샤Nova Scotia에 있는 케이프 세이블Cape Sable로 이동하기 전에 그랬다.' 라고 썼다.[51] 프랭클린은 이를 불 위에 있는 굴뚝에 비유해서 설명했다. '굴뚝의 공기는 불에 의해 희박해져서 위로 올라가고, 굴뚝 옆에 있는 집안의 공기가 빈 공간을 채우기 위해 굴뚝 쪽으로 움직여서 안으로 흘러든다. 나머지 공기들도 계속 흘러들어서 결국 집 밖에서 오는 차가운 공기의 원천인 문 쪽에 있는 공기도 흘러들어간다.[52] 그는 멕시코만 위로 따뜻한 공기가 올라가서 그 자리를 메우기 위해 북동쪽으로부터 차가운 공기가 흘러들었다고 가정했다. 그리고 나서 이 공기흐름은 처음에는 멕시코만 근처에서 시작되어 조금 먼 쪽(예를 들면 필라델피아) 그리고 더 먼 쪽(예를 들면 보스톤)으로 확대되었다고 생각했다. 이런 폭풍의 움직임에 대한 초기의 설명은 불완전하긴 하지만 한 지역의 바람을 기초로 다른 지역의 바람을 예측하는 데는 사용될 수 있었을지 모른다. 그러나 프랭클린의 시대에는 통신이 그렇게 빠르지 않아서 그의 선견지명을 제대로 이용할 수 없었다. 프랭클린은 폭풍에 대해 기초적인 사항만을 이해하고 있었고 폭풍을 예측하는 것이 어렵다는 것을 알고 있었지만 당시에 많은 경쟁달력들과 경쟁하기 위해서 '가난한 리처드의 달력' Poor Richard's Almanack에 기상예보를 포함시켜서 판매했다. 우리가 지금 보기에는 일 년 동안의 기상을 예측한다는 생각은 어리석은 것으로 보인다. 그러나 당시의 달력들은 그렇게 했다. 프랭클린은 최소한 조석예측과는 달리 기상예측은 천문학적이지 않다는 것 정도는 알고 있었기 때문에, 그는 유머러스하게 자기의 기상예측을 스스로 비웃기도 했다.

프랭클린은 1743년 10월의 폭풍이 회전운동을 했다고 주장하지는 않았던 것 같다. 그는 온대성 저기압이 바다 위에서 고요한 중심을 가지고 있고 중심 주변의 대기는 시계반대방향으로 움직인다는 것을 알지 못했다. 그리고 대기가 시계반대방향으로 움직이는 것이 해안을 따라 바람이 북동쪽에서 오는 원인이 된다는 것도 알지 못했다. 프랭클린은 물기둥과 토네이도tornado에 대해 많은 관심을 가지고 있었고 많은 것을 썼지만[53], 그렇게 바람이 작게 회전하는 현상은 그에게 허리케인 같은 커다란 것도 회전할지 모른다는 영감을 전달해 주지는 못했다. 그렇지만 영감을 받아 추측하기 시작하는 다른 이들이 있었다. 선원들은 수세기동안 허리케인이나 태풍이 불면 바람이 바뀐다는 것을 알고 있었다. 그들은 바람이 순식간에 360도 회전하기도 하고 갑자기 잦아들기도 한다는 것을 알고 있었다. 일부 사람들이 이러한 현상을 공기가 고요한 중심부를 회전하고 있다는 표시로 받아들였다. 1650년 네덜란드 항해사들로부터 많은 정보를 얻었던 독일 지리학자 번하르트 발레니우스Bernhard Varenius가 최초로 이런 생각을 제시한 적이 있었다.[54] 그리고 1698년 영국 동인도 회사의 랭포드 선장Captain Landford은 카리브해에서 보았던 5개의 허리케인에 대해 기록했고, 그것을 회오리바람Whirl Wind이라고 언급했다.[55] 백년 후 1801년에는 제임스 캐퍼James Capper 대령은 '모든 상황을 고려해봤을 때, 허리케인은 회오리바람인 것 같다'고 쓰기도 했다.[56]

그러나 1831년이 되어서야 사람들은 허리케인의 회전을 증명하기 위해 기상학적 관측을 사용했다. 그 후 폭풍연구를 위한 많은 과학적 기초가 놓이게 되었고 대형 허리케인은 연구에 필요한 자료를 제공하게 되었다. 1821년에도 허리케인에서 자료가 나왔는데 이 허리케인은 9월 3일 저녁에 뉴욕에 도착해서 허리케인의 눈이 뉴욕을 지나간 유일한 기록을 가지고 있었다.[57] 이 폭퐁해일은 한 시간에 바닷물이 4미터나 솟구치게 만들어서 캐널 스트리트Canal Street까지 맨하탄 하단부를 물에 잠기게 했다. 허리케인이 썰물 때 왔기에 망정이지 밀물 때였다면 심각한 피해를 입을 뻔했다. 이 때 뉴욕시민들은 운이 좋았다고 할 수 있다. 이틀 전 플로리다 동쪽에서 허리케인은 5급이었었는데 몇 차례 육지를 지난 후에 뉴욕에 도착할 때에는 거의 2급 수준으로 약화되었다.

코네티컷과 메사추세스를 관통한 이 허리케인은 윌리엄 레드필드William Redfield에게 좋은 아이디어를 안겨주었다. 레드필드는 원래 말안장을 만들던 장인이었는데 증기선 선장이 되었다가 독학으로 과학을 공부한 사람이었다. 그는 그의 아들과 함께 코네티컷의 미들타운에 있는 그의 집에서 나와 숲을 걷고 있었다. 그는 아이를 낳다가 죽은 그의 부인 가족이 살고 있는 메사추세스로 가는 길이었다. 그는 크게 슬펐지만 코네티컷에서는 모든 과일나무와 옥수수 같은 것들이 한결같이 북서쪽 방향으로 쓰러져 있는 것을 발견했다. 그러나 메사추세스에 도착해보니 나뭇가지와 옥수수는 다 남동쪽으로 쓰러져 있었다. 10년 후에 레드필드는 이 정보들을 이용해서 '폭풍은 큰 회오리바람으로 나타난다는 것'을 증명하는 과학논문을 발표했다(코네티컷과 메사추세스 그리고 대서양쪽 주들로 부터 얻은 바람 자료도 추가했다).[58] 이 논문은 학계을 주목을 받아 이른바 '미국 폭풍 논쟁' American storm controversy이라는 일대 센세이션을 일으킨다.

필라델피아에 있는 프랭클린 연구소의 제임스 에스피James Espy는 허리케인과 폭풍에 대해 다른 이론을 내놓았는데 그는 대기가 조용한 중심(눈) 주변을 회전하는 것이 아니라 대기가 모든 방향에서 저기압의 중심을 향해서 안으로 돌진하는 것이라고 설명했다. 이로 인해 논쟁이 계속 진행되게 되었다. 에스피의 설명은 한 세기 전 프랭클린의 추측과 유사한데, 에스피는 프랭클린의 더워진 공기가 굴뚝으로 올라간다는 비유에다가 중요한 생각을 추가했다. 그는 만일 대기가 습한 상태라면, 허리케인 중심부의 상승기류가 강할 것이라고 생각했다. 그는 잠열(潛熱:액체를 기화시키는 열로서 기체가 액화될 때는 방출됨)의 개념을 적용한다. 에스피는 수증기는 건조한 공기보다 가볍고, 습한 공기는 상승하고 팽창하기 때문에 수증기가 응축될 때 방출된 잠열은 대류가 오래 지속되도록 한다는 것을 알아냈다.[59] 이와 같이 따뜻하고 습한 공기는 건조한 공기보다 허리케인이 대류를 형성하는데 더 많이 기여한다. 그리고 이는 따뜻한 바다에서 허리케인이 만들어지는 한 원인이 된다. 이는 기상학에 큰 기여를 한 것이었지만, 불행히도 에스피는 지구 자전의 효과를 포함시키지 않아서 바람의 방향을 잘못 잡았었다.[60] 뉴욕에 있는 과학자들이 레드필드를 지지하고 필라델피아의 과학자들은 에스피를 지지하게 되면서 논쟁은 전국적으로 번진다. 그리고서 또 영국 과학자들은 레드필드를 지지하고 프랑스 과학자들은 에스피를 지지해서 국제적인 논쟁이 되었다. 이 길고 치열했던 논쟁은 1856년 레드필드와 에스피의 주장 중 타당한 부분만을 포착한 윌리엄 퍼렐 William Ferrel의 논문발표 이후 비로소 종결된다.[61]

레드필드 지지자 중의 하나였던 헨리 피딩턴은 인도에 사는 영국과학자였는데 1844년 사이클론이란 용어를 만들어냈었다. 사이클론이 고요한 중심부 주위에서 큰 원을 그리며 부는 바람을 가지고 있다는 레디필드의 가설을 지지하기 위해서 피딩턴은 인도양과 중국해에서 발생한 사이클론에 대해 40편의 논문과 책들을 썼다. 그러나 더 중요한 사실은 피딩턴이 최초로 사이클론의 폭풍해일이 만드는 위험성에 대해 썼다는 것이다. 그는 폭풍해일storm surge을 폭풍파storm wave라고 불렀다. 그는 '그곳에는 진짜 파도 또는 바다의 솟구침이 있고 그것은 거대한 물기둥처럼 육지로 밀려온다. 파도가 그런 것처럼 물론 끔찍한 침수도 일으킨다.'라고 썼다.[62] 피딩턴은 폭풍해일이 입힌 피해와 인도와 벵골만 저지대에서 죽은 사람들을 직접 목격했다.

폭풍해일이라는 용어를 포함해서 해수면 높이와 관련되어 다양하게 사용하고 있는 용어들은 특히 일반 언론에서 종종 혼란스럽게 사용되기 때문에 여기서 우리는 그 용어들의 의미를 명확히 해야만 한다. 수위water level는 해수면의 높이를 의미하는 가장 일반적인 용어로 풍파 때문에 생기는 빠른 해수면의 움직임을 평균적으로 계산한 것이다.(2~3초에서 20초 정도의 평균이다. 5장 참조) 과학자들은 폭풍해일storm surge(피딩턴은 폭풍파storm wave, 다른 이들은 바다해일sea surge이라고 부름)을 바람에 의해 해안가에서 수위가 변화하는 것으로 정의했고 보다 엄밀하게는 기압의 변화로 수위가 변화하는 것이라고 정의했다. 과학자들은 바람이 폭풍으로 분류될 만큼 강하지 않을 때에도 이 용어를 사용했다.

우리는 여기서 조석tide이라는 말 앞에 천문astronomical이라는 단어를 붙이기도 한다. 왜냐면 비록 과학적으로 조석이란 용어는 해와 달의 영향 때문에 수위가 변화하는 것만을 의미하는 것이지만 조석은 종종 바람의 영향을 포함하여 실제 수위상의 변화를 의미하는 것으로 사용되기 때문이다.(우리가 1장에서 이야기 한 바 있다) 어떤 사람들은 폭풍해일을 기상학적 조석 meteorological tide으로 부른다. 이것은 비록 수위 변화를 의미하기 위해 조석이란 말을 사용하고는 있지만, 수위 변화는 기상학적 기원 즉 바람의 영향과 기압의 변화로부터 온다는 것을 말하고 있는 것이다. 폭풍해일은 앞쪽으로 이동하기 때문에 때로는 매우 긴 파도처럼 육지로 올라온다. 그리고 얕은 물에서 움직일 때는 파도가 매우 가팔라진다. 이처럼 폭풍해일이 만드는 긴 파도는 때로 조석파tidal wave라고 잘못 언급되기도 한다. 조석파라는 용어는 가끔 지진이나 화산이 만들어내는 매우 긴 파도인 쓰나미tsunami를 부를 때 사용되어 사람들을 더 혼란스럽게 만든다.(7장 참고) 오늘날에도 특히 언론에서는 조석tide과 조석파tidal wave라는 용어를 수위sea level라는 뜻으로 잘못 사용하는 때도 있다. 수위라는 용어는 조석과 폭풍해일을 포함해서 모든 해수면 운동을 평균 낸 값을 말하는 것이다. 우리는 긴 기간 동안의 매우 느린 변화를 이야기 할 때는 수위라는 용어를 사용한다. 이러한 장기간의 수위(보통 연간 수위)는 엘니뇨나 기후변화 연구에서 사용한다.(10장 참고) 지구 온난화 때문에 수위 상승에 대해 연구하는 연구자들은 단지 해수면의 열과 바다로 흘러온 빙하가 함께 작용해서 수위가 천천히 변화하는 경향성을 알고 싶어 한다. 그래서 그들은 이런 경향성을 왜곡시킬 수 있는 모든 다른 움직임들도 알아내려고 한다.

피딩턴은 1789년 12월 인도 벵골만 코링가Coringa에서의 폭풍해일이 얼마나 파괴력을 가지고 있었는지를 처음으로 실감나게 보여주었다. 3차례의 큰 폭풍해일이 연속해서 온 이후 코링가와 그 곳의 2만 주민들은 하루 만에 사라지고 말았다.[63] 50년 후 다시 폭풍해일이 재건한 마을을 덮쳐서 또 2만 명이 죽게 되었다. 수많은 파괴 그리고 폭풍해일과 이로 인한 홍수에 의해 사람들이 죽는 것을 목격한 후 피딩턴은 해안지역의 잠재적 취약성에 대해 매우 주목하게 되었다. 비록 언제 폭풍해일이 해안을 때릴지 예측할 수 있는 없지만, 그는 어떤 해안과 어떤 항구가 폭풍이 왔을 때 가장 심각하게 영향을 받을지는 충분히 예측할 수는 있다고 생각했다. 1853년에는 캘커타항을 대체하기 위해 새로 물라강Mutlah River에 항구를 만들기로 되어 있었는데, 피딩턴은 이 신항의 취약함에 대해 걱정하고 있었다 (사람들은 후글리강에 퇴적물이 쌓이고 있다고 생각해서 물라강에 새로운 항구를 만들기로 했었다). 그는 인도 총독인 댈하우지 경Lord Dalhousie에게 공개서한을 보내 폭풍해일이 어떻게 새 항구로 예정된 캐닝항Port Canning을 침수시킬 수 있는지에 대해 설명했다. 그는 '무시무시한 허리케인이 왔을 때 굉장한 바닷물이 밀려와서 순식간에 사람들을 덮치고, 삽시간에 모든 마을이 1.5미터에서 2미터 정도로 침수되는 광경을 사람들은 보게 될 것입니다. 우리는 그런 날에 대해 대비해야 합니다.'라고 편지에 썼다.[65] 그러나 댈하우지 경과 다른 사람들은 그의 경보를 무시하고 물라강에 캐닝항을 건설했다. 1867년 11월 2일(피딩턴의 죽고 9년이 지난 후에) 사이클론은 피딩턴이 예측했던 대로 무시무시한 폭풍해일을 만들어서 맹렬하게 도시 전체를 휩쓸어버렸다.[66] 같은 때 후글리강의 캘커타항에서는 이 폭풍해일로 인해 전혀 피해를 입히지 않았다. 5년 후 캐닝항은 폐쇄되었다.

피딩턴은 바다에서 열대성 저기압의 중심을 피하는 법에 대해 알려주는 '폭풍의 원리에 관한 선원용 입문서'Sailor's Horn-Book for the Law of Storms를 썼는데, 선원들이 이 책을 많이 활용했기 때문에 선원들은 피딩턴에 대해 잘 알고 있었다. 피딩턴은 또한 사이클론이 만드는 폭풍해일이 어디로 상륙할 것인지를 예측하려는 생각도 했었다. 당시 과학수준으로는 그러한 예측을 할 수 없었지만 그는 일찍이 1842년에 전신기로 폭풍해일을 경보할 수 있을 것이라고 제안했었다.[68] 그는 만일 전신기를 통해 사이클론이 이미 도착한 곳으로부터 실시간 자료를 받는다면 특정 해안지역에 사이클과 그에 동반한 폭풍해일이 언제 도착할 지를 예측할 수 있다고 생각했다. 피딩턴은 '우리 아이들은 이걸 볼 수 있을 것'이라고 희망했다.

그러나 실제로 피딩턴은 (열대성 저기압 패턴이 경보시스템을 만들기에 용이하다고 생각했던 인도나 남중국 연안에 설치된 것은 아니지만) 자신이 살아 있을 때 실시간 전신기의 능력이 발전하는 것을 보게 되었다. 첫 번째 경보시스템은 미국에서 만들어졌지만 열대성 저기압을 위해 사용된 것은 아니었다. 수도 워싱턴에 소재한 스미소니언 연구소의 초대 소장, 조셉 헨리Joseph Henry는 1850년 기상경보를 위해 미국 전역을 연결하는 전신 기상 관측망을 구축했다.[69] 스미소니안 연구소 로비에 있는 대형 지도는 미국 전역의 기상상태를 거의 실시간으로 보여주었다.[70] 이 기상도는 헨리 등에게 폭풍이 동쪽 또는 북동쪽으로 움직인다는 프랭클린의 가설이 사실임을 확인시켜 주었다. 그리고 헨리는 그러한 움직임을 보고 폭풍이 어디로 향하게 될 지를 예측할 수 있게 되었다. 최종적으로 폭풍은 대서양에 도착할 것이고 이 거친 바람은 해안을 따라 폭풍해일을 만들 것이기 때문에 폭풍해일의 규모와 시간을 대략적으로 예측할 수 있는 것이다. 그러나 불행히도 남북전쟁 와중에 화재가 발생하여 이 전신망은 소실되고 만다. 1870년이 되어서야 미국에는 또 하나의 기상예보용 전신망이 구축되었는데 이것은 미국 육군 통신대Army Signal Service가 운영하는 것이었다.

피딩턴이 죽고 2년이 지난 1860년에는 영국의 첫번째 기상청장인 로버트 피츠로이Robert FitzRoy의 주도로 연안관측용 전신망이 영국에서 만들어졌다. 후에 해군 제독이 되는 피츠로이는 폭풍파가 홍수를 만들 뿐만 아니라, 배를 타고 바다로 나가는 사람들에게는 큰 위협이 되기 때문에 연안 지역에 폭풍경보를 해야만 한다고 생각했다. 1858년 그는 특별히 제작된 기상계를 스코틀랜드의 어촌에 나누어 주기 시작했다. 그리고 그는 전신기를 사용하여 22곳의 마을로부터 기상자료를 받을 수 있게 된다. 1861년 2월부터는 그는 반대로 그 마을들에 기상예보를 보내주기 시작했는데 처음에는 폭풍경보를 보내기 시작하고 다음에는 일일기상예보daily weather forecasts(피츠로이가 만든 표현이다)를 보내주기 시작했다. 이 예보들은 그가 전신기로 받은 기상정보를 사용해서 나온 것이었다. 그리고 그는 온대성 저기압이 본질적으로 회전한다는 사실도 잘 알고 있었다. (그는 1859년 로얄차터Royal Charter호를 포함하여 343척의 배를 침몰하게 만든 로얄차터 폭풍을 주의 깊게 분석하여 이에 대해 잘 이해하게 되었다)

그러나 많은 사람들 특히 해, 달, 행성의 움직임을 제멋대로 적용하여 만든 엉터리 기상예측달력으로 돈벌이하던 사이비(점성술사에 가까운) 천체기상학자들은 피츠로이의 기상예보를 전혀 인정하지 않았다. 불행히도 영국학술원의 과학자들마저 피츠로이의 실용과학이 만인을 위한 것이라고 하지만 결과적으로는 점성술사들의 이익에만 봉사하게 되리라고 폄하했다. 피츠로이는 1865년 4월 30일 자살로 생을 마감했는데, 그의 아내는 기상예측 실패에 대한 불안감과 사방에서 밀려드는 그에 대한 비난들이 이런 비극을 만들었다고 생각했다. 그의 일일기상예보와 폭풍경보는 그 다음해부터 중단되는데, 이런 중단에 대해 일반 대중들은 크게 불만스러워 했기 때문에 폭풍예보는 다음해부터 다시 시작되었다. 그러나 일일기상예보는 10년 정도가 지나서야 다시 시작되게 된다.

사이비 천체기상학자들은 땅에 떨어진 공신력과 자존심을 되찾는 동시에, 예보를 통해 인명을 구하려 애쓰는 해양 물리학자들을 궁지에 몰기 위하여, 성공사례를 위조하기도 했다. 천문기상학적 방법을 사용해서 폭풍이나 파괴적 폭풍해일을 예측하는 것이 가능하다고 생각되게 하는 사건은 1869년 10월 펀디만Bay of Fundy에서 색스비돌풍Saxby Gale과 색스비조석Saxby Tide이 함께 생기면서 일어났다(보다 정확하게는 색스비폭풍해일이라고 부를 수 있다).[72] 펀디만의 북쪽 끝은 파괴적인 폭풍해일이 올 만한 곳은 아니다. 천문조석으로 인한 조차가 14미터가 넘긴 하지만, 마을이 최고조 시의 고조선보다 위에 있기 때문에 폭풍해일이 오더라도 딱 고조시점에 맞추어 오지만 않는다면 마을이 잠기지는 않았다. 그러나 1869년 10월 5일, 시간이 딱 맞아떨어지는 일이 생기고 말았다. 당시 달은 지구에 가장 가깝고 지구와 달과 태양은 같은 쪽에서 작용하여 초승달이 뜨게 되는 근지점 대조가 되었다. 그리고 허리케인이 대서양 해양쪽으로 올라와서 메인만의 해안가를 지나 펀디만으로 들어오는 경우는 매우 드물었는데 이 드문 사건이 일어나게 되었다. 근지점 대조와 2미터짜리 폭풍의 조합은 노바스코샤Nova Scotia의 번트코스트헤드 등대Burntcoast Head Lighthouse에서 13.2미터나 되는 커다란 조차tidal range를 만들어 내기도 했다.(천문조차가 14미터 이상 되는 곳도 있기 때문에 세계에서 가장 큰 조차라고 할 수는 없다) 지금도 2미터 정도의 폭풍해일은 많은 피해를 입힐 수 있다. 폭풍조석storm tide은 네덜란드 사람들처럼 펀디만의 캐나다 사람들이 제방으로 갯벌을 매립해서 만들었던 땅에 물난리를 일으켰다. 물은 제방을 넘어 들어왔고 폭풍이 지나간 후에도 며칠 동안 제방 안에는 바닷물이 담겨있었다.

색스비 폭풍조석 때문에 생긴 사상자는 다른 재난에 비해 많지 않았지만(약 100명 정도가 죽었다) 그로 인한 이야기들은 무척 비극적이다. 지역 신문인 몽크턴 타임즈Moncton Times는 폭풍해일 속에 있었던 오브라이언 가족의 이야기를 보도했다. 그들은 밤중에 집으로 물이 들어오는 것을 보고 잠에서 깨었지만 육지로 나올 수 있는 수단은 이미 다 끊겨버린 상황이었다. 이 긴급 상황에서 탈출하기 위해서는 뗏목을 이용하는 것이 유일한 방법으로 보였다. 오브라이언은 닥치는 대로 주변 목재를 끌어 모아 급하게 뗏목을 만들었고, 그와 그의 가족은 그 뗏목을 타고 파도에 그들을 내맡기게 되었다. 바람은 강의 반대편으로 그들을 옮겨주고 있었는데 불행히도 이동 중에 뗏목이 부서지자 끔찍한 폭풍과 월요일 밤의 칠흑 같은 어둠 속에서 4명의 아이들은 익사하고 말았다.[73]

색스비 조석이라는 이름이 붙여진 것은 사람들이 10달전 영국의 스테판 마틴 색스비 Stephen Martin Saxby 대위가 이 사실을 정확히 예측했다고 생각했기 때문이었다. 색스비는 영국해군의 공학 교관이었는데 그는 달을 기초로 기상을 예측하는 자신만의 체계를 가지고 있었다.[74] 1868년 색스비는 런던에 있는 스탠다드 지The Standard의 편집장에게 편지를 썼고 이는 크리스마스 때 스탠다드 지에 실려 발행되게 되었다. 그는 "1869년 10월 5일 오전 7시, 초승달이 지구에 가장 가깝게 되어 지구의 적도상에 올 것이고 기적이 일어나지 않는 한 무서운 일이 일어날 것이다"라고 편지에 썼다.[75] 1869년 9월 16일, 스탠다드 지를 통해 색스비의 두 번째 편지가 공개되었는데 그는 '이 경보는 전 세계에 적용되는 것이기는 하지만 그 효과는 어떤 지역들에서 다른 곳보다 더욱 크게 나타날 수 있다'고 썼다.[76] 위험한 사고가 어디에서 일어날 지에 대해서 특정하지 않은 점, 세계 어느 곳에서 어느 시점에 폭풍이 있을 수 있다는 점, 10월 5일에 근지점 고조가 생길 것이라는 점들을 고려하면 세계 어디선가는 폭풍해일에 의해 홍수가 일어날 것이라고 예측 한 것은 괜찮은 도박이었다. 색스비는 펀디만에서 행운을 잡았다.[77] 1869년 10월 8일, 세인트 존Saint John에 있는 데일리 모닝 뉴스의 편집장은 '이번 사건에서 색스비는 진정한 예언자'였다고 했다. 그러나 만일 많은 사람이 죽고, 재산이 파괴되고, 배가 가라앉는 다음 사건을 예측하지 못한다면, 색스비는 대신 '허풍쟁이'가 될 것이라고 했다.[78] 그러나 물론 그는 그런 예측을 다시는 할 수 없었다.

폭풍으로 인한 해일을 예측하려면 가장 먼저 폭풍자체의 발생을 예측해야 함은 예나 지금이나 변치 않는 수순이다. 그러나 18세기 후반까지 기상학은 아직 통계적이고 동태적인 폭풍 예측 기술을 만들 수 있을 만한 수준이 아니었다. 폭풍해일을 예측할 수 있는 유일한 방법은 폭풍이 어디로 가고 있는지를 알려주는 기상예보용 전신망에서 실시간자료를 받아 사용하는 것이었다. 이는 현재에도 가장 유용한 접근법이자 헨리, 피츠로이 그리고 프랭클린과 레드필드가 사용한 방법이었다. 이런 시스템은 미국, 영국 그리고 네덜란드와 프랑스에서도 다시 시작되게 되었다. 보통 북부에 있는 예보 시스템은 상대적으로 느리게 움직이는 온대성 저기압에만 적용되고 있었다. 첫 번째로 허리케인, 그것도 위험한 폭풍해일을 예측하는 데 사용한 성공적인 전신망은 쿠바 아바나에 있는 벨렌 왕립학교Real Colegio de Belén의 스페인 예수회 수사들이 카리브해 지역에 설치한 것이었다. 1870년부터 1893년까지 벨렌의 관리자였던 베니토 비네스Benito Vines신부는 캐리비안 지역의 허리케인 특성에 대해 지속적인 연구를 수행해서 3권의 책을 출판하고 국제적으로 인정받는 전문가가 되었다. 1888년 비네스는 7개의 정기 관측지점(트리니다드Trinidad, 바베이도스Barbados, 마르티니크Martinique, 안티구아Antigua, 푸에르토리코Puerto Rico, 자메이카Jamaica, 쿠바 산티아고Santiago de Cuba)과 13개의 비정기 관측지점을 가지고 있는 기상예보용 전신망을 만든다. 이러한 관측지점들로부터 얻은 실시간자료와 그가 수년간 많은 허리케인을 연구해서 얻은 지식들을 가지고 그는 그의 첫 번째 허리케인 예측을 했는데 매우 성공적이었다. 비네스가 죽은 뒤에는 로렌조 강고이띠Lorenzo Gangoiti신부가 이 전신망의 관리자가 되어 비네스의 연구와 허리케인 예측을 계속하게 된다.

미국도 1871년 1월, 기상예보용 전신망을 만들어 국가차원의 기상 서비스를 시작한다. 당시에는 육군 통신대가 기상예보와 관련된 지원을 하고 있었는데 기상예보를 향상시키기 위해 더 많은 과학조사가 필요하다는 기상학자들과 이와 반대하는 일부 군인들간 의견 충돌이 생기게 된다. 이런 갈등은 20년간이나 지속되었고, 1891년이 되어서야 기상분야는 농림부로 이전되어 농림부 산하에 기상국Weather Bureau이 만들어지게 된다. 그리고 마크 해링턴Mark Harrington이란 민간과학자가 초대 기상국장에 선출되었다. 그렇지만 1년 후 새 대통령인 클리브랜드Cleveland가 임명한 신임 농림부 장관 줄리어스 스터링 모튼Julius Sterling Morton은 과학적 연구를 별로 좋아하지 않았고, 기상국 내의 과학자들도 신뢰하지 않아서, 군 통신대로부터 기상자문을 받으려 했다. 모튼은 결국 1895년 7월 1일, 대통령에게 해링턴의 해임을 요청하고 기상국 내에서 윌리스 루터 무어Willis Luther Moore라는 과학적 역량보다는 정치적 야망을 가진 사람으로 기상국장을 교체했다.[80] 다음 장에서 우리가 살펴 볼 것처럼, 이 선택은 5년 후 미국에서 연속적인 대형 자연재해로 인해 많은 사상자를 만들게 한 사건들의 단초를 제공한 것이었다. 정부는 갈버스턴Galveston 시민들에게 대형 폭풍해일이 오고 있다는 것을 경보했어야만 했지만, 이에 대해 전혀 경보를 발령하지 못했다.

제4장

해변의 대학살

제 3장에서 계속

1900년 9월 당시 신설기구였던 미 국립기상국U.S. Weather Bureau의 윌리스 루터 무어Willis Luther Moore국장은 기상관측소U.S. weather office중 하나를 쿠바(당시 쿠바는 미서전쟁 이후 미국령이었음)의 수도 아바나 시 벨렌에 있는 왕립학교Real Colegio de Belen에 설치한다. 그로부터 2년 후 쿠바는 미국으로부터 독립하지만, 쿠바 독립 이후에도 아바나 기상관측소의 기상관측데이터는 기상국 본부(워싱턴DC)로 보내어져 허리케인 예측에 활용되었다. 그럼에도 무어국장은 미국이 아닌 아바나 지국 벨렌 관측소의 예보가 본부보다 한 발 빠른 것이 내심 못마땅했다. 그래서 벨렌 관측소가 미 군용 전신케이블을 기상예보송신용으로 사용하지 못 하도록 미 국방부에 요청한다. 미 해군 수로국은 벨렌관측소장인 비네스Vines신부가 서인도양 허리케인에 관해 썼던 저서를 번역 출간할 때, 비네스 신부를 기상학의 권위자accomplished meteorologist[1]로 소개하였을 정도로 벨렌 관측소의 예보를 신뢰하였지만, 무어국장의 요청을 거절할 수는 없었다.

그러나 벨렌 관측소 예보송신 금지 조치는 추후 매우 잘못된 판단이었음이 드러난다. 즉, 1900년 9월 4~5일, 쿠바인근에서 발생한 허리케인이 점차 강력해지면서 플로리다의 (동쪽이 아닌) 서쪽, 특히 텍사스 방면으로 북상할 것이라는 벨렌 관측소장 강고이띠Gangoiti의 예보가 미국에 알려지지 못했던 것이다.[2] 허리케인이 (멕시코 만 쪽이 아닌) 플로리다 동쪽으로 빠져나갈 것이라는 워싱턴본부 무어국장의 예고만 믿고 있던 9월 5일 저녁, 플로리다 반도의 남단 키웨스트에서는 북동쪽에서 불어오던 강풍이 돌연 잠잠해지는 대신 남풍이 힘을 키우기 시작했다. 이것이 허리케인의 눈이 키웨스트를 통과하는 것이었음을 눈치 채지 못한 무어국장과 워싱턴본부는 뉴저지지역 어선들에게 피항조치만 내렸을 뿐이었다. 이튿날 예상과 달리 플로리다 동쪽에서는 폭풍이 없고, 오히려 플로리다 서쪽으로 격렬한 소용돌이 바람이 발생하자 무어국장은 플로리다 서안 관측소를 통해 펜사콜라부터 뉴올린즈에 이르는 지역에 폭풍경보를 발령한다.

그러나 그 때, 허리케인은 이미 마이애미부터 조지아 주 사바나까지 영향권에 둔 채 플로리다 서쪽 시더키이스Cedar Keys를 지나고 있었다. 다음날 플로리다 서해안에 내려졌던 폭풍경보는 텍사스 주 갈버스턴Galveston으로까지 확대된다. 9월 8일 토요일까지도 갈버스턴 시는 허리케인과 폭풍해일이 다가오고 있음을 알지 못 하고 있었다.[3] 당시 갈버스턴 시 기상예보관인 아이작 클라인Isaac Cline조차도 쿠바발 허리케인 경보에 대해 알지 못했다 (그때까지 갈버스턴 시는 한 번도 이렇다 할 허리케인 피해를 받은 적이 없었기 때문에, 경보를 들었다 해도 그것을 액면 그대로 믿기는 쉽기 않았을 것이다.[4]).

갈버스턴에서 남서쪽으로 약 160킬로미터 쯤 가면 인디아놀라Indianola라는 제법 큰 항구가 있었는데 이 항구가 1875년 허리케인성 폭풍해일로 파괴된 후 1876년 재건되었다가 또다시 허리케인에 완파되어 지도상에서 아예 사라져버렸다. 따라서 갈버스턴 시에도 허리케인성 폭풍해일에 대비하여 방파제를 건설해야 한다는 의견이 없지는 않았다. 그러나 허리케인과 폭풍해일에 대해 잘 알지 못했던 클라인 예보관 등이 반대했고, 결국 받아들여지지 않았다.[5] 갈버스턴을 향해가고 있는 허리케인은 예전 인디아놀라를 쓸어버린 두 차례의 허리케인과 똑같은 경로(쿠바와 키웨스트)를 밟고 있었다.[6] 9월 8일 토요일 오전, 상황이 예사롭지 않자, 회의적이던 클라인마저도 바닷가에 나아가 수위상승과 파도상황을 살펴보지 않을 수 없었다. 그가 본부에 타전한 내용은 다음과 같다. "동남쪽 수위 급상승중, 1~5분 간격, 남부해안 저지대 서너 블록 침수, 바람이 바다를 향해 부는데도 수위상승이 이렇게 빠른 적은 없었음".[7] 바람이 바다 쪽으로 불 때 수위상승 속도는 줄어야 하는데 오히려 빨라졌다면 수평선너머에서부터 바람이 시작된듯하다고 유추할 법도 하건만 클라인 예보관은 "허리케인"[8] 이라는 표현을 전혀 쓰지 않았다.

평소 클라인이 소속된 갈버스턴 기상예보실에서 작성한 일기도를 검토할 정도로 기상학에 조예가 깊은 지역 면화거래소장 사무엘 영 박사는 그날 아침 클라인과 함께 바다상황을 점검하고 나서, 이 정도의 수위상승과 파고는 사이클론의 전조일 것이라고 판단하고 샌안토니오에서 휴일을 보낸 후 기차로 집으로 돌아오려던 가족들에게 귀가를 보류하라고 긴급 타전했다.[9] 클라인이 방심하고 있던 사이, 허리케인은 갈버스턴 서쪽 64킬로미터 지점까지 접근한다. 이는 곧 허리케인의 오른쪽 날개가 엄청난 양을 바닷물을 휘몰고 도시를 덮치리라는 것을 의미한다(반면 64킬로미터 지점보다 더 서쪽은 허리케인의 눈에서 반대편이라 바람이 바다 쪽으로 불어서 수위가 덜 상승하게 됨).

오후 1시 현재, 바람은 아직 폭풍 급에 미치지 않았으나 수위는 계속 차오르고 있었다. 3시 30분에는 갈버스턴 시 도로의 절반이 물에 잠겼고, 5시가 되자 바람의 위력도 허리케인 급으로 올라섰다. 이즈음 아이작 클라인은 해안으로부터 세 블록 떨어진 자기 집으로 퇴근하여 임신 중이던 아내와 어린 세 딸 그리고 동생이자 부하직원인 조셉 및 클라인의 집을 가장 안전한 곳으로 여겨 대피해있던 45명의 이웃들과 함께 있었다. 6시 30분, 클라인의 집은 물바다로 변한다.[10] 수위는 계속 차오르다가 7시 30분에 갑자기 122센티미터 더 높이 뛰어 오르고, 클라인의 집에 있던 사람들은 이층으로 피신했다. 8시 30분 즈음에는 종전 최고수위보다 6미터가 더 높아져 이웃집 수백 채는 물에 잠겼다(이후 수백 채가 더 잠기게 됨). 몰아치는 비바람에 집이 부서질 때마다 어두운 다락에 모여 있던 주민들은 공포의 비명을 질렀다. 기도도 해보고 찬송가가 불러보지만 물위를 둥둥 떠다니던 집채들이 아직 버티고 있던 클라인의 집에 부딪쳤다. 그 순간 조셉은 유리창을 깨고 두 조카를 옆에 낀 채 재빨리 탈출했다. 아이작 클라인과 막내딸도 뒤를 따라 떠다니던 집의 지붕에 올라탔지만, 그의 아내와 다른 사람들은 미처 피신하지 못했다. 용케 목숨을 건진 사람들의 앞에는 죽음과 별반 다르지 않은 아수라가 기다리고 있었다. 칠흑 같은 어둠, 처절한 비명과 찢어질 듯 한 굉음 속에서 간신히 목숨만 부지한 채 시속 240미터가 넘는 강풍에 날리는 파편들을 피해야 했다.[11] 이런 상황이 그날 밤 도시 곳곳에서 수없이 벌어졌다. 그렇게 악몽 같은 밤이 지나 날이 밝자 3천 6백채의 폐허와 당시 기준으로 미국 자연재해사상 최대 규모인 6천구의 시신이 드러났다.[12]

그림 4.1 1900년 갈버스턴 폭풍해일 참사현장 (사진제공: 미국 해양대기청)

윌리스 무어 기상국장이 쿠바 관측소의 송신을 허용했거나 아이작 클라인 예보관이 방파제 건설에 찬성했다면 6천 명 중 대부분은 그날 그렇게 죽지 않았을 것이다. 임신한 아내를 잃은 클라인은 이후 허리케인과 폭풍해일 연구에 전념하여 두 권의 책과 수많은 논문을 발표한다.[13] 참사직후 발표한 보고서에서 "방파제가 있었더라면 많은 생명과 재산을 지킬 수 있었음' '을 인정했다.[14] 1904년 완공된 갈버스턴 방파제는 1915년 8월 15일 허리케인 때 그 진가를 발휘한다. 1915년의 허리케인이 1900년 허리케인과 비슷한 규모에 똑같은 진로이어서 1900년 못지않은 폭풍해일을 일으켰지만 사망자수가 불과 11명에 그친 것은 방파제와 예보 덕분이다.[15] 1900년의 폭풍해일이 많은 희생을 불러오긴 했지만 1864년 인도 벵골 만에서 죽은 수백만 명에 비한다면 약소해 보일 정도다. 앞 3장에서 다룬 벵골 서부 폭풍해일 사망자도 최소 8천명에 이르고 1876년 10월 31일 밤 벵골 동부(현재 방글라데시)를 덮친 폭풍해일은 무려 215,000명을 희생시켰다.[16] 정확한 추산은 어렵지만 1839년과 1897년 발생한 폭풍해일의 피해도 이보다 덜하지 않을 것이다. 폭풍해일의 피해는 20세기 들어서도 계속 되는데 그 중 적은 것도 갈버스턴 보다는 크다.

사망자 통계만 보고서는 사랑하는 이들을 바다의 거대한 힘에 빼앗긴 생존자들의 절규와 슬픔을 이해하기 어렵다. 갈버스턴의 이층목조주택과는 달리 벵골의 주택은 대나무 골조에 진흙으로 벽을 세우고 지푸라기를 지붕 삼은 단 칸짜리 집이어서 쉽게 부서졌다. 벵골만의 희생자들은 그렇게 작은 집에서 서로 부둥켜 않은 채 귀를 찢는 듯한 광풍에 떨다가 휩쓸려 죽었다. 대나무, 흙, 지푸라기로 만든 집의 파편들은 물에 뜨지 않으므로 붙잡을 만한 것도 많지 않았다. 운 좋게 나무에 매달리면 목숨을 건질 수도 있겠지만, 물길에 쓸려가는 아내와 자식들을 바라보며 자기 목숨만 부지하려고 했던 가장은 그리 많지 않았을 것이다. 이 가족의 비극은 (1900년 9월 8일 밤, 클라인 씨 가족에게 생긴 일이 그와 비슷한 3,600건 중 하나이듯) 1876년 10월 31일밤 벵골의 초가집 4천 가구가 겪은 공포와 슬픔 중 일부에 불과하다.

19세기 중반에 영국인들이 묘사했듯 벵골만은 그야말로 비극의 특구tragically special place였다. 1897년부터 1996까지 백 년 동안, 벵골 만에는 무려 117건의 중대형 폭풍해일이 있었다.[17] 벵골만(인도와 버마의 일부, 그리고 특히 이전에 동벵골, 동파키스탄이었던 오늘날의 방글라데시가 해당됨)지역이 다른 열대해양성 기후대와 비교하여 열대성 저기압의 발생이 더 잦지 않음에도 불구하고 1만 명 이상의 피해를 낸 열대성 저기압 재난 중 85%가 이곳에 집중된 까닭은 무엇일까? 우선, 벵골만은 남쪽 한 면만이 바다를 향해 열린 지형이라 사이클론이 3면의 해안에 동시 상륙할 수 있다. 그리고 깔때기모양으로 되어있어 폭풍해일은 북진할수록 위력을 더하게 된다. 폭풍해일을 수치모델링해보면 방글라데시처럼 해안선이 직각인 경우 해일의 높이가 두 배로 치솟으며[18] 안으로 들어갈수록 얕아지는 넓은 대륙붕은 폭풍해일이 극대화되는데 피해를 키우기에 타고난 입지이다. 셋째 요인으로, 이 지역은 전체적으로 저지대이어서 주변에 피신할만한 고지대가 없다. 삼각주라서 침수가 쉽고 수로(강과 운하 등)는 폭풍해일이 깊이 파고드는 통로역할을 한다. 수로가 좁을수록 해일은 더욱 높고 강력해져서 마치 살아 움직이는 벽bore처럼 바닷물이 밀려드는 경우도 잦다. 네 번째 요인(가장 치명적인)은 해안의 높은 인구밀도이다. 그 수많은 사람들에게 예보도 대피처도 없다. 이미 20세기에 전신에 이어 전파기반 경보시스템과 견고한 건물, 교통수단이 구비되어 폭풍해일 사망자수를 현격하게 줄인 미국, 유럽과 달리, 이 지역에 예보능력과 대피시설이 갖추어지려면 앞으로 100년은 족히 걸릴 것이다.

열대성 저기압 예측에 있어 가장 궁금해야할 점은 진행경로와 상륙지점이다. 열대성 저기압은 반시계방향(북반구의 경우)으로 회전하므로 열대성 저기압 오른쪽의 폭풍해일이 더 파괴적이다. 멕시코 만 연안에 사는 미국인들은 자신들의 위치가 허리케인 상륙예상지점의 동쪽일 경우 (대서양연안 주민들의 경우라면 상륙지점의 북쪽) 대피해야 함을 잘 알고 있다. 폭풍해일이 언제(날짜뿐 아니라 시간까지) 상륙하는가도 매우 중요하다. 폭풍해일이 만조때 밀려오게 되면 폭풍해일의 파괴력이 더욱 증폭시키기 때문이다.[19]

한편 미 동해안 쪽의 북동강풍northeaster, 영국과 네덜란드를 위협하는 북해돌풍North Sea gale등 온대성저기압에 의한 폭풍해일에는 이와는 다른 접근법이 필요하다. 온대성 저기압은 열대성 저기압보다 더 넓은 지역을 공략하지만 열대성 저기압처럼 초강풍에 둘러싸인 텅 빈 중심부가 없다. 폭풍이 얼마만큼의 바닷물을 육지로 밀어 올릴 것인가에 대해 추가분석이 필요하긴 하지만, 전신을 이용한 경보는 지금도 무시할 수 없다. 온대성 저기압과 열대성 저기압은 모두 폭풍해일의 원인이지만 발생과정은 다르다.[20] 열대성 저기압의 경우 바닷물이 바람에 밀려 육지로 올라가는 반면, 보다 넓은 면적에 영향을 끼치는 온대성 저기압의 경우는 해안선과 수평한 바람을 일으키고 이 바람은 해류를 만드는데 이때 만들어진 해류는 코리올리의 힘Coriolis force (물체가 지구자전방향과 같은 방향으로 움직이려는 힘 - 제 1장 참조)에 의해서 진행방향의 우측(북반구의 경우)으로 바닷물을 이동시키는 것이다.[21] 예를 들면, 뉴잉글랜드 근처에서 발생한 북동강풍은 북동쪽에서 남서쪽으로 해안선을 따라 움직이는 해류를 발생시키는데 이 해류는 코리올리 효과에 의하여 바닷물을 해안으로 밀어 올린다. 온대저기압성이던 열대저기압성이던 폭풍해일은 모두 기압의 영향(바람의 영향보다는 작지만)을 받는다.[22]

폭풍해일을 예측하기 위해 수위변화와 풍속, 풍향 및 바람이 부는 시간의 변화를 비교한 결과 둘 사이에 연관이 있음이 밝혀졌다.[23] 풍속, 풍향을 나타내는 기압차에 기반한 공식을 적용해보니 (역학적 요인이 잘 맞아떨어진 몇몇 해안의 경우) 한 지점의 해수면높이를 이용해서 다른 지점에서의 폭풍해일 발생가능성을 꽤 정확히 예측해냈다. 예를 들면, 제 2장에서 소개된 영국 리버풀 조수간만 연구소 소속 조수간만 전문가인 아더 두슨Arthur Doodson는 폭풍해일이 대체로 영국북단에서 생성된 후 영국동해안을 따라 남진하다가 테임즈 강을 따라 런던에 까지 이를 수 있음을 알아냈는데, 이것이 바로 1928년 1월 6일 런던을 놀라게 한 폭풍해일이다. 이 폭풍해일은 그날 오후 3시에 스코틀랜드의 던버Dunbar에서 평소 해수면 보다 45.7

센티미터 더 높은 정도로 시작되었는데 해안선을 따라 8시간 동안 내려가다 테임즈 강 하구에 도달하였을 때는 평소 해수면보다 152.4센티미터 더 높아진다. 때마침 고조(高潮)high tide를 만나 더욱 강해진 폭풍해일은 테임즈 강을 따라 올라가며 더더욱 강해지다가 런던을 공격했고, 동시에 영국해협의 동쪽 끝 즉 도버해협을 건너 독일과 덴마크로 북진, 런던보다 더 많은 피해를 입혔다.[24]

해안선을 따라 진행하는 이 폭풍해일을 본 두슨은 스코틀랜드에서의 수위변화와 영국남동부의 폭풍해일이 연관되어있지 않은가 하는 의심을 품게 된다. 그러나 정부는 두슨의 실시간 데이터 기반 폭풍해일 경보시스템에 수십 년간 아무런 지원도 해주지 않았다. 이 문제에 관심 있던 영국, 네덜란드, 독일의 해양학자들도 해수면의 높이, 해풍, 기압간의 상관관계에 기반을 두어 폭풍해일을 통계적으로 예측하고자 했으나, 정부로부터의 지원은 충분치 않았다.

당국의 미온적 태도는 1953년 1월 31일에 그 대가를 치르게 된다. 시속 145킬로미터의 돌풍gale을 동반한 온대성 저기압이 영국북부해안에서 발생하여 북해로 향했다.[25] 이 때 생긴 폭풍해일은 영국 동해안을 거쳐 테임즈 강으로, 그리고 영국해협을 거쳐 네덜란드로 향했다. 이 폭풍해일은 때마침 밀려온 고조(高潮)hightide에 의해 더욱 힘을 얻어 두 나라를 엄습한다. 영국 동해안의 방파제와 테임즈 강의 제방 중 1200곳이 범람하여[26] 최소 6만 5천 헥타아르의 농지가 바닷물에 잠겨 경작지로서의 기능을 상실했고, 소 4만6천 마리가 폐사했다. 수백 곳의 마을에서 최소 2만4천 가구가 파손되었고 이웃지역까지 전화가 불통되었다. 제방이 범람했다는 자체도 문제지만 더욱 문제는 주민들에게 아무런 경보가 나가지 않았다는 점이다. 재해발생일이 관공서가 열지 않는 토요일이었던 데다 발생시각도 하필 사람들이 잠든 밤이었다. 침실에 들이닥친 차가운 물에 놀란 주민들은 처음에 의자로 뛰어올랐다가 물이 계속 차오르자 좀 더 높은 탁자로 옮기고 나중엔 문짝에 수 시간 동안 매달려야 했다. 견디지 못하고 물에 빠진 사람들은 물에 뜬 아무것이라도 붙잡았고 어머니들은 허리까지 차오르는 차가운 물속에서서 자녀들을 안고 버텼다. 살아남은 한 부부는 "아이가 아무 말 없이 조용히 안겨있기에 잠들었나보다 했는데, 잠든 게 아니라 저체온증으로 죽어가고 있었던 것이었어요..."라며 당시의 비극을 전했다.[27] 피할 방도가 없어 절규하며 최후를 맞아야 했던 단층집에 비하면 층수가 높은 집은 그나마 운이 좋았다고 할 수 있지만, 그들 역시 얼음처럼 차가운 강풍에 떨며 구조를 기다려야 했다. 다행히 구조된 주민도 있었지만, 천정에 구멍을 뚫어 지붕으로 탈출하고서도 구조되기 전에 저체온증으로 사망한 경우도 많았다.

현장에 있던 미군장병 레이스 레밍(당시 22세)은 수영도 할 줄 몰랐지만 소형고무보트를 이용하여 지붕에 매달려있던 주민 27명을 구조했다.[28] 그렇게 강풍 속에서 차가운 물위를 세 차례나 왕복하며 구조하던 중 체온이 떨어져 쓰러지자, 한 영국인 간호사가 응급조치로 살려냈다. 9일 후 영국여왕은 그에게 용감한 시민상George Medal for bravery을 수여했다. 덕분에 레밍은 (전시가 아닌) 평시에 이 메달을 받은 최초의 미국인이 되었다. 용감한 시민은 그 외에도 수백 명이 더 있었다. 그들의 노력 덕에 사망자 수는 307명에 그쳤지만 이 폭풍해일은 영국 현대사상 최악의 자연재난으로서 경제적 손실도 상당했다.

당시는 2차 대전이 끝난 지 불과 7년밖에 지나지 않은 때이어서 오랫동안 보수, 증설되지 못한 해안제방과 방파제의 사정은 열악했다. 영국군과 미군 수천 명을 포함 전국에서 3만 명의 인부와 부족한 장비들이 보수작업에 총동원되었다. 이듬해 2월 중순에 오게 될 사리(大潮)springtide이전에 끝내야 했으므로 1500만개의 모래주머니와 자갈, 진흙 등을 쌓는 작업은 숨돌릴 틈도 없이 진행되었다.[29] 그나마 다행인 것은 런던도심은 이 폭풍해일의 피해를 면했다는 점이다. 2월 1일 새벽 런던브릿지의 수위는 사상최고치로서 예상가능한 최고수치보다 183센티미터나 더 높았다. 테임즈 강변의 제방이 예상 가능한 최고수위에 대비하여 지어졌음에도 불구하고 폭풍해일로 인한 수위상승에 미치지 못 했다. 다행히 그 차이가 약 5센티미터 정도에 그친 덕에 저지대만이 잠겼지만, 만약 더 큰 폭풍해일이 발생한다면 런던지하철이 침수될 수도 있고 영국의 경제중심이 마비되면 국가경제가 흔들릴지도 모른다. 그리 된다면 2차 대전 때 독일공군에 의한 런던대공습보다 더 큰 피해를 가져올 것이라고 예측한 정치인이 있을 정도이다.[30]

폭풍해일은 네덜란드에도 몰려가 네덜란드 역사상 최고수위를 경신하며 해안간척지를 보호하던 해안제방 150곳에서 범람했다.[31] 영국과는 달리 네덜란드에서는 폭풍해일 경보시스템이 작동중이어서 1월 31일 오전 11시 경보가 타전되었다.[32] 오후 6시에 제 2보가 라디오를 통해 로테르담 등 3곳에 발령되었다. 하지만 너무 오랜만에 발령된 경보였던 탓에 전달대상 수백 곳 중 30곳에만 보내어졌다. 게다가 주말이어서 수령자중 상당수가 수신된 내용을 읽지 못했다. 뿐만 아니라 당시 네덜란드에서는 자정부터 새벽까지 라디오방송이 없었으므로 수위가 최고조에 밤 3~4시를 전후한 3시간 동안 네덜란드의 마을들은 무방비상태로 차가운 물세례를 맞고서야 잠에서 깨어났다. 영국에서처럼 네덜란드정부도 즉각적으로 대응하지 못 했다. 긴급대처는 주민들의 손으로 이루어졌다. 먼저 깬 주민들은 이웃들을 불러 모아 범람을 막으려 했다. 범람지역에 75만 명이 거주하고 있었는데 이중 10만 명은 대피했지만 1800명 이상이 사망하고 22,260헥타르가 침수됐으며 가축 47,000마리가 폐사하고, 주택 3천 채와 농장 3천 곳이 유실되었다. 상당한 피해이지만 어쩌면 이 정도로 끝난 것이 다행일지도 모른다. 세계최대의 항구인 로테르담이 피해를 모면하지 못했다면 사상자수는 이보다 훨씬 더 많았을 것이고 경제적 손실도 엄청났을 것이다. 북홀랜드주North Holland province와 남홀랜드주South Holland province에는 3백만 명이 해수면보다 낮은 저지대에 살고 있는데 이들을 바다로부터 지켜주는 건 오직 한 개의 제방뿐이었다. 제방의 붕괴는 언제나 작은 균열로부터 시작한다.

한 네덜란드 소년이 작은 몸을 던져 제방붕괴를 막았다는 일화는 미국에서부터 퍼진 것으로 오히려 네덜란드 사람들은 잘 모른다[33]고는 하지만 그 개연성은 충분하다. 2월 1일 5시30분, 로테르담 동쪽을 흐르는 홀란슈에설Hollandse Ijssel강변에 후넨덱Groenendijk이라는 이름의 제방에 균열이 발생한다. 이 제방의 진흙토대는 벽돌이나 바위, 돌의 보호 없이 노출되어 있었으므로 이를 우려한 니윌커카운 더 에셜Nieuwerkerkaan de Ijssel시의 시장과 시민들은 거친 비바람 속에서도 발하는 파도와 밤새도록 사투를 벌였다. 그럼에도 불구하고 균열이 13.7미터 너비로 벌어지자 시장은 최후의 수단으로 18.3미터짜리 양곡운반선을 균열지점으로 육탄돌격 시켰다. 시민들은 구멍에 박힌 배를 밧줄로 당겨 고정한 후, 배와 구멍 사이 틈을 모래주머니로 틀어막았다. 이렇게 하여 네덜란드는 역사상 최악의 자연재해로 기록될 뻔한 참사를 막을 수 있었다.[34]

영국과 네덜란드를 엄습한 이 1953년의 폭풍해일은 폭풍해일 예측과 대비체제에 큰 변화를 일으켰다. 1954년 영국 기상청Meteorological Office은 리버풀조수간만연구소Liverpool Tidal Institute와 함께 폭풍해일경보시스템Storm Tide Warning System를 설치하여 6개의 검조기tide gauge로부터 얻은 수위데이터를 실시간 제공하고 있다.[35] 또한 런던시내 테임즈 강 하류 쪽에 개폐식 홍수예방설비를 가설하여 런던의 수몰가능성에 대처해야 한다는 목소리도 커졌다. 이 개폐식 방벽은 대형화물선이 런던 항에 입항할 때는 열리나 만조 시 폭풍해일로 인해 홍수가 예상될 때에는 닫히는 구조이다.[36] 이 테임즈 방벽은 1974년 착공한 이후 9년간 공사 끝에 완공되었다. 런던 도심에서 테임즈 강 하류 쪽 536미터 구간에 설치된 4개의 수로는 선박 입출항 시 열렸다가 폭풍해일이 접근할 때는 회전식 수문(무게 3500톤)에 의해 닫힌다. 폭풍해일 발생 17일 후 구성된 네덜란드 델타위원회Delta Committee는 델타계획Delta Plan을 수립한 후 수십 년에 걸쳐 시행하였다.[37] 델타계획은 정부조직을 전면 개편하여 폭풍해일 대비와 예보에 관한 철저한 책임을 부여하는 한편, 홀랜드 주의 해안선을 거의 (692킬로미터만 남기고) 모두 막는 폭풍해일 방벽을 1986년에 완공하였다. 오스터스켈데키링Oosterscheldekering이라 불리는 마지막 4킬로미터 구간은 초대형 상하개폐식 수문sluice gate으로서 폭풍해일 접근시 차단된다.[38] 또한 네덜란드가 1997년에 완공한 세계 최대 규모(높이 18.3미터)의 개폐식 폭풍해일 방벽에는 두 개의 아치형 수문이 달려있어 로테르담 항구로 연결되는 니우나터베흐Nieuwe Waterweg수로를 30분 내에 차단할 수 있다. 영국과 네덜란드의 이 개폐식 방벽은 사리(大潮)springtide가 돌풍gale과 동시 발생한 2007년 11월 8일과 9일, 처음으로 동시 작동하였다. 다행히 당시 해일이 만조와 겹치지 않아서 방벽차단은 손쉽게 이루어졌다.

다른 나라에서도 폭풍해일 예보는 두 가지 방식으로 발전하게 된다.[39] 하나는 여러 지점의 수위, 바람, 기압데이터를 축적하여 상관관계를 회귀방정식으로 나타내는 통계적 방식이고,[40] 다른 하나는 흐르는 물의 물리적 특성에 기반한 유체역학적 numerical hydrodynamic 수치를 컴퓨터로 해석하는 모델이다.[41] 이 모델은 (제 1장에서 소개한 바 있는) 라플라스Laplace가 최초 개발한 것과 유사한 방정식에다 해수면의 기상학적 요인인 해수면과 평행하게 부는 바람과 바람이 해수를 밀어내는 힘, 그리고 기압이 해수면높이에 미치는 영향을 함께 고려한 것으로 1960년대 컴퓨터기술의 비약적 발달 덕에 비로소 가능해졌다.[42] 이러한 폭풍해일 예측기술은 고도의 기상예보기술 즉 충분한 바람과 기압에 대한 정보 없이는 불가능하다. 이 한계는 1960년대 들어 기상위성이 발사되면서 극복되었다.[43]

폭풍해일이 열대성 저기압(허리케인, 태풍 등)에 의한 것이냐 온대성저기압(Northeaster, North Sea gale 등)에 의한 것이냐에 따라 위성데이터가 활용되는 방식이 조금 다른데, 열대성 저기압에 의한 폭풍해일의 경우 행로와 상륙지점 예측이 관건이므로 위성데이터 중에서도 열대성 저기압의 위치 등에 주목하고 온대성 저기압에 의한 폭풍해일의 경우는 위치파악에 아울러 범위파악이 긴요하다. 폭풍해일을 불러오는 폭풍의 해상 진행방향과 속도를 알려면 고기압, 저기압, 온난전선, 한랭전선의 움직임도 필요하다. 이렇게 1970년대에 미국과 유럽이 발전시킨 폭풍해일 예측기술은 이후 다른 대륙에서도 활용된다. 그 중에서도 폭풍해일의 단골희생양이었던 벵골만은 기상위성이 촬영한 열대성 저기압 사진을 제공받게 된다. 보름달이 밝던 1970년 11월 12일 밤에도 미 환경과학청U.S. Environmental Science Services Administration, ESSA(미 해양대기청NOAA의 전신)의 위성 두 대가 6미터 파고의 폭풍해일을 몰고 동파키스탄 (이전에는 동벵골로 불리웠던 지역)으로 접근중인 3등급짜리 사이클론의 사진을 인도기상청Indian Meteorological Office과 다카Dacca의 파키스탄기상부Pakistan Meteorological Department에 송고하고 있었다.

그러나 이 예보는 현대역사상 최악의 자연재난을 막지 못했다. 그 지역의 관계당국은 폭풍해일의 진로를 일찌감치 알고서도 수백만 주민에게 알릴 방도가 없었고 주민들에게는 피할 곳이 없었다. 이러한 취약점은 그로부터 9년 전, 미 허리케인예보센터U.S. Hurricane Forecast Center의 책임자인 고든던Gordon Dunn의 63페이지분량의 보고서에 담겨, 파키스탄 정부에 보내진 바 있다. 던은 1960년 10월 두 차례의 열대성 저기압에 1만 6천명이 희생된 후 동파키스탄을 방문하여[44] 위성사진을 내려 받을 해안레이더 등 폭풍경보시스템과 주민들이 대피할 수 있는 흙더미를 설치할 것을 제안했었다.

던이 방문했던 동파키스탄의 한 섬에는 25만명이 살고 있었지만 건전지로 작동하는 라디오 한대만이 있었을 뿐 전기공급도 없었다. 1970년 11월 당시 파키스탄 기상부는 2대의 해안레이더로 위성사진을 받고 있었고 검조기도 네트워크화되어 폭풍해일을 감시하고 있었으나 민간통신시설은 예전 그대로였고 대피용 흙더미도 없었다. 11월 8일 아침, 2대의 위성은 벵골만 중남부에 걸친 저기압의 사진을 찍어 보냈고 이튿날 아침에는 이 저기압이 따뜻한 바닷물을 빨아들여 사이클론 급으로 세력을 키워가며 북상중임을 알렸다. 11월 11일 사이클론은 시속 185킬로미터의 강풍을 휘두르며 맹위를 떨치다 대륙붕을 지나는 순간 북동쪽으로 방향을 틀어 벵골만의 좁은 구석으로 쳐들어갔다. 그리고 12일 밤, 하필 대조고조면spring high water 상태였었던 동벵골만에서 대나무 움막집에 모여 살던 2백만 명의 빈농과 2주 후에 있을 가을걷이를 위해 메그나 강 삼각주 저지대에 있는 논 인근에서 야영하던 수백, 수천 명의 임시 이주노동자들은 무방비상태로 폭풍해일을 맞는다. 파키스탄 기상부가 특급비상령great danger signs을 파키스탄라디오를 통해 발령했지만 라디오가 거의 없었던 벵골의 주민들은 이를 들을 수 없었고, 청취한 이들조차도 1급 비상령보다 더 높은 등급이 있다는 사실조차 알지 못했기에 특급비상령의 정확한 의미를 이해하지 못 했을 뿐더러 비상령 발령 자체를 대수롭게 여기지 않았다. 왜냐하면 파키스탄 기상부가 사이클론의 규모와 폭풍해일의 정도를 판단할 능력이 부족해 생겨나는 모든 사이클론에 대해 비상령을 남발해왔기에 주민들의 마음에 비상령에 대한 내성이 생긴 탓이었다.[45]

면적 62.5 제곱킬로미터에 인구 11만 명인 어느 섬의 한 구석에는 45명이 주민의 전부인 차트라칼리Chatlakhali라는 작은 마을이 있었다. 라디오 한 대 없는 그 마을에 양철박편으로 만든 단칸 오두막에는 누르 핫산 파람 파라지Nur Hassain Faram Faraji의 가족이 살고 있었다. 핫산과 그의 아내, 부모, 세 아들과 두 딸에게 11월 12일은 여느 날과 다를 것 없는 그저 평범한 날이었다. 그 날 밤 9시, 오두막을 뒤흔드는 강풍에 핫산의 가족은 무척 놀랐고 아이들은 울음을 터뜨렸다. 그때 마을회관에는 주민 500명이 가로, 세로길이 12미터와 18미터의 공간에 대피해 있었다. 마을회관은 핫산의 집에서 400미터 거리였으므로 1시간만 미리 알았더라도 500명의 이웃과 함께 목숨을 건질 수 있었을 텐데, 핫산네 가족들은 어둠과 바람의 굉음 속에서 오두막만을 부여잡고 있다. 거친 바람소리는 자정이 되자 평생 들어본 적 없을 정도로 큰 다른 굉음에 묻혀버렸다. 핫산과 그의 이웃들은 그 엄청난 굉음의 정체가 궁금하여 밖을 내다보았다. 핫산은 "마치 바다전체가 육지로 이동하는 듯 했다"고 회고했다.[46] 멀리서 무언가가 반짝이며 아주 빠른 속도로 달려오고 있었다. 그 무언가는 바로 6미터가 넘는 높이의 거대파도였고 반짝이는 빛은 파도의 물마루에 반사된 달빛이었다![47] 순식간에 오두막의 지붕은 무너지고 벽이 뜯겨져 나갔다. 그리고 갑자기 조용해졌다. 정신을 차려보니 물속이었다. 자신의 손을 꼭 쥐고 있던 10살배기 딸과 함께 육지로 밀려 오르는 순간 파도는 딸을 영원히 빼앗아 가버렸다. 그는 기절했다가 눈을 떴는데 다행히 14살짜리 아들이 그의 옆에 있었다. 그런데 바로 또 다른 파도가 그 아들마저도 데려갔다. 핫산은 간신히 나무를 붙잡아 살아남았는데 잃어버린 줄 알았던 아들이 800미터 정도 떨어진 나무에 매달려 있었다. 그것이 다였다. 다른 식구들은 한 명도 살아남지 못했다. 가족을 모두 잃은 슬픔 못 지 않게 핫산과 그의 아들을 괴롭힌 것은 집은 물론 먹을 것도 마실 것도 아무것도 없다는 현실이었다.

핫산이 잃은 7명의 가족은 그날 밤 희생된 30만 명의 벵골주민 중 극히 일부일 뿐이다. 벵골주민 말고도 임시로 와 있던 이주노동자들, 살아남았다가 이후 기아와 질병으로 죽은 사람까지 포함하면 50만 명이 넘을 것으로 추산되기도 한다. 많은 희생자들이 잠을 자던 중에 또는 놀라서 깨자마자 변을 당했다. 희생자의 대부분은 어린이, 노약자, 부녀자였다. 생존자들도 수 시간 동안 나무를 붙잡고 급류와 강풍을 견디며 상처를 입었다.[48] 어떤 마을에서는 모든 어린이가 몰살당했다. 특히 사이클론의 눈의 바로 옆에 있던 볼라Bhola 섬의 피해가 특히 커서 이때부터 사이클론은 '볼라 사이클론'이라는 별명으로 불리게 되었을 정도이다. 생존자들은 어디로 가야 할지 무엇을 해야 할지도 모른 채 아무런 기약도 없이 며칠을 버텼다. 미국과 영국 등에서 구호대가 도착했을 때 생존자들이 이들에게 가장 바란 것은 이 구호의 손길이 어쩌면 잃어버린 가족을 찾아줄 지 모른다는 희망이었다. 그 마지막 희망은 결국 부질없는 것으로 판명 났고 생존자들은 다시 망연자실할 수밖에 없었다. 여기저기서 썩어가는 시체가 지독한 악취를 풍겨서 구호요원들은 옷깃으로 코를 틀어막아야 했다. 그럼에도 불구하고 생존자들은 사랑하는 사람들의 시신이라도 찾고자 파키스탄군의 매장작업을 막았다.[49] 셀 수 없이 많은 사체가 바다로 쓸려나갔다. 생존자들이 마침내 슬픔을 딛고 현실을 바라본 순간 그들 눈앞에는 철저하게 파괴된 그들의 생존수단만이 있었다. 40만 가구가 유실되었고 50만 마리의 가금류와 28만 마리의 소가 사라졌다. 벼농사 피해액은 최소 6400만 달러로 추산된다. 9천척의 어선이 파괴되어 어민의 90%는 생계가 막막해졌다. 강이나 호수를 다니던 작은 배 수만 척이 없어졌고 강이나 호수에서 조업하던 어부의 절반이 넘는 4만6천명이 죽었다. 이로서 동파키스탄의 조업능력은 65%감소했는데 이는 이 지역 사람들의 동물성 단백질 공급원의 80%가 사라졌음을 뜻한다. 이재민은 통산 360만 명 이상인데[50] 이것이 전부가 아니었다.

영국의 인도 지배 당시 동파키스탄은 인도에 속했는데 (당시에는 동벵골로 불림) 식민지 인도는 힌두교와 이슬람이라는 서로 다른 종교를 믿고 있었다. 인도의 이슬람교도 대부분은 인도의 동서 양 끝에 거주했다. 서쪽에 살던 이슬람교도들은 우르드어를 쓰며 중동지역과 정치적으로 연결되어 있었던 반면 인도동쪽 벵골지역에 살던 많은 이들은 이슬람교로 개종은 했으나 언어는 벵골어를 사용했다. 1947년 인도가 독립하면서 힌두교를 믿는 중부는 인도로, 이슬람교를 믿는 동서양측은 파키스탄으로 분리 독립했다. 동서양끝 두 개의 파키스탄은 이슬람교라는 연결고리를 제외하면 서로 수천 킬로미터 떨어진 전혀 다른 지역이었다. 이후 파키스탄 정부의 주도권을 쥔 서파키스탄인들이 벵골지역의 동파키스탄인을 이등시민 취급하며 착취해서 1970년 당시 동파키스탄인들의 원성이 매우 높아진 상태였다. 파키스탄 정부는 미국, 영국 심지어 파키스탄과 견원지간이었던 인도보다 구호와 복구에 더 소극적이었다. 당시 계엄군 사령관으로서 대통령역할을 대신하던 아가 무하메드 야햐 칸 장군General Agha Muhammad Yahya Khan장군은 헬리콥터를 타고 현지시찰을 나갔을 때, "생각했던 것보다는 심한데"라고 (수입맥주를 마시며) 말했다고 전해지는데, 그의 헬리콥터는 915미터 상공 아래로는 비행하지 않았으므로 수천구의 시신은 알아볼 수가 없었다.[51] 이 한마디가 이후에 일어난 파키스탄 정부의 이해할 수 없는 태도를 잘 설명해준다. 세계 각국에서 수도 다카로 식량과 구호물자가 속속 도착했지만 현장으로 가는 도로와 수로는 시신과 잔해들로 막혀 헬리콥터 없이는 전달이 불가능했다. 참사 9일이 지난 후에도 파키스탄 정부가 투입한 헬리콥터는 단 한대뿐, 나머지는 모두 미국과 영국의 헬리콥터였다.[52] 동파키스탄에서 가장 유력한 영자신문인 홀리데이Holiday는 지난 일면 헤드라인을 통해 "동파키스탄을 버린 정부에게 더 이상의 인내는 없다"라며 분노를 터뜨렸다.[53] 정부의 수수방관은 동파키스탄 지도자들의 지방자치요구에 불을 당겼다. 적십자사의 파키스탄 지부인 파키스탄 적신월사Red Crescent은 파키스탄정부의 구호대와 별도로 독자 행동하기 시작했다.[54] 동파키스탄의 제1당인 아와미 리그Awami League(현재 방글라데시국민연맹)의 대표 쉬크 무지부르 라만sheik Mujibur Rahman은 정부가 책임과 성의를 다하지 않는다면 동파키스탄 분리독립투쟁에 돌입할 것이라고 경보했다. 저공비행하는 헬기에서 바라본 광경은 끔찍한 참상 그 자체였다. 시신으로부터의 악취는 헬기에서 조차 맡을 수 있을 정도였다. 한 목격자는 "해안선에는 물에 불어터진 시커먼 사체들이 밀려와 쌓여있었다. 이 참상 속에서도 눈에 띄는 건 현장 곳곳에 붙여진 아와미 리그의 심볼마크(물결위에 배를 형상화했음)였다."[55] 아와미 리그는 12월 7일 총선에서 압승을 거두었으므로 당대표 쉬크 무지부르 라마이 파키스탄 총리가 되어야 했으나 그는 오히려 체포되었고 야야 장군의 군대는 수천 명의 벵골주민을 학살한다. 이것이 방글라데시 독립전쟁의 시작이다. 파키스탄군이 벵골지역에서 힌두교도를 살해한 데 항의하는 명분으로 참전한 인도군대는 1971년 말 파키스탄군을 완전히 격퇴하였고, 방글라데시가 탄생하게 되니 어쩌면 폭풍해일로 태어난 국가라고도 말할 수 있겠다.[56]

이토록 잔인했던 1970년 11월의 폭풍해일은 방글라데시가 겪은 비극이 마지막이 아니다. 1991년 4월 시속 241킬로미터의 강풍을 동반한 사이클론 고르키Gorky가 몰고 온 폭풍해일은 만조와 겹쳐서 1970년의 폭풍해일 보다 더 강력했다. 하지만 사망자수는 13만8천명으로 오히려 적었는데 그 이유 중 하나가 300개의 콘크리트 대피소이다. 또한 주된 피해지역인 치타공Chittagong시의 근처에 비교적 높은 지대가 있었던 덕분이기도 하다. 진일보한 경보확산도 꼽을 수 있다. 라디오로 소식을 들은 방글라데시 적신월사 자원봉사자 2만 명이 메가폰을 들고 마을을 돌며 대피하라고 외쳤던 것이다. 예보도 미 해양대기청 위성2대와 일본위성1대로부터 받은 데이터 덕에 더 정확했다. 걸프전에서 임무를 마친 후 15척의 함정에 나누어 타고 집으로 돌아가던 미 해병대원 2500명이 귀향을 잠시 접어두고 방글라데시 현장에 투입되었고 이어서 7천명의 미군을 추가 투입(작전명: 바다의 천사)한 덕에 생존자가 기아와 질병으로 사망하는 경우도 크게 줄었다. 물론 사망 13만8천명이란 결코 작은 피해가 아니다. 사망자들은 주로 가족을 대피시킨 후, 도둑으로부터 재산을 지키려고 집으로 돌아갔던 남자들이거나 상황의 심각성이 정확하게 전달되지 않아 대피를 하지 않은 사람들, 그리고 이전 경보의 연속 불발 때문에 긴장하지 않았던 사람들이다. 사이클론의 상륙지점 예측정확도는 크게 향상된 반면, 폭풍해일의 규모예측은 그렇지 못했다. 사이클론의 눈의 위치를 조금이라도 잘 못 포착하면 폭풍해일의 파고 추정 값은 큰 오차를 보이곤 했다.[57]

이후 수십 년간 컴퓨터 처리능력이 급속도로 증대된 덕에 수리유체역학모델에 따른 폭풍해일 예측은 훨씬 더 정확해졌다.[58] 실제 응용 가능한 폭풍해일 모델링의 선구자라면 체스터 젤레스니언스키Chester Jelesnianski가 60년대 말 개발하여 미 기상청U.S. National Weather Service 이온대성 저기압 예측에 활용한 SLOSHSea,Lake,andOverlandSurgesfromHurricanes모델이다.[59] 시속 305킬로미터의 강풍을 동반한 5급 허리케인 커밀이 불러온 7.6미터 높이의 폭풍해일은 1969년 8월 17일 미시시피 해안지역에서 259명을 희생시켜 미국역사상 2005년 카트리나 다음으로 많은 피해를 끼친 허리케인성 폭풍해일이다. 이후 SLOSH의 정확도는 크게 발전하게 된다. 허리케인성 폭풍해일의 경우, 그 파괴력은 허리케인의 눈이 어느 지점에 상륙하는가에 크게 좌우되게 마련인데 미국남부지방에서 플로리다 서쪽에 있는 멕시코 만 연안지역의 경우, 허리케인의 눈으로부터 오른쪽의 폭풍해일이 가장 높고 왼쪽의 경우 바닷물이 오히려 바다 쪽으로 밀려나간다. 각기 다른 여러 상륙지점, 허리케인의 행로, 진행속도, 바람의 세기, 조수차이 등의 변수를 SLOSH모델에 넣어 시뮬레이션해두고, 실제 허리케인 발생시, 상륙지점, 행로, 속도, 바람의 세기, 조수차 등의 합성함수가 상륙지점과 해수면의 높이가 된다.[60] 미 동남부 수십 개 지점에서 발생 가능한 수천 가지 경우의 수에 대해 시뮬레이션을 하고 합성함수 값을 저장해두었다가, 허리케인 실제발생시 인공위성에서 관측한 풍속, 기압, 이동경로 정보에 부합하는 지점의 함수 값을 대입하여 허리케인 상륙지점의 폭풍해일 파고를 빨리 알아내는 방식이다. 그러다가 허리케인의 경로와 위세가 달라지면 달라진 변수 값에 대응하는 함수로 예측수치가 업데이트된다. 미 국립허리케인센터(플로리다 주 마이애미)는 이러한 방식을, 실시간 데이터에 기반한 진일보된 모델시스템과 함께 사용 중이다.[61] 정확한 수심과 홍수발생예상지역의 해발고도를 대입해야 폭풍해일의 높이와 침수면적을 예측이 정확해진다. SLOSH 등 유체역학적 수치 분석모델에 지역별 풍속, 풍향, 기압정보를 입력하면 온대성 저기압에 의한 폭풍해일 예측도 가능하다. 이러한 모델링은 미 동해안 전역의 대륙붕과 그 외해 그리고 멕시코만 전역, 카리브해 등 북대서양 어디에든 적용가능하다. 이 모델은 바람과 기압 등 기상예보에 실시간 연동한다. 오늘날 인터넷, 통신장비, 첨단 해양조사장비 및 기상장비 덕에 실시간 데이터를 폭풍해일 모델과 기상예측 모델에 입력하는 것이 한층 수월해졌다.[62]

2000년대 들어 발생한 일련의 허리케인성 폭풍해일 중 가장 악명 높은 것이 2005년 8월 29일 월요일, 허리케인 카트리나Katrina가 몰고 와 뉴올리언스동부를 강타한 폭풍해일이다. 카트리나의 피해가 컸던 이유는 정부가 취약지구의 대비와 대응을 불충분하게 했기 때문으로, 미 해양대기청 산하 국립기상청 허리케인센터National Hurricane Center의 카트리나 및 폭풍해일의 이동경로, 상륙지점, 위력 예측은 매우 정확했다. 국립허리케인센터는 카트리나 상륙 4일전인 8월 25일부터 언론에 카트리나의 위험성을 알리기 시작했다. 상륙 2일전 허리케인센터는 폭풍해일, 허리케인 이동경로 예측, 상륙지점에서의 풍속을 놀라우리만큼 정확히 예측해냈다. 상륙 32시간 전인 토요일에는 허리케인 카트리나 특보 19호를 통해 허리케인의 눈의 상륙지점의 동쪽의 경우, 평시 조수높이보다 4.5에서 6미터 (지역에 따라 최대 7.6미터) 더 높은 폭풍해일이 거대한 파도를 동반하여 발생할 것을 알렸다.[63] 다음날 아침 특보 23호는 SLOSH모델에 따라 폭풍해일의 높이가 평시 조수높이를 5.5~6.7미터 넘길 것이고 곳에 따라 최대높이 8.5미터가 될 것이라고 예측했다.[64] 상륙 14시간 전, 국립허리케인센터는 뉴올리언스와 인근 지역의 일부 제방이 범람할 것이라는 특보 24호를 발령하고, 미 해양대기청과 연방 재해관리기관들 및 주 재해관리당국의 통신을 원활하게 하기 위하여 카트리나 상륙 수일전, 연방방재청Federal Emergency Management Agency(FEMA)과 국립기상청National Weather Service (NWS)간 비상연락반을 설치했다.[65] 미 해양대기청의 국토안보작전센터는 상황을 백악관에 직접 보고했고, 국립허리케인센터장, 맥스 메이필드Max Mayfield는 토요일저녁 루이지애나 주지사, 미시시피 주지사, 뉴올리언스 시장, 알라바마 주 방재활동 총책임자에게 전화를 걸어 카트라나의 위력에 대해 소상히 설명했다. 일요일에 있었던 연방방재청Federal Emergency Management Agency(FEMA)과 국립기상청National Weather Service (NWS) 간 원격화상회의에서는 최근 현황이 부시대통령, 철토프Chertoff국보보안장관, 브라운 연방방재청장 등 백악관참모들에게 보고되었다.[66] 이날 아침 7시, 카트리나가 5등급로 성장하자, 국립허리케인센터는 특보를 통해 심각한 대재난으로 이어질 수 있음potentially catastrophic을[67] 경보했고, 메이필드는 주말 상황보고를 통해 제방범람위험을 알렸다. 언론이 이 위기상황을 올바로 이해, 전달하도록 하기 위해 국립허리케인센터는 8월 25일부터 29일(카트리나의 미시시피 상륙일)이전까지 무려 471차례의 대 언론 인터뷰를 했다. 국립허리케인센터 웹사이트의 조회수는 9억 회를 넘겼다. 상륙 전날 국립기상청 루이지애나 주 지청의 슬라이들Slidell사무소는성명을 통해 관내 대부분의 지역이 최소 수 주간 거주불능상태에 빠질 것을 예견했다.[68] 상륙 이틀전 국립허리케인센터가 발표한 허리케인 및 폭풍해일 예보는 실제경로에서 불과 24킬로미터, 실제풍속에서 시속16킬로미터만 벗어났을 정도로 정확했다.[69]

폭풍해일 상륙시 파고는 미시시피 서쪽해안의 경우 7.3~8.5미터, 동쪽해안의 경우 5.2~6.7미터로서 국립허리케인센터 수치와 거의 유사하다. 이는 파고예측의 중요한 기초자료인 만조수위정보를 제공하는 조석계가 카트리나에 의해 파손되었던 점을 감안하면 매우 정확한 것이다. 뉴올리언스 도심에서 북동쪽으로 80킬로미터 떨어진 미시시피 주 패스 크리스천Pass Christian에서 관측된 폭풍해일의 높이는 8.47미터로 미국역사상 최고기록이다.[70] 미시시피의 경우 이 폭풍해일은 내륙 9.65킬로미터, 만과 강을 통해서는 장장 19.3킬로미터까지 깊숙이 밀려 들어왔다. 뉴올리언스에서 동쪽으로 144.8킬로미터 떨어진 앨라배마 주 모빌 만Mobile Bay에서 조차 3~4.57미터가 관측될 정도였다. 4내지 5등급에 육박한 카트리나는 멕시코만 전체의 수위를 끌어 올렸을 정도로 위력적이어서 제방은 쉽게 범람되었고 범람한 물은 제방을 파괴했다. 구조상의 문제가 있었던 일부 제방은 범람도 되기 전에 붕괴되었다. 뉴올리언스는 카트리나 상륙과 동시에 물에 잠겨 미국역사상 최악의 자연재해지역 중 하나가 되었다. 1800명의 사망자는 물론 같은 규모의 폭풍해일이 벵골 만을 덮쳤을 경우에 비한다면 훨씬 적지만 21세기 미국이 입은 피해라고 하기에는 너무나 컸다. 100만 명이 넘는 시민이 집을 잃고 대피해야 했다. 카트리나는 미국 자연재해사상 최대 규모인 수십억 달러의 경제적 손실을 입혔는데 이 지역이 미국 내 최대 원유산지이어서 국가경제 전체의 간접적 피해도 상당했다. 멕시코만 연안 지역은 미국 내 원유생산량의 1/3과 천연가스의 1/5를 담당하며 수입원유의 60%가 입항하는 지역으로 미국 내 정유설비의 50%가 이곳에 있다. 그런 이 지역의 원유 생산및 가공 활동이 마비되자 국가경제는 흔들릴 수밖에 없었다. 휘발유 선물가격은 사상 최고치를 경신했다.[71]

기상학자들과 해양학자들의 예측이 아니었다면 사망자수는 수만 명에 달했을 것이다. 카트리나로 인한 피해의 주된 원인은 미국 정부의 비효율적이고 안일한 늑장대응이다. 미 의회의 여야공동조사위원회congressional Select Bipartisan Committee는 '카트리나 초기대응 실패A Failure of Initiative'라는 제호의 2006년도 보고서를 통해 "대체 어떻게 하면 이토록 정확한 예보를 받고도 그토록 허술하게 대처했단 말인가?"라며 관계당국을 강력히 질타했다.[72] 뉴올리언스에는 언젠가 한 번은 초대형재해가 닥칠 것을 누구나 알고 있었는데도 과학기술자들의 경보는 번번이 묵살당했다.[73] 적절한 비상대피계획과 폭풍대비센터, 보다 높고 견고한 제방이 있었다면, 그리고 폭풍해일을 가장 잘 막아낼 수 있는 천연의 방파제인 연안습지가 보전되었더라면 피해는 훨씬 적었을 것이다. 미시시피강 범람을 대비하여 지어진 뉴올리언스의 제방 중 일부는 연안습지로 흘러가야 할 퇴적토를 차단하여 결국 습지가 없어지는 결과를 가져왔다. 게다가 지하수와 원유의 채취는 안 그래도 해수면보다 고도가 낮은 뉴올리언스의 지반을 더욱 침하시켰다. 결국 뉴올리언스에는 번번한 제방도 없이 멕시코만, 미시시피강, 폰찰트런 호수에 무방비로 노출되어 있었던 셈이다. 수천만 평방미터의 연안습지는 바다에 잠긴 채 소금물을 내륙으로 유입시켰고 결국 더 많은 습지가 파괴되었다.

1999년 10월 29일, 시속 250킬로미터의 강풍을 동반한 5등급 사이클론과 5.8미터 높이의 폭풍해일이 인도연안 오리사Orissa의 내륙 16킬로미터 안까지 쳐들어갔을 때 9천8백여 명이 사망했지만 이는 벵골만 지역에서의 피해치고는 매우 적은 피해였다. 이러한 사망자수 감소는 인도정부의 정확한 조기(3일전)경보와 수만 가구 강제대피 조치의 덕이다. 아울러 해안가 맹그로브Mangrove의 천연방파제로서 역할을 한 것도 빼놓을 수 없다.[74] 조기경보에 의한 피해감소는 카트리나 발생 2년후인 2007년 11월 15일 방글라데시 부근에서 발생한 4~5급 사이클론 씨더Sidr때 더욱 극적이었다. 씨더는 30만명을 희생시킨 1970년 사이클론보다 더 강력하여 13만8천여 명을 희생시킨 1991년의 사이클론에 비견될 정도였으나 씨더가 일으킨 높이 3.65~6미터 파고의 폭풍해일로 인한 사망자는 3400명에 그쳤다.[75] 그 비결은 정확한 예보와 조기경보시스템이다. 방글라데시 적신월사를 포함한 4만명의 사이클론 대비프로그램 소속 자원봉사자들이 자전거를 타고 돌며 메가폰으로 주민들의 대피를 권고했다. 대피장소의 수도 현재 15

개 주, 4천 곳으로 늘어난 덕에 (방글라데시 정부 추산) 당해 지역인구의 40%에 달하는 320만명이 대피할 수 있었다.

1991년 이후 많은 제방이 124곳의 해안 간척지(네덜란드가 400년 전 홀란드 주에 건설한 것과 같은)에 건설되어 인명과 주택, 가축, 작물을 보호했다.[76] 그로부터 6개월 후인 2008년 4월 27일, 벵골만 한복판에서 발생한 사이클론 나르기스Nargis는 5월 1일 매우 특이한 행태를 보인다. 늘 그래왔던 것처럼 북진하다가 갑자기 우회전하여 사이클론이 여간해서 닿지 않던 버마(또는 미얀마)로 향한 것이다. 4급 사이클론 나르기스는 5월 2일, 3.65~ 5.48미터 높이의 폭풍해일을 몰고 버마 앞바다에 출현, 인구밀도가 높은 이라와디Irrawaddy삼각주 저지대를 덮쳐 최소 14만6천여 명의 사망자와 2백만 명의 이재민을 내고 전체가축의 3/4를 쓸어버리며 40만 헥타르의 논을 소금물로 뒤덮었다. 이 지역 어선의 절반이 침몰했고 70만 채의 집이 사라졌다.[77] 사람과 동물의 사체와 가옥의 잔해로 뒤 덮인 현장은 1970년과 1991년 방글라데시처럼 참혹했다. 본디 국민들을 위하는 마음이 별로 없었던 군사독재정권은 외국에서 받은 조기경보를 주민들에게 전달하지 않았을 뿐 아니라 (인도 기상부는 미얀마 수리기상부에 정기적으로 예보/경보를 제공해왔음[78]) 아무런 구호활동도 벌이지 않았다. 더 나아가 외국에서 온 구호활동을 방해하기까지 했다.

카트리나와 나르기스는 정부가 불성실하면 아무리 성실한 예보도 무용지물이라는 교훈을 준다. 위성자료 등 실시간 데이터가 인터넷을 통해 빠르고 쉽게 수퍼컴퓨터에 전달되어, 수치분석적 기상예보모델이 예측한 풍향, 풍속정보와 함께 유체역학적 폭풍해일 수치분석모델에 입력되므로 (이 모든 작업과 과정은 '전지구해양관측시스템' Global Ocean Observing System의 일환임) 이제 모든 폭풍해일은 예측 가능해졌다. 이렇게 얻어진 예보는 인터넷, TV, 라디오 등 정보통신수단을 통해 국민에게 확산된다. 그러나 미얀마 같은 저개발국의 사정은 그렇지 않다. 예보가 알려진다 해도 대피시설이 없으면 피해를 크게 줄이기는 어려운데 이 대피시설 역시 정상적 정부가 없으면 기대할 수 없다. 비록 조수간만 예측(제 2장 참조)보다는 덜 정확하지만, 오늘날 폭풍해일 예보는 인류가 성취한 업적 중 하나이다.[79] 다른 강풍이나 폭풍에 의한 거대풍파large wind wave는 폭풍해일을 내륙 깊이 인도하는 역할을 하는데, 꼭 폭풍해일과 수반되지 않고 독자 발생하더라도 위험하긴 마찬가지이다.

다음 장에서는 파도의 위치와 규모예측이 왜 폭풍해일 예측보다 더 어려운지 설명해줄 것이다. 성공적으로 발전한 평시 해황예측과 달리 30미터가 넘는 체구로 느닷없이 솟아올라 유조선을 동강내고 화물선을 전복시키는 이상파랑rogue wave의 발생은 아직도 예측이 불가능하다.

제5장

2차 대전 승리의 숨은 공신

스크립스해양연구소의 놀, 너울, 쇄파 예측기술

미국을 2차 대전의 늪으로 끌고 들어간 진주만 공습으로부터 정확히 1년이 지난 1942년 12월 7일, 맨하탄 서쪽의 허드슨 강 제 90번 부두에는 영국여객선 퀸메리 호에 승선하려는 미군장병, 종군간호사, 군속들이 하루 종일 줄을 잇고 있었다. 이튿날 만6천5백 명의 병력을 가득 실은 퀸메리 호는 목적지 스코틀랜드 고랙Gourock을 향해 뉴욕을 출항한다. 미군병력이 절실하게 필요했던 처칠 수상이 프랭클린 루즈벨트 미 대통령에게 초호화 여객선 퀸메리 호와 퀸엘리자베스 호를 병력수송용으로 제공한 것이다. 불과 5일만에 대서양을 횡단할 수 있는 세계에서 가장 빠른 여객선, 퀸메리 호[1]는 2주간에 걸쳐 리버티 선Liberty ship(역자 주: 2차 대전 때 독일잠수함 공격을 받은 선박을 대신하고자 영국이 설계하여 미국에 주문 제작한 2751척의 화물선의 총칭) 등 미군병력수송선을 영국으로 호송 중이었다. 당시 병력수송선들은 독일잠수함으로부터의 어뢰피격 가능성을 최소화하고자 지그재그로 항행했는데, 퀸메리 호는 독일잠수함U-boat이 어뢰조준을 할 수 없을 만큼 빨라서 군함의 호위 없이도 대서양을 안전하게 건널 수 있었지만 역시 지그재그로 항행했다. 퀸메리 호와 퀸엘리자베스 호는 2차 대전 중 76만5천 명 이상의 병력을 모두 안전하게 수송했다.[2] 약이 오른 히틀러는 두 배중 한 척이라도 격침시키는 자에게 철십자훈장과 25만 달러상당의 상금을 내리겠노라 했지만 공격은 모두 실패했다. 두 척의 배가 한 번씩 위기를 맞았었지만 그건 독일잠수함 때문이 아니었다. 허드슨 강 90번 부두에 선 전함들과 옆 부두의 구축함들은 총톤수 8만 1천톤, 305미터가 넘는 퀸메리 호 옆에서 그저 작게만 보일 뿐이었다. 퀸메리 호는 심지어 타이타닉 호보다 30미터나 더 길었으며 총톤수는 두 배에 육박했다.[3] 전시 특별임무 수행을 위해 칙칙한 회색으로 덧칠되고 고급마감재도 뜯겨나갔지만 굴뚝만 세 개인 퀸메리 호의 웅장한 위용과 날렵한 자태까지 숨길 수는 없었다.

호화여객선에 승선했다고 해서 수천 명의 미군장병들이 잠시라도 호강해 봤겠구나 생각하면 그 것은 큰 오해이다. 8병의 장병이 2천백 개의 선실 중 하나를 썼는데 1일 2교대제 였으므로 실은 16명이 한 방을 쓴 셈이었고 식사는 하루에 두 끼만 제공됐는데 끈적끈적한 영국식 오트밀이 조식이었고 질긴 양고기가 석식이었다.[4] 12월 8일 화창한 날, 악대가 연주하고 군중이 환호하며 소방선이 물줄기를 뿜어대는 가운데, 뉴욕 항을 떠나 자유의 여신상을 지났으니 장병들은 4천 8백 킬로미터 대서양 횡단여행에 대해 일말의 기대를 품었을 법도 하다.[5] 그러나 출항 4일째 되던 날, 스콜squall이 불어 닥치며 물결이 거세지자 거대한 퀸메리 호조차도 요동쳤다.[6] 퀸메리 호는 북대서양의 이런 악천후에 익숙하지 못했다. 더욱이 평상시 두 배의 승객을 태우고 무기, 군수품 등 화물을 가득 실었기 때문에 배의 무게중심이 안정적이지 못했다. 게다가 날이 갈수록 배 바닥에 실려 있던 연료가 줄어들었으므로 무게중심은 더욱 불안정해졌다. 가뜩이나 배에 익숙하지 못한 데 수시로 갈지자로 방향을 바꾸니 장병들은 뱃멀미로 고통 받았고 선실에는 구토냄새가 진동했다. 많은 장병들이 탈수증세를 보여 치료를 받아야 했다.[7] 이튿날 바람은 허리케인 급으로 세지고 파도도 더욱 거칠어져서 때때로 스크루가 보일 정도로 선체가 요동쳤다. 배의 주위는 온통 성난 파도뿐이었고 뱃머리가 파도에 부딪힐 때마다 생긴 물보라와 바람에 날리는 파도 때문에 갑판에는 물이 넘실댔다. 전 장병에게 난간에 접근하지 말라는 수칙이 주어졌는데 이는 20미터 높이의 배에서 추락하기라도 한다면 독일잠수함이 득실대는 바다 한가운데 멈춰 서서 구조를 해줄 수 없을 뿐 더러, 구조해주려 한다 해도 얼음처럼 차가운 대서양 물에 온몸이 금세 마비될 것이기 때문이다.[8]

그러나 이것은 아직 최악의 상황이 아니었다. 스코틀랜드를 1126킬로미터 앞둔 지점에서 배가 높은 파도 사이의 깊은 골로 처박혔고 그 순간 이 항해에서 가장 높았던 파도보다 두 배 더 높은 파도가 배의 좌현을 강타한 것이다. 산더미 같은 물이 흘수보다 30미터나 높은 함교까지 쏟아졌다. 상층갑판 좌측에 있던 구명보트가 모두 유실될 정도의 충격이었다. 깨친 선실 유리창으로 바닷물이 쏟아져 들어왔고 우현의 구명보트가 해수면에 닿을 정도로 배가 기울었다.[9] 배 오른쪽 아래층에 있던 장병들이 침대에서 선실 벽으로 (선실바닥이 아니라) 굴러 떨어져 골절상을 입고 뇌진탕을 당했다. 마치 잠수함에 탄 듯, 창밖으로는 시커먼 바닷물만이 보였다. 식당에서는 접시와 잔이 깨지고 의자는 좌충우돌했다. 흘수 위 30미터 위치에서 마치 공습경보 때처럼 엎드린 장병들은 하늘아래 지옥의 풍경을 보았다. 좌현에서는 바다가 통째로 엄습하는 한편, 우현은 순식간에 바다위로 곤두박질 칠 뻔한 것이다.[10]

20밀리 포에서 경계근무를 막 마쳤던 한 병사는 선실 벽 위로 떨어졌는데 이 때 벽 아래로 주방기구가 깨지는 소리가 들렸다. 간신히 선실로 돌아왔을 때 그의 룸메이트는 선실 안으로 쏟아져 들어온 바닷물에 쓸려 나오고 있었다.[11] 많은 병사들이 이 정도 충격이라면 어뢰공격이라 확신하고 구명조끼를 입었다.[12] 당시 배는 52도까지 기울었으므로 전복되었다고 느낄 정도였는데 나중에 계산해본 바에 의하면 3도만 더 기울어졌다면 배는 정말 전복되어 침몰했을 것이고 역사상 최대 규모(16,500명 사망)의 해난사고로 기록되었을 것이다. 함교사관들이 민첩하게 판단하여 잽싸게 뱃머리를 그 해괴한 거대파도 쪽으로 돌리지 않았다면 이 배의 침몰은 아무런 단서도 남기지 않은 해운사상 최대 수수께끼가 되었거나, 포상에 눈먼 독일잠수함이 자신들의 전공이라고 보고했을 것이다.[13] 이 일촉즉발의 위기는 그로부터 1년 후 언론에 보도된다.[14]

그 즈음 퀸엘리자비스 호도 그 해괴하리만큼 커다란 파도를 만난다. 1943년 2월, 그 괴파도는 배의 상층 전면부를 때리고 앞 갑판의 함포를 손상시켰다.[15] 흘수보다 28미터 더 높은 위치의 함교의 유리창은 산산조각 났지만 다행히 전복은 면한다. 10년 후 이 괴이한 파도에게 이상파랑rogue wave 또는 변종파도freak wave라는 이름이 붙여진다. 이상파랑은 이후에도 보고되었는데 그 중 몇 척은 퀸메리호와 퀸엘리자베스 호와 달리 살아 돌아오지 못 했다. 2차 대전이 발발하던 1939년 당시에는 바닷바람이 만드는 일상적 파도의 크기도 예측할 수 없었으므로 이러한 괴파도는 두말할 나위조차 없었는데 전쟁을 겪으면서 파고예측 특히 느닷없이 솟구치는 괴파도를 예측해야 할 필요성이 절실해진다. 연합군이 노르망디에 상륙하던 날 만약 강한 바람이 불어 파도가 높았다면 상륙정은 해안에 접근하기가 어려웠을 것이고 접근한다 해도 많은 장병들이 땅에 닿기 전에 물에 빠졌을 것이므로 노르망디 상륙작전은 결국 실패했을 것이다. 파도를 예측한다는 것은 단지 풍속만 가지고 되는 것이 아니라 풍향정보도 긴요하다.

인류는 2차 대전 발발 수십 년 전부터 강풍에 의해 생성되는 파도, 즉 풍파를 연구하기 시작했지만 그 기제가 너무 복잡해서 예측은 언감생심이었다. 태양과 달의 움직임은 충분히 예측 가능하지만 풍파예측은 조석이라는 요인까지 있어 단지 태양과 달의 움직임과 직결시킬 수는 없었다. 그러던 중 전쟁이 발발해서 풍파에 대한 사전정보가 수십만 명을 죽이고 살리는 문제가 되었으므로 연구는 본격적으로 수행된다. 연합군이 북아프리카 (1942), 시실리와 이탈리아 본토 (1943), 노르망디 (1944) 그리고 일제치하에 있던 수많은 태평양의 섬들에 상륙할 수 있도록 해준 것은 캘리포니아에 있는 스크립스해양연구소Scripps Institution of Oceanography의 두 해양과학자가 개발한 파도 예측 기술이었다. 이 스크립스해양연구소의 기술이 어떤 것인지, 그 기술이 어떻게 2차 대전을 승리로 이끌었는지 그리고 예측기술발달에 어떤 기여를 하고 있는지 이해하기위해 먼저 인류와 풍파의 역사부터 간략히 살펴보자.

아주 오래 전 파도에 대한 이해는 조석작용에 국한했을 것이라고 생각하기 쉽지만 실상은 고대철학자들도 당시 지식을 동원하여 파도예측을 시도했었다. 천체의 힘 (규칙적으로 바뀌는 태양과 달의 인력)에 기인하며 발생이 규칙적인 조석과는 달리, 예측 불가능한 해풍에 좌우되는 풍파에게서는 어떤 규칙성도 찾을 수가 없었다. 조석이 한 차례의 매우 긴 파동인 반면, 풍파는 쉬지 않고 방향을 바꾸면서 이합 집산하는 수많은 단파들의 합이어서, 풍파를 묘사하는 방법은 평균치(평균파고와 파(波)의 주기(週期))뿐이었다. 따라서 연구의 진전은 더딜 수밖에 없었다. 항행하는 선박을 파괴하는 거대한 풍파에 대한 최초기록은 고대문명으로 거슬러 올라간다. 베르길리우스Virgil의 로마민족의 대서사시 아이네이드Aeneid(기원전 19년)의 제 1권에는 일련의 엄청난 파도가 트로이의 영웅 아이네아스Aeneas가 이끄는 함대를 괴멸시키는 내용이 나온다. 또 호머Homer의 일리아드Iliad에 보면 그리스군에 패한 후 아이네아스의 트로이 함대(이들의 후손은 나중에 로마제국을 건국하게 됨)가 이탈리아로 가던 중 폭풍우를 만나는 장면이 나온다. 비록 아이네이드가 실화는 아니지만 베르길리우스가 묘사한 엄청난 파도는 실제경험에 바탕을 둔 것이 틀림없다. 왜냐하면 그가 묘사한 파도가 2천년 후 퀸메리 호 등을 엄습한 것과 매우 유사하기 때문이다. '북쪽에서 몰아친 돌풍은 돛을 때리고, 바닷물을 별에라도 닿을 듯 솟구치게 했다. 노는 부러지고 배는 낙엽처럼 회전하다가 파도, 아니 물로 된 절벽을 맞는다. 선원들이 공중으로 떠오른다. 파도와 파도 사이는 너무 깊어서 마치 바다의 바닥이 보일 정도이다.'[16]기원전 1세기의 배들은 지금보다 훨씬 작았으므로 퀸메리 호를 덮친 것보다 작은 파도도 충분히 위협적이었겠지만 "별에 닿을 듯한 바닷물"이란 표현으로 보아 엄청난 높이였음이 짐작되고 "물로 된 절벽"이라는 표현은 그것이 이상 파랑이 아니었을까 추측하게 한다.[17]

플루타크Plutarch는 기원전 480년 살라미스Salamis해전 때 있었던, (2천년이 지난 현재에 들어서야 가능할 법한) 파도예측에 대해 적고 있다.[18] 당시 테미스토클레스Themistocles가 지휘하는 해군은 크세르크세스Xerxes왕이 이끄는 페르시아 군으로부터 그리스를 지키는 임무를 맡고 있었다. 페르시아 함대는 이집트와 페니키아Phoenicia에서 차출한 것 까지 포함하여 1,200척이었던 반면 그리스 해군은 368척에 불과했다. 테미스토클래스는 그리스 본토와 살라미스 섬 사이의 해협에 나타나는 풍파에 대한 경험적 지식을 활용하는 작전을 세운다. 테미스토클래스는 그 지역 어부로부터 아침 8시에서 10시 사이에 외해로부터 해협안쪽으로 강한 바람이 불어오곤 한다는 말을 들었다.[19] 바람은 좁은 해협을 통과하면서 풍속이 빨라지고 높은 파도를 만들기 마련이다(채널링효과channeling effect).[20] 전체적으로 높이가 낮고 모양이 날렵하며 노를 젓는 열이 3단(段)으로 되어있어 기동성이 좋은 그리스의 갤리선triremes과는 달리 페르시아 배들은 선미와 갑판이 높은 특이한 형태이어서 높은 파도를 견뎌낼 수 없을 것으로 보았다.[21] 먼저 그리스의 배들이 페르시아 배들을 살라미스 해협으로 유인했다. 테미스토클래스는 교전하지 않고 풍파가 불 때까지 시간을 끌었다.[22] 풍랑이 격해져서 페르시아 선단이 당황하자 그리스군은 구리로 도금한 망치를 활에 걸어 쏘기 시작했다. 하지만 페르시아군은 요동치는 배 위에서 제대로 응전할 수가 없었다. 마침내 페르시아 함대는 괴멸되고 그리스는 참화를 면했다. 이 전투에서 페르시아가 이겨 그리스를 점령했다면 오늘날 우리가 알고 있는 서구문명은 탄생하지 못했을 터이니 가히 세계역사의 분기점이라 하겠다.[23] 이곳에서 사상 유례가 없는 풍파예측이 성공한 것은 예측이 가능할 만큼 특수한 살라미스의 지리조건 덕분이었다.

바람이란 기본적으로 예측이 불가능하다. 유일한 예외는 낮에는 바람이 바다에서 육지 쪽으로 불고(육풍land breeze) 밤에는 거꾸로 육지에서 바다 쪽으로 분다(해풍sea breeze)는 사실 뿐이다.[24] 그리스인들은 강풍이 해협에서 높은 파도를 일으키는 현상을 알고 있었지만 이런 규칙성은 오직 살라미스 해협에서의 예외적 경우이다. 선원들은 모두가 해풍이 얼마나 무서운지만 알뿐 언제 그 바람이 불기 시작하는지는 모른다. 고대 자연 철학자들 역시 모르기는 마찬가지였다. 반면 아리스토텔레스Aristotle는 도대체 무슨 이유로 맑은 날 항해하던 선박이 잔해도 남기지 않고 실종되는 지 고민을 거듭하였는데, 배가 폭풍우 없는 맑은 날 갑자기 불어닥친 바람에 의해 전복되었다면 그 바람은 다른 해역에서 발생하여 이동해왔을 것이라는 그의 추측은 매우 정확한 것이다.[25] 그는 또 파도란 해안가 바위를 때려 모래로 변하게 하는데 호숫가보다 바닷가에 모래가 더 많으므로 바다의 파도가 호수의 물결보다 더 크고 세다고 추론한다.

다른 고대 자연 철학자들은 바람이 어떻게 파도를 일으키는지 궁리하다가 출렁이는 바다에 올리브나 생선에서 짜낸 기름을 떨어뜨리면 파도가 멈추는 현상에서 단서를 찾는다. 플루타르크는 이미 서기 1세기에 그런 의구심을 품었다.[26] 수면에 파도가 세면 해저로 내려오는 햇빛이 줄어들어 어두워지는데 이때 잠수부들이 입에 물고 있던 올리브기름이나 어유를 수면위로 올려 보내어 수면을 진정시키어 바다 속을 덜 어둡게 만드는 것을 본 플루타크는 밀도가 높은 기름이 일정치 않은 바다물의 밀도에 작용하는 게 아닐까 가정해 보았다.[27] 그는 '그렇게 잔잔해진 물위로 지나는 바람은 파도를 일지 아니했다'라는 아리스토텔레스의 말을 인용한 것으로 보아 답에 근접했다. 플리니우스Pliny the Elder는 이러한 잠수부들의 비결을 들며 모든 바다는 기름을 이용하여 잔잔하게 할 수 있다고 그의 저서, 박물학Natural History에서 단정했지만 그 까닭은 밝히지 않았다.[28] 중세에 들어 이 신비로운 현상은 단지 기적으로 치부되었다. 7세기에 영국의 수도사, 성 베다 Venerable Bede는 어떤 사제가지역 제후의 신붓감을 호송하다가 풍랑을 만났는데 출항 전 주교가 준 성스러운 기름을 붓자 풍랑이 멎어 무사히 여행을 마쳤다고 적고 있다.[29] 이런 유의 기담은 중세 동안 되풀이되었을 뿐 그에 대한 이해는 전혀 나아지지 않았으니 예측기술이야 두말할 나위도 없겠다. 15세기 들어서야 이 현상에 대한 과학적 접근이 시작되었다.

레오나르도 다빈치Leonardo Da Vinci는 괴파도의 모식도를 그려보고 호수에 돌을 던졌을 때 생겨나서 동심원 모양으로 퍼지는 물결과 비교하며 과학적 접근을 시도하였다. 호수의 어느 쪽에서 생겼든 물결은 모든 방향으로 번지며 호수의 반대편까지 도달하는데,[30] 호수 안에 또 다른 물결이 있을 경우 두 물결은 합쳐져서 터 큰 물결을 만들기도 하고 때로는 반대로 서로의 힘을 상쇄하기도 한다. 바로 이 상승 및 상쇄효과 때문에, 이후 5세기 동안 과학자들의 시도는 번번이 실패한다. 호수에서의 파도 간 상승 및 상쇄효과는 바다에서도 역시 일어나지만 다른 점은 파도들이 합쳐지기 전의 파도의 꼭대기 부분 즉 물마루의 모습이, 합쳐진 후 물마루와 다르다는 것이다. 이 까닭을 규명하기 위해 가장 단순한 상황, 즉, 실험용 수조에서 파고는 같으나 진행속도가 다른 두 물결이 같은 장소에서 발생했다가 다른 장소에서 만났을 경우를 떠올려 보자. 처음에 두 물결은 동조를 이루며 겹쳐져서 물결을 더 높게 만들다가 속도가 빠른 물결이 느린 물결을 추월할 때 상승효과가 감소한다. 빠른 물결의 물마루가 느린 물결의 물마루 사이의 골에 닿았을 때 서로의 힘을 상쇄하여 물결이 죽어버린다. 실제 바다에는 늘 두 개 이상의 파도가 생겨나고 있는데, 수십 개의 파도가 상승 또는 상쇄작용을 하기 때문에 파도의 행태는 매우 가변적일 수밖에 없다. 게다가 일련의 파도 하나만 보더라도 중심부 파고는 선두나 후미의 파도보다 높다. 이것이 어떤 파도는 진행할수록 파고가 서서히 낮아지지 않고 오히려 더 커지는 까닭이다. 각기 다른 위치의 큰 파도들을 비교하려면 수심이 낮은 해변에 서 있어야 하는데 그 까닭은 다음과 같다. 과학자들이 파도의 발생시기와 크기를 예측할 수 있게 되는 말까지 마냥 기다릴 수 없었던 뱃사람들은 그들의 경험에 의지했다. 뱃사람들은 일 년 중 특정시기 (보통 겨울)에 폭풍과 파도가 더 심해지며, 다른 해역보다 유달리 더 거친 해역이 존재한다는 것을 이미 알고 있었는데 1699년에 어떤 선장의 기록에 의하면, 멕시코만류가 시작되는 플로리다 해류Florida Current지점에서는 해류의 방향에 역행하는 바람 때문에 선박이 항행하기 어려울 정도로 파고가 높다.[31] 또한 일본근처의 쿠로시오 난류와 아프리카 최남단의 아굴라스 곶에서도 특별히 거친 파도가 자주 발생한다. 오랫동안 답보상태에 있던 과학적 규명은 1670년에 들어서야 진일보한다.

아일랜드 과학자 로버트 보일Robert Boyle은 파도가 높을 때 수중의 물의 흐름이 느려진다는 잠수부들의 증언에 영감을 얻어 3미터 높이의 폭풍우가 칠 때 그 아래 27.4미터 지점에서는 물의 흐름이 전혀 없다는 사실을 발견한다.[32] 또한 잠수부들은 파도아래 바닷물이 소용돌이 형태로 움직이며 그러한 물분자의 움직임은 깊어질수록 둔화된다는 것을 이미 알고 있었다. 이러한 현상은 아이작 뉴턴Isaac Newton의 1687년 명저, 자연철학의 수학적 원리Philosophiae Naturalis Principia Mathematica에 기술된 바와 일치한다. 뉴턴은 풍파의 파장, 즉 물마루와 다른 물마루의 직선거리와 그 밑 해수의 이동속도는 비례하고 장파장 파도가 단파장 파도보다 빨리 진행한다는 것을 수학적으로 증명했다.[33]

1세기 후, 피에르-시몽 마르뀌 드라플라스Pierre-Simon, Marquis de Laplace는 뉴턴의 증명을 더욱 발전시켜, 같은 곳에서 발생한 파도라도 장파장 파도는 단파장 파도를 제치고 앞서 감을 알아냈다.[34] 이렇게 장파장 파도는 그 파도를 생겨나게 한 바람보다 더 멀리 진행하며, 진행할수록 약해지고 물마루는 무뎌지며 좌우대칭을 이루게 되는데, 이를 너울Swell이라고 한다. 너울은 에너지를 유지하며 수천 킬로미터를 진행한다.[35] 워낙 멀리 진행하기 때문에 세계도처에서 생겨난 여러 너울들이 합쳐진 결과물들은 세계 어느 해안에서나 목격된다. 너울의 파장은 짧게는 55미터, 길게는 396미터에 이르고, 파도의 주기wave period는 6초에서 16초에 걸치며, 진행속도는 시속 33.8킬로미터에서 90킬로미터에 이른다.[36] 물론 매우 큰 폭풍에 의해 생겨난 너울은 이보다 더 길고 높고 빠르다. 1899년에 영국해협에 접한 영국해안에서는 파장이 805미터, 주기가 22.5초, 시속이 127킬로미터인 너울이 관측되기도 하였다.[37] 너울은 떼를 지어 다니는데 그 일련을 구성하는 하나하나의 너울을 보다 정확히 말하면 전체 너울 중 파장과 주기가 같은 요소들이 모여 같은 물마루 및 골의 형태로 나타나는 것이다. 앞에서 일련의 너울 중 중간 너울의 물마루가 가장 높고 골이 가장 깊다고 했는데 이는 곧 최장파장 및 최장 주기를 갖는 너울의 요소들이 중심부에서 동조를 이루고 있다는 뜻이요, 반대로 선두와 후미의 너울이 약한 것은 그 동조가 약해서 서로 상쇄하고 있다는 의미이다. 일련의 너울의 전체적 진행속도는 한 너울에 속한 물결의 속도의 절반 정도인데, 이 속도가 파동에너지wave energy가 세계의 바다를 여행하는 속도이다. 뱃사람들이나 서핑을 즐기는 사람들 사이에서 전설처럼 내려오는 속칭 제 9파ninth wave 또는 제 7파seventh wave가 바로 일련의 너울 중 가운데 있는 녀석을 지칭한다.[38]

일련의 너울이 얼마나 먼 곳에서 시작되었는지에 따라, 그래서 주기가 어떻게 변했는지에 따라, 가장 센 파도가 일곱 번째 올 수도 아홉 번째 올 수도 있다. 이렇게 파장에 좌우되던 너울속도는 해안에 접근하면 (파장보다는) 수심에 영향을 더 받는다. 새로운 규칙에 따라 새롭게 조를 이룬 파도들은 조별로 같은 속도를 내면 육지에 접근한다. 수심이 낮아질수록 파도는 점점 더 가파르게 되고 해변에 닿을 때쯤에는 더 이상 가파를 수 없을 각도로 서서 상층부가 무너지는데 마치 육지에 부딪혀 깨어지는 것처럼 보인다.

피에르-시몽 마르퀴 드 라플라스가 파도를 수학적으로 연구하던 그때, 대서양 건너편에서는 경험적이고 실험적인 접근이 행해지고 있었다. 벤자민 프랭클린이 2천 년 전 아리스토텔레스, 플루타르크, 플리니우스가 몹시 궁금해 하던 주제 즉 어떻게 기름이 파도를 잠재울 수 있는가에 관심을 갖게 된 것은 1757년 프랑스의 루이스버그Louisbourg 요새를 공격하러 출정한 96척의 영국함대에 동승했을 때이다. 노바스코샤Nova Scotia 부근에서 앞선 두 척이 남긴 항적이 다른 모든 배들과 달리 잔잔한 것을 보고, 선장에게 물었더니, 그 배의 주방에서 설거지한 물을 버렸기 때문이라는 답변을 듣게 된다.[39] 처음에는 선장이 부하들을 나무라는 것인 줄 알았다가, 그 주방에서 나온 물의 기름기가 플리니우스가 쓴 책과 상통함을 떠올리고는 그 상관관계에 호기심을 갖게 된 것이다. 그로부터 몇 년 후 런던의 클래펌 연못가에 서있던 프랭클린은 바람에 출렁이던 못에 기름을 붓는 실험을 해본다. 기름은 빨리 퍼졌으나 수면은 잠잠해지지를 않았다. 바람과 마주 보는 쪽에 서있던 프랭클린은 이번에는 바람이 불어오는 쪽으로 자리를 옮겨 같은 실험을 해보았더니 놀랍게도 전혀 다른 결과를 얻는다. 기름이 떨어진 부분부터 물결이 잔잔해지더니 놀랍게도 2평방킬로미터 넓이의 연못 전체가 마치 거울처럼 잔잔해진 것이다.[40] 프랭클린은 이 날의 일을 '기름은 무지갯빛이 나도록 얇게 퍼졌고 퍼져나갈수록 그 층은 더욱 얇아져 보이지 않을 정도가 되었을 때 물결은 사라졌다'라고 적었다. 그 상관관계를 궁리하다가 바람이 물결을 만드는 과정을 이해하게 된 그는 또 이렇게 적는다. 바람 즉 움직이는 공기는 수면과 마찰하면서 물을 밀어내는데 뒤잇는 바람이 같은 작용을 하면서 물결이 생긴다.

주목할 점은 바람의 세기가 일정한데도 물결이 힘을 얻고 높아지며 넓어져서 더 많은 물을 끌고 다닌다는 사실 즉 파장의 동조현상resonance이다. 이러한 물결의 동조현상은 손가락으로 크고 무거운 종을 미는 동작으로 설명할 수 있다. 처음 밀었을 때는 아주 작은 진폭oscillation만을 보이던 종이 여러 차례 밀 때마다 진동으로부터 점차 힘을 얻어가며 큰 폭으로 흔들리는 것과 유사하다. 기름막이 최초의 작은 물결만 잠재울 수 있다면 전체 수면이 잔잔해진 것은 종의 진동과 같이 설명 가능하다.[41]

그렇다면 기름막이 어떻게 작은 물결(뱃사람들은 앞잡이파도cat's paws라 부르고 과학자들은 표면장력파 또는 모세관파capillary wave라 부르는)이라도 잠재울 수 있었다는 말인가?[42] 프랭클린도 답하지 못했던 이 질문은 1세기가 더 지나서야 해답을 얻게 된다. 지구중력은 밀려 올라간 수면을 원래 잔잔했던 위치로 끌어내리는데 이때 관성이 작용하여 잔잔했던 평형상태로 돌아가지 못하게 한다. 평형보다 낮은 상태일 때, 밀려 올라간 물이 하중 때문에 내려오면서 이미 내려와 있던 물을 끌어올리므로 물은 다시 평형보다 높은 상태가 되어 아래위로 요동친다. 단지 상하진동만 하는 것이 아니라 수면의 형태를 앞뒤로 왜곡시킨다. 이렇게 하여 물은 파도의 형태를 이룬다.[43] 단, 표면장력파 (또는 모세관파)의 경우, 물결을 잔잔했던 원래 상태로 돌려놓는 힘은 중력이 아니라 표면장력surface tension, 즉 수면의 물 분자들이 서로 당겨서 물이 한없이 퍼져나가지 못하게 하는 힘이다. 바람의 힘이 물을 내리누를 때 표면장력이 작용하며 내려간 물을 끌어올리는데 원래 높이보다 높이 끌어올리므로 상하진동이 시작된다. 수면에 뿌려진 기름은 퍼져서 분자 1개두께의 매우 얇은 막을 형성하는데 수면의 장력에 강하게 저항하여 표면장력파 (또는 모세관파)와 그에 따른 파도의 형성을 억제한다.[44]

평소 장난기가 많았던 프랭클린은 빈 대나무 막대기에 기름을 넣고 작은 풍파가 치는 개울을 만났을 때 마법사처럼 거짓주문을 외며 들고 있던 죽봉을 세 번 내려침으로서 파도를 재워 주변사람들을 놀라게 하기도 했다.[45] 수많은 과학자들 (라그랑쥐Lagrange, 에어리Airy, 스토크스Stokes, 레일리 경Lord Rayleigh, 러셀Russell, 켈빈 경Lord Kelvin 등)이 수학적 방법 등으로 파도의 다른 비밀을 밝혀냈는데 그들의 발견이 풍파예측으로 즉시 이어지지는 않았지만 수십 년 후 유체역학적 파도모델 개발에 큰 도움을 주었다. 또한 조석파tide wave, 폭풍해일storm surge, 쓰나미tsunami와 같은 초장파(超長波)의 이해에 큰 역할을 하였다. 장파란 파장이 수심보다 깊은 파도로서 그의 진행속도에 영향을 끼치는 요인이 수심뿐이라 수학적 해석이 비교적 쉽다. 즉, 수심이 얕을수록 장파의 진행속도가 느려지므로 장파는 주기에 관계없이 일정한 속도를 가지며 풍파처럼 확산되지 않는 것이다.[46] 이와 달리 풍파는 수심이 얕은 곳에 들어서는 순간 장파와 비슷한 성격을 띠게 되어 예측이 용이해진다. 그러다가 수심이 파장과 비슷할 정도로 낮아지면 상황이 달라진다. 즉 풍파가 몰고 온 바닷물이 작은 지역에 집중되어 단위면적에 가해지는 힘이 커진다. 얕은 수심은 풍파의 속도에도 영향을 미친다. 물마루를 기준한 수심은 물마루 사이의 골을 기준한 수심보다 깊으므로 물마루는 골보다 앞서 진행하게 된다. 완만했던 파도의 형태는 점점 가파르게 변하다가 결국 물마루가 무너져 내리면서 바닷가나 모래톱에 부딪히는 것처럼 보이게 된다.[47]

수심이 얕아지면 풍파의 방향도 바뀐다. 물마루는 해변에 접근하면서 넓어지다가 해변의 전체 길이를 덮기도 한다. 한편 수심이 고르지 않은 곳에서는 물마루마다 속도가 달라진다. 상대적으로 수심이 깊은 곳을 지나는 물마루는 얕은 곳을 지나던 물마루보다 빨라져 결국 파도의 전체적 행태는 구불구불하게 된다. 이를 파도의 굴절wave refraction이라고 한다. 파도의 에너지는 바닷속 지형에 좌우된다. 해안가의 지형이 바다 쪽으로 돌출된 형상일 경우 그로부터 멀지 않은 곳에 위치한 융기지면은 파도의 에너지를 한데 모으는 역할을 하여 파도를 크게 만드는데 이때 그러한 역할을 한 융기지면을 도파점waveguide이라고 한다. 반대로 움푹 들어간 만(灣) 근처에서 주변보다 수심이 깊은 지형(해저협곡 같은)은 파도의 에너지를 분산시켜 파도의 크기를 작게 만든다.[48] 파도는 깊은 바다를 지날 때는 그다지 많은 바닷물을 몰고 다니지 않으므로 파도가 지나는 곳에 있던 해상부유물은 위아래 앞뒤로 흔들릴 뿐 파도가 지나간 후 결국 제자리 근처에 남아있게 된다. 즉 물 분자가 파도에 의해 빙글빙글 돌 뿐 파도를 따라 나아가지는 않는 것이다. 그러나 수심이 얕은 곳에서는 물 분자의 원 궤도가 타원형이 되면서 수심이 깊은 곳에서보다 더 많은 물 분자가 더 많은 이동을 한다. 해변에 파도가 칠 때 바닷물이 거품을 내며 밀려오는 것을 보면 쉽게 이해할 수 있다.[49]

모난 파도가 해변에 닿을 때 밀려왔던 바닷물이 모래를 이끌고 왔다가 빠져나가면서 해안을 부식시키는데 이러한 파도를 연안류longshore current라고 한다. 두 개의 연안류가 서로 다른 방향에서 부딪힐 경우 바다 쪽으로 물을 끌고 나가 해수욕객들을 공포에 빠뜨리기도 하는데 이것을 이안류rip current라고 한다. 종종 역조riptide라고 불리기도 하는데 이안류는 조석간만과 무관하므로 역조는 과학적 근거가 없는 잘못된 명칭이다.[50]

대양에서 발생한 폭풍으로부터 생긴 큰 너울이 연안까지 밀려온, 그래서 모래톱을 뛰어넘을 정도로 높은 파도는 파도타기 애호가surfer의 갈망의 대상이 되어왔다. 1777년 타히티 섬을 발견한 쿡선장은 주민들이 파도를 타는 모습을 신기해하며 구경하곤 했는데 사실 타히티나 하와이, 폴리네시아 주민들은 그보다 훨씬 오래 전부터, 심지어 잉카제국 시절에도, 서핑을 즐겼었다. 태평양 한가운데서 생겨난 너울이 열대해안까지 밀려올 때면, 바다가 곧 삶의 일부요 삶이 바다의 일부였던 원주민들은 달려 나가 그 파도 속에 몸을 섞지 않을 수 없었을 것이다. 이 바다의 아들들은 오랜 경험을 통해 너울이 언제 어디에서 생겨나 어디로 진행하는 잘 알고 있었으며 그 지식을 항해에 응용했다.[51] 유럽인들도 파도에 대해 관심과 지식을 갖고 있었으나 그 내용은 태평양에서와는 사뭇 달라서 북해나 북대서양에서 국지적으로 발생한 폭풍이 불러온 큰 파도에 상선이 침몰하지 않도록 하는데 초점이 맞추어져 있었다. 두 지역에서 공통적인 것은 갑자기 난데없이 생겨난, 터무니없이 큰 파도를 본적은 드물다는 점이다. 그런 괴파도의 발생은 유럽에서 가장 많이 보고되어 왔는데 그 이유는 (유럽에서 특히 자주 발생하기 때문이 아니라) 유럽인들이 항해에 위협이 될 만한 바닷가 갑(岬)headland,섬, 암초 등에 많은 등대를 설치해두었고 그 곳의 등대지기들이 이상 현상을 목격할 때마다 근무일지에 꼼꼼히 기록을 해두었기 때문이다. 등대는 파도가 굴절할 때 파도의 에너지가 집중되는 지점에 곧잘 위치하므로 등대일지에는 거대한 파도의 기록이 종종 나오게 마련인데, 그보다 더, 실로 터무니없이 큰 파도의 경우는 (등대지기의 기록을 통하여 알려지는 것이 아니라) 어느 날 갑자기 등대지기와 등대가 그럴만한 이유 없이 홀연히 사라져버린 데서 유추하게 된 것이다.

영국해협에는 플리머스 방파제로부터 22.5킬로미터 떨어진 곳에 아주 위험한 암초군이 있는데 그곳에 설치된 에디스 톤 등대Eddys tone Light는 초거대파도에 의해 가장 많이 희생된 등대로 유명하다. 에디스 톤에 처음 세워진 등대는 1698년 헨리 윈스탄리Henry Winstanley가 만든 28미터 높이의 팔각형 목조건물이었는데 큰 파도 때문에 등대의 등이 파손, 유실되는 일이 잦자 1699년에 하단부 두께 1.8미터, 상단부 두께 0.3미터, 높이 36.5미터의 석조 건물로 개축한다. 윈스튼리는 자신이 견축한 이 등대의 견고함을 확신한 나머지 '폭풍우가 몰아칠 때 내가 있을 곳을 고를 수 있다면 난 바로 이 등대 속에 있고 싶다'라고 말했다. 4년 후 그의 공언은 현실이 되고 그 현실은 비극이 된다. 영국역사상 최대 규모의 폭풍이 불어 닥친 1703년 11월 26일, 그와 5명의 동료는 정말 그 등대에 있었고 등대와 함께 흔적도 없이 사라져 버렸다.[52]

윈스틀리도 물론 영국이 추앙하는 등대건축가이지만 더 유명한 것은 2세기 동안 4대에 걸쳐 무수한 파도와 싸우며 등대설계술을 발전시켜온 스코틀랜드의 스티븐슨Stevenson가문이다(소설 보물섬Treasure Island의 작가인 로버트 루이스 스티븐슨Robert Louis Stevenson도 이 가문출신임).[53] 이 가문의 등대건설 역사는 15개 이상의 등대를 세운 로버트 스티븐슨Robert Stevenson부터 시작하여, 수십 개를 건축한 그의 세 아들 (알란Alan, 데이빗David, 그리고 로버트 루이스 스티븐슨의 아버지인 토마스Thomas)로 이어진다.

그림 5.1 1759년 지어진 제 2 에디스톤 등대가 거대한 파도에 휩쓸리는 장면. 존 스미튼John Smeaton작 (출처: The Family Magazine or Monthly Abstract of General Knowledge)

이 중에서 풍파에 대한 이해를 획기적으로 제고한 사람은 바로 토마스 스티븐슨으로 파도가 고체면을 때릴 때 그 힘을 측정하는 측력계(測力計) 또는 검력계(檢力計)dynamometer를 발명하였다.[54] 측정결과는 실로 놀라웠다. 최대 기록은 1845년 3월 29일, 돌풍이 불었을 때 47.8미터 높이의 스케리볼Skerryvore등대에서 관측되었는데 0.09제곱미터에 가해진 힘은 무려 2.72톤에 달했다.[55] 이는 곧 영국 윅 Wick항의 방파제 하단부를 견고하게 구성했던 600톤짜리 석재 20개를 맥없이 흐트러뜨리고, 프랑스 쉘브르Cherbourg항의 무게 3.5톤 길이 18.3미터짜리 방파제 구조물을 날려버릴 정도였다.[56] 이 바람의 힘을 보다 잘 이해하기 위해 그 힘이 닿은 높이를 살펴보도록 하자. 로버트 스티븐슨이 스코틀랜드 최북단 던넷헤드Dunnet Head의 105미터 절벽 위에 높이 20미터의 등대를 짓던 1831년, 건설인부들은 바람이 그 높은 절벽을 거침없이 타고 올라오는 것에 놀라곤 했다. 던넷헤드 절벽에 다소 경사가 있어 바람이 타고 오르기 다소 유리한 측면이 있다는 점을 감안하더라도 100미터를 치고 올라오는 바람이란 눈으로 보고도 믿기 어려운 광경이었다.

토마스 스티븐슨이 지은 38미터 높이의 듀바라시스Dubh Artach등대에서도 28미터를 타고 오른 바람이 구리로 된 피뢰침의 방향을 돌려버린 일이 1872년에 있었다. 토마스 스티븐슨은 본격적인 파도 연구조사 용역을 맡은 최초의 인물이다. 바람에 쓰러지지 않는 등대와 선박을 안전하게 보호할 수 있는 항구를 만들고 싶다는 소망을 가진 그는 1852년 한 해 동안 매일 파고를 측정했다. 등대건축가 입장에서는 파고가 언제 높아지는가 보다는 최댓값이 얼마이냐에 더 관심이 가게 마련이므로 측정시간이 불규칙했고 측정대상도 해안에서의 최대파고 값에 국한되었었지만, 이 데이터를 통해 그는 해안에서의 최대파고는 바람이 부는 거리 즉 취송거리fetch의 제곱근에 비례한다는 파도예측공식을 도출해 낸다. 아마도 파도예측공식은 이것이 최초가 아니었을까 여겨진다. 따라서 대양과 같은 커다란 수역은 만이나 호수 같이 작은 수역에서보다 더 센 바람을 만들어 내는 것으로 간주하였다.[57]

토마스는 또한 강한 조류(潮流)나 강의 물결river current도 파도의 크기와 관계있음을 알아냈다. 즉 너울이 마주 오던 해류와 충돌하면 파고가 증폭된다는 것이다. 스코틀랜드 북단과 오크니Orkney섬 사이에 있는 팬틀랜드Pentland강 어귀는 매우 좁아서 만조가 되기 전 바닷물이 최대 시속 29킬로미터의 빠른 속도로 차오르기로 유명하다. 너무 빨라서 마치 육지를 떠났던 바다가 한꺼번에 뛰어 돌아오는 듯하다tidal race or roost고 부를 정도이다. 따라서 이곳으로 밀려온 너울은 매우 위험한 파도도 돌변하기 쉽다.[58] 여기서 토마스는 강어귀에서 종종 목격되는 이 현상이 (단지 모래톱 때문이 아니라) 바다로 흐르는 강물의 흐름과 강 쪽으로 올라오는 파도와의 충돌과도 관련이 있음을, 즉 강물과 만나면서 파장이 줄어든 파도가 높고 가파르게 되어서 해안을 때리게 됨을 알아낸다. 강물에 의해서 약해진 파도는 뒤따르는 파도에 추월당하고 합쳐 친 두 파도는 더 세고 빠른 파도를 형성하여 앞서가던 파도를 따라잡아 더욱 강력해진다는 것이 그의 추론인데, 이 해석은 물론 사실과는 다르지만 이후 보다 정확한 이론이 도출되는 전기가 된다.[59]

파도의 위력은 (꼭 등대를 휩쓸어버리는 거대파도가 아니더라도) 우리가 흔히 보는 수많은 작은 파도들이 해안선을 잠식하는 데서도 확인할 수 있다. 등대는 27.4미터 높이의 파도에 일격을 당할 수도 있지만, 등대주변을 잠식하는 작은 파도에 의해서도 무너질 수 있다는 말인데, 그러한 예가 롱아일랜드에 있는 몬탁포인트Montauk Point등대이다. 미 의회가 등대설치를 위해 토지수용을 의결하고 조지 워싱턴이 준공을 승인하던 1972년 당시 이 등대는 절벽 끝에 90.5미터 높이로 지어졌다. 세월이 지나면서 대서양의 파도가 절벽 밑을 깎아 내리면서 절벽의 높이는 15.24미터로 주저앉았으니 해안침식이 멈추지 않는다면 언젠가는 등대는 바다 속에 잠길 운명이다.[60]

제 2차 세계대전 발발 당시만 해도 국지풍(局地風)local wind에 의한 파도(뱃사람들이 흔히 놀sea, as in a heavy sea이라고 부르는)와 수백 킬로미터 먼 바다에서 시작된 폭풍에 의한 너울 그리고 놀과 너울이 해안에 부딪혀 생기는 쇄파surf의 크기를 예측 할 방도가 없었다. 진주만공습 이후 세계대전에 참전하고 머잖아 미국은 놀sea, 너울swell, 쇄파(碎波)surf의 예측에 대한 필요성을 절감한다.

1942년 7월 25일 루스벨트 대통령과 처칠 수상은 횃불작전Project Torch이라 명명된 영미연합군 최초의 나찌독일 공동공격에 합의한다. 그 달말 아이젠하워Eisenhower장군은 나찌군과 독일 치하의 프랑스비시정부Vichy France가 점령하고 있던 북아프리카 탈환계획을 수립하고 상륙작전 시점을 1942년 11월경으로 잠정한다. 제 1 상륙은 모로코의 카사블랑카에 미군 3만5천명, 제 2, 제 3 상륙지점은 각각 지중해의 오랑 Oran에 영국군 3만9천명과 알제리Algiers에 3만3천명으로, 상륙전 사상 최대 규모로 짜여졌다. 문제는 해마다 늦가을에서 초겨울이면 카사블랑카 북서쪽으로부터 대서양 너울이 상륙지점에 밀려든다는 점이었다. 아이젠하워 장군은 이를 '상륙정의 지옥'이라 불렀다.[61] 장병들이 순양함에서 히긴스상륙정Higgins landing boat으로 옮겨 탈 때 파도가 거칠다면 상륙정이 요동치다가 순양함에 부딪히는 와중에 장병들이 익사 또는 압사당할 수 있고, 또한 수심이 낮은 해안에 가까워질수록 파도가 높아지는데 상륙정 침수되면 장병들의 완전군장이 젖어 무거워지고 총기도 사용할 수가 없게 되는 사태를 우려한 것이다.

거대한 너울은 바람 없는 맑은 날씨에도 갑자기 발생할 수 있다. 카사블랑카에서는 이렇게 위험한 날씨가 늦가을에서 겨울철에 5일중 4일 꼴로 발생한다.[62] 2차 대전의 향배 곧 민주주의 유럽의 운명을 결정지을 날이 다가오자 영국 해군장관 출신의 처칠은 이 문제가 무척 염려가 된 나머지, 루즈벨트 대통령에게 "내가 보기에 카사블랑카 작전성공률은 20%에 불과합니다. 실패한다면 어쩌지요?"라고 물었다. 루스벨트는 "대서양 연안에서 나쁜 해황은 이미 계산된 바, 피할 수 없습니다"라고 답했다.[63] 한편 미영연합군은 11월 중 날짜 별로 위험율을 계산해낼 방법을 모색하고 있었다. 양국군이 북아프리카 근해와 해안에서의 파도의 크기를 예측하려고 애쓰던 그 7월, 캘리포니아 주 라호야La Jolla에 소재한 스크립스해양연구소의 대학원생 월터 멍크Walter Munk는 미 육군 항공전단기상전대에 신설된 해양학부서로 차출되어 워싱턴으로 향했다. 그를 차출한 항공전단 중위는 예전에 스크립스에서 해양학 교육을 받은 적이 있었는데 당시 교관은 스크립스해양연구소장, 하랄 이스베르데룹Harald Sverdrup이자, 당시 멍크의 지도 교수였다.[64] 이스베르데룹 소장은 해양물리학의 세계적 권위자로서 수년 후 멍크가 그 뒤를 계승하게 된다.[65] 워싱턴에서 횃불작전에 대한 설명을 듣고 카사블랑카에서 가장 파도가 낮게 칠 날짜를 두어 개정도 예측할 수 있느냐에 작전의 성패가 달려있음을 알게 된 멍크는 일기도에서 가용한 정보를 총동원하여 폭풍파(暴風波)storm wave의 생성과 소멸을 예측한 후, 근해의 파도 값을 가지고 해안에 부딪히는 쇄파의 크기를 계산해내기로 한다.[66]

미군은 이미 북캐롤라이나주에서 상륙훈련을 실시하고 있던 중이었는데 쇄파의 높이가 1.83미터를 넘을 때마다 히긴스상륙정이 침수되어 훈련이 중단되었다. 상륙이 예정된 시점의 모로코의 파고는 항상 1.83미터를 넘었으므로 횃불작전의 성공은 요원해 보였다.[67] 멍크는 워싱턴에 오기 전 캘리포니아 해안에서 파도와 바람수치를 분석할 때 비슷한 문제점을 다루어본 적이 있다. 이 데이터를 이용하여 풍속과 파고의 상관관계 공식을 만드는 데 있어 단지 통계적 상관성을 도출하는 데 그치지 않고 유체역학적 파도이론과 접목을 시도했다.[68] 그는 9월 한 달 동안 가용한 모든 파도데이터, 바람데이터를 총동원하여 놀과 너울과 쇄파의 예측정확도를 높여갔다.[69] 9월말 즈음에 멍크의 과업은 거의 완료되었지만 보다 확실한 완료를 위해서는 이스베르데룹 소장의 도움이 꼭 필요했으므로 이스베르데룹 소장도 워싱턴으로 날아와 10월 한 달 동안 멍크와 공동 작업했다.[70] 둘은 예측 공식에서 뽑아낸 파도의 예측치와 관측치를 비교했다 (아조레스Azores에서의 파도 값은 팬아메리카 항공사Pan American Airways의 비행정seaplane 활주로에서 구했다). 동 기간 일기도상의 바람데이터를 파도데이터삼아 아조레스에서의 실측 파도수치가 어떻게 연동하였는지 살펴보았다.[71] 10월말에 이스베르데룹 소장은 카사블랑카 파고예측 정확도에 자신을 얻었다. 일기도를 이용한 이 방식은 세 단계를 거친다. 1단계는 풍속, 폭풍의 지속시간 그리고 (파도가 해풍에 밀려 진행한 거리 즉) 취송거리fetch를 매개변수삼아 폭풍에 의한 놀의 주기와 파고를 계산한다. 2단계는 파도가 폭풍을 추월한 후 또는 폭풍이 멈춘 후에도 너울이 되어 계속 진행할 때 너울의 힘의 감소하는 정도를 측정한다.[72] 3단계는 파도가 해변에 접근할 때 낮은 수심에 의하여 대오가 흐트러짐을 에너지보존의 법칙으로 계산한다.[73]

놀, 너울, 쇄파 예측과제가 해결이 안 된 상태에서 (상륙작전이 예정된) 11월이 다가오자 카사블랑카 공격책임자인 조지 패튼George Patton 미 육군소장은 초조해졌고 이는 해군소장 헨리 휴잇Henry Hewitt도 마찬가지였다. 휴잇 소장은 패튼 소장의 부대원들을 미 본토에서 아프리카까지 수송할 107척 함대의 사령관이었는데, 패튼의 부대는 대부분 기초 군사훈련을 갓 마친 신병들이어서 그들이 상륙하게 될 아프리카해안은 그들이 맞닥뜨릴 생애최초의 전투이자 어쩌면 최후의 전투가 될지도 모르는 상황이었다. 지금은 비록 나찌에 점령당해 독일 편에 서있지만 그전까지 미국의 동맹국이었던 프랑스의 군대가 상륙하는 미군을 향해 발포하지는 않으리라는 기대도 품어볼 수 있었지만 코앞에서 펼쳐지는 비상상황에 넋 놓고 있다면 그것은 군대가 아니므로, 그러한 기대는 사실 근거가 희박한 낙관론에 불과했다. 상륙이 이루어질 그 시점이 간조 (3미터 범위)라는 것이 더욱 문제였다. 쇄파가 너무 높을 경우 장병들을 상륙시키지 못한 상륙정은 다음 조수가 밀려올 때까지 옴짝달싹 못하게 되므로 휴잇 소장은 상륙을 일주일 뒤로 늦출 것까지 건의해보았으나 패튼 소장은 제안을 기각했다. 일주일 후에는 악기상 확률이 더욱 커지는데다 달빛이 더 밝아져서 적군 해안경비대에게 보다 쉽게 포착될 것이기 때문이었다.[74] 그래서 두 장군은 휴잇함대의 기함(旗艦)인 오거스타Augusta호 승선 기상요원인 리차드 스티어Richard Steere소령에게 너울의 높이가 2.4미터 이하이면서 구름이 적어 공수작전이 용이한 날이 언제인지 알아내라고 지시했다.[75]

당시 미 국립기상국U.S. Weather Bureau에 설치되어 있었던 육-해군 합동기상부대Joint Weather Central에는 기상국직원은 물론 미 해군 기상대원 등이 참여하고, 멍크가 이끄는 특별 파고예측팀이 비상가동 중이었는데,[76] 파고란 멍크와 이스베르데룹 소장이 만든 공식이 있다고 예측되는 게 아니라 기상예보를 토대로 계산한 바람의 세기까지 고려해야 정확할 수 있기에 특별팀은 합동기상부대가 제작한 기상예보를 토대로 상륙예정기간중의 파고를 예측했고 이 예측자료는 기상예보와 함께 스티어 소령에게 전해졌다. 또한 스티어 소령에게는 지브랄타Gibraltar에 있는 아이젠하워사령부 소속미육군항공전단의 기상보고서 및 해황보고서도 주어 졌고 영국정부의 기상 예보도 아울러 전해졌다. 11월 7일 아침 멍크팀은 11월 8일부터 12일까지 상륙목표해안의 파고는 상륙이 불가능할 정도로 높을 것이라 예측했는데,[77] 이는 모로코 연안에서 잠항중이던 잠수함의 관측보고서와도 일치했다. 이쯤 되자 아이젠하워는 카사블랑카 상륙을 포기하고 병력을 지브랄터로 돌릴 것을 고려하되 최종결정은 휴잇 소장의 판단에 맡기기로 한다.[78] 스티어 소령이 취합된 정보와 모로코 현지상황을 종합 고려하여 데이터를 업데이트한 후 이 데이터를 이스베르데룹과 멍크가 만든 공식에 대입한 결과, 카사블랑카 상륙작전 감행가능이라는 판단이 떨어진다.[79] 아니나 다를까, 11월 7일 저녁 바다는 잔잔해지기 시작했다. 8일 새벽 2시, 오거스타 호 갑판에 서서 카사블랑카와 페델라Fedala를 바라보던 패튼장군은 "너울없이 잔잔함. 하늘이 우리를 돕고 있다"라고 일지에 적었다.[80] 그날 오후부터 12일 늦게까지는, 멍크가 예측한대로 파고가 다시 높아지긴 했지만,[81] 11월 8일 아침시간을 포기할 수는 없었다. 나중에 이 때 이 시간이야말로 카사블랑카 상륙이 가능했던 유일한 기회였음이 밝혀진다.

8일 새벽, 연합군은 카사블랑카 북쪽 20킬로미터 지점의 페델라Fedala, 그로 부터 북쪽으로 100킬로미터 떨어진 리오테Lyautey항, 카사블랑카 남쪽 225킬로미터 지점의 사피Safi, 이 세 곳에 동시 상륙을 시도한다. 비록 파고가 예상치(방파제 기점 61~122센티미터)보다도 낮았지만 상륙은 결코 쉽지 않았다. 해안에 부딪히는 파도는 수많은 상륙정을 애먹였다. 어떤 상륙정은 암초에 쳐 박혔고 심지어 전복된 상륙정도 있었다.[82] 페델라에서는 높은 파도가 세 차례 쳤는데 한 종군기자는 그때를 이렇게 보도했다. '상륙정이 파도에 맞는 순간 우리는 어깨높이로 떠올라 바다에 내동댕이쳐졌다. 27킬로그램 무게의 군장은 두 배로 무거워졌다. 사력을 다해 암초로 향하는데 또 다른 파도가 덮쳐 와서 등을 밀어주는가 싶더니 다시 바다 쪽으로 우리를 끌고 나가려 했다. 그러기를 두어 차례… 더 이상 버틸 힘이 사라졌다. 그 찰나 한 장병이 내 바로 앞에 있던 장병과 나에게 구원의 손길을 내밀어주었다. 간신히 일어서보니 수십명의 장병들이 흠뻑 젖은 채 비틀거리며 간신히 서있었다.'[83] 그나마 좋은 상황에서 작전을 수행했음에도 페델라에 상륙한 370척 중 64%의 상륙정이 쇄파에 손괴를 입었을 정도이니[84]

만약 파도가 조금만 더 높았더라면(실제로 상륙작전 전날과 다음날의 파도가 그러했다), 탈진한 장병들의 대부분은 버티지 못하고 빠져 죽었을 것이다. 오후 1시 20분에 상륙한 패튼 장군마저도 파도에 흠뻑 젖어야 했다.[85]

파도는 점점 거칠어 졌지만 미군은 작전목표를 이미 달성한 후였다. 그날 해가 지기 전 북서아프리카에는 성조기가 나부꼈고 당시 기준으로 사상 최대 규모였던 상륙작전은 성공했다.[86] 사상 최대 규모라는 이 기록은 머잖아 깨어지게 된다. 북아프리카를 수복한 이 횃불작전은 나찌독일과 이탈리아에 대한 일련의 공격 중 제 1탄으로서, 이후 시실리 섬, 이탈리아 본토를 점령한 후에는 더 많은 병력이 영국해협을 건너 나찌 치하의 북프랑스를 해방시킬 계획이었다. 이 계획은 절대군주 작전Project Overlord으로 명명되었다.

다음 장에서는 연합군의 파도예측능력이 노르망디Normandy 해안에서 얼마나 큰 전공을 세우는지 살펴보겠다. 또한 놀, 너울, 쇄파의 예측이 성공한 이후 수십 년이 지나도록 컨메리 호를 습격한 것과 같은 이상파랑rogue wave의 예측이 왜 아직도 어려운지 그리고 그 어려움을 극복하기 위하여 어떤 노력들을 해왔는지 알아보고자 한다.

제6장

솟구치는 바다의 괴물

이상파랑(변종파도)

1943년 8월 중순, 연합군 사령부는 북유럽에서 나찌를 격퇴하고자, 1944년 봄에 대규모 병력을 노르망디 해안에 상륙시키기로 결정한다.[1] '절대군주작전'이라고 명명된 이 극비 계획의 성패는 노르망디 해안 교두보를 확보할 수 있는가와 이후 노르망디를 통하여 대규모 병력과 보급품을 유럽전선으로 신속히 수송할 수 있는가에 달려있었다. 북프랑스와 벨기에에 주둔 중이던 독일군과 필적할 규모의 연합군병력이 영국해협을 건너려면, 날씨와 해황이 하루도 빠짐없이 좋다는 있을 수 없는 상황을 전제로 해도 최소 15주가 걸릴 것으로 추산되었다.[2] 이 두 가지 큰 과제, 바꿔 말하면 상륙작전 전체의 성공은 상륙지점의 놀, 너울, 쇄파를 얼마나 정확히 예측할 수 있는가에 달려있었다.

이즈음 월터 멍크와 하랄 이스베르데룹은 캘리포니아에 있는 스크립스해양연구소에 복귀한 후 신설한 파도예측기술 훈련과정을 통해 미 육군 항공전단, 미 해군, 미 해병대 장교 200여 명을 교육시키고 있었는데, 이들이 시실리, 노르망디, 이오지마Iwo Jima, 오키나와, 필리핀 상륙작전을 기획, 수행하게 된다.[3] 이후 과정수료자들이 각자 자신들이 맡은 해역에서 이스베르데룹과 멍크가 개발한 예측기술을 적용하는 과정에서 파도예측기술은 검증되며 진보를 거듭하였고 발전된 사항은 다시 교육훈련과정에 반영된다. 이스베르데룹과 멍크 자신도 상륙작전 때마다 관측된 파도의 높이와 주기를 예측치와 비교, 보정하면서 정확도를 높여갔다. 상륙시 관측된 수치란 실은 상륙정 정장(艇長)coxswain의 눈대중에 불과하지만 매우 유의미한 값이었다. 왜냐하면 그 눈대중이란 게 최대파고 평균치의 1/3값, 즉 유의파고(有義波高)significant waveheight에 해당하기 때문이다. 유의파고란 이후 파도예측에 있어 없어서는 안 되는 필수요소이다.[4]

1943년 가을, 영국 해군성Admiralty 기상센터에 너울예측반Swell Forecast Section이 신설된다. 소재지가 런던도심이었기 때문에 독일군의 대공습을 피해 지하2층에 위치하게 된다. 이 팀이 노르망디의 기상을 예보한 3대 주역 중 하나이다. 다른 둘은 던스터블Dunstable의 영국기상청British

Meteorological Office과 와이드윙Widewing의 미 공군전략센터U.S. Strategic Air Force center 이다. 너울예측반은 스크립스해양연구소에서 이스베르데룹-멍크 방식을 교육받은 두 미군장교와 영국에서 자체 개발한 예측방식에 정통한 영국군 장교 한 명으로 구성되었는데,[5] 영국방식이란 축적된 파도와 바람의 관측치간의 상관성을 그래프로 나타내는 어림 감정에 불과했기 때문에, 너울예측반은 이스베르데룹-멍크 기술을 채택한다. 팀에 주어진 임무는 우선 북대서양에서 영국해협으로 들어오는 너울의 높이와 주기와 그 너울이 노르망디 해안 5개 지점(유타Utah, 오마하Omaha, 골드Gold, 주노Juno, 스워드Sword)에 닿을 때 파고를 측정하는 것과 영국해협을 지나는 바람이 일으킨 파도의 높이와 주기를 예측하는 것, 그리고 노르망디해안에서의 쇄파의 높이를 측정하는 것이었다. 그러기 위해서는 해안의 (낮은) 수심, 강한 조류(潮流)tidal current, 해안지형(해안선의 각도도 해안파고 결정의 주요인이므로)이 파도에 미치는 영향을 이해해야 했다.[6]

먼저 영국 남해안에서 영국해협 방면의 51개 파도관측소를 네트워킹한 후, 그 데이터를 종합하여 해풍데이터를 뽑았다. 여기서 파도관측이란 영국해안경비대 망루에서 하루 세 번 육안으로 관측한 3분당 파도횟수 및 그 3분 동안 해안에 부딪힌 쇄파의 높이를 말한다. 수중압력계는 51개 관측망루 중 4군데에만 설치되어있었다. 노르망디 현지의 파도상황은 항공사진에 의지할 수밖에 없었는데, 대서양으로부터 밀려온 너울이 노르망디까지 닿는 것을 코탕탱 반도Cotentin Peninsula가 막아주고 있다는 사실은 매우 기쁜 소식이었다. 그 덕에 (그렇다고 너울이라는 요소를 완전히 배제할 수는 없지만[7]) 노르망디 해안의 파도와 쇄파를 예측하는데 있어 바람의 영향에 보다 집중할 수 있게 되었다. 따라서 이 지역의 기상예보, 즉 지역 내 3개 기상예보센터의 예측치를 종합한 값이 매우 중요한 가치를 갖게 되었는데 그 책무는 아이젠하워 사령부의 기상총책임자인 영국공군대령 제임스 스택 James Stagg에게 떨어졌다. 던스터블의 기상학자와 와이드윙의 기상학자들은 서로 다른 예측을 하는 일이 잦았으므로 이를 종합한다는 것은 결코 쉬운 임무가 아니었다.[8] 너울 예측 반은 영국해군 기상병과 전용선을 통해, 3개 기상센터와 스택 대령, 연합국 북서유럽군 최고사령부Supreme Headquarters Allied Expeditionary Force (SHAEF)에 주재하는 스택대령의 부관, 연합군함대와 연합공군의 기상 장교들 간의 정기 전화회의를 청취하다가, 회의당일의 해풍예측에 합의가 도출될 때마다 그를 기반으로 놀, 너울, 쇄파 예측을 시도했다.

스택 대령은 전화회의 결과를 당시 이틀에 한 번씩 열리던 아이젠하워 참모회의에 제출해 왔었는데, 연합국 북서유럽군 최고사령부는 1944년 4월 초순 이전까지 예측범위를 넓혀 5일 후의 영국해협 및 그 외해에 대한 예측수치를 제출할 것을 지시한다.[9] 당시 디데이D-Day 즉 노르망디 상륙작전 개시일은 조석과 달빛의 밝기를 고려해 6월 5일로 잠정하되, 기상사정이 좋지 않을 경우를 대비하여 6일이나 7일도 고려하고 있었다. (제 2장 참조).[10] 이렇게 엄청난 규모의 대작전의 개시 또는 보류명령은 충분한 시간여유를 두고 발령되어야 마땅할 텐데, 특히 넵튠계획Project Neptune(절대군주작전에서 해군이 담당하는 부분을 일컬음)에 참여하는 함정의 일부는 스코틀랜드와 아일랜드 해 Irish Sea로부터 출발하므로 출정 명령은 적어도 디데이 수 일전에 떨어져야 한다.[11]

해마다 6월은 날씨가 좋은 때이지만 1944년의 6월은 그렇지 않았다. 6월 4일 토요일 아침 9시 30분, 스택 대령은 던스터블의 비관론과 와이드윙의 낙관론 사이에서 고민하던 끝에 부정적 예측결과를 아이젠하워 참모회의에 제출한다.[12] 내용인 즉, 6월 5일은 바람이 거세어 함포사격의 정확도가 떨어질 것이고, 파도가 높아서 상륙이 매우 어렵거나 아예 불가능할 것이며, 구름도 많을 것으로 예상되어, 작전성공의 필수요소인, 아군 폭격기의 엄호사격도 기대할 수 없다는 것이었다. 그날 밤 4시에 소집된 참모회의 때까지도 상황은 호전되지 않아 아이젠하워는 디데이를 24시간 연기하기로 결정한다. 출동명령을 받고 승선을 완료한 함정은 항구에 발이 묶인 채 대기상태에 들어갔고 이미 출항했던 수백 척은 회항해야 했다. 그러다가 6월 5일 밤 9시에 서광이 비쳤다. 스택 대령이 6월 6일에 악기상이 잠시 멈추어 상륙이 가능할 것이라는 예보를 제출한 것이다. 아이젠하워와 그의 참모들은 16만 명의 장병과 5천척의 함정이 참여하는 사상최대의 작전에 개시명령을 내린다. 실로 엄청난 화력이 동원되었지만 프랑스북부해안 곳곳에 참호를 파고 숨어있는 독일군을 제압할 수 있을 지는 미지수였다.[13] 함정이 영국해협을 건널 때까지도 전날의 악기상은 수그러들 줄 몰랐다.[14] 거친 바다에서 장병들은 뱃멀미에 고통 받았는데 특히 미리 출항했다가 회항했던 배에 승선한 이들은 며칠 동안 연속으로 뱃멀미에 시달렸다. 최저 1.8, 최고 2.4미터에서 최저 0.9, 최고 1.5미터로 파고가 잦아들었다고 해도, 장병들을 더 실을 수 없을 만큼 가득 싣고 최소 18시간 이상을 느린 속도로 항행한 상륙정은 땀과 구토에서 뿜어 나오는 악취의 도가니였다. 장병들은 파도를 넘을 때마다 좌충우돌해야 했고 파도에 부딪힐 때마다 흩날리는 소금물에 젖어야 했다. 어쩌면 이렇게 지독한 고통덕분에 장병들은 노르망디 해안에서 그들을 기다리고 있을 총포세례에 대한 공포와 이제 영영 다시 만날 수 없을지 모를 고향의 소중한 이들에 대한 그리움을 잠시 잊을 수 있었을지 모르겠다. 왜냐하면 배 위에서 그들의 소원은 오직 하나, 이 배에서 내리고 싶다는 것뿐이었기 때문이다. 설령 내린 그 곳이 적의 총탄이 빗발치는 곳이라 할지라도 말이다.[15]

노르망디 해안에 다다를 무렵, 해황이 많이 좋아지긴 했는데, 여기서 좋아졌다는 말은 '상륙이 완전히 불가능하지는 않다고 판단된다.'는 수준이어서 승선자들은 파도에 요동쳐야 했고 상륙정 안은 넘치는 바닷물로 출렁였다. 파도가 전혀 없다고 해도 상륙은 결코 쉽지 않았을 것이다. 롬멜Rommel의 군대가 간조시 해안선과 만조시 해안선 사이에 많은 장애물을 설치해 놓아서 장병들은 그것들을 피해가며 적의 포화를 뚫어야했다. 특수 설계된 수륙양용 장갑차 중 적지 않은 수가 파도 때문에 가라앉아버렸기 때문에 UDT요원들이 장애물을 제거하기가 더욱 어려웠다.[16] 이날 이 시간보다 더 파고가 높은 때에 작전을 감행했다면 참전용사들은 더 큰 고통을 겪었거나 더 참혹할 수 없는 비극에 빠졌을 것이라는 것이 그나마 다행일 뿐이다.

파도예측기술이 절대군주 작전에서 세운 전공은 노르망디 해변이 연합군의 손에 떨어진 이후에 더욱 혁혁하다. 후속부대와 군수물자가 적의 본영을 향해 진격하는 선봉을 신속하게 따라붙어주지 못한다면 상륙작전의 성공은 아무 의미가 없을 터인데 디데이 이후 2주간 큰 폭풍이 불어 닥쳤다.[17] 폭풍은 규모가 작더라도 작전에 큰 차질을 가져온다. 너울예측반은 노르망디 해안의 쇄파높이와 일일 하역물량사이에 놀라운 상관관계가 있음을 발견했다. 쇄파가 61센티미터를 넘을 때마다 하역물량은 어김없이 대폭 감소했으며 152센티미터에 육박할 때는 80%가 감소, 213센티미터가 넘으면 하역자체가 아예 불가능해진 것이다. 너울예측반은 하역을 돕기 위해 두 명의 요원을 오마하 해변에 배치하여 해황 및 쇄파예보를 1일2회 제공하도록 하였다.[18] 이 예보 덕에, 작업은 가능하나 위험 때문에 활용하지 못 했을 시간을 최대한도로 활용할 수 있게 되어 전체 하역속도가 빨라졌을 뿐더러 위험을 예지하지 못하고 작업하다가 화물선, 페리선ferry craft, 바지선barge, DUKW수륙양용차amphibious truck called DUKW가 손상되는 일도 피할 수 있었다. 작업재개 가능시점을 알 수 있으니 그전에 미리 준비하여 즉시 작업이 속행되도록 할 수 있음은 물론이다. 파도가 심해지면 배를 뭍으로 끌어올려 위험을 피하는데 파도가 잦아들더라도 언제 다시 거칠어질지 모르므로 올린 배를 물에 다시 띄워 작업을 재개하기가 쉽지 않은데, 파도의 동향을 미리 안다면 소중한 작업가능시간을 낭비하지 않아도 되는 것이다. 덕분에 하역작업은 당초 우려와 달리 9월 중에도 쉼 없이 11월까지 계속 이어졌다. 독일군은 연합군이 빠른 보급물자 공급을 위해 유럽대륙의 다른 항구를 노릴 것으로 보고 수천 명씩의 병력을 항구마다 배치했으나 노르망디에서의 하역작업이 워낙 빨리 이뤄진 덕에 항구쟁탈전은 치르지 않아도 되었다. 이렇게 효율적으로 수송된 병력과 물자가 있었기에 이후 연합군이 대륙에서의 승리를 이어갈 수 있었다.[19]

파도예측기술은 2차 대전 후에도 여러 용도로 쓰인다. 이른바 상선의 안전항로 결정, 석유시추선 등 해상구조물의 보호, 해안침식 방지, 유람선과 행락객의 안전 등 이스베르데룹과 멍크가 개발한 예측기술이 발달하면서 이 분야의 학술적 관심이 증대되었고 다른 과학자들을 끌여 들여 파도연구의 새 장을 열게 된다. 그 이전의 파도 예측시도와는 달리 보다 우수한 장비로 얻어진, 보다 경험적, 실증적인 데이터를 수학적, 통계적으로 풀어내는 현대 파도연구의 핵심은 수십 가지의 서로 다른 파의 주기 wave period 별로 그 에너지양을 그래프 등으로 보여주는 파(波)스펙트럼wave spectrum 계산과정이다. 물마루crest 또는 골trough이 일정지점을 통과하는데 걸리는 시간이 파의 주기라면 그 역에 해당하는 것이 파의 주파수wave frequency인데 이는 일정시간 동안에 통과한 물마루의 개수로서 해양학자들이 파의 주기보다 더 자주 애용한다. 예를 들어, 일정지점을 지나는데 10초가 걸리는 파도, 즉 10초 주기의 파도를 바꿔 말하면 10초당 1사이클 또는 초당 0.1사이클이 주파수인 셈이다. 주파수가 낮을수록 주기와 파장이 길다.

파도의 수학적 분석과 예측은 파도의 물리적 움직임을 유체역학방정식으로 풀어낸다고 되는 것이 아니라 수백 수천 파도들의 조합을 통계적으로 유의미하게 설명해야 하므로 다른 어떤 분야보다 복잡하다. 게다가 이 파도들이 서로 영향을 주고받으니 더욱 더 복잡해질 수밖에 없다.[20] 초기 파도이론들은 한 개내지 두세 개의 파도만을 대상으로 했는데 실제 바다에서 한두 개의 파도만 따로 떼어본다는 것은 있을 수가 없다. 얼핏 한두 개만 따로 떼어본 것 같지만 실은 수백 개의 파도들이 시시각각 다른 조합을 형성하는 것을 본 것이다. 전장에서 살펴보았듯이 파도의 생성과 해풍에 의한 성장과정에 대해 수세기 동안 논쟁이 끊이지 않다가 1957년 들어서야 현재까지도 유효한 두 가지 중요한 이론이 주창된다. 하나는 오웬 필립스 Owen Phillips가 (앞장에서 설명한 프랭클린의 아이디어처럼) 풍압변동 등 공명 매카니즘을 통하여 표면장력파 (또는 모세관파) capillarywave가 생성되는 것을 수학적으로 처리해서 이론화한 것인데 당시에는 많은 주목을 받았으나 계속 발전하지는 못했다. 한편 해풍이 해수면에 마찰(윈드시어 wind shear)을 일으키고 해수면을 밀어내며 에너지(풍압)를 전달할 수 있도록 손잡이 역할을 하는 것이 표면장력파 (또는 모세관파) capillary wave인데, 이러한 과정을 존 마일스 John Miles가 수학적으로 처리하여 이론화한 것이 그 두 번째이다.[21] 이 두 이론에, 파도간 운동에너지 전달 작용이랄지, 파도전면부가 바람의 영향을 덜 받게 되는 파형의 방풍효과 sheltering effect of the wave shape 등이 더해진다.

아직까지도 해풍에 의한 파도생성을 총체적으로 설명하는 이론이 보편적으로 합의된 바는 없지만, 파도 예측모델의 개발은 계속 진행 중이다.[22] 지난 수십 년간, 파도 예측모델은 파도데이터를 통계적으로 처리하는 방식에서 시작하여, 유체역학방정식을 이용하여 파도의 움직임을 물리적으로 분석하는 방식까지 꾸준히 진화해왔다. 이제 이 모델들에 여러 공식을 대입하여 아직 규명되지 않은 파도의 진행과정을 알아내려 하고 있다. 이때 대입된 공식에는, 모델링 결과와 실측된 값이 일치하도록 하는 계수를 넣는데, 이것을 매개 변수화(媒介變數化) parameterization라 한다.

파도예측이 어려운 이유 중 하나는 어느 특정지점에서의 파도를 예측하려면 그 파도를 일으키는 바람 역시 예측해야 하는데, 너울처럼 장거리를 움직이는 파도의 경우 그 시작점이 수천 킬로미터 떨어져 있으며 한두 군데가 아니라 세계각지라는 점이다. 파도들은 각기 다른 곳에서 밀려와 겹쳐지며 다른 파도를 증폭시키기도 하고 거꾸로 힘을 상쇄시키기도 하는데 그러한 상승, 상쇄작용의 정도가 제 각각이라, 마치 파도라는 것 자체가 본래 예측이 전혀 불가능할 정도로 불규칙하고 제멋대로인 것처럼 보일 정도이다. 이에 대한 해결책은 지구단위의 기상예측모델이다. 바람을 예측할 수 있다면 지구단위의 파도예측모델링도 가능하다. 컴퓨터 처리능력의 발전으로 이러한 모델링도 실현되어가고 있다. 파도예측 모델을 검교정하는데 필요한 예측값과 실측값은 파도관측부이의 네트워크로부터 얻는다. 현재 미 해양대기청 산하 데이터부이센터 NOAA National Data Buoy Center가 운용하는 70여대의 부이 및 파고와 파도의 방향을 측정하는 센서는 파고측정봉(波高測定棒)wave staff, 하부압력센서bottom pressure sensor, 지상 레이다 및 레이저시스템 land-based radar and laser system, 래피드샘플링수위계rapid-sampling water-level gauge 등이 이 네트워, 즉 지구해양관측시스템Global Ocean Observing System에 한 축으로 참여하고 있다. 지구단위의 파도측정은 인공위성의 레이다에도 의존하고 있는데, 위성자료는 항행중인 선박이나 해안가 주민들한테 뿐만 아니라, 지구단위의 유체역학적 파도모델링을 검교정하는 데 매우 유용하다.

지구단위의 파도모델 중 최첨단은 미 국립환경예측센터National Centers for Environmental Prediction가 개발하여 사용 중인 미 해양대기청의 웨이브왓치1과 2NOAA's WAVEWATCH I II®나, 유럽 중기기상예보센터European Centre for Medium-Range Weather Forecasts가 사용중인 WAM과 같은 3세대 모델이다.[23] 3세대 파도모델은 해상의 상태sea state와 관련한 대부분의 해양물리학적 요소를 정확하게 나타낸다. 물리적 과정physical process의 재현을 위해 일부 변수가 처리값을 사용하는 경우도 있지만, 그런 경우라 할지라도 이전에 파도예측에 사용된 모델보다는 기본 물리과정에 가깝게 계산된다.

아직 완전히 설명되지 못한 파도의 물리적 특성 중에는 해풍, 파도간 비선형 상호작용, 해저마찰력(海底摩擦力)bottom friction의 영향, 쇄파의 효과, 특히 경사가 급한 파도steep wave가 부서지며 소실되는 현상(일명 흰 파도white capping)등가 파도의 성장, 소멸의 관계이다. 여러 매개변수화 과정을 통해 최적의 계수를 선정, 모델에 대입해보니 파도의 일반적 상황을 꽤 정확히 예측해냈다. 보다 발전된 기상예측모델을 통해 보다 정확히 바람장(~場)wind field을 예측하게 되었으니 분명한 진보라 하겠다. 이렇게 진보된 모델을 이용하면 수심의 차이와 해류의 변화로 인한 파도의 굴절(屈折)refraction of wave까지도 설명 가능하다(보다 자세한 내용은 이 책 마지막 장에서 다룰 것이다).

그러나 이 모든 노력에도 끝내 풀리지 않는 비밀이 하나 남아있다. 그것은 주변의 파도보다 2~3배 더 큰 규모로 난데없이 솟구치는 괴이한 파도로서, 퀸메리 호를 전복시킬 뻔했던 이상파랑rogue wave 또는 변종파도freak wave이다. 이것은 유달리 크다는 점 외에도 그 기울기가 유달리 가파르다는 것이 특징이다. 골에서 마루까지 거리가 무려 30미터에까지 이르기도 하는데 이는 높은 마루뿐 아니라 깊은 골을 의미한다. 얼마나 깊은지 뱃사람들은 이것을 바다에 뚫린 구멍holes in the sea이라고 일컬을 정도이다. 배가 바닥이 보이지 않을 정도로 깊은 골에 빠져드는 순간, 배 바로 옆에는 30미터 높이의 파도가 치솟게 되는데 이 상황(퀸엘리자베스2세 호의 선장은 마치 도버해안의 백악기 절벽white cliffs of Dover 같다고 당시를 묘사했다)에서는 선원들은 무엇을 어찌해볼 도리가 없다.[24]

대형여객선을 전복시키고 유조선을 동강내기도 하는 이런 괴이한 거대파도의 목격담은 수백 년간 수없이 전해져 왔지만, 과학자들은 그것을 뱃사람들이 흔히 전하는 과장되거나 허풍섞인 모험담으로 치부했다. 과학자들이 충분히 신빙성 있는 진술조차 착시로 간주했던 진짜 이유는, 그런 파도의 존재를 수학적으로 증명할 수도 물리학적으로 이해할 수도 없었기 때문이다.[25] 제 5장에서 보았듯 어느 날 갑자기 등대전체가 사라져버린 것을 보고 과학자들도 괴파도의 존재를 인정하고 있었으며, 등대주변 낮은 수심 때문에 파도의 크기가 커지는 물리적 과정을 수학적으로 증명할 수도 있었지만, 1992년 7월 3일 밤 11시, 갑자기 난데없이 나타나 데이토나 해변Daytona Beach을 습격하여 75명을 다치게 하고 75개 해안구조물을 파괴한 바와 같은 거대파도는 설명할 길이 없었다. 아마도 길게 발생한 스콜squall line이 때마침 같은 방향 같은 속도로 움직이던 파도에 작용하여 증폭시키다가 수심이 낮은 해안에 이르면 더욱 커지는 까닭이 아닌가 추측 할 뿐이다.[26] 학자들은 또한 이 괴파도의 발생장소가 해류가 강한 곳이었을 것이라고 본다.

이것은 여러모로 증명할 수 있는데 그 중 가장 확실한 것은 해류의 에너지가 마주 오던 파도로 전이되는 과정에 대한 수학적 모델이다. 이러한 과정이 가장 두드러진 곳은 남아프리카 인근의 아굴라스 해류Agulhas Current 이다(그림 6.1참조).[27]

그림 6.1 동인도회사 소속 철제기선, 네미시스Nemesis가 희망봉 인근 아굴라스 해류Agulhas Current를 항행하던 중 거대한 파도를 만나는 장면 (리썸Leatham의 원작그림을 1841년 리이브Reeve가 판화화한 것으로 Mariners Weather Log에 수록)

남아프리카와 남극대륙 사이에는 남극대륙 주변을 에워싼 폭풍해역이 있는데 (남위 40도에서 50도 사이에 존재하므로 40도 폭풍역roaring forties으로 불림), 이 해역에 부는 바람이 만들어낸 길고 강력한 파도를 케이프롤러Cape roller(위치가 희망봉부근이므로) 라고 부른다. 이 케이프롤러가 아굴라스 해류와 정면충돌하면 그 규모는 더욱 커진다.[28] 이와 같은 현상이 멕시코만류가 미국 쪽을 지날 때도 발생하는데, 버뮤다삼각지대라고 불리는 이곳에서 수많은 배가 실종된 것도 이상파랑Rogue Wave때문이 아니었을까 한다. 만약 버뮤다 삼각지대에 예외적으로 큰 해류나 예외적으로 수심이 낮은 지점이 있다면 몰라도, 그렇지 않다면 그 어떤 파도도 5미터를 넘을 수 없다는 것이 학계의 중론이다. 일부 학자들도 5미터 높이의 파도 발생 가능성을 제시하고 있지만 그들 역시 이상 파랑이 망망대해 한복판에서 발생하는 것에 대해서는 아무런 설명도 하지 못하고 있다. 이상파랑 예측기술이 없는 상태에서, 오직 폭풍주변에서 괴파도 발생확률이 높다는 것만 확신할 수 있으므로 선박들이 할 수 있는 예방책은 폭풍으로부터 멀리 다니는 것뿐이다. 하지만 이 방책은 단지 확률만을 낮출 뿐이다. 1995년 퀸엘리자베스2세호 Queen Elizabeth II 의 선장은 허리케인 루이스 Hurricane Luis를 피하려고 항로를 바꿨다가 이상파랑을 만났다. 배가 해류를 타면 적은 연료를 들이고도 더 빨리 항행할 수 있으므로 선박으로서는 뿌리치기 어려운 유혹이다. 해마다 수많은 선박들이 침몰하거나 실종되는 현실을 감안할 때, 보다 정확한 안전항로 정보가 절실히 필요하다. 해양학자들이 이상파랑을 파헤치기 위해서는 파고를 보다 정확히 알아야 하는데 배가 흔적도 없이 사라져서 생존자가 없는 경우는 그나마 눈대중에 의한 짐작조차도 얻을 수 없다.

1963년 2월 4일 멕시코만의 키웨스트 서쪽에서 멕시코만류를 타고 플로리다 해협Straits of Florida을 지나 북쪽 버니지아 주 노포크Norfolk로 가려던 대형상선 마린설퍼퀸 호와 39명의 승조원은 배의 잔해만을 남긴 채 사라져버렸다. 마린설퍼퀸 호는 버뮤다 삼각지대에서 사라진 것으로 보고된 최초의 선박으로 이 사건을 보도한 해운업계지 아르고시Argosy는 1964년판 죽음의 버뮤다 삼각지대Deadly Bermuda Triangle라는 기고문에서 "마린설퍼퀸호는 미지의 세계로 항해했다"라는 사실과는 다른 극적인 묘사[29]와 함께버뮤다 삼각지대 Bermuda Triangle라는 표현을 최초로 사용했다. 당시 마린설퍼퀸호가 지났을 것으로 추정되는 항로상에는 4.87미터 높이의 파도가 남진하는 등 기상이 좋지 않았는데[30] 마린설퍼퀸Marine Sulphur Queen호는 원래 길이 152.4미터, 무게 7200톤의 T-2급 유조선이었다가, 1960년에 섭씨 255도 액화황 1만5천톤을 운반할 수 있도록 91.4미터 강철탱크를 탑재한 선령 19년의 배로서 그렇게 큰 파도를 견딜 수 있을 여건이 되지 못했다. 오히려 강철탱크 때문에 높아진 배의 무게중심 때문에 전복되기 좋은 여건이라고 해야 맞을 것이다. 게다가 T-2급 유조선은 용골(龍骨)이 약해서 대해에서 압박을 받아 두 동강난 사례가 11년간 3차례나 있었다. 이 배의 최후의 운항이 되어버린 제 64차 운항의 목적은 액화황을 텍사스 주 버몬트에서 미국 동해안으로 이송하는 것이었다.[31] 사건이 있고 얼마 지나지 않아 1만 6천톤급 벌크선 한 척이 마이애미를 지나 마린설퍼퀸 호와 동일한 항로를 항행하고 있었다. 가벼운 미풍에 물결 잔잔한 달 밝은 밤바다를 유유히 지나던 순간 뱃머리 쪽이 무엇에인가 들려 올라갔다. 배의 앞에는 엄청난 크기의 파도가 거품을 물고 달려오고 있었다. 푸른빛의 바닷물이 갑판전체를 뒤덮고 돛에 연결된 사다리를 부러뜨렸다. 하테라스 곶Cape Hatteras 북동쪽에서 생겨난 강력한 저기압에 의해 생긴 파도가 남진하다가 북진하는 멕시코만류를 만나 커진 것으로 추측된다. 마린설퍼퀸 호가 만난 것이 이와 같은 파도였다면 구조신호도 보내지 못하고 장난감처럼 날아갔으리라 상상하는 데에는 전혀 무리가 없다.[32]

하지만 크고 튼튼한 배라고 해서 운명이 달라지지는 않는다. 독일해운업계가 자랑하던 198미터 컨테이너선 뮌헨Munchen호도 27명의 승선자 전원과 함께 아무런 흔적도 없이 실종되었기 때문이다. 1978년 12월 12일 새벽 3시, 뮌헨 호는 북대서양에서 긴박한 구조신호를 타전한 후 사라졌다. 100척 이상을 동원한 수색작전 결과 구명보트 한 정과 그 보트가 묶여있던 윈치 핀만이 심하게 훼손된 채 발견되었을 뿐이다. 그 구명보트는 뮌헨 호의 흘수(吃水)로부터 20미터 위에 부착되어있었으므로 상당한 힘이 가해졌었어야만 윈치로부터 보트를 뜯어내고 금속핀을 휘어버릴 수 있었을 것이다. 1996년 11월 13일, 화물선 꼬르딜리에라Cordigliera 호는 아프리카 동남쪽에서 30명의 선원들과 함께 침몰한 후 배의 파편과 빈 구명보트만이 발견되었고, 무르만스크 Murmansk에서 철광을 싣고 폴란드로 향하던 벌크선, 레로스 스트랭쓰호Leros Strength와 탑승하고 있던 20명은 1997년 2월 8일, 노르웨이 해안선에서 40킬로미터 떨어진 지점에서 침몰한다.

이상은 수백 척의 실종사례 중 몇 건일 뿐이다. 과학자들은 이상파랑으로부터 생환한 자들의 증언을 모두 과장된 것으로 받아들였다. 그러나 그 중에는 과장되었거나 잘못 보았다고 여길 수 없는 증언이 있다. 1933년 2월 미 해군소속 유조선 라마포Ramapo는 석유화학제품을 미국에서 필리핀으로 이송한 뒤 마닐라에서 샌디에고로 돌아가기 위해 북태평양 한복판을 지나고 있었다. 이 배는 군용 석유수송기능뿐 아니라 미국 수로측량본부U.S. Hydrographic Office를 위해 해양과학데이터를 취득하는 임무도 겸하고 있었으므로 선원들은 정확한 조사측량이 가능했다. 당시 북태평양 전체를 망라하는 폭풍이 7일째 불고 있어서 파도의 취송거리는 수 천킬로미터에 달했다. 망망대해를 거침없이 달리는 산더미 같은 파도 앞에 라마포 호는 그저 나뭇잎 한 장일 뿐이었다. 당시 파도의 파장은 매우 길었기 때문에 (305~157미터) 길이 145미터짜리 배는 마치 산을 타듯 파도를 오르고 내려야 했는데, 파도를 넘는 순간마다 배의 스크루는 물위에 뜨곤 했다. 2월 7일 자정이 지나 얼마 후 라마포 호는 평생 본 중에 가장 큰 파도를 넘게 되었다. 당시 달이 밝아 시야도 좋았고, 선원들이 배의 규격을 알고 있으므로 정확한 삼각측량도 가능했다. 파고를 측정해보니 놀랍게도 34.18미터가 나왔다. 이는 세계역사상 최고기록이다.[33] 1968년 6월 13일, 길이 224미터, 무게 4만 6천톤의 초대형유조선 월드글로리 호의 경우는 라마포 호 때처럼 정확한 측정은 이뤄지지 않았지만, 파고가 21.33미터 이상이었다는 생존자 10인의 주장은 충분히 신빙성이 있다. 페르시아 만에서 출항하는 유조선들은 아굴라스 해류 때문에 희망봉 항로를 기피하지만 월드글로리 호가 쿠웨이트산 원유 33만4천 톤을 운반하던 그 때는 중동전쟁 때문에 수에즈운하가 폐쇄되어서 다른 길이 없었고 월드글로리 호는 늘 케이프롤러에 잘 대처해왔다. 그날 3시경 파도치는 방향으로 항진하던 중 갑자기 터무니없이 커다란 파도가 밀려와 뱃머리를 삼키는가 싶더니 배 밑으로 들어가 배 전체를 높이 들어올렸다. 배의 앞과 뒷부분은 순간 공중에 뜨게 되었는데 원유 수십 톤의 하중을 견디지 못한 배는 휘어졌고 그 때문에 중앙갑판이 갈라졌다. 균열부가 파도의 움직임에 따라 개폐를 반복하던 차에 또 다른 파도가 밀려와 뱃머리를 높이 들어 올렸다가 이윽고 내동댕이쳤다. 그 때가 월드글로리 호가 엄청난 굉음과 함께 두 동강나는 순간이었다.

그림 6.2 1968년 대형유조선 월드글로리 호가 남아프리카 연안에서 이상파랑에 격파된 모습 (출전: South African Sailing Directions)

동강난 배는 기름을 뿜어내다가 화염에 휩싸였는데 덮쳐온 파도에 진화되었다. 34명이 나눠 탄 배의 반쪽들은 연이은 파도에 흔들리다가 2시간 반쯤 지나자 후미부위부터 먼저 가라앉았다. 배 앞부분은 아굴라스 해류를 타고 두어 시간을 떠돈 후에 침몰했다. 생존자는 불과 10명이었다.[34]

한편 희망봉의 서쪽인 남대서양에서는 이렇다 할 해류가 없는데도, 이상파랑에 의한 해난이 2001년 2월말에서 3월초, 두 건 연달아 발생했다. 그 중 한 건은 승객을 가득 태운 여객선이었는데 다른 한 건과 불과 997킬로미터 떨어진 곳이었다. 30미터 높이의 파도가 브레멘 Bremen호와 칼레도니언스타 Caledonian Star호를 강타하여 유리창을 부수고 함교를 파괴한 것이었다. 칼레도니언스타호의 일등항해사가 증언한 바(...산더미만한 거대파도가 잔잔한 바다에서 갑자기 치솟아 올랐다...)에 따르면 그것은 전형적인 이상파랑이었다. 브레멘호는 전력이 끊어진 채 항법장비도 없이 2시간을 버티어야 했지만 다행히 칼레도니언스타호처럼 무사히 생환했다. 두 사고 지점은 모두 아굴라스 해류로부터 먼 곳이었지만 그날의 파도는 아굴라스 해류가 만들어낸 소용돌이 eddy or ring로부터 시작되어 남대서양으로 밀려왔다가 마침 두 지점에 불던 폭풍 때문에 증폭된 것으로 보인다(여기서 소용돌이란 해류가 S자형을 그리며 흐르다가 서서히 소멸될 때 나타나는 것을 말하는데 보통 소멸하기 전의 해류만큼의 힘을 가지고 있다).

정확한 수치가 관측된 것은 아니었지만 이상파랑 목격담은 수도 없이 많았다. 그러나 그 증언들을 신뢰하는 해양학자는 거의 없었다.[35] 명백한 증거가 제시되지 않는 한, 해양학자들은 자신들의 파도모델이 불완전하다는 사실을 스스로 인정하고 싶지 않았기 때문일 것이다. 선원들의 증언이 사실이었다는 명백한 증거가 제출되기 시작한 건 극히 최근이다. 석유시추선이나 인공위성의 레이더가 포착한 파고데이터는 이상파랑과 그보다 더 큰 괴이한 해양현상의 존재를 여실히 입증하고 있다. 들은 바를 믿지 못하던 해양학자들을 꼼짝 못하게 한 첫 번째 증거는 1995년 1월 1일, 북해상 다이그날Draupner이라는 이름의 노르웨이 석유시추선으로부터 나왔다. 그날 날씨는 좋지 않아서 시추선상의 레이저장비는 12.2미터 높이의 파도가 많이 관측했는데 그러던 한 순간 갑자기 12미터짜리가 솟아오른 것이다.[36] 북해상의 덴마크 령 고마Goma유전에서는 석유굴착플랫폼을 연결하는 다리에 레이더를 달아 해황을 관측했는데 1997년에 그간 (1981년부터 1993년까지)의 관측결과를 살펴보니 12년간 무려 446회의 이상파랑이 확인되었다.[37] 어떤 이상파랑 관측데이터는 기계오작동으로 간주되었다가 나중에 판명된 경우도 있다. 허리케인 보니Bonnie가 몰아치던 1998년의 어느 날, 미 국립해양대기청 소속 항공기에 탑재된 레이더고도계는 바하마의 아바코 섬Abaco Island 동쪽 482킬로미터 지점에서 18.3미터가 넘는 파도가 친 것을 관측하였다.[38]

이상파랑의 존재를 그 누구도 부정할 수 없게끔 만든 것은 인공위성 데이터이다.[39] 몇몇 나라들이 인공위성에 레이더 고도계radar altimeter 또는 합성개구(開口)레이더synthetic aperture radar (SAR)를 달아 모든 바다의 파도를 측정하게 한 것이다.[40] 2003년 독일우주센터 German Aerospace Center가 위성 SAR 데이터 3주치를 분석한 결과 파고가 24.38미터가 넘는 이상파랑이 총 10회 발견되었다고 발표하여 언론의 주목을 끌었다.[41] 그럼에도 불구하고 적지 않은 과학자들은 이 발표 내용이 실측지리정보groundtruth가 아니므로 알고리듬처리 결과만을 믿을 수는 없다며 부정적으로 반응하였다. 그러나 다른 과학자들은 이미 이상파랑의 추적에 나섰다. 2004년 9월 15일 허리케인 이반이 미 해군 연구소U.S. Naval Research Laboratory가 파고계(波高計)wave gauge를 계류한 멕시코 만 북동쪽을 지나갈 때 23.73미터짜리가 관측되었다. 계류지점은 허리케인의 눈으로부터 75.7킬로미터 밖이었으니 허리케인이 지나간 다른 지점에서는 더 큰 파랑이 분명히 있었을 것이다(40미터로 추정).[42] 2007년 태풍 크로사가 타이완 북동부를 지날 때 인근해역에 계류된 부이는 30.3미터짜리를 포착했다.[43] 이상파랑에 의한 선박피해사례는 끝이 없다. 2005년 4월 16일, 멕시코만류를 타고 버지니아 앞바다를 향해하던 294미터 규모의 호화유람선 노르웨이의 새벽Norwegian Dawn호는 21.3 미터 높이의 이상파랑 때문에 선실 62실이 침수되어 피항해야 했다.[44]

2008년 6월 23일, 일본어선 스와58호Suwa-Maru No.58는 일본 해안선에서 321.8킬로미터 정도 떨어진 쿠로시오 속류Kuroshio Extension에서 조업중이었다. 당시 해상은 잔잔한 편이었음에도 이상파랑이 연거푸 발생, 전복되었다. 20명의 선원 중 생존자는 3명뿐이었다.[45]

이상파랑의 발생을 예측하려면 생성과정을 이해해야 한다. 이상파랑의 존재가 확인되었을 때 과학자들이 맨 먼저 한 일은 그렇게 놀라운 높이로 솟구칠 수 있는 물리적 과정을 규명하는 노력이었다. 다른 파도로부터이든 해류로부터이든 에너지가 유입되지 않고서는 그런 파고가 도저히 가능할 리가 없기 때문이다.[46] 해양학자들이 유체역학방정식을 아무리 들여다보아도 그런 많은 에너지가 유입되는 경우는 수심이 낮거나 주변에 강한 해류가 지나는 경우뿐이었다.[47] 그래서 먼저 강한 해류인근과 같이 특수한 상황에서 발생하는 이상파랑을 예측하는 방법을 먼저 개발한다. 남아프리카공화국 기상청은 너울이 북상하거나 아굴라스 해류가 빨라질 때 희망봉근처를 지나는 선박들에게 이상파랑 경보를 발령한다.[48]

그림 6.3 1832년 일본화가 카츠시카 호쿠사이Katsushika Hokusai의 목판화, '거대한 파도'Great Wave. 많은 사람들이 이 그림을 쓰나미라고 부르지만 실은 주변 파도보다 두 배나 더 높다는 점에서 보면 이상파랑일 것임. (미 의회도서관Library of Congress 소장)

강한 해류가 파도에 에너지를 전달하는 것이 분명한 만큼, 긴 너울을 따라 이동하는 해수도 역시 비슷한 효과를 낼지 모른다. 따라서 특정너울들이 이상파랑 발생지점에서 합류하는 것을 관찰하는 것은 과학적 의미가 크다. 그러기 위해서는 먼저 너울의 발생지점과 진행경로를 알아내야 한다. 너울예측은 국지적 규모로 이미 시행된바 있으나 이 경우는 지구적 파도 모델을 이용하여야 할 것이다.

일본 해양학자들은 스와58호Suwa-Maru No.58가 2008년 6월 당시 잔잔한 편이었다던 쿠로시오 속류(續流)KuroshioExtension에서 침몰한 원인을 알기 위해, 그 당시와 유사한 해풍과 해류를 재현한 후 첨단 3세대 파도모델을 동원하여 분석한 결과, 긴 너울이 풍파와 만나면 이상 파랑이 만들어진다는 것을 발견했다.[49] 앞으로의 과제는 이상 파랑을 불러올만한 여건이 언제 어디서 조성되는지를 예측하는 전 지구적 파도모델을 개발하는 것이다.

파도모델없이 예보하는 방법으로는 인공위성데이터를 실시간 분석하여 이상파랑 발생즉시 포착하는 것이다. 해풍과 해황이 이상 파랑의 발생과 관련이 있다면 발생장소는 대체로 일정할 것이다. 실시간 위성데이터는 너울추적에도 유용한데 너울을 따라가면 이상파랑 등 해안에 타격을 입히는 파도를 잡을 수 있을 것이다. 사실 이것은 이미 시도되어 그 효용이 입증된 방식이다. 2007년 5월, 프랑스는 유럽우주기구ESA의 엔바이샛Envisat환경위성으로부터의 실시간SAR 데이터를 이용하여 인도양에서 발생한 너울이 4023킬로미터 진행하는 것을 3일 동안 추적하여 너울이 프랑스령 레위니옹 섬Reunion Island에 닿을 것임을 예측했다. 단, 너울이 상륙할 때 파고가 10미터까지 치솟으리라고는 예측하지 못했다. 그로 인해 생피에르Saint Pierre 항구의 부두는 파괴되고 6명이 사망했지만 위성데이터를 이용한 첫 번째 예보시도로서 가치는 충분하다.[50] 이어 태평양상의 너울을 추적해 본 결과, 이 방식이 이제 시험단계를 지났음을 여실히 보여주었다.[51]

너울이란 레위니옹 섬에서 보았듯 언제든 해안에 피해를 줄 수 있고 국지적 폭풍에 의한 풍파와 만나 이상 파랑을 일으킬 수도 있으므로 이에 대한 예보는 매우 중요하다. 그런 점에서 위성너울데이터와 지구파도모델을 결합해보는 것은 의의가 있다. 모델을 이용하여 파도를 예측하고 위성을 이용하여 실시간 파도데이터를 얻어내는 것은 현행 지구해양관측시스템Global Ocean Observing System의 일환으로 시행가능하다.

일반시민에게 바다의 위력에 대해 묻는다면, 허리케인이 칠 때 큰 파도가 배나 부두를 때리거나 솟아오르는 TV뉴스 속 영상을 떠올릴 것이다. 요트를 즐기는 사람들에게는 보다 직접적인 경험, 즉 갑자기 거친 파도를 만났을 때 요동치는 요트를 안전한 곳으로 대기 위해 안간힘을 쓰던 기억이 떠오를 것이다. 선원들의 마음속에 바다의 위력이란 요트를 즐기는 사람의 기억보다 훨씬 더 가공할 것이다. 갑판에 떨어지는 물벼락, 선장이 15.2미터 높이의 놀에 전복되지 않기 위해 또는 이상파랑에 배가 동강나지 않도록 급 방향전환을 명령할 때의 공포 등등. 하지만 이제 우리 인류는 이상 파랑을 제외한 모든 파도를 예측할 수 있게 되었다.

이상파랑은 물론 위협적이지만 다음 장에서 보게 될 쓰나미만큼은 아니다. 쓰나미는 예측불가한 지진이나 화산활동에 의해 생기므로 역시 예측이 불가하고 그래서 그만큼 더 위험하다. 실시간 관측센서가 해상에 설치했다고 해도 안심할 수는 없다. 쓰나미 센서라고 하는 것이 쓰나미가 발생한 이후에야 상륙시간 예측작업을 시작할 수 있기 때문에 2004년 12월 26일 인도양에 실시간 관측센서가 설치되어 있었다고 하더라도, 발생 30분 만에 수마트라에 있던 23만 명을 희생시킨 쓰나미보다 빠르기는 어려웠을 것이다.

제7장

아틀란티스의 비밀

쓰나미는 왜 발생하나?

1755년 11월 1일 아침, 포르투갈 수도 리스본의 날씨는 사람들이 바라는 겨울의 시작처럼 햇볕 좋고, 하늘은 파랗고, 바람은 없으며, 제철보다 포근하고 아늑한 풍경이었다. 그날 아침 타호강Tagus River (Rio Tejo)은 매우 잔잔했다. 이 강은 리스본 앞의 해역까지 뻗어있었고, 정박해 있는 수많은 상선과 프리깃함들을 방어하기 위한 항구로서 사용되어 졌고, 대서양으로부터는 10킬로미터 상류에 위치해 있었다. 하지만 리스본 사람들에게 익숙한 폭풍의 형태는 아니었지만, 이러한 평온함은 단지 폭풍전야와 같은 고요함일 뿐이었다. 만약 실제 폭풍이 도래했다면, 폭풍에 동반된 비와 바람이 경보의 메시지를 전할 수 있었겠으나, 상당히 늦게 도달했기에 아무런 소용이 없었다. 아무리 예측이 어려울 경우라도, 폭풍이나 허리케인이 수평선위로 모습을 드러내서, 해일이나 풍랑에 대비할 수 있는 마지막 선택의 기회가 주어지게 마련이다. 그러나 바다로부터 닥친 재해가 폭풍에 의한 것이 아니라면 어떻게 될까? 만약 눈에 띄지 않는 위험이 멀리 떨어져 있는 미확인 지각 대변동으로부터 해안을 향해 빠르게 이동하고 있다면 어떻게 될까? 이런 위험은 사전 경보를 보내지도 않고, 실제로 사람들을 해안가로 유인해서 바다에서 나타나는 낯선 변화를 목격하게 하고, 보다 쉽게 바다의 힘으로 사람들을 쓰러뜨리고자 하면 어떻게 될까?[1]

11월 1일 날씨가 아주 좋지는 않았으나, 모든 종교적 성인들을 기념하는 만성절All Saints' Day로, 포르투갈에서는 종교적으로 가장 중요한 휴일이었다. 그래서 오전 9시 30분 경, 지각이 처음으로 가볍게 흔들리기 시작했을 때, 리스본에 있는 수십 개의 웅장한 석조 대성당과 수백 개의 성당에는 미사를 드리기 위한 사람들로 가득 차 있었다. 18세기 중엽의 리스본은 포르투갈 종교재판Portuguese Inquisition 의 중심지였고, 가톨릭 신자라면 만성절을 기념하여 집에 있기보다 성당에 모여 있기 마련이었다. 어느 성당이던 앉을 곳을 찾기 힘들었고, 거리에 인파가 넘쳐났다. 찬송가, 강론, 독실한 기도들은 땅속 깊은 곳에서 울려나오는 이상한 소리를 잠재워 버렸다. 하지만 도심에서 떨어진 변두리 가정에서는 무시무시한 굉음을 들을 수 있었다. 일부 사람들은 이 소리를 천둥치는 소리와 비슷하다고 기억해냈고, 다른 이는 짐을 가득 실은 마차가 자갈길을 지나는 소리 같았다고 했다. 지각의 흔들림은 단지 1분 만에 끝났으나, 잠시 뒤 지면이 몹시 심하게 흔들리면서 가정집의 위층이 폭삭 무너져 버렸다. 대성당과 교회와 같은 고층건물과 첨탑들은 불길하게 흔들렸고, 수백 개의 종들은 쨍그랑대며 쏟아졌다. 건물의 지붕은 함몰됐고, 벽들은 안쪽으로 무너졌으며, 성당에서 마사를 드리던 사람들이 깔려죽었다. 좁은 도로와 골목길은 사라져, 커다란 낙석들로 가득 찼다. 도움을 받을 수 없는 곳에서 살려달라는 사람들의 울음소리가 온 세상에 가득 찼다. 지진은 리스본에서 가장 견고한 빌딩인 성 바오로 대성당St. Paul's Church, 오페라극장Majestic Opera House, 종교재판이 행해지던 에스타우스 궁Palacio dos Estaus (headquarters for the Inquisition), 세관Customs Exchange, 왕궁Royal Palace 까지도 붕괴시켰다. 무너진 건물에서는 석회먼지가 일제히 솟아올라 하늘을 뒤덮었고, 그 암흑은 공포심을 배가시켰다.

살아남은 사람들은 건물로부터 멀고 바다 쪽에서 가까운 곳이 가장 덜 위험할 것이라고 판단하여 타호강가로 달려갔다. 멀리 떨어져서 성당의 촛불, 난로, 화로들이 만들어낸 화재현장을 지켜볼 수밖에 없었다. 충격 속에 해안가에 안전하게 있던 수천 명의 사람들은 최후의 심판Apocalypse이 마침내 도래했다고 확신했다. 대부분의 사람들은 무릎을 꿇고, 자신의 가슴을 치며, 끊임없이 "신이여 자비를 베푸소서! Misericordia, meu Dios (Mercy, my God)"라고 외쳤다. 사제들은 인간의 원죄가 너무 커서 하느님께서 일 년 중 가장 성스러운 날에 교회를 손수 무너뜨리시고도 남을 정도이니 어서 어서 회개하라고 마주친 모든 이들에게 설파했다. 한편 현실적인 대안을 찾고자 하는 사람들이나 심한 공포에 사로잡힌 사람들은 대리석 선창가Cais de Pedra, Stone Pier 로 몰려들어서 도시로 부터 가급적 멀리 떨어진 강 건너로 자신들을 이동시켜줄 수 있는 보트를 찾고자 했다.

그러나 이날의 지진은 리스본 참사의 서막에 불과했다. 최초 지진 발생 후 90분이 지나서, 강물이 갑자기 "가장 이해할 수 없는 방식으로 들썩거리고 부풀어 오르기" 시작했다. 강가에 모였던 군중들은 바람 한 점 없이 맑은 날에, 마치 폭풍이라도 만난 듯 요동치다가 속절없이 침몰하는 배들을 보고 경악했다. 이런 괴상한 광경에 사로잡혀 사람들은 움직이지 못한 채 강가에 있었고, 큰 충격을 받은 듯했다. 이 광경을 목격했던 한 영국인에 의하면 물이 마치 산처럼 솟아올라 뭍으로 돌진해왔다고 한다. 물기둥은 물거품을 일으키며 소리 내며 접근해 왔고, 연안으로 맹렬히 돌진했을 때, 사람들은 죽기 살기로 도망쳐야했다." 지진을 피해 강가로 피신했던 사람들은 이제 거꾸로 강가로부터 그들이 도망 왔던 곳으로 질주해야 했다. 목격자들은 첫 파도는 12미터의 높이였다고 기록했다. 이 파도는 선창가에 있던 삼천여명을 포함해서 수천 명의 목숨을 빼어갔다. 사람들은 엄청난 파도를 피해 조금이라도 더 높은 곳으로 대피했다. 지대가 높은 언덕에도 물이 사람 허리 높이까지 차 있었지만 그곳에 있던 이들은 적어도 목숨은 건질 수 있었다. 파도는 해안선을 넘어 0.8킬로미터 정도 육상으로 몰려들어, 건물, 다리, 집들을 산산 조각내 버리고, 어마어마한 양의 바위 돌을 뭍에 올려놓았다.

그림 7.1 포르투칼 리스본에 발생한 1755년 쓰나미 묘사 그림 (G. Hartwig's "Volcanoes and Earthquakes", published in 1887)

도시를 덮은 물은 밀려올 때처럼 거칠게 빠져나갔다. 이때 육지의 많은 물건과 사람들을 이끌고 빠져나가서, 대부분 다시는 볼 수 없는 상황이 되고 말았다. 12미터 높이로 덮쳤던 물이 빠지자, 다시 강바닥이 드러나 쓰러진 선박들이 나뒹굴고 있었다. 예전에 본적이 없는 이런 풍경을 보기 위해 사람들은 주변을 떠나지 못했고, 10분 후 더 강력한 두 번째 파도가 몰려왔을 때 사람들에게는 도망갈 힘도 용기도 남아있지 않았다. 두 번째 악몽이 물러나자 이번엔 세 번째 파도가 뒤따랐다. 강 건너 고지대에서 대서양 방향인 서쪽을 향해 바라보던 한 목격자는, 거대한 파도가 강으로 몰려드는 모습을 보고 "급류처럼 바닷물이 육지로 쏟아졌다"고 전했다. 연안으로부터 약 220킬로미터 떨어진 대서양에서 항해하던 한 선장역시 엄청난 충격을 경험했다고 기록하고 있으며, 그가 수심측정용 줄을 떨어뜨려 저층을 확인할 수 없기 전까지는, 그의 선박이 바위에 부딪친다고 생각했다고 한다.[2] 대서양 해안가에 있던 다른 목격자들은 바닷물이 몰려나가는 것과 타호 입구에 있는 모래톱이 사라지는 것을 지켜봤다. 모래톱은 벨렘 성Belem Castle, 호세 1세와 마리아 애나 빅토리아 왕비의 은신처 부근까지 접근했고, 타호강 상부까지 모래톱이 옮겨졌다. 당시 국왕 부부는 리스본에 있는 왕궁에서 미사에 참석 중이었고, 그들은 첫 지진 당시 벨렘에서 네 명의 공주와 함께 있었다. 90분 후에 그들은 믿어지지 않는 듯이 마치 15미터 파도가 성곽 근처에 있는 해안을 강타하는 것을 지켜봤다.[3] 이 파도는 몹시 빠르게 이동했고, 당시 벨렘을 가기위해 타호 강 둑을 따라서 이동하던 사람들은 전속력으로 도망쳐서 가까스로 언덕에 올랐고, 가까스로 목숨을 구할 수 있었다.

지진 후 발생한 거대한 파도로부터 피해를 입은 곳은 단지 리스본만이 아니었다. 파도는 남부 포르투갈, 스페인, 모로코, 마데이라 (리스본 남서쪽 1000 킬로미터 떨어진 섬) 연안을 잇달아 강타하며, 남부 대부분의 도시에 큰 피해를 일으켰다.[4] 파도가 북쪽으로 전파되며 연안 도시를 파괴시켰고, 비록 파도가 약해지기는 했지만 영국 제도와 네덜란드, 독일, 심지어 노르웨이까지 퍼져나갔다. 영국인들은 리스본에서 발생한 지진에 대해서 전혀 알지 못한 채, 그들이 목격한 이상한 바닷물의 습격에 대해서 몹시 당황스러워했다. 당시 상황을 기록한 것으로는, "바람조차 없는 날씨에 선박들이 요동치며 빙빙 돌았다고, 바닷물이 후퇴하고 난 뒤 선박들이 해안가에 뒹굴고 있었다."고 전한다.[5] 그러나 파도는 훨씬 멀리까지 전파되었고, 대서양을 가로질러 리스본으로부터 5,900킬로미터 떨어진 카리브해까지 도달했다. 미국 플로리다 남쪽에 위치한 앤티구아Antiqua 섬 지역에서는 포르투갈에서 지진이 발생한지 아홉 시간이 지나서, 해수면이 3.6미터까지 여러 번 상승했지만 즉시 가라앉았다. 이웃한 마티니크Martinique 섬 지역은 바닷물로 저지대가 범람되었지만, 이후 매우 빠르게 복구 되었다. 대부분의 파도는 이전의 경계지점을 통과했고, 1킬로미터 정도 해저지형을 뒤바꿔 놓았다. 사비아 섬에서도 (앤티구아 남쪽), 7미터나 되는 물기둥이 나타났고, 선박들은 마치 도크에서 건조중인 것처럼 땅바닥에 덩그러니 놓여졌다.[6] 거대한 파도가 여러 방향으로 대서양을 가로질러 전파되는 가운데, 리스본 지진은 역사에서 처음으로 기록되어 조사받은 전 세계 규모의 자연 재해로 기록되어졌다.[7]

리스본에서 수많은 사상자를 내고 북 아프리카와 카리브해까지 이동했던 엄청나게 긴 파장을 갖는 파도를 가리켜 현재는 쓰나미라고 부른다. 이런 용어가 서방 세계에는 상대적으로 낯설지만, 일본에서는 1600년대 초반부터 널리 사용되었다.[8] 과학자들은 리스본에서 발생한 해일에 대해서 조석파라는 용어를 사용하게 되면 일반인이 오해할 수 있기에, 다소 낯설지만 쓰나미라는 용어를 사용하도록 권장하고 있다. 이러한 해일은 달과 태양으로 부터 기인한 조석현상과는 아무런 관계가 없었다. 물마루 사이가 수백 킬로미터에 달할 정도로 파장이 길다는 점에서는 조석해일과 비슷하지만, 쓰나미의 원인은 해저지진 등 해저지각의 함몰로 인한 바닷물의 연직 재배치 때문이다. 이런 현상을 일으키는 주요 요인으로는 해저지진, 화산폭발, 해저 산사태, 소행성의 충돌 등이 있다.[9] 쓰나미 발생시 생성된 바닷물의 연직 교란은 수심보다 큰 수평적인 확산을 갖는다. 이로 인해 심해 지진에 의해 발생한 쓰나미가 긴 파장을 갖게 된다. 해저지진시 연직으로 이동하는 해양지각은 수백 킬로미터의 수평 면적을 갖지만, 수심은 3킬로미터 정도 밖에 안 된다. 이는 긴 파장의 쓰나미가 왜 해저지진에 의해서 발생하는지 설명한다. 소규모 해저산사태와 같은 소규모 교란들은 큰 파도를 발생시키나, 국지적인 영향만을 나타낼 뿐 멀리 이동하지 못하고 소멸되고 만다. 따라서 이런 현상들은 국지성 쓰나미라고 구분하기도 한다. 화산폭발시 용암분출(소규모 영향), 칼데라 분출(대규모 영향), 마그마와 충돌(대규모 영향)등의 다양한 현상들이 쓰나미를 발생시킬 수 있다.[10]

조석파를 어민이나 바닷가주민이 쓰나미와 혼동되어 사용하는 이유는 보통 해수면 높낮이의 변화를 "조석"으로 불러왔기 때문이다. 조석파가 쓰나미와 혼동되어 사용되는 경우는 장파이면서, 하루에 주기적으로 고저를 반복할 때다. 하지만, 대부분 쓰나미는 천문조에 따라 12시간 30분 단위로 변화하는 것보다 상당히 빠르게 변화했고, 20분내지 40분 안에 고저 순환을 보였다. 학회는 쓰나미를 지진해일이라고 사용해왔지만, 이 용어는 자체적인 문제점을 내포하고 있었다. "지진 해일"은 쉽게 "지진파"와 혼동되며, 이는 탄성파의 일종으로 지진에 의해서 발생하여 그 진동이 지각으로 퍼져나간다. 이러한 지진파중의 일부가 바닷속으로 퍼져가서 선박에 부딪쳐서 선원들은 배가 좌초되거나 암초에 부딪쳤다고 생각하게 할 수도 있다. 하지만 지진 해일은 쓰나미보다 적절한 용어 선택이라고 여겨지지 못했다. 쓰나미라는 일본어 단어의 원 뜻은 "항만 파"인데 먼 바다에서는 지각하기 어려울 정도로 미미하게 진행했던 쓰나미가 해안에 다다라서는 항구를 폐허로 만들 정도의 힘을 갖는 것을 본 일본어부들이 이것이 연안(항만)에서 발생했다고 생각한데서 유래했다. 쓰나미가 심해 통과시 파장에 비해 파고가 낮아 식별이 쉽지 않다. 그렇기에, 일본인들은 쓰나미가 항만에서 위협을 가하는 파도라고 여겼고, 먼 바다에서는 위험하지만 항만에서는 비교적 안전한 폭풍해일과 상반된다고 생각했다. 쓰나미의 이름이 항만파여서 항만에만 피해를 입힌 것은 아니었고, 해안지역 전체를 휩쓸었다. 참고로, "항만파"는 부진동과 혼동될 수 있는데, 부진동은 욕조 반대편 끝에서 물이 요동치듯이 항만에서 기상 작용으로 갑작스런 교란이 발생할 때 사용하는 현상이다. 이렇듯 해저지진 등으로 발생한 장파를 설명하는데 있어서 쓰나미가 완벽한 용어 사용은 아니었으나, 일반적으로 인정된 용어가 되었다. 하지만, 일부언론에서는 간혹 "조석파"라는 용어를 사용하기도 하니 오해 없기를 바란다.

리스본 사례처럼, 쓰나미는 수천 킬로미터까지 퍼져나갈 수 있다. 이것은 쓰나미가 매우 긴 파장을 갖기 때문이며, 이처럼 긴 파장은 쉽게 에너지가 소멸되지 않는다. 또한 장파장을 갖는 쓰나미는 수심이 깊을수록 더 빠르게 퍼져나간다.[11] 심해에서 (수심 4~5킬로미터) 쓰나미는 시속 600킬로미터의 속도로 퍼져나갈 수 있는데, 이런 수치는 제트 비행기의 속력과 비슷하다. 또 다른 쓰나미의 특징은 장파의 특성상, 해수면의 상승과 하강을 동반하는 해류를 발생시킨다. 이런 해류는 심해부터 천해까지 수심에 관계없이 발생한다. 이 때문에 서핑을 즐기는 사람들이 학수고대하는 종류의 파도보다 훨씬 위험하다. 약 6 미터 파도가 해안에서 부서질 때 물가에 서 있으면 위험할 수 있다. 이 보다 파고가 높으면 사람을 쓰러뜨릴 수 있고, 파고가 낮은 쪽으로 사람들은 피신하면 피해를 모면할 수 있다. 반면에 6미터 파고를 갖는 쓰나미가 접근하면 풍랑보다 피해가 훨씬 크다. 쓰나미는 매우 긴 파장을 갖기에 물마루사이 파고가 낮은 곳으로 이동하는 것이 쉽지 않고, 전 수심에 걸쳐 막대한 충격을 전파하기 때문이다. 풍랑은 양동이로 머리에 바닷물을 붓는 것이라면, 쓰나미는 권투선수 주먹과 같은 바닷물이 몸 전체를 가격하는 것이어서 인명 피해가 속출하게 된다. 참고로, 물속에서 수영하던 사람들은 쓰나미를 피하기 어려우나, 물위에 떠있는 보트에 있던 사람들은 살아난 경우가 있다. 또한, 풍랑 에너지는 해안에 부딪치면 사라지나, 쓰나미는 중단 없이 육지로 밀어붙여 육상 지형지물에 의한 마찰에 의해서 멈춰진다. 쓰나미가 내륙 1.6킬로미터나 그 이상까지 전파되는 경우도 있었다. 종종 쓰나미 파도의 골이 해안에 먼저 도달하면, 해안의 바닷물이 썰물처럼 빠져나가 해저면이 노출된다. 이것은 곧 이어 쓰나미 파도의 마루가 도달할 것이라는 아주 명백하고 강력한 경보이다. 물이 빠져나갈 때도 해류가 전 수심에 걸쳐 나타나며, 강력한 힘으로 물에 잠긴 모든 것을 바다로 휩쓸어가 버린다.[12]

포르투갈, 스페인, 모로코 해안에서는 1775년 리스본을 휩쓴 것보다 더욱 강력한 쓰나미가 여러 차례 발생했다. 해양 지질학자들은 여덟 개의 대형 쓰나미가 지난 12,000년 동안 연안을 강타했으며, 대략 1,500년 마다 대형 쓰나미가 발생했다고 밝혔다.[13] 그들은 8개 쓰나미가 만들어낸 해저면 지층을 퇴적물 시료 분석을 통해서 찾아냈고, 방사성 탄소를 이용한 연대 측정법을 통해서 가장 최근의 쓰나미가 1775년 즈음 생성된 것임을 밝혔다. 1775년 쓰나미가 역사에 기록된 가장 대형 쓰나미였을 지라도, 이것은 1755년 지층에 비해 5배정도 넓게 밝혀진 12,050년전에 발생한 쓰나미에 비교하면 미약하다고 여겨졌다. 흥미로운 것은 쓰나미가 발생했을 시점에 플라톤이 아틀란티스 성Atlantis 붕괴를 언급한 것이며, 지브롤터 해협Strait of Gibraltar 서쪽에서 발견된 퇴적성 침전물의 특성이 그의 이야기를 뒷받침하고 있다.[14]

플라톤이 말한 아틀란티스 성에 관한 것이 진실이든 아니든, 이것은 파괴적인 쓰나미에 관한 고대인의 인식을 나타내고 있으며, 당시에 무엇이 지진과 쓰나미를 발생시켰는지에 대해서는 전혀 이해하고 있지는 못한 듯하다. 또한, 고고학 및 지질학적 연구에 의해서 약 BC 1600년 문서에 기록된 쓰나미는 지중해 동쪽 테라 섬Thera (현재 산토리니 섬Santorini)에서 화산 분화로 생성된 것이다. 이것은 역사에 기록된 가장 큰 화산 분출이었고, 이때 발생한 쓰나미는 남쪽으로 100킬로미터 떨어진 그리스 문명 을 계승한 미노스 문명의 발상지인 크레타 섬을 강타했다.[15] 인명과 선박에 엄청난 피해를 입힌 테라 섬 쓰나미가 미노스 문명을 멸망시켰다고 잘라 말할 수는 없지만, 이후 1세기에 걸친 쇠락의 시작이었음은 분명하다.[16] 그리스의 역사가 투키디데스 Thucydides는 펠로폰네소스 전쟁 역사책 History of the Peloponnesian War에서 쓰나미가 내륙으로 범람한 것을 목격하고 기록으로 남긴 최초의 인물이다. 그는 기원전 425년 여름에 지진이 발생한 바다에서 바닷물이 빠져나갔고, 이후 거대한 물기둥으로 변해 마을을 덮쳐 피신하지 못한 사람들은 모두 죽었고, 아테네의 진지를 모두 파괴 시켰다고 기록하고 있다. 투키디데스가 말하길 "개인적인 의견으로 이런 현상의 원인은 지진으로부터 찾아야 할 것이다.

밝혀진 바로는 지진의 충격을 받은 곳에서 많은 사람이 죽거나 피해가 있었으며, 바닷물이 빠져나갔다가, 엄청난 위력의 물기둥으로 되돌아와서 마을이 침수되었다"라고 전했다.

플라톤의 제자인 아리스토텔레스는 지진과 쓰나미에 대해 기록한바 있고, 어떻게 이것들이 만들어지는지에 관한 자신의 이론을 제시한바 있다. 그는 해안을 침수시키는 지진과 거대한 파도는 해저 동굴 속의 공기 또는 수증기 때문이라고 생각했다. 이러한 바람 폭발이 지진을 발생시키고, 지진이 쓰나미를 발생시킨다고 연관 지어 생각하지는 못했고, 다만 아리스토텔레스는 바람이 지진과 쓰나미를 발생시킨다고 믿었다. 그는 쓰나미가 만들어지기 위해서 지구 내부 바람이 해양을 밀고 당기는 과정에서, 바람이 거세게 되돌아올 수 있다고 여겼다. 아리스토텔레스의 이론은 스트라보Strabo와 플리니우스Pliny와 같은 많은 고대 자연 철학자들에 의해서 여러 형태로 반복되어졌으며, 이런 이론은 완전히 틀린 것이었음에도 불구하고 2천년동안 많은 이들에 의해서 이용되었다.[18]

지진과 쓰나미가 어떻게 생기는지 모른다면 언제 생길지는 더더욱 알 수 없다. 일찍이 2천년 전 일리아누스는 지진과 그에 동반되는 거대한 파도에 대한 의견을 제시한바 있는데, 놀랄 정도로 일리가 있어 이후 끊임없는 재조명을 받았다. 당시 일리아누스는 동물들의 행태를 유심히 관찰하여 말했다.[19] 그는 BC 373년 그리스 헬리케Helike에서 지진이 발생 후 거대한 파도가 도시를 휩쓸고 지나갈 때, 발생 전 도시로부터 피신했던 동물들에 대해 기록했다. 이후 2천년동안 지진과 쓰나미 예측을 위한 과학적, 기술적 진전이 미미했고, 원인 규명도 이뤄지지 못했다. 하지만, 그 사이에도 일본에서는 지진과 쓰나미가 일본에서 종종 발생했다. 초기에 기록된 일본 연대기Chronicles of Japan와 같은 문서에서 서기 684년 하쿠호 지진으로 토사 지방 시로쇼유(향신료) 5십만 경작지가 물에 잠겼다고 기술하고 있다. 당시 지방 관리는 많은 선박이 높은 파도로 인해 물속에 잠겨있는 상태였다고 중앙정부에 보고한바 있다.[21]

1775년 리스본 지진이 발생할 때까지 해저 지진이 쓰나미를 발생시키는 주요 원인이라고 믿었다. 예를 들어 커다란 바위가 연못에 떨어지면 파랑을 발생시켜 충격 받은 지점으로부터 사방으로 충격이 퍼져나가는 것과 유사하다고 여겼다. 하지만, 어떤 이유로 해저 지진이 발생하는지에 대해서는 모르고 있었다. 당시 논의된 해저지진에 관한 주장은 수세기 동안 전해져 온 이론들의 변형일 뿐이었다. 여전히 일부는 지구내부 압축된 공기가 폭발하며, 해저지각을 밀어올린것이라고 생각했다. 또 다른 이론은 지구내부 고열로 압력이 증가하여 지각을 상승하게 했다는 것이었다. 1750년 벤자민 프랭크린에 의해 지진이 밝혀진 뒤, 해저지진이 지구내부 물질의 전자기적인 자극에 의해 초래된다고 알려졌다. 즉, 지진은 대기 중 번개 현상과 반응을 하며, 지각진동이 퍼져가는 현상을 번개의 전기 전파에 비유했다. 일부는 혜성 충돌에 의해 지진이 발생한다고 여기기도 했다.[22]

3만 6천명의 사망자가 발생한 리스본의 지진과 쓰나미가 도대체 왜 발생했는지 전혀 모르고 있다는 사실은 전 유럽사회를 정신적인 충격에 빠뜨렸다. 당시 종교가 모든 생각을 지배하고 있었지만, 르네상스 끝 무렵 이여서 과학적인 깨우침이 효력을 나타내고 있었다. 도대체 왜 지진과 대형 파도가 발생했는가에 대한 질문이 도처에서 터져 나왔다. 이런 대재앙은 공교롭게 1년 중 가장 중요한 종교행사 중에 발생했고, 수천 명의 신앙인이 포르투갈 종교재판의 중심지 리스본에서 죽었다. 공교롭게 사망한 이들은 신의 재판을 받았다고 여겼고, 독실한 기독교인들에게 신에 대한 믿음이 흔들리는 계기가 되었다. 하지만, 일부는 여전히 지진과 쓰나미는 신에 의한 형벌이라고 의문을 제기하기도 했다. 게다가 이런 재앙이 본격적인 최후 심판의 전조라고 여기기도 했다. 당대의 사상가들은 크게 두 편으로 갈렸다. 신앙심이 두터웠던 루소는 신의 필요에 따라 자연재해가 발생했다고 기록했고, 반면 논리적인 볼테르는 대재앙을 자연재해로 기술했다. 칸트는 콜테르의 관점에서 한 발 더 나아가 지진의 원인에 대한 과학적 조사를 수행했고, 비록 활용한 정보가 좋은 상태는 아니었으나 지진으로 발생한 쓰나미에 대한 이론을 수립하고자 했다.[23]

어느 누구도 자연 재앙이 언제 발생할지 예측하기는 어렵다. 당시 종교인들에게는 재앙의 예측보다는 재난 방지를 위한 적절한 조치를 취하는 것이 당면 관심사였다. 신의 심판이라고 믿지 않는 사람들은 그들 자신이 자연의 섭리에 대해서 이해하고 있는 것이 거의 없다는 것을 알게 된 것이 더욱 당혹스러운 일이었다. 그들에게 합리적인 일은 오직 숨겨진 자연의 힘을 찾기 위해서 재난에 대해 연구를 수행하는 것이었다. 이와 같은 배경 하에 리스본 재앙은 이전의 자연 재난, 지진, 쓰나미보다 훨씬 철저한 연구가 수행됐다. 리스본 재난후 포르투갈 정부를 운영한 폼발 후작은 포르투갈 모든 교구에게 재난 원인 규명에 필요한 정보를 요구했고, 지진과 쓰나미와 관련된 과학적인 정보를 수집하도록 했다.[24] 이외에도 여러 목격자들의 진술이 런던 왕립 학회에 의해서 수집되어져 출판되었다. 학회 보고서는 여진의 유럽 전파 과정에 대해 전례가 없었던 관점을 제시했다.

리스본 재난후 5년이 지나, 재난에 대해 과학적으로 분석한 중요한 결과들이 나타났다. 그 결과 캠브리지 대학 퀸스칼리지 존 미셀 사제가 과학적인 연구결과를 수백 명의 목격자 진술에 의존하여 출판하였다. 그는 리스본 지진은 매우 먼 거리까지 전파될 수 있는 매우 긴 파장을 갖는 파도를 생성했다고 밝혔다. 대서양 주변의 여러 지역으로 장파장의 도달 시간을 살펴봄으로써, 그는 장파장이 천해보다 심해에서 빠르게 움직였던 근거를 제시했다. 하지만 이런 파장의 원인은 달이 아닌 지진에 의한 것이었으나, 조석운동에 의한 장파장 파고운동으로 기록하고 있었다.[25] 따라서, 이런 장파장은 웨일즈Wales의 스완지에 도달하기 전에 카리브해 바베이도스Barbados 에 도달했으며, 심지어 바바도스Barbados는 스완해Swansea 보다 리스본으로부터 4배나 멀리 떨어진 곳이었지만, 바바도스Barbados 로 향하는 파장은 훨씬 깊은 수심을 통해 전파해서 천해보다 훨씬 빠르게 도달했다.

미셀은 이런 사실을 토대로 예측된 쓰나미의 도달시간과 실제 보고된 도착 시간을 비교해서, 지진의 중심이 리스본 서쪽지역임을 밝혔다. 그는 포르투갈에서 서쪽으로 50~70 킬로미터 떨어진 대서양 해저면이 진향이라고 계산해냈다.[26] 미셀은 과학적인 조사를 토대로한 쓰나미에 대한 해석을 최초로 발표했고, 그가 작성한 보고서에는 쓰나미가 해저 지각의 연직 운동에 의해서 만들어지며, 발생된 쓰나미가 해양을 통해 전파되어지는 특성을 포함하고 있다.[27] 미셀의 연구결과는 지진학의 시초가 되었고, 지각 진동의 전파에 관한 자료를 제시하고 있다. 하지만, 지진파 발생에 관한 이론에는 오류가 있었으며, 오류는 지각내 고온 공기 팽창 Hot-Air-under-the-Earth 이론에 근거해서 지진을 설명하고자 했기에 발생한 것이었다.

리스본 재난이 발생한 1775년에는 쓰나미 측정기나 지진 기록기가 없었으며, 오랜 기간이 지나도록 개발되지 못했다. 1854년 이전에는 지진에 의해 발생하는 쓰나미를 측정할 수 있는 관측 도구가 없었다.[28] 그리고 1854년 미국 해양조사원U.S. Coast Survey은 최초로 자기 검조기를 이용하기 시작했다 (2장 참조). 이 장치는 전선이 연결된 부표의 승강을 회전 드럼에 감아 놓은 기록지 위에 자동 기입하는 방식이었다. 조석이 천천히 오르고 내림에 따라 부표가 따라 움직여, 필기구가 상하로 움직이며 기록지위에 조석을 기록하게 된다. 이 검조기는 자동으로 조석을 관측할 뿐만 아니라, 연속적으로 조석 연속곡선을 그려서 단지 고조와 저조시 수동으로 측정하던 것을 극복했다. 이런 새로운 검조기는 1851년 이래 캘리포니아 샌디에고, 캘리포니아 샌 프란시스코, 오레곤 아스토리아에서 운영되었다.[29]

자기검조기의 다른 장점으로는 조석 커브가 어떠한 단기 해수면 진동까지도 보여준다는 사실이었다. 1854년 12월 23일, 몇 개의 이상한 요동이 샌디에고 검조기에 탐지되었다. 이 신호는 2센티미터 진동을 갖는 소규모의 파도였고 골마루는 30분정도의 차이를 두고 나타났다. 부근에는 어떠한 폭풍이 없었고, 너울은 짧은 주기를 나타내고 있었다. 이때 장파 진동이 샌프란시스코 검조소에서는 관측되었다. 검조기를 관리하던 부소장 윌리엄 트루브릿지 Lieutenant William Trowbridge는 이 사실을 해양조사원 감독관인 알렉산더 달라스 배시Alexander Dallas Bache(메튜 패리 제독)에게 알렸고, 그 편지에는 낯선 진동에 대한 기술과 외해 해저 지각에서 발생한 지진으로 초래되었을 가능성을 제안하였다. 당시 검조기로부터 얻어지는 연속 수면커브에 관한 경험을 갖은 전문가가 없었다는 점을 감안한다면, 이러한 보고는 매우 통찰력 있는 조치였다. 놀랄만한 사실은 얼마나 먼 곳에서 지진이 발생했는가 하는 점이었다. 한참 지나 배시는 일본 남동부 연안에 위치한 시모다 항구 부근에서 12월 23일에 지진이 발생했다는 것을 알게 됐다. 이를 토대로 배시는 샌디에고와 샌 프란시스코 검조기에 기록된 파동이 태평양을 건너 일본으로부터 캘리포니아까지 7,000킬로미터를 이동한 지진파(쓰나미)때문임을 깨달았다.[31]

같은 해 12월 23일 오전, 일본에서 오전 9시경 최초 다섯 개의 지진진동이 감지되었다. 시모다 항구에 들어오던 선박들로부터 예도 만Yeddo Bay의 수면이 심하게 요동쳤다는 보고를 받았다. 이후 바닷물은 갑자기 빠져나서 항구 바닥이 물 밖으로 드러났고, 항구의 수심이 10미터에서 1.5미터로 줄었다. 뒤따라 10미터 높이의 바닷물이 항구로 돌진해서 시모다 지역을 물바다로 만들었다. 연이어 바닷물은 후퇴했고, 침수되었던 모든 건물과 마을의 주요한 시설들이 바다로 휩쓸려갔고, 오직 언덕위에 지어진 건물 6채만 남겨졌다. 시모다 주민은 죽기 살기로 언덕으로 피신했지만, 수백 명은 바다로 휩쓸려가 익사했다. 이러한 쓰나미의 습격은 다섯 번이나 반복됐고, 마을의 가옥과 나무 등은 쓰러지고, 계류되었던 배들도 모두 산산조각이 나서 해안가에 널브러졌다. 당시 항구에는 11미터에 달하는 대형 미국 군함이 정박 중이었는데, 바닷물이 후퇴할 때 항구 수심이 1.5미터밖에 되지 못해 군함이 엎어졌다. 참고로 시모다 항구는 같은 해 초반 매튜 패리 장군이 일본과 협정을 체결해서 외국 상선에게 개방된 두 항구 중 하나였다.[32]

시모다 서쪽으로 3백 킬로미터 떨어져 있는 오사카 도시는 쓰나미에 의해서 휩쓸려나갔고, 시모다와 오사카 사이에 위치한 도시들도 마찬가지로 쓰나미 피해를 입었다. 오사카로부터 남쪽으로 80 킬로미터 떨어져 있던 바닷가의 히로Hiro (Hirogawa) 마을 역시 쓰나미의 충격을 받았으나, 마을지도자의 헌신적인 조치 덕분에 몇 명의 희생자만 발생했다. 히로마을은 바닷가에 위치해 있었고, 마을 지도자의 집은 히로만을 내려다보는 언덕위에 위치해 있었다. 그는 약한 지진 진동을 느꼈고, 바닷물이 후퇴하는 것을 목격했다. 그가 할아버지로 부터 전해들은 이야기에 따르면, 지진 후 바닷물이 후퇴했다는 것은 곧 이어 쓰나미가 올 것을 알리는 전조라는 것을 직감했다. 마을 주민들에게 이런 쓰나미 사실을 알릴만한 충분한 시간이 없었을 뿐더러, 주민들을 언덕으로 올라오라고 연락할 때 사용하던 절의 종을 울릴만한 시간적인 여유조차 없었다. 그가 할 수 있는 유일한 방법은 큰 돈을 벌게 해 줄 수도 있는 추수를 끝낸지 얼마 안 된 볏짚에 불은 지르는 것이었다. 불타는 볏짚을 본 마을 사람들은 불을 끄기 위해 언덕으로 급히 뛰어 올라왔고, 거짓불을 끄기 위해 언덕으로 피신한 사람들은 이후 해안가로 들이닥친 쓰나미로부터 목숨을 구할 수 있었다. 쓰나미가 지나고 난 뒤 마을은 재건되었고, 마을 지도자의 노력으로 둑방이 건설되어서 쓰나미로부터 마을을 보호할 수 있게 되었다. 참고로 이 지역에는 거의 100년 지난 1946년에 쓰나미가 다시 발생했다고 기록되었다.[33] 그림 7.2에 보이는 목판화는 후루타 에이쇼 작품으로, 히로 마을에서 언덕위에 볏짚이 불타는 것을 끄기 위해 마을 언덕으로 올라왔던 마을 사람들이 1854년 쓰나미를 놀란 채 바라보는 모습을 묘사한 것이다.[34]

그림 7.2 화가 후루타 에이쇼 목판화

1854년 지진으로 발생된 쓰나미가 태평양으로 퍼져나갔지만, 단지 미국 해양조사원 캘리포니아 연안에 설치된 검조기에 의해서만 감지되었다. 8,000 킬로미터를 이동한 후였기에, 쓰나미의 물마루와 골 사이 간격은 많이 작아져서, 단지 15 센티미터 진동만이 기존의 조위 곡선에 더해져서 기록되었다. 이와 같은 샌디에고와 샌프란시스코 조위계에 추가로 나타난 작은 요동이 최초의 쓰나미 관측 자료였고, 더구나 태평양 건너편에서 발생한 지진을 쓰나미를 통해서 알아낸 원격탐사의 최초 자료였다. 당시 해양조사원장 배시는 이러한 관측 사실을 보고서로 발간 배포해서, 태평양 주변 지역에 유사한 장치가 설치될 수 있도록 관심을 불러 일으켰다. 또한 배시는 쓰나미 자료와 장파 역학 이론을 활용하여 일본에서 발생한 지진에 관한 정보를 계산하고자 했다.

이후에도 태평양 주변지역에서 발생한 쓰나미는 미국 해양조사원의 자기 검조기에 의해서 탐지되어졌다. 미국 해양조사원은 쓰나미 탐지사실을 발표 후, 어디로부터 이런 충격이 발생했는지 짐작은 했지만 실제 확인을 위해서는, 보통 일주일이상 지진이나 화산에 대한 언론보도내용을 기다려야만 했다. 이후 1868년까지 지진계 설치술에 진전이 있었으며, 해저 케이블을 통한 대륙 간 전산망 설치도 이뤄졌다. 그러나 이러한 기술적 발전조차 1868년 8월 13일 페루 아리카Arica, Peru (later Chile) 부근에서 발생한 지진을 탐지하는 데는 충분하지 못했다. 샌디에고, 샌프란시스코, 아스토리아에 설치된 해양조사원 검조기는 각각 90, 50, 30센티미터 진폭을 갖는 30분 간격의 진동을 감지하였다. 추후 이것은 페루-칠레 해구Peru-Chile Trench 부근 약 8.5 규모의 지진이 초래한 쓰나미 때문에 자기검조기에 추가된 자료였음이 밝혀졌다. 쓰나미는 미국 서부 연안 검조기에 도착하기 도착하는데 12시간이 소요되었는데, 이전까지 아리카지역에서 약 25,000명이 사망했고, 남 아메리가 태평양 연안을 따라 약 75,000명의 사망자가 발생한 것으로 추정된다. 아리카로부터 800킬로미터 북동쪽에 위치한 칼라오 지역에서는 파도가 15미터 정도로 높았다. 미국 신문들은 약 1주일 동안 재해 소식을 전했으나, 아쉽게도 이러한 최초의 신문기사라는게 해양조사원이 쓰나미를 탐지한지 3주가 지난 후에 나온 사후보도일 뿐이었다.[36]

1883년 인도네시아 라카토Krakatoa in Indonesia 화산 폭발시, 전 세계 언론보도 관점에서 접근하면, 이전과는 다른 상황으로 화산관련 뉴스가 전달되었다. 그때까지 해저 케이블을 통해 전신망이 구축되어, 전 세계가 최초로 완전히 연결되어졌다. 로이터 통신Reuters과 같은 뉴스 통신사들은 전신망을 통해 전 세계 기자들에게 뉴스를 전송했고, 이로써 지진 발생한지 수 시간 혹은 수일이내에 언론에서 다뤄졌다. 미국 해양조사원은 연안 및 측지조사국으로 조직을 개편했고, 조사국은 1883년 8월 27일 검조기에 요동을 감지한 후, 이런 현상의 원인이 크라카토 화산폭발때문에 발생한 쓰나미가 전파해온 것임을 수일 내 밝혀냈다. 당시 크라카토섬은 외부 세계와 전혀 교류가 없었기에, 현지인이 상황을 전달한 것이 아닌 지진계에 탐지된 내용과 전신망을 활용해서 언론이 화산 폭발에 관련된 정보를 전 세계로 알렸다. 첫 화산폭발 자료는 자바 연안Java에 위치한 안저 항구에서 탐지되어 영국과 보스턴에 있는 언론사로 전달됐다. 안저 항구는 크라카토섬에서 순다 해협Sunda Strait 을 40킬로미터 건너편에 위치해있었다. 당시 안저항구에서 인도네시아 수도 자카르타로 연결된 케이블은 소규모 쓰나미 때문에 고장 난 상태였다. 뒤이어 안저 항만 지역에 15미터 쓰나미가 덮쳤고, 모든 장비는 파괴되었다.[38] 당시 인도네시아 최대도시 자카르타 역시 쓰나미의 습격을 받았으나, 파고가 2미터에 머물러서 피해는 크지 않았다. 당시 안저 항구와 수마트라간에는 전신망이 고장나 있었기에 그곳에 있던 로이터 통신원, 전산 실무자, 정부 관료들은 크라카토 섬으로부터 순다 해협을 걸쳐 자바섬과 수마트라 섬에 닥쳐올 재앙에 대해서 모르고 있었다. 반면에 미국 연안조사국 과학자들은 검조기에 0.3미터 진폭을 갖는 쓰나미 진동을 밝혀냈고, 이것은 인도네시아로부터 태평양을 가로질러 12,000킬로미터 떨어진 곳에 나타난 파동임을 감안한다면, 발생지역 주변에 큰 재앙이 벌어졌음을 직감했다.

해저 전산 케이블을 통해 크라카토에서 36,000명의 사망자가 발생했다는 소식이 전 세계로 전파되었다. 이어서 목격자 진술과 생존자 진술이 뒤따랐다. 비록 이런 뉴스가 지구 반대편에 있는 사람들에게는 단순한 소식으로 느껴졌을지라도, 뉴스와 관련 정보의 신속한 전파는 사람들을 사로잡기에 충분했다. 예를 들어, 화산 폭발 음파가 7번에 걸쳐 전 세계로 전파되었고, 기압계로 이 상황을 확인했다. 크라카토 섬 서쪽 5,000킬로미터 떨어져 있는 로드리게스 섬 주민들은 실제 화산폭발음을 듣기도 했다. 화산폭발지점에서 수 킬로미터 이내 지역에서는 폭발음이 하도 커서 일부 선원들의 고막이 터지기도 했다. 크라카토 화산 폭발시 화산재가 지구 대기 중으로 분출되어져서 세계 곳곳에서 아름다운 일몰을 볼 수 있었다. 이듬해 전세계 기온이 하강한 이유는 크라카토 화산 폭발시 분출된 이산화황sulfur dioxide 때문이었다. 수백 톤의 이산화황이 대기 상층부로 뿜어졌고, 수증기와 결합하여 태양빛을 반사시키는 황산염sulfate 이 화산에 의해서 생성되어졌었다. 크라카토 화산 폭발에 따른 영향은 전 세계 도처에서 나타났다. 하지만, 결국 인명 피해를 초래시킨 것은 쓰나미 때문이었다. 순다 해협 인근 거주자 중 35,000여명이 익사했으며, 남부 수마트라 지역에서는 뜨거운 화산재로 인해 화상으로 1천명 이상의 사망자가 발생했다.[40]

크라카토에 크고 작은 화산폭발이 있었고, 이로 인해 쓰나미가 발생했다. 네 번의 대형 화산폭발로 발생한 세 번째 쓰나미는 순다 해협을 통과해서 자바와 수마트라를 강타할 때 최고 16미터 파고를 기록하기도 했다. 화산재로 주변이 온통 깜깜한 상태에서 대형 빌딩 높이의 쓰나미가 덮칠 때, 쓰나미를 볼 수는 없고 굉음만을 들어야 했던 주민들은 극심한 공포에 떨었다. 순다 해협에서 조업하거나 항해를 하던 선박이 쓰나미의 위협을 받지는 않았으나, 요동치는 파도를 견뎌내야 했고, 때론 쓰나미로 발생한 막대한 부유 물질과 부딪쳐야만 했다. 하지만, 몇몇 선박은 화산의 폭발지점으로부터 가까운 곳에서도 살아남아 상세한 당시 상황을 전했다.[41]

일단 쓰나미가 해협 북동쪽을 지나 자바해로 전파해 나가면서 부터, 파고는 급격하게 줄어들었다. 이것은 발타비아 쓰나미가 안저를 강타했던 쓰나미보다 훨씬 작은 이유이기도 했다. 다른 방향으로는 쓰나미는 인도양으로 퍼져 나갔다. 2,300킬로미터 떨어진, 실론 섬 (현재 스리랑카Sri Lanka)의 남서부 연안에서 쓰나미 파고는 여전히 높았다. 갈라 도시에서 는 갑자기 바다물이 연안에서 바다 쪽으로 수백 미터 빠져나갔기에, 해저면이 들어났고, 물고기들이 물바닥에서 파닥거리고, 선박은 해저면에 처박히게 되었다. 이들은 아쉽지만 공짜로 물고기를 잡을 수 있는 유혹을 버리고, 사람들은 고지대로 대피하였다. 다행히 다시 접근해 온 바닷물은, 매우 느리게 움직였고, 2미터의 해수면 상승만 나타났다. 하지만, 이곳 사람들은 쓰나미가 접근할 때 안전하게 행동하는 요령을 알고 있었다.[42] 인도 해안가를 포함한 다른 곳의 쓰나미는 사람들에게 영향을 줄만큼 위력이 강하지 못했고, 이런 이유로 그들은 쓰나미의 위협을 알릴 필요가 없었다. 쓰나미가 크라카로부터 유럽과 미국에 도달할 때 파고는 매우 낮아서 사람들은 인식할 수 없었고, 오직 샌프란시스코에 있는 자기검조기에만 기록되었을 뿐이다.[43]

궁금한 점은 왜 아무도 크라카토Krakatoa 화산 폭발 가능성을 예측하지 못했는가 하는 점이다. 동일 화산이 같은해 5월 폭발한 바 있었고, 대폭발 하루 전 화산 활동증가로 인한 시커면 연기구름, 우르렁 거리는 소리, 유황냄새와 같은 전조들이 있었을 것이다. 만약 주민들이 화산 폭발 가능성을 생각했더라면, 왜 그들은 이것에 대해서 걱정을 하지 않았는가? 실제 크라카토섬은 주민들이 거주하는 자바와 수마트라로부터 30~50킬로미터 떨어져 있어서, 화산폭발이 발생하더라도 주민들은 자신들이 안전하다고 생각했다. 그렇다면, 당시 주민들은 화산폭발이 끝이 아니라, 이것이 쓰나미를 발생시켜 바닷물을 가로질러 전파해 나가서 인명 피해를 발생시키리라고는 생각하지 못했나? 그들은 전혀 모르고 있었다. 크라카토로부터 1,100 킬로미터 떨어진 곳에 위치한 숨바와 섬에서 발생한 탐보라 화산 폭발이 발생시킨 쓰나미에 대해서도 모르고 있었다.[44] 단지 화산폭발전날 화산폭발은 걱정한 것은 바타비아 Batavia 에 있는 서커스 코끼리였을 것이며, 화산폭발과 쓰나미 발생 전에 이들은 몹시 불안해했고, 마침내는 미쳐 날뛰었다. 이 사건 이후 향후 100년 동안 쓰나미 발생을 예측하고 있는 것은 코끼리뿐이었다. 다른 코끼리가 다음 쓰나미 발생을 예측하기 전까지, 어느 누구도 쓰나미 발생이전에 얻을 수 있는 경보의 메시지를 얻지 못했다.[45]

1883년 크라카토 화산 폭발과 쓰나미는 1755년 리스본 지진과 쓰나미 이래 과학적으로 연구가 많이 수행된 자연재해였다.[46] 과학자들은 왜 화산폭발이 쓰나미를 발생시켰는지 관련을 찾고자 전신망 자료를 활용했다. 당시에 지진계는 먼 거리에서 발생한 지진을 관측할 수는 없었으나, 분명한 것은 크라카토 화산폭발로 만들어진 지진파는 단단한 지각을 통해 전 세계로 전파되었다.[47] 크라카토 재해가 발생한지 6년이 지나, 1889년 4월 18일 일본 도쿄 부근에서 지진 발생시, 독일에서 이 지진을 탐지할 수 있었다.[48] 이후 수십 년간 지진계는 지속적으로 개선되어졌고, 쓰나미 예측을 위해 필수요소로 자리 잡았다.

지진계는 여러 형태의 지진파를 인식할 수 있다. 그리고 지진파의 도달시간은 지진의 중심부(진앙)를 찾아내는데 사용된다. 19세기말부터 20세기 초에 지진 이 발생하면 가장 먼저 지진계에 기록되는 P 파 primary waves (P)와 뒤이어 기록되는 S 파 secondary wave (S)가 존재함을 밝혔다. 일종의 P 파는 종파이며, S 파는 횡파로, 두 지진파 모두 지구내부를 통과한다. 이후 표면파가 뒤따라 기록되며 종파 Rayleigh waves 및 횡파 Love waves 요소를 갖고 지구 고체 표면을 따라서 전파된다. 과학자들은 세지점 이상에서 종파와 횡파의 도달시간 차이를 통해 진앙위치, 지진발생시간, 예상 규모 등을 계산한다. 이와 같은 지진파 연구를 통해 과학자들이 알고자 했던 것은 지구 지각의 구조(지표, 맨틀, 핵)이었고, 이와 같은 연구결과는 쓰나미를 발생시키는 지진과 화산폭발에 대한 정확한 이해를 돕는데 사용되었다.[49]

1883년에 크라카토 재해를 통해 깨달은 쓰나미에 대한 인식이 1946년경에는 대부분 잊혀졌다. 그 사이 기억을 되살릴 만큼 큰 규모의 쓰나미 재난이 발생하지 않았기 때문이었다. 당시 일본인을 제외하고는 하와이 주민만이 쓰나미에 대한 인식을 어느 정도 갖고 있을 뿐이었다. 수중 화산 위에 위치한 하와이 섬에서는 화산 폭발과 수많은 수중 지진을 경험하곤 했다.

보다 중요한 것은 하와이 섬들이 태평양의 중심에 놓여 있고, 해안선은 지구에서 발생하는 가장 큰 지진과 화산활동의 3/4 가 발생하는 환태평양 화산대Ring of Fire를 구성하고 있다는 점이었다. 만약 쓰나미가 환태평양 화산대상에서 발생한 지진에 의한 것이라면, 이것들은 하와이 섬들을 강타할 가능성이 충분히 있다는 점이다. 1946년 이전에 46년 동안 최소 42개 쓰나미가 하와이에 타격을 줬는데, 이중의 14개는 국지적으로 발생된 것이며, 28개는 환태평양 화산대상의 지진으로 부터 초래된 것이었다.[50] 국지적으로 발생된 쓰나미는 지진발생 후 수분 안에 영향을 미쳤지만, 환태평양 화산대로부터 도달한 쓰나미는 하와이에 도달하는데 수 시간이 걸렸고, 따라서 지진 탐지하는데 충분한 시간이 있거나 이것이 쓰나미를 발생시킬 수 있다고 판단되면 사람들에게 경보하는데 충분한 시간적 여유가 있다는 것을 의미했다. 그러나 많은 쓰나미가 하와이를 강타한 후에야 쓰나미경보센터가 세워졌다.

1946년 4월 1일 해저 지진이 규모 7.8으로 알라스카 알류샨 열도 유니맥 섬Unimak Island 남쪽에서 발생했고, 지진은 거대한 해저 산사태를 유발시켰고, 결국 거대한 쓰나미를 발생시켰다.[51] 쓰나미가 유니맥 섬에는 해수면보다 40미터 높게 도달해서 마을을 휩쓸어 버렸고, 연안경비대의 등대를 부수고 5명의 사망자를 발생시켰다. 쓰나미의 주요 진로가 남쪽이었기에, 마침내 태평양과 남극대륙을 가로질러 사방으로 퍼져나갔고, 남북 아메리카 및 남태평양 섬들에 설치된 검조기에서 신호가 관측되었다. 지진 발생 후 4시간 30분이 지나서, 쓰나미는 하와이 힐로 시를 강타했고, 해수면보다 15미터 높은 파고가 관측되었다. 최소 159명이 사망했고, 그 중에는 바다로 휩쓸려갔다가 다시 돌아오지 못한 실종자가 44명이나 있었다. 사망자 중에는 힐로 북쪽 바닷가에 인접한 학교에 있던 학생과 선생님도 있었다. 만약 힐로에 방파제가 없었다면 보다 많은 사상자가 발생했을 수도 있었던 상황이었고, 이런 쓰나미에 의해서 방파제는 절반정도가 부서졌다. 방파제를 갖고 있었더라고 많은 건물들은 "달걀껍질처럼 부서지고 건물 토대가 박살" 났다.[52]

대대적인 피해를 당한 뒤 사람들은 하와이에 도달하기 4시간 30분전 수중 지진이 연안조사국이 탐지하고도 알리지 않은 것에 대해 항의했다.[53] 연안조사국장은 대부분의 지진은 쓰나미로 이어지는 경우가 드물기에 매번 주의보를 발령하면 경보불감증을 불러와 실제상황시 대비를 소홀히 하게 될 가능성을 우려했다. 만약 국장의 설명이 사실이라 하더라도, 항의자들은 연안조사국에 세계최초 쓰나미 경보 센터 설립을 하도록 주문했다. 이 센터는 처음에는 해양지진파 경보 센터로 불렸다가 두 지진계와 검조기 운명을 맡으면서 쓰나미 예보 전담기관이 되었다. [54] 하지만 문제는 누군가가 각각의 검조기를 지켜보면서 매우 드문 쓰나미 진동이 나타날 때 생기는 조위 곡선을 확인해야 한다는 것이었다. 이런 문제를 해결하고자 연안조사국의 과학자들은 해양지진파 탐지기를 개발했는데, 이것은 쓰나미가 발생했을 때 경보음을 발생시키도록 고안되었다.[55] 또한 새롭게 도입된 시스템은 지진계로 하여금 지진파가 거대한 지진으로

부터 도달했을 때 경보음을 발생하는 것이었고, 이러한 목적은 전형적인 지진계를 크게 개선한 것으로, 필름 인화를 위해 요구되는 시간 같은 사진 기술을 사용한 것이었다.[56]

다음으로 초고속 통신망이 연안조사국 호놀룰루 에바 해변 관측소 C&GS's Honolulu Observatory at Ewa Beach 와 태평양주변 수십 개의 검조소 및 지진관측소 상호간에 요구되었다. 이것을 위한 의회의 예산지원은 없었으나, 국방부와 항공청 Civil Aeronautics Administration (Federal Aviation Administration)의 지원을 받아 실현되었다.[57] 마침내, 1세기 전 배시가 사용했던 것보다 크게 복잡하지 않은 형태의 장파 유체역학 이론을 사용하여, 지진 진앙으로부터 태평양의 여러 지역에 쓰나미가 도달하는데 얼마나 시간이 걸리는지 계산할 수 있는 방법이 개발되었다. 이러한 계산은 일련의 쓰나미 이동 도표로 태평양 주변의 여러 지역에 적용할 수 있고, 이런 도표는 하와이를 포함하며 등치선은 진앙으로부터의 쓰나미의 도달시간 나타낸다.(그림 7.3)[58]

해양 지진파 경보 시스템은 1949년부터 하와이에서 가동되었다. 만약 지진이 발생하면, 다음과 같은 단계로 쓰나미가 생성될지 의사결정이 이뤄지는데, 쓰나미가 발생하면 언제 하와이에 도달하는가, 어느 규모로 하와이에 영향을 끼치는가가 핵심이다. 최초로, 연안조사국은 최초 도달하는 P파를 탐지한 지진계로부터 지진파 자료를 수신받기 시작한다. 수분후 S파가 도달하게 된다. 진앙으로부터 지진계까지의 거리는 P파와 S파의 도달시간 차이를 통해서 계산하게 된다. 세 곳 이상에서 진앙까지의 거리를 측정해서 진앙의 위치를 알아낼 수 있다. 진앙의 위치를 알고 난 뒤, 쓰나미 탐지장비의 계측기로부터 이미 신고가 들어와 있지 않는 한, 근접한 점조소의 자료는 쓰나미의 진동이 있었는가를 판별하는데 사용되어진다. 만약 쓰나미가 발생했다면, 도달시간 도표를 통해 언제 쓰나미가 하와이에 도달하는지 나타내는데 사용된다(그림 7.3).

마침내, 검조기에 있는 쓰나미의 크기와 지진파의 진폭자료에 기반하여, 쓰나미가 하와이를 강타할 때 예상되는 쓰나미의 크기를 예측할 수 있다. 마지막 예측은 몹시 어려운데, 많은 요소들이 파고에 영향을 미치기 때문이다. 이런 요소들에는 지진 발생 장소, 해저 산사태 가능성, 해저 지형, 국지 지형, 해안선 형태가 해당한다. 예측된 쓰나미에 관한 정보는 시민들에게 대처요령과 금기사항을 알린다. 프로그램은 만약 경보음을 듣게 되면 일반인들에게 해야 할 일과 해서는 안 되는 일에 대해서 가르치도록 되어있다. 가장 중요한 지침은 사람들이 육지로 빠르게 달려가는 일이다. 선박들은 쓰나미가 약한 바다 쪽으로 항해토록 권고되어진다.[59]

이후 15년간 4번의 대형 쓰나미가 새로운 해양지진파 경보 시스템에 적용되었으며, 이런 쓰나미들로는 대형 지진에 의한 3개의 쓰나미를 포함하고 있다.[60] 4번의 경우에 시스템은 하와이에 쓰나미가 도달하는 시간을 정교하게 예측했다. 정확하게 쓰나미의 크기를 예측하는 것은 매우 어려운 것으로 나타났지만, 경보는 수많은 생명을 구했다. 1952년 러시아 캄차카 반도 연안에서 발생한 규모 8.6의 지진은 25미터 파고를 갖는 쓰나미를 발생시켜 진앙으로부터 남서쪽으로 160킬로미터 떨어져 있는 쿠릴 열도 세레보 쿠릴스크Serevo Kurilsk시를 파괴시켰다. 이것은 또한 쓰나미를 하와이로 퍼져나가게 했고, 파고는 1946년에 발생한 쓰나미와 유사했다. 하지만, 이번에는 사상자가 한명도 없었으며, 해양 지진파 경보 센터 Seismic Sea Wave Warning Center 가 최초의 주의보를 발령했고, 하와이 전역에 경보음을 전파했다.[61] 1957년 3월 9일에 알류산 열도 아닥 섬의 남동쪽 160킬로미터 지점에서 지진이 발생했다. 다시 한 번 해양 지진파 경보 시스템이 작동했고, 사망자는 한명도 없었다. [62]

3년 후 하와이 시간 1960년 5월 22일 오전 9시 11분, 근대사에서 가장 큰 규모 9.5 지진이 칠레 연안에서 발생했다. 24미터의 쓰나미 (스페인어로 마레모또)가 칠레도시 발디비아 Chilean city of Valdivia 를 부숴버렸고, 칠레연안을 따라 6천명 이상의 사망자를 발생시켰다. 15시간 후 11미터 쓰나미가 히로를 강타했고, 3 미터 되는 파도는 하와이 열도의 나머지 지역을 강타했다. 이 경우에는, 비록 해양 지진파 경보 시스템으로부터 정확한 경보가 있었지만, 61명이 사망하고 282명이 부상당했다. 쓰나미 경보는 도착이 예정된 자정보다 5시간먼저 발효되었고, 경찰과 재난부서 등 여러 경로로 제공됐다. 하지만, 경보가 많은 사람들에 의해서 다양한 이유로 무시되어졌다. 이런 이유로는 신규 사이렌 시스템에 대한 혼란, 1952년부터 수년간 걸친 경보음 오류, 히로지역의 이전 쓰나미가 소규모였기에 사람들의 관심이 부족했기 때문이다. 또한 언론에서 오해하기 쉬운 정보를 제공했는데, 예를 들어 하와이 도착 4시간 전에 타이티Tahiti 에서 1미터밖에 되지 않았다는 정보를 통해 사람들은 계속 집에 있어도 된다고 확신했던 것 같다. 하지만, 타히티는 쓰나미를 반사시킬 수 있는 급격한 저층 경사를 갖고 있었던 대신, 쓰나미를 증폭시킬 수 있는 대륙붕을 갖고 있지 않았다. 또한 이곳은 쓰나미를 약화시킬 수 있는 산호초가 섬 주변에 자라고 있었다.[63] 혼란을 가중시킨 것은 히로에 도착한 최초의 쓰나미가 단지 1미터밖에 되지 않았고, 이것 역시 라디오를 통해서 전파되었다. 이 정보는 피신해 있던 주민들을 자신들의 집으로 되돌아가게 만들었고, 위험은 끝났다고 생각하게끔 만들었다. 하지만, 무시한 쓰나미는 세 번째 파도였고, 11미터의 높이였고, 가파른 조류해일 같은 모습을 보였다. 히로 시가지는 물에 잠겼고, 도시 전체는 파괴되었다. 쓰나미는 22톤이나 되는 산더미 같은 바닷속 바위를 들어 올려 내륙 2킬로미터 안쪽까지 옮겨다 놨다. 바닷물의 위력은 5 센티미터 두께의 주차요금징수기 파이프를 구부려 뜨려 땅바닥에 납작하게 놓여졌다. 이것은 또한 11톤 트랙터를 날려 보내기도 했다. 히로지방을 제외하고는, 하와이 빅 아일랜드의 나머지 지역에서 쓰나미 높이는 약 3미터 정도 였고, 다른 하와이 섬 들을 강타했던 것과 비슷한 수준이었다.[64] 히로Hiro 는 1946년 1952년, 1957년 경험한 것처럼, 다시 한 번 가장 커다란 쓰나미 높이를 보인 지역이 되었다. 해저지형에 따라서 에너지를 만 바깥쪽 낮은 대륙붕에 집중시킬 수 있는 해저지형이 늘 그러하듯, 이곳 깔때기 모양의 만은 부분적으로 파도를 증폭시켰을 개연성이 있다.[65]

칠레로부터 발생된 쓰나미는 하와이를 거쳐 7시간 뒤에 일본에 도달했고, 당시 일부 지방에서는 8미터를 기록하기도 했지만 대부분 지역에서는 3미터 높이를 보여다. 최소 142명이 사망했고, 5억불 상당의 재산피해를 입혔다. 일본 기상청 Japanese Meteorological Agency은 쓰나미 예보 책임이 있었지만 장거리로부터 전해진 대형 쓰나미에 대한 경험은 전무했다. 칠레에서 발생한 쓰나미가 일본에 도달할 때까지 쓰나미는 지구 반바퀴에 해당하는 16,000 킬로미터를 이동한 상태여서, 그들은 칠레로부터 전파된 쓰나미는 미약할 것이라 생각했다.[66] 하지만, 그들이 당시 이해하지 못했던 실제 유체역학은 쓰나미의 상태가 증가해가는 것이었다.[67] 이러한 쓰나미로 인한 대량 참사이후에, 일본은 쓰나미 경보 시스템을 향상시키기 위한 국제적인 노력에 동참했고, 1960년 쓰나미의 충력을 입은 러시아도 동참했다. 연안조사국은 하와이에 있는 해양 지진파 경보 센터Seismic Sea Wave Warning Center를 전체 태평양 해역을 위한 지휘 통제소로 하겠다고 제의하였고, 이름을 태평양 쓰나미 경보 센터로 변경하였다. 태평양 주변국 12개국 이상이 참여하였고, 현재는 26개국의 회원국이 활동 중이다.[68]

이로부터 4년 후 1962년 3월 7일에 근대사에서 두 번째로 크고, 미국에 발생한 지진 중에서는 가장 세력이 강한, 규모 9.2지진이 알래스카 프린스 윌리엄 해협 북쪽 끝 부근에서 발생했다. 태평양 쓰나미 경보 센터의 태평양을 가로지르는 쓰나미 예측은 적중했고, 최고 높은 쓰나미가 히로를 강타했지만, 이번파고는 약 4미터에 그쳤다. 의사소통 절차는 크게 개선되었고, 주민대피는 성공적이었으며, 결과적으로 사상자는 한명도 발생하지 않았다. 하지만 중대한 피해와 사상자는 알라스카에서 발생했다. 프린스 윌리엄 해협 내부의 국지적 쓰나미로 인해 106명이 사망했고, 이중 기름 탱크가 폭발한 급유항구, 발데스Valdez에서 32명이 발생했다. 이 외에도 태평양 쓰나미가 알라스카와 캐나다 해안을 따라 미국 본토로 전파될 때 사망자가 발생하였다. 11명은 캘리포니아 크래샌트 도시에서 사망했고, 4명의 어린이가 오레곤 연안에서 사망했다. 알라스카 해역의 쓰나미는 지진 발생 후 너무 빠르게 발생해서 하와이의 경보센터로부터 주의보가 전파되기에는 역부족이었다. 이를 계기로 1967년 알라스카 팔머 지역에 2번째 경보센터인, 알라스카 지역 쓰나미 경보 시스템Alaska Regional Tsunami Warning Center 을 설립했다. 이 센터는 알라스카 지진 자료를 보다 잘 이해하고자 하며, 보다 빠르고 정확한 경보시스템을 위한 국지 조석자료를 신속하게 얻고자 설립되었다. [70] 1996년에 이곳은 이름을 서해/알라스카 쓰나미 경보 센터로 바꾸었고, 브리티시 콜롬비아, 워싱턴, 오레곤, 캘리포니아지역을 책임지고 있다.

1964년 프린스 윌리엄 해협Prince William Sound에서 큰 피해를 끼친 쓰나미는 국지성 쓰나미라고 불리워지는데, 이것은 파괴적이었지만, 멀리까지 전파되지 못했다. 국지성 쓰나미는 종종 산사태로 인해 발생한다. 쓰나미의 영향은 국지적이더라도, 피해는 클 수 있다. 알라스카에서 발생한 국지성 쓰나미가 지금까지 기록된 가장 큰 쓰나미였다. 이것은 1958년 7월 9일 알라스카주 리투야만에서 지진으로부터 촉발된 암석 미끄럼 사태였다. 135만 톤의 암석이 피요르드 가파른 북동쪽 암벽을 통해 900미터 높이에서 만 내부로 떨어졌다. 이것은 많은 물을 옮겨서 길버트만의 반대쪽에는 400미터 에 달하는 해일이 발생했다. 약 400미터에 달하는 해일은 숲을 싹쓸어 갔고, 기반암석이 들어날 정도로 땅을 파버렸다. 하지만, 그와 같은 해수면보다 높은 파고는 엄밀히 따지면 쓰나미라고 볼 수는 없다. 쓰나미는 태평양의 입구를 향한 만으로 몰려 들어가는 파동이었고, 이때 시속 수백 킬로미터의 속도를 보였다. 이것은 10킬로미터 퍼져나간 뒤에, 쓰나미는 만 입구에 도착할 때까지도 약 30미터 높이를 보였지만 세력은 약해졌다. 입구로부터 1.5 킬로미터 떨어진 곳에서 쓰나미는 12미터나 되는 낚시용 보트를 집어 들어올려 바다로 끌고 갔고, 극도로 겁에 질린 낚시꾼들은 높은 곳에서 쓰나미가 통과하는 것을 바라봤다. 깊은 바다로 도달하자 쓰나미는 갑작스럽게 파고가 줄어들며 보트를 내려놓았고, 두 명의 낚시꾼은 다치지 않았다. 이렇듯 쓰나미에 의해 들어 올린 두개의 낚싯배에서 살아남은 아빠와 아들은 그들의 놀랄만한 이야기를 전할 수 있었다. 하지만 세 번째 보트에 있던 낚시꾼은 다시는 볼 수 없었다.[72]

비록 리투야만에서 발생한 산사태는 지상에서 발생한 경우이지만, 대부분의 산사태는 수중에서 일어난다. 이러한 수중 산사태는 일반적으로 수백 수천 년 동안 누적되어온 퇴적층 후퇴로 인한 붕괴사건에 의해서 기인한다. 비록 첫 번째와 두 번째의 차이가 크긴 하나, 쓰나미를 유발시키는 첫째 요인은 수중 지진이고, 두 번째는 수중 산사태이다. 많은 경우에 수중 산사태는 지진이나 화산 폭발에 의해서 촉발되어지는데, 지진 또는 화산이 개별적으로 발생시키는 쓰나미보다 큰 파장의 쓰나미를 만들어낸다. 일부 경우에, 수중 퇴적물의 미끄러짐 크기가 불안정한 임계점에 도달하게 되면, 수중 산사태가 지진 없이도 일어나곤 한다. 예를 들면, 강력한 폭풍으로부터 동반한 강한 풍파는 수중 산사태를 유발시킨다.[73] 수중 산사태는 위험한 쓰나미를 유발시키는데, 우리는 1946년 알류산 열도 지진을 통해서 살펴봤다. 1929년 11월 18일 그랜드 뱅크 부근 뉴펀들랜드 남쪽 대서양에서도 비슷한 쓰나미가 발생했었다. 지진은 퇴적물의 해저 산사태를 유발하였고, 대륙붕 부근에 부설된 해저 전선망은 지진발생과 동시에 절단되었으며, 진앙에서 점차적으로 수심이 깊은 곳으로 설치된 해저전선은 시간차를 두고 연속적으로 절단되어졌다. 이것은 10미터의 쓰나미를 발생시켰고, 인적이 드문 캐나다 해안가를 따라 28명의 사망자가 발생했다. 쓰나미 진동은 찰스톤, 사우스캐롤라이나와 같은 미국 해안가를 따라가면서 검조기에 기록되어졌고, 대서양 을 가로질러 포르투갈 연안과 아조레스 제도까지 퍼져나갔다.[74] 이와 같은 쓰나미와는 다르게 1946년에 발생한 태평양 쓰나미는 해저 산사태가 유발시킨 국지적인 효과만을 끼쳤는데, 전형적으로 해저 산사태는 매우 긴 파장을 생성시킬 만한 충분한 규모나 오랜 시간 지속되지 못한다. 파푸아뉴기니 북쪽에서 발생한 해저 산사태는 7.0 규모의 지진에 의해서 촉발되었는데, 1998년 7월 17일에 발생한 이 산사태는 15미터의 쓰나미를 발생시켜 2,200명의 사망자를 발생시켰다.

아마 해저 산사태의 할아버지 격 되는 것은 7,900년 전 노르웨이 연안에서 발생한 스토레가 산사태일 것이다. 외해 퇴적층은 빙하시대동안 수만 년에 걸쳐서 쌓여져 있었지만, 기후변화와 따뜻한 간빙기가 진행되면서 불안정한 상태가 되었다. 대륙붕으로 흘러내린 퇴적물의 양은 정말로 거대해서 전미 대륙을 발목만큼 두께로 퇴적물로 다 덮을 수 있을 정도였다. 적어도 한 번의 산사태는 쓰나미를 발생시키기에 충분했고 현재 노르웨이와 스코틀랜드 같은 주변의 모든 육지를 단숨에 침수시켜 버렸다. 퇴적층 침전물 연구를 통해서 얻어진 쓰나미의 해수면보다 상승한 높이는 스코틀랜드에서는 7미터, 노르웨이에서는 12미터, 세트랜드 열도에서는 23미터로 밝혀졌다. 미세한 모래와 함께, 과학자들은 육상 연구지역에서 해양 규조류를 발견했다.[75] 스코틀랜드의 몇 개의 연구지역은 네스호수로 부터 유래된 강의 하류인데, 연구지역에서 지금까지 알려진 바로는 오직 쓰나미에 의해서만 네스호수로 규조류보다 커다란 해양생물체가 옮겨졌다고 한다.

쓰나미는 또한 화산 측면의 붕괴로 인한 해수면 산사태로 인해 발생할 수 있다. 서부 카나리아 제도 안에 라 팔마 섬 주변의 수심을 다중빔 소너 영상을 통해 살펴보면, 선사시대 산사태 층에서 컴브르 비자 화산의 측면이 붕괴하여 바다 속으로 들어가 있는 흔적을 발견할 수 있다. 이러한 산사태는 이론적으로 거대한 쓰나미를 최소한 국지적으로 발생시킬 수 있다. 2001년에 얻어진 연구 결과에는 이러한 산사태가 쓰나미를 발생시키기에 충분하며, 이런 쓰나미는 유럽 연안과 현재 미국 해안가를 따라 거대한 파괴를 초래시킬 수도 있을 크리라는 결과를 얻었다. 이 연구는 미디어로부터 많은 관심을 받았다. 왜냐하면, 이것은 향후 컴브르 비자 화산에서 거대한 산사태가 발생할 수 있고, 이것이 거대한 쓰나미를 발생시키면 유럽 연안을 황폐화시킬 수 있으며, 대서양을 건너서 미국 동부 해안가를 침수시킬 수도 있기 때문이었다.[76] 그러나 다른 해양학자와 지질학자들은 이런 결론에 동의하지 않았다. 심지어 산사태로 인한 쓰나미가 카나리 열도에서 거대하고 위험스럽다 하더라도, 열도 이외의 지역에서는 대 재앙은 없을 것이라는 여러 가지 이유를 제시하고 있다.[77] 언제 라 팔마 섬에 산사태가 일어날지 알 수는 없다. 선사시대 이후에는, 산사태가 이곳에서 평균 매 수십만 년마다 일어났지만 특별한 패턴은 없다. 그러나 산사태와 인접한 해안지역에는 그 영향이 막대할 수 있기에 산사태의 가능성을 인지하고 있는 것은 중요하며, 화산과 화산측면 붕괴 활동을 감시하는 방법을 강구해야 한다.

1960년대 중반까지 지구 과학자들은 무엇이 지진을 유발하고, 쓰나미가 어떻게 발생하는지에 대해 진정한 이해를 하고 있지 못했다.[78] 20세기 이후 열기풍, 땅속화재로 가열된 수증기,

지하 및 수중 동굴, 전기, 운석충돌에 기반을 두어 어떻게 지진이 발생하고 왜 화산폭발이 일어나는지에 관한 과학적인 이론이 정립되었다. 지진에 대해 올바른 이해를 할 수 있도록 지구과학에서 혁명을 일으키며 모든 과학자들에게 받아들여진 이론은 판 구조론 이었다.[79] 판구조론은 수세기 전 남 아메리카의 동부해안선과 아프리카의 서부 해안선이 몹시 닮아있는 것이 단지 우연일리 없다는 착안에서 비롯되었다. 이것은 양쪽 대륙붕 모서리의 모양을 살펴보면서 더욱 확신을 갖게 되었는데, 19세기와 20세기 초반 수심 측량을 통해 축적된 정확한 자료가 뒷받침 해줬다. 이것은 두 대륙이 두개 퍼즐 조각처럼 꼭 들어맞을 수 있다고 보여줬다. 1912년 알프레드 웨그너Alfred Wegener는 대륙이동설을 제안하였고, 아프리카와 남아메리카가 한때 서로 붙어있었다는 증거를 찾고자 연구했다.[80] 이보다 3년 전에 안드리아 모호로비치치Andrija Mohorovicic는 지각과 맨틀사이를 분리시키는 모호로비치치 불연속면을 발견했고, 이는 지진 P파의 속도가 급격히 증가하는 것을 관찰함으로써 밝혀졌다. 10여년 지나서 아더 홈즈Arthur Holmes는 왜 남아메리카와 아프리카 대륙이 각각 떠다니게 되었는지 설명하였다.[81] 하지만, 그의 이론은 이후 30여 년간 정설로 받아들여지지 못했다.

판구조론을 뒷받침하기 위한 홈즈의 이론은 지구 맨틀 상부에 위치한 매우 느리게 움직이는 해류에 의해서 대륙이 떠다닌다고 제안하였다. 지구 내부에서 방사성 붕괴로 부터 열이 발생하고, 발생된 열로 인해서 플라스틱 맨틀에서 대류가 생성되고, 이러한 대류로 인해서 해류가 만들어진다고 설명했다.[82] 거대한 대류 순환의 한쪽 부분은 뜨거운 물질이 들어가 맨틀이 상승하는 곳이며, 순환의 다른 부분인 차가운 쪽은 해구를 통해 들어간 암석권이 하강하는 곳이라고 홈즈는 제안하였다. 1960년대에 대서양 중앙에서 해저로부터 기인한 뜨거운 물질의 상승한 뒤, 이 물질은 냉각된 뒤 대서양 중앙 산령, 대서양에서 커다란 수중 산맥을 형성하였다는 것이 증명되었다. 홈즈는 해저지각은 수중산 골짜기 양방향으로 떨어져나가게 되어, 깊은 해구를 형성하게 되며, 훨씬 오래된 냉각 지각물질이 맨틀로 다시 돌아가게끔 한다고 말했다. 해중 산마루에서 해양 지각을 형성하는데 수백만 년이 걸리고, 이것은 해중 골짜기로 이동하여 맨틀로 되돌아가는 과정이 반복되어 진다.

홈즈의 대륙 이동 이론은 1966년까지 지질학자들에게는 매우 회의적으로 받아들여졌지만, 대서양 중앙산령의 양쪽의 해저지각을 조사하고 난 뒤에 놀라운 발견이 있었다. 한쪽이 산령에서 멀어지게 되면, 다른 쪽 해저 암석의 자기적인 특성에서 특정한 패턴이 나타난다. 이런 패턴중의 하나는 남북 자극이 정반대방향으로 일치하면서 남북방향 자력의 줄무늬가 번갈아가며 섞여 있다는 것이다. 마그마는 해저에서 분출해서 냉각된다. 마그마의 철 입자들은 자극이 서로 일치하게 되며, 마그마가 냉각될 때 특성이 고정된다. 산령으로부터 멀어져가며 나타나는 이러한 양방향 교차 패턴은 해저면이 대서양 중앙산령으로부터 양쪽으로 퍼져 나가면서 발생할 수 있기에, 이것은 두 대륙이 서로 분리되었다는 것을 의미했다.[83]

1967년에 맨틀 상부에 떠다니는 이동하는 덩어리들은 거대한 판이었고, 일부는 대륙지각이었고, 일부는 해양지각이라고 밝혔다.[84] 판 구조사이의 경계에서는 지진이 발상하는 경향이 있었고, 특히 이러한 지역은 판들이 서로 밀치는 경우에 해당했으며, 환태평양 화산대인 태평양 가장자리에 자리 잡고 있었다. 지질 침입 대에서 상대적으로 무거운 해양지각이 가벼운 대륙 지각을 밀어 제치며 맨틀로 가라앉게 된다. 하지만, 이러한 두개의 거대한 판들은 서로 강하게 결합되어 있으며, 해양 지각이 대륙 지각의 바다 쪽 가장자리를 허물 수 있을 정도로 막대한 크기의 압력이 형성된다. 일부는 압력이 너무 커져서 판들이 서로 맞부딪치며, 지진을 초래한다.[85] 이러한 지질 침입대는 해저에 위치하고 있고, 부딪친 대륙판들이 갑작스레 해저지면을 들어 올리게 되면, 거대한 양의 바닷물이 연직으로 재 분산되며 쓰나미를 발생시킨다.

1964년 알라스카 대지진부터 2004년 12월까지 40년이 넘게 362개의 쓰나미가 전 세계에서 확인되었다. 비록 40년이라는 기간이 전형적이지 않다 하더라도, 우리는 자료를 통해서 쓰나미에 관한 유용한 사실들을 알게 되었다.[86] 대부분의 쓰나미는 해저 지진 (86%)에 의해 발생했다. 지진이 강할 수 록, 쓰나미가 발생할 가능성은 높았다. 규모 8.0 부터 8.9 까지의 지진은 쓰나미를 발생시킬 수 있는 확률이 58%에 달했다. 규모 7.0 부터 7.9까지의 지진은 이 비율이 30%로 떨어진다. 규모 6.0부터 6.9까지 지진은 비율이 단지 2%로 급격하게 떨어진다. 6.0 이하 규모의 지진에서는 쓰나미가 거의 발생하지 않았다. 규모 5.0부터 5.9까지 지진에서는 57,000개 지진이 나타났는데, 단지 24개의 쓰나미만 발생시켰다. 그러나 태평양 쓰나미 경보 센터는 여전히 모든 지진으로부터 지진 자료를 분석하고 있고, 규모와 진앙의 위치를 판단하고 있다. 지난 40여년의 기간 동안에 5.0 규모 이하의 지진 8십만 개 이상 분석한 자료를 확보하고 있다. 여기에는 화산 폭발과 산사태로 기인한 일부 쓰나미 자료도 포함되어 있다. 그러나 40여년의 기간 동안에 단지 11개의 쓰나미가 화산폭발에 의해 발생되었고 (3%), 산사태로 촉발된 쓰나미는 40개(11%)였을 뿐이었다. 이러한 산사태로 촉발된 쓰나미중, 지진에 의해 촉발된 것 17개, 화산폭발에 의한 것 2개, 21개는 어떤 것에 의해서도 촉발되지 않은 것이었다.

1964년 3월부터 2004년 12월까지 발생한 362개의 쓰나미중 대부분이 (84%) 태평양 에서 발생했다. 이것은 왜 2004년에 단지 태평양 쓰나미 경보 시스템이 있었는지를 설명해 준다. 40년 넘게 태평양 이외 3곳에서만 쓰나미만 발생했다. 지중해에서 31건 (9%), 대서양에서 23건 (6%), 그리고 인도양에서는 단지 3건 (1%)만 발생했다. 하지만 이것은 다소 오해될 수 있는 여지를 갖고 있는데, 비율이 낮다고 피해가 적은 것은 아니기 때문이다. 예를 들면, 약 10%의 태평양 쓰나미가 인도네시아에서 발생했지만, 그중 1/3이 4,400명의 사망자를 발생시켰고, 이 중에 약 2,900명은 플로레 섬Flores Island에서 1992년에 발생했다. 이런 피해들은 크라카토아 동쪽 섬에 인근해서 발생한 국지성 쓰나미이었지만, 이들은 모두 태평양 쓰나미로 통계처리 되었는데, 이런 이유는 인도네시아가 환태평양화산대 상에 위치하고 태평양 쓰나미 경보 시스템 회원국이었기 때문이다. 어떠한 인도네시아 쓰나미도 인도양으로 전파되어가지 않았지만, 이런 쓰나미는 빈번하게 발생했고 매우 위협적이었기에, 인도네시아 정부가 쓰나미 위협에 대한 인식을 발전시켰더라면, 2004년에 많은 인명을 구할 수 있었을 것이라고 여기고 있다.

그 동안 미국 해양대기청 태평양쓰나미경보센터는 최소예산으로 운영되고 있었지만, 운영을 개선하고 다음번 다가올 대형 쓰나미를 정확하게 예측하고자 했다.[87] 40여년 넘게, 단지 몇 개의 쓰나미가 인명 피해를 끼쳤지만, 센터는 매년 2만개 이상의 지진과 이에 동반되어 발생할 수도 있는 쓰나미 가능성을 확인하고자 많은 업무를 처리해야만 했다. 유체역학 쓰나미 모델 개발, 지진 자료 분석, 실시간 관측 장비들은 모두 제 몫을 톡톡히 해냈다. 성공적인 예측을 위해서 핵심요소는 관측기기를 통해 쓰나미가 발생했는지 또는 발생할 것인지를 알아내서 신속하게 사람들에게 전파할 수 있는가 하는 점이었다. 많은 이들에 의해 조위관측소라 불리는 실시간 수위 관측소는 이런 예측을 위해 반드시 필요로 하는 것이었다. 미국 해양대기청의 음향 수위관측기기를 활용하는 차세대 수위관측시스템은 여러 장소에서 쓰나미를 탐지하였으며, 특별한 쓰나미 탐지 센서를 더 이상 필요로 하지 않았다.[88]

하지만 수위 관측기는 종종 방파제 시설이 있는 항구나 국지적으로 해저지형이 쓰나미 신호에 영향을 줄 수 있는 곳에 설치되었다. 중요한 점으로는 태평양 주변에 설치된 관측기들 간에 격차가 매우 크게 나타난다는 점이었다. 많은 지점에서 실시간 수위 관측기가 너무나 적게 설치되어 있었는데, 남태평양에 있는 칠레와 하와이 사이에는 단지 타이티와 카리바티에만 검조기가 설치되어 있었다는 사실이다. 결국에 경보 시스템은 이러한 문제점을 DART 부이를 태평양 주변 주요 지점에 설치함으로써 해결했다.[89] DART는 Deep-Ocean Assessment and Reporting of Tsunami의 약자로 미국 해양 대기청 해양환경연구실Pacific Marine Environmental Laboratory (PMEL)에서 개발되었다.[90] 이것의 주요한 요소는 압력센서가 해저면에 놓여 있어서 쓰나미가 통과하는 순간에 확인할 수 있다는 점이다. 중요한 지진이 발생했을 때 태평양 쓰나미 경보 센터로 연락하여 지진 전파를 통해 쓰나미가 발생할지 여부를 판단하는 것은 이 장비의 가장 중요한 기능이었다. 외해에서 작은 쓰나미의 크기는, 정확한 유체역학 쓰나미 모델 및 과거 관측된 자료와 결합을 통해, DART 장치는 쓰나미가 해안에 도착할 때 쓰나미의 크기를 예측하는데 사용되었다. 차후에 쓰나미터tsunameter로 알려진 최초 측정기는 1995년에 설치되었고, 2004년 6개의 DART 부이가 태평양에서 작동에 들어갔다.

2004년에 태평양 쓰나미 경보 시스템은 오직 태평양에 한하여 작동되었다. 우리가 다뤄온 통계자료는 그곳에 역점을 두어서 타당함을 밝히고자 했다. 하지만, 소위 태평양 쓰나미라 불러지는 것의 10%는 인도네시아에서 발생했는데, 경보 센터의 회원국들이나 PMEL은 인도양의 쓰나미 경보 시스템이 더 유용하게 활용될 것으로 보았다. 그러나 재정지원을 어디에서도 찾을 수 없었고, 인도양 접안국 정부 중 어느 하나도 이 목소리에 귀를 기울이지 않았다.[91] 수마트라 주변의 35개 화산섬들은 적어도 1883년 쿠라카토아 화산폭발이후 한 번도 폭발한 적이 없다. 수마트라 부근에서 지진과 쓰나미가 발생한 것은 1797, 1818, 1833, 1843, 1861년으로서 가장 근래에 발생한 크라카토아 화산폭발도 역사 속 이야기일 뿐이었다.[92] 2004년 12월 이전 수마트라 서쪽 지질 침입대의 지하압력증가 등은 이도양 연안의 대참사를 아무도 모르게 예고하고 있었다.

제8장

인도양의 비극

인도네시아 아체지방을 덮친 쓰나미

오랜 세월동안 인도양 수심이 가장 깊은 곳에서 엄청난 땅속 충돌이 진행되어왔다. 순다 협곡 동쪽과 수마트라 섬으로부터 서쪽으로 80킬로미터 떨어진 곳은, 두개의 거대한 지각판이 순다 단층으로 알려진 전선을 따라 서로 부딪치고 있었다.[1] 단층의 서쪽에는 인도 지각판이 해양지각으로 구성되어 있었고, 오른쪽에는 버마 단층이 대륙지각으로 구성되어 있다.[2] 인도 지각판은 버마 단층으로 파고들며 버마 지각판을 해체시켰지만, 천년 동안 지각 물질들은 서로 단단히 붙들고 있어 왔기에 매우 느리게 진행됐다. 지각 충돌은 1년에 5센티미터 밖에 안 될 정도로 매우 느린 속도로 진행되었지만, 수천 년에 걸쳐 진행되었기에 극심해진 압력으로 어느 순간에는 두개의 거대한 지각판이 마침내 서로 분열되어져야만 했다. 이런 분열이 발생 시 결과는 엄청나게 파괴적일 수 있었다.

언제 거대한 지진이 발생할지 아는 사람은 없다. 비록 과학자들이 해저지각의 충돌방법과 원인을 이해하고 있다 할지라도, 언제 지각판이 떨어질지 예측할 수는 없었으며, 발생일을 예측하기란 불가능했다. 2004년 12월 26일 7시 59분 (인도네시아 현지 시각)에 마침내 두 지각판이 떨어졌다.[3] 이러한 대지진은 역사에 남겨지게 됐다. 역사에 기록될 수 있었던 것은 지진 때문이 아니라, 지진에 의해서 발생한 쓰나미가 두 시간 동안 인도양 주변국에서 300,000명 이상의 사망자가 발생했기 때문이다.

인도네시아 현지 일요일 아침은 맑은 날씨와 약한 바람만이 불었고, 주변 바다의 물결은 잔잔했다. 이런 날씨는 해저 지각 밑에서 맹렬히 충돌 작용이 발생하고 있는 것과는 극명한 대조를 보이고 있었다. 두 지각판이 마침내 분열되어, 버마 단층이 단숨에 6 미터 솟아오르며, 순식간에 지각을 들어올렸다.[4] 최초 해저 지진의 진앙의 위치는 수마트라 북쪽 아체 지방 Aceh Province에서 서쪽으로 80킬로미터 떨어져 있었고, 시메울루에 섬Simeulue에서 북쪽으로 50킬로미터 떨어져 있었다. 지각이 분열된 곳은 이곳 한곳만이 아니었고, 강한 충격을 보인 곳은 최초 발생한 곳이 아니었다.[5] 순다 단층이 파열되어 해저지각의 연직 충격이 안다만 열도지역이 위치한 단층 북쪽끝 1,500킬로미터 지점까지 10분 안에 이동했다.[6] 208,000평방킬로미터의 해저면이 위로 들어 올려져 엄청난 양의 바닷물이 분리되었다. 단층이 남북방향으로 갈라졌고, 이때 발생한 쓰나미는 동서방향으로 퍼져나갔다. 쓰나미의 동쪽 이동 경로에는 인도네시아, 태국, 미얀마, 말레이시아가 위치해 있었고, 서쪽으로는 뱅골만, 스리랑카, 인도로 전파되었고, 계속해서 인도양, 동부 아프리카까지 전파되어 갔다. 서쪽으로 향하는 쓰나미는 지각이 들어 올려지는 쪽으로 움직였고, 동쪽으로 향하는 쓰나미는 지각이 갈라져서 주저앉는 곳으로 움직였기에, 쓰나미가 수마트라와 태국 해안가에 최초 도달했을 때 바닷물은 해안가에서 빠져나갔다. 갑작스럽게 물밖에 들어난 해저면은 사람들로 하여금 해안가로 몰려 나와 산호초를 구경하고 팔딱거리는 물고기를 보게끔 유인했다. 하지만 몇 분이 지나서 첫 번째 파도 물마루가 다가왔고, 막대한 파괴를 초래했다. 서쪽으로 향하는 쓰나미는 파도 물마루와 함께 스리랑카, 인도를 향해 움직였지만, 이것은 인식되지 못할 정도로 연안지역에서는 몹시 낮은 파고를 보였다. 사람들이 관측한 최초의 일은 첫 번째와 두 번째 물마루 사이에 골짜기가 도달했을 때 나타난 바닷물의 후퇴였고, 훨씬 커진 두 번째 파도 물마루가 연안을 강타할 때 무시무시한 결과가 나타났다.

쓰나미가 해안가에 도달하기 이전에, 지진으로부터 발생한 지진파가 지구 지각과 맨틀로 퍼져나가 해안가에 먼저 도달했다. 이러한 지진파는 여진을 발생시켰고, 인도양 대부분 지역에서 감지되었다. 진앙으로부터 80킬로미터 떨어진 아체연안을 따라, 최초 진동이 있은 지 1분 후 지각이 흔들렸다. 550킬로미터 북동쪽 위치에 있는 태국에서는 1분 30초 후 진동이 감지됐다. 1,500킬로미터 북서쪽에 위치한 스리랑카에서는 4분이 채 안 돼 흔들리기 시작했다. 먼 거리에서도 지진파는 사람에 의해 감지되기에 낮은 주파수와 진폭이 작아지기는 하더라도 지진계에 탐지되었다. 대략 12분이 지나서 지진파는 유럽에 도달했다. 21분이 지나서 지진파는 전 세계의 정부 연구소, 대학, 쓰나미 경보 센터에서 탐지되었다. 이러한 지진 자료는 하와이의 미국 해양대기청 태평양쓰나미경보 센터로 즉시 보내졌고, 또한 전 세계의 다른 쓰나미와 지진센터로도 보내졌다.

단층 균열의 넓이는 수심보다 몇 배 더 컸다. 10초도 안 돼서 넓은 해양 지각 조각이 떨어져나와 쓰나미가 되기에 충분한 파장을 갖는 파도를 발생시켰다. 왜냐하면 쓰나미는 매우 긴 파장을 갖기 때문에, 쓰나미는 에너지의 손실 없이 먼 거리로 전파될 수 있었다. 쓰나미는 속도는 수심에 비례해서 전파되었다.[7] 우리가 알게 되겠지만, 쓰나미는 천해보다는 심해에서 빠르게 전파된다. 이런 특성은 12월 26일 쓰나미의 움직임을 설명하며, 이런 습성은 쓰나미가 해안을 강타할 때 반영되었다.

일요일 아침 아체지역 외해에서 인도네시아 선원들이 최초로 지진의 영향을 경험했다. 쓰나미 파동은 심해인 진앙부근에서 지각하기에는 너무 장파여서 어려웠지만, 어부들은 다른 낯선 일들을 목격했다. 그들의 선박이 갑작스런 충격을 받았을 때, 수백 미터 수심해역이라 암초 등이 있을 수 없었지만, 그들은 배가 무언가에 부딪쳤다고 생각했다. 선원들은 엔진이 고장 났나 살펴보고 선박을 재점검 했다. 이 선박은 균열된 단층해역으로부터 동쪽으로 60킬로미터 떨어진 곳에서 조업 중이었다. 이 선박은 충격으로 약 5분 동안 위아래로 요동쳤다.[8] 선박 주위의 요동치던 바다는 끓는 물이나 거품을 발생시키는 것처럼 보였다.[9] 이러한 현상은 P파 때문이었고, 이런 지진파는 지구 지각을 통해서 바닷물로 전파되어 선박 표면에 도달한 것이었다.

바다에는 수면 파동이 있었으나, 쓰나미에 비해 파장이 짧았다. 이런 파동은 수평 해저 운동에 의해 발생했고, 이러한 수평 규모는 수직 규모보다는 컸고 산사태를 촉발시킬 수 있다. 이런 파동은 멀리 전파되지 못했고, 소형 어업 선박을 위협할 수 있는 파도를 발생시켰다. 이러한 이유로 아체 연안으로부터 10킬로미터 떨어진 곳에서 조업하던 선박이 충격을 5분 동안 받은 후, 4미터 솟구쳤다가 바다로 떨어졌다. 뒤이어 5미터까지 솟구쳤고, 세 번째는 배가 전복됐다. 조업 중이던 다른 선박들도 비슷한 상황을 목격했고, 코코넛 나무 높이정도의 파도가 지나갈 때 폭발음을 들었다. 두 번째 파도는 선박 아래로 지나갔고, 순식간에 배가 들어 올려졌다 바다로 떨어졌다.[10]

10분후 끓는 듯 한 바닷물과 흔들리는 바다가 가라앉았을 때, 조업 선박의 선원들은 살아남은 것을 알라신에게 감사하며 두 팔을 뻗어 기도했다. 일부 선원들은 바다에 살고 있는 귀신이 나타났다고 말하기도 했다. 단지 한 두 명 만이 지진이 있었다고 추측했다. 선박이 아체 연안에 가까이 다가섰을 때 파고는 잦아들었고, 그들은 무의식적으로 쓰나미의 참사를 보고 느끼기 시작했다. 아체지방 북쪽 끝에 위치한 브루에 섬Breueh 동쪽에서 조업 중이던 선박에서 갑자기 바닷물이 빠져나가 바다 밑바닥이 1 킬로미터나 드러나는 것을 목격했다. 선원들은 물 빠진 해안에서 주민들이 물고기를 줍는 모습도 지켜봤다. 바로 그때, 시커먼 파도가 선박 밑으로 지나가서 해안가 인파를 향해 돌진했다. 당시 파고는 코코넛 나무의 1.5배 높이였다. 선원들은 코브라가 먹이를 사냥할 때처럼 파도가 사람의 목숨을 집어 삼켰다고 말하기도 했다. 일부 조업 선박의 선장들은 뱃머리를 바다로 돌려 이동해서 피해를 모면했다. 하지만 절반 이상의 조업 선박은 파도가 강타할 때 사라져 버렸고, 해안가에 있던 사람들은 대부분 익사했다. 살아남은 어부들은 죽었을지 모르는 가족을 생각하며 공포에 잠겼다. 마침내 어부들이 집으로 돌아갔을 때 그들을 기다리고 있던 것은 사랑스러운 가족의 모습이 아니라 죽은 물고기, 쓰러진 코코넛 나무, 사람들의 시체뿐이었다.[11]

지진의 진앙과 가까운 육지는 인도네시아 시메울루에 섬이었고, 이곳은 진앙에서부터 남쪽으로 50 킬로미터 떨어져 있었다. 지진으로 약 5분간 섬전체가 흔들렸다. 진동은 8분후 중단됐고, 12미터 높이의 쓰나미가 시메울루에 섬 북쪽 랑지 마을을 덮쳤다. 바닷물은 이동하는 경로에 있던 모든 것을 갈아엎었다. 랑지 마을은 완전히 파괴되어, 집들의 콘크리트 기둥만이 이곳이 사람들이 살았던 곳임을 알려주고 있었다. 그러나 이러한 치명적인 재산 피해에도 불구하고, 8천명의 주민 중 한명의 사망자도 발생하지 않았다. 지각이 흔들리자마자, 사람들은 산악 고지대로 신속하게 대피했다. 왜냐하면 오랫동안 지각이 흔들거렸기 때문에, 일부 주민들은 바다가 후퇴하는지 확인조차 하지 않고 고지대로 달려갔다. 실제로 바닷물이 빠져나가 1킬로미터의 바다 밑바닥이 드러났고, 물고기들이 드러난 바닥위에서 파닥거렸다. 그것은 쓰나미가 다가온다는 명백한 신호였고, 섬 주민들은 언제 바닷물이 바다 쪽으로 빠져나갔다가 훨씬 강력한 파도로 되돌아오는지 잘 알고 있었다. 시메울루에섬 동쪽 애어팡Air Pang마을에도 6미터 쓰나미가 집들을 휩쓸고 지나가서 수백 개의 선박들이 부서졌다. 이곳 주민들도 모두 산으로 대피했고, 심지어 일부는 마을 지도자의 명령에 따라 단체로 산으로 올라갔다. 전체적으로 섬의 해안가에 거주하던 주민들은 고지대로 대피했다. 기존에 마련되어진 가족 대피소에서 안전하게 가족들을 만날 수 있었고, 작살로 사용하고자 기존에 준비해 두었던 대나무들에서 수 시간 혹은 수일동안 머물면서, 바다로 안전하게 돌아갈 수 있을 때까지 기다릴 수 있었다. 최소 3개의 쓰나미에 의해서 대부분의 해안가 가옥들은 완전히 파괴되었음에도 불구하고, 단지 섬 주민 87,000 명중에서 7명만이 쓰나미로 숨졌다.[12]

시메울루에 섬주민들은 오래전부터 쓰나미를 경험한 그들의 조상으로부터 대피하는 법을 배웠다. 조상들은 쓰나미를 스몽smong 이라고 불렀고, 이것은 "육상으로 올라오는 바닷물"의 뜻을 갖고 있었다. 1907년에 발생한 적이 있는 스몽은 섬 연안을 휩쓸고 지나며 섬주민 전체의 절반을 사망케 했었다. 1세기는 그들이 갖고 있던 쓰나미에 대한 기억을 잊는데 충분히 긴 시간이었음에도 불구하고, 그들은 잊지 않고 있었다. 스몽은 섬 주민들의 문화의 일부로 자리잡았기에 주민들의 어휘 안에 여전히 존재하고 있었다. 구전으로 전해진 1907년 쓰나미 이야기로는 코코넛 나무 꼭대기와 육상 언덕에서 시신이 발견됐고, 많은 바다 속 산호가 육상의 논농사 지역으로 휩쓸려 왔다는 것이었다. 2002년에도 섬 주민은 강한 지진의 진동을 느꼈고, 하지만 이때는 쓰나미는 발생하지 않았었다. 당시 주민들은 언덕에 하루 동안 머물었고 안전하다고 판단이 된 후에야 자신들의 집으로 돌아왔다. 2002년에는 잘못된 쓰나미 경보음으로 판명 났지만, 주민들은 2004년 12월 26일 아침에 쓰나미 경보를 듣고 언덕으로 피신하는 것에 조금도 주저함이 없었다. 이것은 그들의 조상으로부터 전해들은 스몽 이야기가 얼마나 큰 영향을 주었는지 보여준다. 모든 섬 주민은 스몽에 세단계가 있다는 것을 알고 있었다. 첫째, 지진이 상당 시간 지각을 흔들리게 하며, 둘째, 바다물이 육지로부터 후퇴하고, 셋째, 바닷물이 빠르게 되돌아와서 육지가 모두 물에 잠기게 된다는 것이다. 2002년에는 두 번째 단계까지 발생했고 세 번째 단계는 발생하지 않았다.[13] 불행하게도 12월 26일 인도양 주변의 일부 주민들만이 접근하는 쓰나미의 자연 신호를 인지할 수 있는 능력을 갖고 있었다.

만약 대부분의 주민들이 자연이 주는 쓰나미의 선행 신호들에 대한 정보를 갖고 있지 않다면, 그들을 주의시키기 위해 사용되는 기술적인 지원 방법도 소용없을 것이다. 2004년 12월 26일, 인도양에는 태평양에 설치되어 있는 DART 부이가 없었고, 지진의 진앙으로부터 수천 킬로미터 이내에 실시간 검조기조차 없었다. 이것은 어떤 관점에서는 이해할 수도 있었다. 왜냐하면 이전 장에서 살펴본 바와 같이, 그동안 대부분의 쓰나미는 태평양에서 발생했다. 인도양에서 최근 피해를 발생시킨 쓰나미의 희소성 때문에, 쓰나미가 지역 연안에 다가오고 있다고 경보할 수 있는 실시간 해양 측정 장치가 없었다. 실시간 해양 관측 장비가 없을 경우에, 대형 지진에 의해서 쓰나미가 발생할 수 있는 가를 알 수 있는 방법이 두 가지 있는데, 하나는 과학적인 방법이고 나머지는 사람들로부터 전해들은 것이다. 과학적 정보는 인도양의 실시간 지진계로 부터 얻을 수 있었고, 이것은 일요일 아침 7시 59분에 발생한 지진으로 부터 전파되어진 지진파를 탐지한 것이다. 다른 정보는 단순히 도달하는 쓰나미 파장을 사람이 관측한 것이나 뉴스 매체에 의해서 다른 지역에 있는 사람들에게 경험한 것을 전달한 것이다. 이런 정보들 어느 것도 인도네시아 아체연안에 쓰나미 피해를 경보하거나 보다 멀리 떨어져 있는 태국, 스리랑카, 인도 연안에 정보 전달을 제때에 하지 못했다.

진앙으로부터 최초 지진파가 발생해서 전지구로 전파되어 두개의 가까운 지진계를 갖고 있는 지역인 스리랑카 팔레켈레$_{\text{Pallekele in Sri Lanka}}$ 관측소 (진앙으로부터 북서쪽 1,500 킬로미터)와 오스트리아령 코코스 섬$_{\text{Cocos}}$ (진앙으로부터 남쪽 1,600 킬로미터) 관측소에 도달하는데는 3분 30초가 걸렸다. 2분후 디에고 가르시아의 브리티시 섬$_{\text{Diego Garcia}}$ (남서쪽 3,200 킬로미터)과 티벳$_{\text{Tibet}}$(북쪽 3,000 킬로미터) 지진계에 지진파가 도달했다. 이러한 제 1차파 (P 파) 단독으로는 지진의 발생장소와 규모를 판단하기에는 정보가 부족하다. 느린 제 2차파 (S 파)가 스리랑카와 코코스 섬에 도달하는 데는 3분이 더 걸렸으며, 이보다 30초 더 걸려서 디에고 가르시아와 티벳에 도착했다. 이후에 표면 지진파가 뒤따랐다. 이런 표면파를 러브$_{\text{Love}}$파 레일리$_{\text{Rayleigh}}$파라하고, 이것들은 매우 큰 진동을 초래해서 아체 지역에서 건물들을 무너뜨렸다. P파와 S파와의 속도차이로 인한 지진계 도달시간 차이가 진앙으로부터의 거리를 계산할 수 있게 한다. 지진계로 부터 보다 많은 지진파 정보가 도달하게 되면, 정보는 더욱 정확해지고, 지진의 규모도 예측 가능하다.[14]

이러한 모든 지진정보는 자동적으로 하와이에 있는 실시간 미국 해양대기청 태평양 쓰나미 경보 센터로 보내지고 전 세계의 다른 쓰나미와 지진파 연구센터로도 전송된다.[15, 16] 초기 지각균열후 8분이 지나서 (인도네시아 시각 오전 8시 07분), 이러한 지진파 신호는 경보 센터의 알람을 울리게 했다. 3분이 지나서 경보센터는 메시지를 태평양에 있는 다른 관측소에 내보내기 시작했고, 이 때 자료는 수마트라 북부 남서쪽에서 80 킬로미터 떨어진 곳에서 발생한 수중 지진에 대한 예비 결과를 담고 있었다. 이런 초기 자료로부터 경보 센터는 지진이 규모 8.0을 나타낼 것으로 보인다는 예상을 하고 있었다.[17] 비록 이것은 거대한 지진이었음에도 불구하고, 이것은 쓰나미가 발생할 수 있다는 것을 확신시켜 주지는 못했다. 사실 3일전 12월 23일 규모 8.1 지진이 뉴질랜드 남쪽 맥큐아리아 섬Macquarie 에서 발생했었다. 이 지진은 4년 만에 가장 거대한 것이었지만, 쓰나미를 발생시키지는 않았다.[18] 경보센터는 주의하여 경보를 발표 했지만 잘못된 경보였고, 잘못된 경보 정보를 전달하는 일이 잦았다.[19]

지금까지 태평양 쓰나미 경보 센터는 12월 26일의 지진이 규모 8.0이상이 되리라는 확신을 갖지 못했다. 이 정도 지진은 매우 드물게 발생하는 경우였으며, 해저 지각아래에 어느 정도 크기의 쓰나미를 생성시킬 수 있는 잠재력을 갖고 있다고 센터는 여기고 있었다. 초기지진으로부터 15분이 지나 (8:14 A.M.) 경보센터는 지진에 관한 최초 보고서를 태평양 주변 회원국에게 발송했다. 여기에 인도네시아와 태국이 포함되었는데, 왜냐하면 태평양과 연결되어져 있는 해안을 갖고 있었고, 이러한 해안선은 환태평양 조산대를 따라 위치해 있다고 여겼기 때문이다. 보고서는 지진 위치를 북위 3.4도, 동경 95.7도로 가리켰고, 초기 예상치는 규모 8.0의 지진으로 기록했다. 보고서에 추가로 "이 지진은 태평양 바깥에서 발생했다. 파괴적인 쓰나미의 위협은 존재하지 않는다."라고 덧붙였다.[20]

이때까지 태평양 쓰나미 경보 센터에 있던 과학자들은 이미 쓰나미가 사메울루 섬을 강타했고, 수분 지나 단층균열로부터 가장 가까운 수마트라 북쪽 아체 연안이 강타당할 것이란 내용을 모르고 있었다. 아체 연안은 어촌과 도시가 르혹 느가 만 Lhok Nga Bay 남쪽부터 멜라보Meulaboh 까지 수백 킬로미터에 걸쳐 연결되어 있었다. 아체에 있던 일부 사람들은 새들의 울음소리를 듣고는 새떼가 바다로부터 수마트라 내부로 향하고 있다는 것을 알아차렸다. 일부는 많은 학들이 습지로 날아가거나 내륙 언덕 쪽으로 얼굴을 돌리고 있는 것을 목격했다. 많은 사람들은 이런 동물의 이상한 행동들이 불길한 경보라고는 생각했을 지라도, 이것이 쓰나미의 전조라고는 여기지 않았다.

사건 당일 바다에서 조업 중이던 아체 지방 어부들은 내륙에서 어떤 피해가 발생했는지 확신할 수 없었지만, 낯선 바위가 어선을 들이받는 것 같은 충격을 받고 바닷물에서 끓을 때 발생되는 기포가 생성되는 것, 대형 파도가 발생하는 등 불길한 징조들을 나타나자, 어선의 선장들은 연안의 가족이 걱정이 되어 뱃머리를 돌려 집으로 돌아왔다. 이런 걱정은 물가에 떠다니는 죽은 물고기들, 뿌리 뽑힌 수천그루의 코코넛 나무, 익사한 시체를 보게 되었을 때 극도로 혼란스러워졌다. 선원들은 떠다니는 시체를 보며 도덕적인 책임감이 들어 어선에다 실어 담기 시작했는데, 금방 선박에 가득차고 말았다. 드물게 생존자를 구출하는 경우도 있었는데, 어민에 의해 목숨을 구하게 된 사람들은 나무, 매트리스, 지붕위에서 간신히 몸을 유지하고 있었고, 그들의 옷은 갈기갈기 찢겨져 있었다. 한 어선은 생존자를 무려 50명이나 구출했다. 그때서야 그들은 거대한 파도가 마을을 강타했다는 소식을 들었고, 심지어 밴다 아체 도시도 강타 당했다는 소식을 전해 들었다. 어민들은 혼란에 빠졌다. 그들이 과거에 경험한 거대 파도는 비와 강한 바람과 동반되었으며, 심지어 파고가 가장 높았을 경우에도 그들이 바다에서 찾아낸 것처럼 사람을 죽일 정도는 아니었기 때문이다. 그들이 해안가로 가까이 다가감에 따라, 너무나 많은 잔해들이 바닷물에 가득 차 있었기 때문에 선박이 느리게 움직일 수밖에 없었다. 마을로 가까이 다가갈수록 해안가의 모습은 너무나도 이상하게 보였기에, 그들은 눈을 크게 뜨고 집이 있는 쪽을 바라봤다. 마침내 그들이 마을에 접근했을 때, 더 이상 마을이 있어야 할 곳에 마을이 없었고, 선원들의 집들도 사라져 버렸다. 연안에는 1층에는 벽이 없이 기둥만으로 지어져서 물이 통과할 수 있는 구조를 갖고 있는 모스크 사원 일부와 나무들을 제외하고는 황폐했다. 그들의 가족들은 도대체 어디로 가버렸단 말인가?[21]

르혹 느가만 연안에 위치한 마을들은 쓰나미에 의해 강타당한 첫 아체 주민 정착지 Acehnese settlements 였다. 이 연안은 가장 큰 쓰나미를 발생시킨 단층 균열지로부터 100 킬로미터 밖에 떨어져 있지 않은 곳이다. 이날 아침 시메울루 날씨는 맑고 바람이 잔잔했다. 고요하고 맑은 에메랄드 빛 바다는 아름다운 산호로 둘러싸여져 있었고, 해안 가장자리는 백옥같이 하얀 해변에 인접해 있었다. 르혹 느가는 다이빙, 낚시, 파도타기, 해변활동에 최적지였고, 밴다 아체부터 인근 마을까지 일요일 오전에는 사람들이 붐볐다. 다행히도 쓰나미가 해안가를 휩쓸었을 때는 이른 아침이여서 해변은 아직 인파로 들어차지 않았다. 오전 8시경, 지각은 흔들리고 우르릉거리기 시작했다. 5분후 요동은 멈췄고, 5분후에 바다는 후퇴했고, 약 1 킬로미터 이상 바닷물이 빠져나가 많은 잠수부들이 매력적으로 여기는 대형 산호의 윗부분이 노출됐다. 그러나 그날 아침 해변에서 수상한 징후가 쓰나미 상황이 벌어질 수 있는 전조라는 것을 아는 사람은 드물었고 대부분은 모르고 있었다. 대신에 사람들은 물 빠진 해변의 신기한 광경과 잡기 쉽게끔 움직이는 물고기를 보기 위해 해안가로 몰려들었다. 잠시 뒤 웅장한 파도소리가 바다로 부터 전해졌고, 빠져나갔던 바닷물이 복수하듯이 되돌아왔다. 파도가 접근할 때 들렸던 소리는 제트 비행기 소리 같았다고 목격자는 전했다. 첫 번째 파도는 지진이 종료된 지 13분후 연안을 강타했고, 단지 5미터의 빠른 파고였지만, 강력하고 살인적이었다. 사람들은 그때서야 목숨을 구하고자 도망쳤지만 때는 늦었다.[22]

하지만, 첫 번째 파도는 두 번째 파도에 비하면 서막에 불과했다. 두 번째 파도는 믿어지지 않을 정도인 10층 건물높이인 35미터까지 치솟았다. 이것은 통과하는 길목의 모든 것을 파괴했다. 르혹 느가 도심은 완전히 무너졌고, 바닷물은 모든 것들을 쓸어가 버렸다. 이곳의 7,500명 주민 중 단지 400명만이 살아남았고, 생존자는 처음 파도를 보고 즉시 대피했거나 그날 집에서 멀리 떨어진 곳에 머물렀던 사람들이었다. 다른 해안가 마을 역시 존재하는 모든 것이 쓸려나갔다. 파도가 물러나고 난후에, 황폐한 육지 외에 남아있는 것은 아무것도 없었다.

몇 개 남겨진 코코넛과 카수아리나 나무들은 완벽하게 나뭇잎이 발가벗겨진 상태였다. 5톤 분량의 산호초 덩어리가 암석으로 부터 떨어져 나와 르혹 느가 시내 한복판으로 옮겨졌다.[23]

쓰나미가 육상으로 진출하게 되면, 마찰력 때문에 쓰나미의 높이는 상당히 낮아지지만, 쓰나미 위력은 여전히 위력적이었다. 바닷물이 해안가에서 언덕을 타고 오르는 경우에, 바닷물은 해안가 절벽 상당한 높이까지 치고 올라갔다. 만의 남쪽 끝 지점인 라부한과 레우풍 사이에서 바닷물은 55미터 높이 절벽까지 치고 올라갔고, 가까스로 높은 그곳 까지 올라갔던 사람들을 불시에 엄습했다. 육상으로부터 멀리 떨어진 몇몇 언덕 꼭대기는 첫 번째 쓰나미이후 곧 대피하기 시작한 사람들에게는 일종의 성지가 되었다. 언덕 꼭대기에 도달한 사람들은 16미터 높이의 검은색 물기둥이 나무와 건물 등 이동경로상의 모든 것들을 깔아 뭉게는 무시무시한 광경을 내려다 봤다. 언덕부근까지 도달했던 바닷물에는 파괴로 인한 잔재들로 가득 차 있었다. 사람들은 시신이 떠다니는 곁에서 알라신을 외치며 기도했고, 때로는 그들의 무표정한 얼굴로 시체를 응시했다. 무시무시한 두 번째 파도는 육지안쪽 6킬로미터까지 침투한 곳도 있었고, 나무가 울창한 곳은 마찰에 의해 파도가 깊숙이 침투하지 못하기도 했다. 해안으로부터 1.6킬로미터 떨어진 육상에 위치한 르혹 느가 모스크 사원은 쓰나미에 남겨질 수 있었고, 일부사람들은 기적적인 일로 여겼다. 하지만, 튼튼하게 지어진 건물기둥과 1층이 개방형이여서 몰려드는 바닷물이 건물을 거스르지 않고 통과해서 지나간 경우에 불과했다. 최초 지진 진동이후 13분이 지나서, 사람들은 모스크 사원으로 몰려들어와 "바닷물이 몰려오고 있다"고 외쳤다.[24]

아체 지방보다 남쪽에 위치한 곳은 쓰나미가 조금 늦게 충격을 가하기는 했지만 마을마다 비슷한 운명을 맞았다. 남쪽지역에는 수심이 낮은 대륙붕이 자리 잡고 있기에, 쓰나미가 남쪽 마을에 도달하는데는 시간이 조금 오래 걸렸을 뿐 피해는 막대했다. 마을은 하나씩 차례대로 엄마, 아빠, 아이, 노인등 모든 가족 구성원을 이 세상에서 완전히 사라져버리게 했다. 로한가 만 남쪽으로는 쓰나미가 루펭Leupeng 마을의 흔적을 없애버렸고, 쓰나미의 위력이 얼마나 대단했는지는 크렁 라바 강Kreung Raba River에 설치되었던 철제 다리가 산산 조각난 것을 보고 알 수 있을 정도였다. 다른 곳에서와 마찬가지로, 일반 가정집은 흔적을 찾을 수 없었다. 과거 이곳이 마을이었다는 흔적을 찾을 수 있는 것은 아무것도 남겨져 있지 않은 채, 가족 구성원의 집이 있었던 자리를 상대적으로 찾을 수 있는 마을의 주요 지형지물도 전혀 남아있지 않았다. 단지 보행자 건널목을 알리는 포장도로 선만이 학교가 근처에 존재했었음을 나타내는 근거가 되어 줄 뿐이다. 그들이 피신할 수 있는 언덕을 부근에 갖고 있었음에도 불구하고, 루펭의 1만 명 거주자의 90%가 도심 마을에서 사라져 버렸다. 주거단지이었던 곳은 회색 진흙 노지가 되었고, 이런 진흙탕에서 그들이 볼 수 있는 것은 나뭇조각, 걸레, 시체들뿐이었다.

많은 시신들은 옷을 걸치고 있지 못했는데, 이것은 모래로 가득 찬 바닷물이 갑작스럽게 밀려 들어와서 옷을 벗겨갔기 때문이었고, 심지어 얼굴이 없는 시신도 있었다.[25]

루펭 남쪽인 루힐야 지방은 밀림으로 뒤덮였고, 마을 언덕의 상부에서 자유 아체 운동Free Aceh Movement 분리주의 반군들이 거주 중이었는데, 이들은 그곳에서 쓰나미가 마을을 파괴하는 것을 목격했다. 반군들은 지진 떨림을 느꼈고, 지진은 언덕을 흔들고 바위를 부쉈다. 그러고 난 뒤 그들은 바다로 부터 굉음을 듣고서는, 예상했던 것보다 너무 소리가 커서 그들은 정부가 반군인 자신들을 향해 공중 폭격하는 것이라고 생각했다. 하지만 그때 반군들은 저 멀리로부터 바다가 검게 변해 내륙을 향해 되돌아오는 것을 봤다. 이것은 정부 군대보다 그들을 더욱 무섭게 만들었다. 단지 알라신만이 그처럼 파괴적인 힘을 발휘할 수 있다고 생각했다.[26] 반군들은 정부군에 맞서 28년간 싸워왔고, 아체의 독립을 갈망해 왔다. 그들의 쓰나미 폭발 소음에 대한 반응은 늘 있는 일이었다. 많은 거주자들은 쓰나미를 피해 대피하지 않았는데, 왜냐하면 그들은 이런 소음들은 그들이 그동안 들어왔던 폭탄 폭발이나 다른 전투로부터 들려오는 총소리라고 생각했기 때문이다. 또한 많은 거주자들은 아체 지방에 온지 얼마 안됐고, 안타깝게도 그들에게는 과거 거대한 파도에 관한 이야기를 들려줄 수 있는 기성세대가 없었다.

계속 남쪽으로 내려가면, 캘랭Calang 도시가 반도 상에 위치해 있는데, 이 도시 역시 쓰나미에 의해 완전히 파괴되었다. 역시 이곳에서도 커다란 사원만이 견뎌 냈다. 주민의 70%에 해당하는 최소 6,500명의 사망자가 발생했다.[27] 이곳보다 80 킬로미터 남쪽으로 떨어진 곳에 위치한 밀라보 도시는 진앙에서는 북쪽의 다른 도시보다 가까웠지만, 최대 쓰나미를 발생시키는 곳으로부터는 멀리 위치해 있었다. 그리고 이곳은 쓰나미 이동경로에 넓은 대륙붕이 자리잡고 있었다. 그러므로 쓰나미가 도시에 도달하는데 걸린 시간은 북쪽의 도시들보다 다소 늦었고, 세력은 5~10미터로 다소 약했다. 두 번째로 많은 120,000 명의 주민을 갖고 있던 밀라보 도시는 수마트라에서 두 번째로 많은 사망자가 발생된 도시였다. 믿기 힘들지만 주민의 1/3에 해당하는 40,000명이 사망했고, 50,000명이 살던 집을 잃었다. 이곳에서도 처음에 바닷물은 약 500미터 정도 빠져나갔고, 사람들은 바닥에 뒹구는 물고기를 줍기 위해서 바닷가로 몰려들었다. 밀라보 주민의 대부분을 구성하고 있던 미냉커바우Minangkabau족은 이것을 경보의 신호로 받아들이지 않았다. 그들은 최근에 이 지역으로 이동해 왔고, 대부분은 1970년 이후에 도착했다. 그리고 그들은 바다로 부터 전해지는 대형 파도에 관한 문화적인 지식을 전혀 갖고 있지 못했다. 심지어 대부분은 지진조차 경험해 보지 못한 사람들이었다. 그러나 문화적 전통이 목숨을 건지기도 했는데, 가게주인들이 튼튼한 2층의 루코rukohs를 만들어 놨는데, 이곳으로 많은 미냉커바우 족이 대피했다.

또한 밀라보는 500명의 반군 수용자가 있던 파괴된 군부대가 있는 곳이었다. 대부분의 반군들은 산속으로 안전하게 숨어서 쓰나미에 살아남았고, 많은 이들은 가족과 이웃을 구하기 위해 산산 조각난 마을로 달려갔다.[28] 연안재해 시 사상자 수를 결정하는 가장 중요한 요소는 바닷가 인근에 거주하는 주민의 숫자이다. 아체 지방의 북쪽 끝에 위치한 수도 밴다 아체에는 최소 250,000명이 도심과 교외에 거주하고 있다. 대부분의 주민들은 북쪽 해안가에 살았고, 바다로 연결되는 강과 하천을 따라 거주하거나 논농사 지대, 석호 주변, 기타 저지대등에 살고 있다. 해안가 거주민 중 중상류층이 있다 하더라도, 대부분 바닷가 주변에 살고 있던 사람들은 가난했고, 그들의 집들은 쓰나미를 견뎌 낼 수 없었다. 사람들은 강한 종교적인 믿음을 갖고 있었으나, 쓰나미에 대한 문화적인 기억은 잃은 지 오래된 상태였다.[29]

램바다 지방은 밴다 아체로 부터 북동쪽으로 3킬로미터 떨어진 거리에 있는 어촌이다. 그곳 주민들은 최초 지진 흔들림을 오전 8시에 느꼈고, 세 번의 굉음을 들었다. 하지만, 잠시 뒤 바닷물이 0.8킬로미터 빠져나갔을 때, 어느 누구도 이것이 경보 신호라는 것을 모르고 있었다. 그리고 바다물이 24미터의 건물높이로 되돌아 올 때까지, 어느 누구도 피신하지 않고 있다가 그때서야 피신하기 시작했다. 군중들은 거리로 몰려들었고, 바닷물은 그들을 뒤따랐다. 일부는 차량을 이용해서 피신하고자 시도했지만 군중들에게 둘러싸여서 막혀버렸다. 정신없는 탈출상황에서 오토바이가 다소 나아보이기는 했으나, 오토바이조차 양손에 자녀를 안고 있는 엄마를 피하기 위해 자주 멈춰야 했다. 이미 맹렬한 바닷물이 그들의 뒤에서 더욱 바짝 다가오고 있었지만, 이미 어린 아이들은 지치고 속도가 느려진 상태였다. 시간이 갈수록 자녀를 감싸고 있는 손이 자꾸 풀렸고, 안겨있는 어린이들은 비명을 질러댔고, 군중들에 의해서 깔릴 정도이었다. 왜냐하면 바닷물의 으르렁 거리는 소리가 그들의 뒤에서 더욱 크게 들려오고 있었기 때문에, 누구도 멈출 수 없었다. 마침내 파도의 앞부분이 그들에게 도달 했을 때, 파도는 사람들의 발을 밀쳐냈고 그들을 집어 삼켰다. 그들은 오물을 마시는 대신에 숨을 참았다. 파도에 의해 옮겨진 잔해 조각은 그들의 몸을 찌르고 찢었고, 상처부위를 통해 더러운 물질이 감염되어졌다. 익사되지 않고 해류에 의해 끌어 당겨져서, 일단 파도에 의해 휩쓸린 사람들은 어느 것이라도 잡으려고 안간힘을 썼다. 커다란 부유물질은 그들을 물위에 떠 있게끔 해주며, 여전히 서 있는 나무를 잡을 수 있다면 행운일 것이다. 그러나 이러한 희소한 생존의 기회를 잡은 사람들도 뒤따르는 두 번째 파도를 극복해야 했고, 세 번째도 마찬가지였다. 20분이 채 지나지 않아서 램바다는 모든 것이 휩쓸려 가 버렸고, 다만 뾰족탑, 저수탑과 함께 모스크 사원만이 남겨졌을 뿐이다. 2,200명의 주민 중 단지 66명만이 살아남았고, 생존자중 어린이는 12명뿐이었다.[31]

그림 8.1 2004년 12월 26일 발생한 지진으로 파괴된 아체 지방 모습. 유일하게 모스크 사원 mosque 만이 남겨진 모습

램바다, 엘리 레유Ulee Lheue, 다른 연안마을, 아체 강의 선박들은 육상으로 수 킬로미터 옮겨졌고, 일부는 집들의 꼭대기에 놓이기도 했다. 심지어 엘리 레유에 정박 중이던 2,600톤의 발전선은 쓰나미에 의해서 3킬로미터 이동하여 블랑 컷Blang Cut의 펀즈 Punge 마을까지 옮겨졌다. 쓰나미 상황이 끝난 뒤 아직 쓸 만했던 이 발전선은 새로운 마을을 위해 전기를 생산해냈다. 생존자들 대부분은 멀리 떨어진 다른 마을까지 휩쓸려 갔다. 비하이Bitai 마을 주민들은 남동쪽으로 1.6킬로미터 떨어진 램튜맨Lamteumen마을까지 떠내려갔고, 찢어진 옷이나 맨몸으로 그곳에 도달했다.[32]

램야밧은 밴다 아체의 교외지역으로, 램바다보다 해안가에서 약 2킬로미터 안쪽에 위치해 있다. 일요일 아침이었기에, 흔들리는 지각이 많은 주민들을 침대 밖으로 움직이게 했다. 멍한 상태였지만 그들이 집이 무너질 수도 있다는 사실을 알기에는 충분했기에, 그들은 바깥으로 대피했다. 그러나 수분이 지나서 그들은 아체 곳곳에서 들려오는 울부짐을 들을 수 있었다. "육상으로 바닷물이 올라오고 있다!" 사람들은 판디디카 로Pendidikan Road나 다른 거리로 몰려들었고, 무언가 어둡고, 높고, 불길한 것이 그들을 뒤쫓고 있었다. 검은 바닷물 벽은 모든 집들의 흔적을 없애버렸다. 2 미터 높이의 기둥이 자신들의 집을 지탱해 줄 거라고 믿고 집 안에 머물고 있던 사람들이 있었는데, 집을 떠받치는 2 미터 기둥이나 거주자들 역시 마찬가지로

흔적 없이 휩쓸려 버렸다. 부모들은 각자의 아이들을 품안에 꼭 안고 있었지만, 바닷물이 그들을 삼켰을 때는 모든 이들이 뿔뿔이 흩어지고 말았다. 여전히 생존해 있는 사람들은 맹렬한 해류 안에서 물에 잠겨 있었고, 바닷속 잔해들에 의해서 두들겨 맞고 있었다. 그들은 바닷물에 의해서 떠내려가면서 과거 커다란 도시 빌딩이었던 곳과 바다한가운데 서있는 대나무를 망연자실하게 응시했다. 때로는 집과 충돌하는 방향으로 밀어 붙여지던 사람들이 파도가 먼저 집에 닿아 부숴버렸기에 목숨을 구할 수 있었던 사람도 있었다. 통나무 잔해는 도처에 널렸고, 이중 일부는 바닷물 위로 높이 쌓아올려졌다. 결국 이 통나무는 아직 이 나무에 올라탈 힘이 남아 있는 사람들에게 안전을 위한 움직이는 섬이 되었고, 살아남은 사람 중에는 반쯤 옷을 걸쳤거나 발가벗겨졌거나, 상처와 부상으로 피를 흘리고 있었다.

가까스로 부유중인 지붕이나 매트리스 위에 있던 사람들은 육상에서 바닷물위에 있는 상태였다. 하지만, 해류가 변해 바닷물이 빠져나가게 될 때, 이러한 일시적인 생존자들은 바다로 떠내려가야 했고, 대부분은 다시는 볼 수 없었다. 차후에 기적적으로 바다에서 구조된 사람들의 소식을 신문 기사를 통해서나마 드물게 볼 수 있었다.[33] 생존자들이 붙들고 있는 나무에서 죽은 채 떠다니는 시체나 거의 죽은 듯 한 사람들이 자신을 쳐다보는 것을 마주하기에는 너무 두렵고, 육체적으로 지쳐있었다. 일부 생존자들은 붙들고 있는 나무위에서 여전히 기도하기도 했다. 하지만 나무를 붙들거나, 잔해 위에 있거나, 부유한 매트리스를 통해 생존한 사람들은 극소수에 불과했다. 늦게 피신하기 시작한 사람들은 도망칠 수 없었고, 그들은 잔해들과 함께 물에 떠다녔고, 냉장고, 자전거, 매트리스, 잔해 더미와 함께 휩쓸려 나갔다. 육상 안쪽의 비디오에는 떠다니는 쓰레기 섬들이 촬영되어졌고, 일부는 사람들이 잔해와 함께 있었다. 더 이상의 맹렬한 파도는 치지 않았지만, 강한 해류가 빌딩사이 거리를 쓸고 지나갔다. 20분만에 램야밧Lamjabat은 황폐화 되었다. 3,600명의 주민 중에 210명만 살아남았고, 이중에 15명의 어린이와 40명의 여성이 포함되어 있었다.[34]

브랑 파잔Blang Padang 은 8헥타르 공원으로 밴다 아체 다운타운의 중심에 위치해 있으며, 바다로부터 2킬로미터 떨어져 있고, 아체 강으로 부터 1.6킬로미터 떨어진 거리에 위치해 있다. 이 공원의 왼쪽 한편은 항공 기념물인 다코타 슬라바 RI-001 Dakota Seulawah RI-001 이라는 인도네시아 항공사의 최초 비행기가 전시되어 있다. 브랑 파잔은 밴다 아체에서 가장 큰 공원이었고, 다른 도시의 공원보다 큰 규모의 공원이었고, 커뮤니티 활동의 중심지였다. 보통 일요일 오전에는 수천 명의 사람들이 운동하거나, 바다까지 걸어가기 위해서 공원을 찾곤 했다. 이번 일요일에는 인파가 훨씬 많았는데, 2004년 아체 오픈 10 K 미니 마라톤 이 개최되었기 때문이었다. 이 마라톤의 출발점과 도착점이 모두 이 공원이었다. 아체 시장은 다른 유지들과 함께 트로피 전달을 위해서 공원에 있었다. 경주는 오전 7시 30분경 시작되었고, 오전 8시 지각이 흔들릴 때 일부 주자들은 결승점을 통과하고 있었다. 주자들은 더 이상 자신들의 균형을 잡을 수 없었다. 모두 바닥에 앉거나 엎드렸다. 공원은 탁 트여 있었고, 무너지는 빌딩들로부터 멀리 있었기에, 그들은 안전하다고 여겼다. 그들은 앉아서 공원 가장자리의 건물들이 부서지기 시작하는 것을 둘러봤다. 크고 구부러진 쿠알라 트리파 호텔Kuala Tripa Hotel의 1층이 무너졌다. 진동이 중단되었을 때 사람들은 일어나서 피해를 보기 위해서 다가갔다. 하지만, 그 때 몇몇 사람이 바다로부터 다가오는 우르릉 거리는 소리를 알리기 시작했다. 7미터 높이의 검은 바닷물이 공원 북쪽에 나타나기 시작하자, 사람들은 도망치고 괴성을 울렸다. 바닷물은 빌딩사이, 공원전체를 휩쓸어 버렸다. 몇 곳에서는 아체 강으로 부터 범람하는 물과 합쳐졌고, 이런 강물은 쓰나미가 강으로 밀고 들어가 둑을 터트려서 퍼져 나온 것이었다. 수백 명의 주자들과 수천 명의 관중들은 목숨을 잃었고, 시장도 마찬가지 였다. [35] 물이 빠져나갈 때, 공원은 쓰레기로 뒤덮인 늪과 같았으며 단지 다코타 슬라바 RI-001 만이 공기역학적인 설계 덕분으로 여전히 자리 잡고 있었다.

대략 밴다 아체 도시의 1/3이 쓰나미에 의해 완전히 무너졌다. 바다로부터 3킬로미터 이내 지역에는 발가벗긴 풍경으로 뒤덮여진 회색 진흙 이외에는 아무것도 없었다. 내륙으로 1.6킬로미터 안쪽의 파괴는 훨씬 무참했고, 무너진 지역들은 여전히 지탱하는 건물들 바로 옆에 있기도 했다. 도시의 나머지는 훼손되지 않은 채 남겨졌다. 사람들은 이 재앙이 지구 종말의 신호가 가까이 왔다고 여겨서, 곳곳에서 기도소리가 들려왔다. 하지만, 분명하게 누군가는 살아남고 누군가는 죽게 된 것, 혹은 누군가는 여전히 집을 갖고 있고 누군가는 모두 잃어버린 것은 지질학적인 특성 혹은 지형학적인 특성 때문이었다. 이것이 알라신의 형벌이라고 하는 것은 분명하지 않다. 그리고 도대체 왜 지구 종말이 푸른 하늘아래 햇살좋은날 일어날 수 있다는 말인가? 일부 아체주민들은 그들이 알라신의 선택받은 사람들이었다고 계속 믿고 있다. 그렇기에 알라신 이러한 파괴적인 파도를 그들에게 겨냥한 것은 의미가 있다고 생각했다. 왜냐하면 그들은 알라신의 기준에 맞게 살지 않았다고 여겼기 때문이었다. 하지만 분명한 사실은 아체 지방에 수만 명이 죽었고, 수만 명이 가족, 집, 생계수단 등 모든 것을 잃은 채 여전히 살아있다는 것이다.[36] 아체 지역에서 약 242,347명이 죽었거나 죽은 채 실종됐고, 이중의 절반 이상은 밴다 아체지방에서 발생했으며, 약 1/5은 멜라보 지방에서, 나머지는 밴다 아체부터 멜라보사이 쓸려나간 수십 개의 해안 마을에서 발생했다.

일요일 아침 태평양 쓰나미 경보 센터로 부터 이메일이 보내졌고, 자카르타에 있는 적합한 인도네시아 정부 사무실에 도착했다. 하지만, 책임 있는 공무원은 자리에 있지 않았고, 아무도 월요일이 되기 전까지 읽어보지 않았다.[37] 누군가가 그것들을 보았을 지라도, 정보에 따라 이행할 수 있는 기반시설에 대한 준비는 전혀 되어 있지 못했다. 수년간 인도네시아 과학자들은 효과적인 쓰나미 경보시스템을 개발하기 위한 필요성을 역설해 왔다. 심지어 1993년 크라카토아Krakatoa의 화산폭발로 초래된 쓰나미의 120주년 기념일을 맞아 2003년에는 자카르타에서 특별한 쓰나미 워크숍이 열리기도 했다. 이 워크샵은 유네스코United Nations Educational, Scientific, and Cultural Organization산하 정부간해양학원회IOC, Intergovernmental Oceanographic Commission의 협찬을 받았고, 100여 명의 인도네시아 전문가와 여러 국제 전문가들이 참석했다.[38] 이 워크샵은 지역에 대한 쓰나미 위협을 알리고자 했으며, 인도양에서 쓰나미 경보 시스템의 설립을 용이하게 하고자 함이었다. 2004년 12월 24일 쓰나미에는 견줄만하지 못하지만, 인도네시아에서 위험한 쓰나미가 있었다. 플로레스 섬에서 1992년의 쓰나미는 2,080명의 목숨을 앗아갔고, 1994년에는 자바섬 남쪽 해양을 따라 223명이 사망했다. 게다가 1996년에는 이리안 자바 섬에서 108명이 사망하기도 했다. 이런 것들은 아체로부터 1,600킬로미터 이상 떨어져 있는 인도네시아의 반대쪽 끝부분에서 발생한 것이어서, 아체주민의 쓰나미에 대한 경각심을 일깨우기에는 어려웠다. 하지만, 이것들은 쓰나미에 대한 인도네시아 정부의 상황인식에 도움을 주었어야만 했다. 물론 1998년 11월에 인도네시아 정부가 대응했던 지진이 있었다. 당시 마도리 섬Mangole island 주민은 소개 당했지만, 이것은 거짓 경보로 밝혀졌고, 어떠한 쓰나미도 섬 지방을 부딪치지 않았다.[40] 2004년까지 자금 부족과 관심부족, 그리고 둘 다 부족했기에 인도네시아에서 쓰나미 경보 시스템을 시행할 열의가 좌절되었다.

북부 아체 지방을 강타한지 얼마 되지 않아, 쓰나미는 니초바 열도Nicobar Islands, 안다만 열도Andaman 지역을 강타했고, 계속 북쪽으로 올라가서 인도 소유의 영토를 파괴시켰다. 이런 열도들은 북부 단층 균열지로부터 상대적으로 가까운 거리에 있었고, 대부분이 상당히 깊은 수심의 바다였기에, 밴다 아체 지방을 타격한 쓰나미로부터 수분 내에 상당히 높은 파고로 타격받았다. 남부 안다만 섬 지역의 가장 큰 도시이자 수도 포트 블레어는 인도 현지시각으로 오전 7시 15분에 쓰나미가 타격을 가했다. 이 시각은 인도네시아 시각으로 8시 45분이고, 지진 발생 후 45분이 지난 뒤였다. 대략 350,000명의 인구들은 38개 섬에 거주하고 있었는데, 쓰나미의 영향은 섬의 높낮이와 위치에 따라 상당히 다르게 나타났다.[41] 키가 큰 열대 우림이 덮여 있는 섬들은 그들의 아름다운 해변과 마을이 피해를 입었고, 저지대의 섬들은 완전히 휩쓸려 내려갔다. 쓰나미의 침식작용으로 섬들 일부를 아주 작은 섬으로 쪼개버렸다. 3개 내지 5개의 쓰나미 파도가, 12미터에서 16미터의 높이로 완전히 섬들을 파괴했고, 전체 마을을 휩쓸어가 버렸으며, 소중한 돼지와 코코넛 나무도 마찬가지였다.[42]

안다만과 니초바 열도 주민의 약 10%는 6개 토착 부족으로 구성되어 있다. 이중의 다섯 부족(자라 Jarawa, 센티넬리스 Sentinelese, 쇼펜 Shompen, 옹치 Onge, 그레이트 안다만니스 Great Andamanese)은 많은 인도 인구로부터 순수하게 독립된 채 남겨져 있었다. DNA 검사에서 밝혀졌듯이, 이중의 두 부족, 옹치, 그레이트 안다만니스는 지난 5만년 동안 다른 부족과 섞이는것을 거부해 왔다. 그들은 지구상에 남겨진 마지막 석기 시대의 부족중에 하나였다. 단지 850명의 이러한 고대 사람들이 몇개의 섬에 살고 있었고, 인도에서는 토착부족 보존지역으로 지정한 곳이었다.

이들의 숫자는 그들이 현대 사회의 세균과 접촉하게 될 때마다 감소해 왔다. 여섯 번째 최대 부족은 니크베리스Nicobarese로서 인구수는 거의 30,000명 이었고, 인도 인구에 동화되고 있었다. 쓰나미 충격으로 거의 10,000 명의 니크베리스 주민들이 죽거나 실종되어 죽은것으로 추정되었다. 그러나 토착 부족은 쓰나미를 피해갔고, 확실히 지각이 흔들리고 난뒤 대형 파도가 따라온다는 것에 대한 문화적인 지혜가 세대 간 구전으로 전해졌기 때문이었다. 12월 26일 그들의 행동은 모두 비슷했다. 자라 부족의 연장자는 지진을 느꼈을 때 그들의 부족민을 이끌고 언덕 꼭대기로 올라갔다. 옹치 부족은 바닷물이 빠지면서 그들 부족 곁에 개천 수위가 급격히 낮아지는 것을 보고 난후에 언덕으로 피신했다. 헛 만Hut Bay은 연안과 가까운 곳에 위치한 곳으로, 옹치 부족이 정착민들에게 땅을 뺐긴 곳인데, 파도가 48명의 목숨을 앗아갔다. 그레이트 안다만니스 족은 스트레이트 섬 언덕위로 달려 올라갔고, 다가오는 바닷물을 앞지를 수 있었다. 아무도 센티넬리스 족이 어떻게 피했는지 모르며, 왜냐하면 그들은 외부인에게 적대적인 특성을 갖기 때문이다. 인도 헬리콥터가 그들의 섬 주위를 비행하며 그들의 상태를 살펴보고자 했을 때, 화살로 헬리콥터를 향해 열광했다.[43]

반면, 현대의 정보가 목숨을 구한 한 사건이 있었다. 약 1,500 명의 니크베리스 주민이 타레사 딥Tarasa Dwip (Teressa Island) 섬 위에서 구조되었다. 인도 항만 관리 위원회의 한 직원이 내셔널 지오그래픽National Geographic Channel방송 시청을 즐겨했고, 그는 그 방송에서 지진이 쓰나미를 발생시킨다고 배워서 알고 있었다. 그와 동료는 인근 마을에 이 내용을 전파했고, 사람들은 언덕위 안전한 곳을 찾아서 뛰어올라갔다. 잠시 뒤 세 번의 큰 파도중 첫 번째 파도가 다섯 개 모든 마을을 멸망시켰다.[44]

카 니커바Car Nicobar 섬은 단층균열지점으로부터 80킬로미터 동쪽에 위치해 있었고, 이곳 또한 매우 심하게 쓰나미의 충격을 받았다. 인도 공군 기지가 남동쪽 연안에 위치해 있었는데, 쓰나미에 의해서 초토화 되었고, 백여 명이 사망했다. 이 재난 소식은 동쪽으로 1,500킬로미터 떨어진 인도 본토로 전해졌다. 취나이에 있는 공군 기지가 카 니커바Car Nicobar기지로부터 거대한 지진이 발생했다는 소식을 인도 시각 오전 7시 30분에 전달받았다. 이는 지진이 발생하고 난 뒤 1시간 뒤였다. 20분 후 통신 연결이 고장 나기 직전에, 취나이는 카 니커바로 부터 마지막 소식을 고주파 채널을 통해서 전달받았다. 이 소식이 전하길 "섬이 가라앉고 있고, 주변은 온통 바닷물밖에 없다"고 했다. 카 니커바에 있는 공군기지의 재난은 인도 본토에 대한 사전 경보였고, 그들이 전달받을 수 있는 유일한 것이었다. 문제는 "이것이 경보로 받아들여져서 조취가 취해졌는가?" 였다.

지진 발생 후 1시간 5분이 지나서 (인도네시아 시각 오전 9시 4분), 추가적으로 도착한 지진파에 대한 분석이 끝났고, 태평양 쓰나미 경보 센터는 두 번째 보고서에 개정된 지진 규모 정보를 담아서 발송했다. 새로운 지진 규모 8.5는 최초 생각했던 것보다 최소 5.6배 보다 강력한 위력을 갖고 있었지만, 아직도 지진이 쓰나미를 반드시 발생시켰다는 것을 의미하는 것은 아니었다.[46] 가장 최근 분석에서는 심지어 8.5 규모 이상을 벗어나는 지진일 수도 있었지만, 아직까지도 그것을 결정하는데 충분한 지진파 자료를 확보하지는 못한 상태였다. 규모 8.5 보다 큰 지진이 발생한지가 40년이나 지난 상태였다. 이번 두 번째 경보 센터 보고서에서 다시 언급한 점은 "태평양 해역에 대해서는 파괴적인 쓰나미의 위협은 없다"였고, 추가한 것은 "진앙 부근으로 쓰나미의 발생 가능성이 있다"였다. 물론, 이때까지 쓰나미는 이미 아체 지방을 강타했고, 240,000명 이상의 인도네시아 희생자가 이미 사망한 상태였다. 이 모든 사망자는 해저 지진 발생 30분 안에 발생했다. 하지만 아체 지방 바깥에서는 아무도 이 사실을 알지 못했고, 아체 지방 안에서는 아무도 피해 규모를 알지 못했다.

아무도 한 시간 뒤나 30분 뒤를 알 수는 없다. 뉴스는 아체 지방 소식을 신속하게 내보내지 못했다. 외부인에 의해서 그 지방에 접근하는 것을 인도네시아 정부가 진행 중인 반란 상황을 이유로 막았다. 그곳에 서방 세계 기자들은 한명도 없었으며, 인도네시아 기자들도 거의 없었다. 수도 자카르타에 위치하고 있는 통신사는 현장에서 1,800 킬로미터의 거리에 있었다.

이 통신사가 인도네시아에서 가장 가난한 지방에서 발생한 뉴스를 상세히 보도할만한 이유는 없어 보였다. 그리고 심지어 아체 지방 내부에서도, 각 지역 재난에 대해서 아는 바가 거의 없었다. 마을과 함께 해안으로 떠내려가면서, 서로 떨어져서 알라의 심판에 고통 받으며 각 마을의 말살에서 살아남은 사람들은 육지나 언덕위에서 고립된 상태였다. 단지 밴다 아체 도심지역으로부터 소식들이 새어나오기 시작했다. 경보 센터의 두 번째 소식지가 전달되는 시간과 거의 동시에, 지진에 관한 첫 뉴스가 로이터 뉴스 서비스에 의해서 나왔다. 하지만 거기에는 쓰나미에 대한 언급은 없었다. 30분 후인 인도네시아 시각 오전 9시 34분에, 지진이 발생한지 1시간 35분이나 지나서, 연합 통신사Associated Press newswire 가 지진이 밴다 아체 지방의 빌딩 수십 채를 붕괴시켰다고 보고했다. 하지만, 이 기사에도 쓰나미는 언급되지 않았다. 프랑스 AFP통신Agence France-Presse은 지진이 발생했지만 쓰나미가 발생했는지는 알 수 없다고 보고했다.[47]

바로 이때 태평양 쓰나미 경보 센터에서 호주 위기 관리센터Emergency Management Australia에 전화를 했고, 호주에서도 지진에 대해 인지하고 있었고 경보 센터의 이메일을 받은 것을 알게 됐다. 태국 역시 이메일을 받았었다. 태국에서는 진앙으로부터 북동쪽으로 1,300킬로미터 정도 떨어진 방콕에서도 진동을 느꼈다는 사실을 확인했다. 지진의 진동이 너무 강해서 방콕에 위치한 지진 모니터링 및 통계 센터Seismic Monitoring and Statistics Center에서 일하는 3명의 관리자들이 전화 받느라 쫓겨 다녔다. 그들은 인도네시아 및 태국 시각 오전 9시 정각에 진앙은 수마트라 부근이란 것을 알아냈다. 하지만 그들에게 진앙지는 너무 멀어 보였고, 그들이 알기 전까지 쓰나미는 절대로 태국을 강타할 수 없다고 생각했다. 그래서 그들은 절박감 없이 지진에 관한 상세 내용을 지역 라디오 및 TV 방송사로 팩스를 보냈다.[48]

쓰나미의 일부분은 아체지방에 광범위한 사망과 파괴를 발생케 했고, 다른 부분은 서쪽으로, 아체 지방과 니초바 열도 사이로, 그리고 안다만 해 남쪽 끝부분을 통과해서 태국으로 퍼져나갔다. 이런 지역에서는 초기 단층 균열후 1분내지 1분 30초 이내에 진동을 느꼈다. 태국에서는 초기 진동후 2시간이 지난 현지시각 오전 9시 55분경,[49] 바닷물이 파통 비치에서 후퇴하기 시작했다. 이곳은 푸켓 섬 서쪽해안으로 관광객에게 유명한 곳이다. 대부분 유럽에서 온 수천 명의 관광객은 매년 겨울 파통과 다른 태국 해변으로 모여든다. 이런 해변들은 안다만 해 연안의 500킬로미터에 걸쳐 위치해 있고, 이곳에는 아름다운 하얀 모래 해변과 산호초가 있는 쪽빛바다가 있다.[50]

바닷물은 수백 미터 후퇴했고 호기심 많은 관광객과 지역주민들은 물 빠진 해안가로 자석처럼 빨려들었다. 그들은 물 빠진 해변을 걸어 다녔고, 산호초를 보기도 하고, 뒹구는 물고기를 줍기도 했다. 이런 현상을 궁금해 하는 이들 중 일부는 이것이 보름달 때문에 발생한 극단적인 저조 현상이었을 것이라고 생각하기도 했다. 하지만 지역주민들은 조류가 이렇게 빨리 빠져나가는 것을 본적이 없었다. 마침내, 일부는 수평선위로 하얀 물보라 떼를 목격했다. 이것은 약 1.5킬로미터 밖에 있는 긴 쇄파처럼 보였다. 하지만 이상스러운 점은 이것이 전체 수평선을 따라서 나타난다는 점이었다. 느리게 바닷물의 하얀 띠는 커져갔고, 가까이 올수록 난기류는 보다 분명해졌고, 전체 해안을 따라 퍼져나갔다. 요트와 어선들은 파도에 휩쓸렸고, 일부선박은 뱃머리가 파도를 가리키며 파도를 통과해 나갔다. 이런 조치는 눈앞의 불길한 상황을 극복하기 위해서 파도의 힘이 선박에 미치는 것을 막기 위한 행동의 일환이었다. 이것은 파도를 타거나 바닥에 잠수해서 충격을 피할 수 있는 형태의 파도와는 차원이 다른 것이었다. 이것은 단단하게 휘젓고 있는 벽과 같은 흰 파도였다. 어느 시점에 사람들은 위험을 깨닫기 시작했고 대피하며 소리쳤지만, 많은 이들은 너무 늦게 깨달았다. 바닷물은 그들을 덮쳤고 연안위로 올라왔다. 바닷물의 위력은 호텔의 고층에서 내려다보는 이들에게는 분명하지 않았다. 하지만 그들은 집이 부서지고 차량과 버스가 장난감처럼 육상으로 옮겨지는 것을 지켜봤다. 불행하게도 1층 호텔방에 머물던 사람들은 쓰나미의 위력을 너무나도 분명하게 목격했다. 일부 방들은 말 그대로 압력에 의해 폭발했다. 만약 행운이 따르는 거주자인 경우에, 바닷물이 창문과 문을 통해 들어와서 방안의 물건만 쓸어가 버리기만 했다. 하지만, 대부분은 바닷물이 천장까지 들어차서 관광객들은 익사했다. 이것은 단지 첫 파도였을 뿐이다. 이후 두 번째 파도가 왔다. 마침내 세 번째 파도가 왔다.[51]

쓰나미가 연안에 도달할 때 지역마다 모래톱, 바위, 해저지형, 해변 배열 등의 지형에 따라서 파도 높이가 다르게 기록되어졌다. 푸켓섬 서쪽 해변을 강타한 가장 큰 파도는 6미터 내지 7미터에 달했다.[52] 해변 환경은 파도가 보유한 큰 힘이 육상을 엄습할 때 영향을 끼친다. 캐론 비치는 해변 앞쪽에 모래 언덕을 갖고 있었고, 이것은 파고를 낮추게끔 했다. 반면 캐밀라 비치는 커다란 가까운 해안가 암석이 있었고, 치명적인 인명 손실을 당했다. 쓰나미 통과는 거대한 밀도의 장대한 건물에 의해서 방해받게 된다. 파통에 있었던 건물들로는 호텔, 레스토랑, 상가건물 등이 파도를 약화시켰다.

해변으로 부터 곧장 내륙으로 뻗어있는 도시의 거리들은 강력한 바닷물이 들이닥쳤고, 대부분의 차량 및 도로 양편에 쌓여져 있던 대형 물체와 같은 치명적인 잔해들을 운반했다. 해변과 평행하게 자리 잡은 도로들은 주요한 바닷물의 흐름과 직각을 이뤘고, 많은 빌딩들에 의해 보호되어졌다. 일부 사람들은 육상 고지대로 뛰어오르거나 2층 빌딩 쓰나미보다 앞서 달리려 하지 않고, 해안선을 따라 건설된 도로로 피신해서 살아남았다.[53]

파통과 캐밀라 지역, 그리고 푸켓 동쪽해안에 위치한 호텔과 상업시설은 주로 지상 1층이 심각한 피해를 입었다. 차들이 호텔 로비에 떠다니기도 했다. 부유 물체들은 건물의 1층 창문, 상가의 문짝, 레스토랑, 대중음식점, 호텔을 부쉈다. 바닷물은 이후 몰려들어 모든 것들은 쓸어가 버렸고, 방안에 남겨진 것이라고는 진흙밖에 없었다. 대형 버스가 수 백 미터 옮겨졌고 그 과정에 있던 것들은 모조리 부숴버렸다. 대부분의 지역에서, 세 번째 파도이후의 역류는 고정되어 있지 않은 모든 것을 바다로 쓸고 가버려서 치명적이었다. 세 번의 주요 파도 사이에, 부상당한 채 살아남은 사람들이나 위태로운 상황을 모면하고자 언덕으로 이동하려했던 사람들이 호텔 발코니에서 불안에 떨면서 혹시 모를 다음번 파도에 갇혀 있었다. 세 번의 대형 쓰나미 파도이후에, 잔잔해진 파도는 몇 시간 계속됐다.

파통 해변보다 훨씬 심한 피해를 당한 곳은 캬요 랙 지역이었다. 이곳은 북쪽으로 100킬로미터 떨어져 있고, 하얀 백사장과 줄지어 선 호텔, 레스토랑, 음식점, 상점 등으로 관광객에게 유명한 또 다른 지역이었다. 최초 바닷물이 빠져나간 후, 대형 파도가 다가왔을 때, 파도의 크기는 8미터에 달했다. 이런 이유는 캬요 랙 비치 해저면이 약간 올라오는 형태였기 때문이다. 캬요 랙 지역이 태국에서는 평균 해수면보다 가장 높은 쓰나미가 발생한 곳이었고, 여기에는 해변 뒤 지면이 언덕까지 경사를 이루고 있었던 점도 작용했다. 캬요 랙 비치에 있던 사람들 중 최소 25%가 그날 아침 사망했다. 가장 고급스러운 해변 휴양 호텔에서 30분만에 백여 명의 관광객이 사망했고, 대부분은 지상 1층 호텔방에서 목숨을 잃었다. 일부 장소에서는 파도가 3층 건물의 꼭대기까지 다다르기도 했다. 80%가 넘는 호텔들이 피해를 입거나 완전히 부서져 버렸다. [54]

캬요 랙 지역과 파통으로부터 남동쪽으로 60킬로미터 거리에 있는 코 파이 파이 섬과 함께 스칸디나비아 가족들에게는 유명한 장소이다. 이곳 코 파이 파이는 태국에서 두 번째로 많은 수의 사망자가 발생한 곳이다. 코 파이 파이는 젊은이들이 좋아했고, 캬요 랙 지역은 가족단위의 관광객이 많았다. 캬요 랙 지역에서는 그날 아침에 수영을 하던 사람들이 바다로 휩쓸려갔지만, 캬요 랙 지역에서는 바닷물이 들어올 때 호텔방에서 자다가 숨졌다. 약 5,000명이 죽은 것으로 확인 됐고, 이중의 절반은 외국인이었다. 많은 시체들의 신원을 확인할 수 없었기 때문에, 10여 개국의 법의학 팀이 파견되어 DNA 조사를 수행했다.[55] 캬요 랙을 포함하고 있는 팽느가 지방은 태국에서 가장 많은 사망자가 나타났다. 태국 사망자 7,593명중 71%가 팽 느가 지방에서 죽거나 실종되었다. 이런 사망자 중에는 관광객과 지역주민들이 대부분이었으며, 대부분의 어촌지역은 완전히 파괴되었다.[56]

쓰나미는 북쪽으로는 태국, 미얀마로 퍼져갔고, 남서쪽으로는 말레이시아, 싱가포르 로 계속 퍼져갔다. 하지만, 남서쪽 지역에서는 천해의 마찰효과로 인해 세력이 약화되었다. 실제로 파도가 말라카 해협Malacca Strait에서 싱가포르까지는 전혀 피해를 발생시키지 않았다. 쓰나미는 해협과 말레이시아 남동해안, 인도네시아 북동해안을 통과하면서 세력이 급격히 감소되었다. 말레이시아에서 발생한 70명의 사망자는 태국과 경계부근에서 발생했는데, 당시 쓰나미 파고는 감소되기 이전이여서 여전히 높은 상태를 보이고 있었다.[57] 미얀마에서는 71명의 사망자가 보고되었고, 희생자는 태국 경계와 가까운 지역에서 발생했다. 당시 쓰나미가 미얀마 연안을 따라 북쪽으로 이동하면서 파고는 3 미터에서 점차 약화되고 있는 상황에 나온 사상자였다.[58]

그러나 쓰나미가 서쪽으로 전파될 때 또 다른 거대한 부분이 있었다. 이 파도는 인도양의 심해를 통해 이동했고, 천해에 방해를 받지 않았다. 서쪽 전파는 오래 지속되어 동쪽방향의 파도보다 오래 지속되어졌다. 마침내, 이런 쓰나미는 대부분의 세계에 전파되었다. 다음 장에서는 쓰나미가 수십만 명의 목숨을 빼앗아간 것에 덧붙여서 엄청난 비용의 손실을 초래한 것을 살펴볼 것이다. 또한 12월 26일로부터 어떤 교훈과 어떤 자료를 얻었는지 살펴보고, 향후 쓰나미 예측의 개선방향을 살펴볼 것이다.

제9장

인도양 쓰나미를 통한 교훈

전 세계로 퍼져나간 쓰나미 경보

12월 26일 쓰나미의 사전 경보 신호를 보고 주변에 알리거나 목숨을 구한 사람들은 사망자수에 비해 너무 적었다. 우리는 시메울루에 섬 주민들, 안다만 및 니쵸바 열도지역의 주민들이 쓰나미 습격에 대해서 인지하고 대피했다는 점을 앞장에서 살펴봤다. 지축을 흔드는 지진, 갑작스런 바닷물 후퇴, 커다란 파도의 습격에 관한 쓰나미 이야기는 이야기를 통해 세대간 전해졌다. 쓰나미에 대한 문화의 힘은 캬요 랙 북서쪽 80킬로미터 떨어진 남서린섬South Surin Island상의 바다집시 태국 모캔 족Moken에게도 적용되어졌다. 부족의 연장자가 이상한 바다의 움직임을 인식한 뒤 2백 명의 부족민에게 알렸고, 모두 언덕으로 대피했다. 몇 분후 쓰나미는 모든 해변 마을의 집과 기둥을 휩쓸어 버렸다.[1]

일반인중 쓰나미의 전조만을 보고 위험을 직감한 사람은 드물었다. 가장 유명한 예는 영국에서 가족과 마이 카오 해변에 휴양 온 10살 학생이 2주전 지구과학 수업시간에 지진과 쓰나미에 대해서 배운 기억을 되살린 경우였다. 어린학생과 가족은 태국 파통 해변에서 북쪽으로 20킬로미터 거리에 위치해 있었다. 소녀가 바닷물이 빠져나가고 바닷물이 거품을 내는 모습을 목격했을 때 소녀와 어린 동생, 그리고 부모는 해변에 있었다. 그들이 해변을 떠나야만 한다는 것을 그녀의 부모에게 설득시키는데 상당한 노력이 필요했고, 결국 소녀의 겁에 질린 간청을 들었던 주변 사람들과 함께 그녀의 가족은 모두 해변을 벗어났다. 인근의 다른 해변과는 달리, 소녀의 행동 때문에 마이 카오 해변 에서 익사한 사람은 없었다.[2] 같은 시각 남쪽으로 수 킬로미터 떨어진 곳에서, 스코틀랜드 교사가 카말라 해변Kamala Beach에 있다가 바닷물이 빠져나가면서 선박들이 물 빠진 해변에 놓인 것을 목격했다. 그는 즉시 해변에 있는 그의 가족에게 뛰어가서 "쓰나미가 온다!"하고 외쳤다. 그들은 영어소통이 가능한 태국 의사의 도움으로 호텔 셔틀 버스를 잡아타고, 운전자에게 버스를 고지대로 가자고 했다. 하지만, 운전자는 방향을 잘못 잡아서 해안가에서 0.8 킬로미터 떨어져 있는 해안가와 평행하게 놓인 도로위에 멈춰서고 말았다. 버스의 승객들은 겁에 질린 채 최초 쓰나미가 그들에게 다가오는 것을 지켜봤다. 쓰나미는 마침내 그들은 덮쳤지만, 해안선과 평행한 방향에 자리 잡고 있던 버스는 전복되지는 않았다.[3] 카말라 해변에 위치한 아만푸리 호텔 수상 스키 담당자는 바닷물이 해안에서 빠져나갔을 때 즉시 그의 상관에게 전화를 걸었다. 그의 상관은 즉시 모든 사람들을 해변에서 떠나도록 조치했고 다른 호텔에도 이 사실을 알렸다.[4]

많은 동물들 역시 지진과 쓰나미에 반응했고, 무슨 일이 일어나고 있는지 알지 못했던 사람들의 목숨을 구했다. 캬요 랙 공원에서 관광객을 태우던 8마리의 코끼리가 갑자기 지진의 진동이 시작될 즈음에 이상한 소리를 내며 울부짖었다. 그들은 곧 진정됐지만, 한 시간 뒤에 그들은 다시 당황스러워 했고, 조련사들에 의해서도 코끼리는 진정되지 않았다. 코끼리들은 리조트 해변 뒤에 위치한 밀림이 우거진 언덕으로 관광객을 태우고 출발했고, 이 관광객들은 카요 랙 해변에서 죽은 3,800명의 사망자 명단에서 빠질 수 있었다. 당일 공연에 참가하지 않았던 코끼리들도 쇠사슬을 끊고 언덕으로 올라와 있었다. 조련사들은 이런 코끼리의 행동을 막을 수 없었고, 도망치는 관광객을 밟지 않도록 코끼리의 이동 방향만 바꿔줄 뿐이었다. 도망치는 와중에 코끼리들은 관광객을 들어 올려 등위에 태우고 움직였고, 안전한 곳에 내려놨다.[5] 인접한 캬요 랙 코끼리 센터에서도 같은 일이 있었다. 두 코끼리가 이전에 한 번도 보이지 않았던 행동을 하며 이상한 소리를 낸 뒤 쇠사슬을 끊고, 조련사의 명령을 무시한 채 고지대로 피신했다. 당시 코끼리 등에 올라탔던 4명의 일본 관광객은 자신들도 모르게 안전지대로 옮겨졌다.[6]

비록 동물이 갖고 있는 지진과 쓰나미에 대한 육감적인 행동과 관련이 있지만, 코끼리의 행동은 그들의 청각과 촉각 능력과 관련된다. 그들은 바다에서 파도가 부숴질 때 만들어 내는 초저주파를 포함한 사람이 듣지 못하는 저주파를 인지할 수 있다. 이러한 저주파 음향 진동은 고주파 음이 인간에게 전달될 때보다 약화되지 않은 상태로 대기를 통해 멀리 전파될 수 있다. 이러한 초저주파 불가청음은 지진 발생 시 코끼리를 흥분시킬 수 있다. 지진파가 북쪽 수마트라 산에 부딪치며 산을 뒤흔들 때 초저주파 음이 발생했고, 해변가에 있던 코끼리들은 이러한 저주파를 들을 수 있었다. 일반적으로 쓰나미는 얕은 바다에 도달하면 초저주파를 자체적으로 만들어 낸다. 게다가 쓰나미가 물 빠진 해변에 부딪치기 시작하면 초저주파 만들어낸다. 코끼리는 그들의 발바닥을 통해 표면 지진파를 감지할 수 있었다. 코끼리는 발을 구르는 것으로 멀리 떨어진 다른 코끼리와 신호를 주고받을 수 있었다. 따라서 코끼리는 지진에 의한 초음파를 대기를 통해서 감지할 수 있고, 이후에 지진에 의한 초기 P 파, 표면 지진파, 쓰나미에 의한 지진파까지 느낄 수 있었던 것이다. 코끼리 코는 지진파를 탐지하고, 저주파를 만들어 먼 거리에 있는 다른 코끼리와 의사소통하는데 유용하게 사용되는 것으로 여겨진다.[7] 하지만, 이런 능력은 코끼리만 갖고 있는게 아니었다. 태국의 래농Ranong지방 해변가에서 풀을 먹던 물소들은 일제히 고개를 들어 바다를 쳐다봤고, 귀를 쫑긋 세우고 있었다. 갑자기 물소들은 언덕으로 몰려 올라갔고, 당황한 주민들은 자신들의 소중한 재산인 물소들을 찾아 언덕으로 쫓아갔다. 수 분후 쓰나미가 들이 닥쳤고 마을이 파괴됐다.[8] 분명히 조류 역시 초저주파에 매우 민감한 동물이었기에, 쓰나미 습격시 새떼들이 바다에서 육상으로 이동하는 모습이 목격되었다.

단층 균열로 초래되어 서쪽으로 전파된 쓰나미는 뱅골만Bengal Bay을 통과해서 스리랑카 동해안에 부딪쳤다. 이곳은 강력한 쓰나미 발생 장소로부터 서쪽으로 1,000 킬로미터 떨어진 곳이었다. 지진 발생 후 1시간 45분이 지나, 스리랑카 현지시각으로 오전 8시 45분에 쓰나미가 도착했다.[9] 동쪽으로 전파되어 태국에 도착한 쓰나미보다, 거리는 두 배 정도가 되는 스리랑카에 10분 먼저 쓰나미가 도착했다. 약 4킬로미터 깊은 수심의 벵골 만에서 서향 쓰나미는 시속 680킬로미터의 제트비행기처럼 전파되었다. 게다가, 스리랑카 동쪽연안의 대륙붕은 16 킬로미터 이내로 협소해서, 얕은 바닷물에 부딪쳐서 시간이 지연되는 상황이 발생하지 못했다. 스리랑카로 전파되는 심해에서 위성에 관측된 쓰나미의 파고는 0.6미터 내외로 크지 않았다.[10] 파장은 골 사이가 약 430킬로미터로 매우 길었고, 바다위에 있던 어떠한 선박도 그들 아래로 쓰나미가 지나가고 있다는 것을 알아채지 못했다.

하지만 일단 쓰나미가 얕은 물에 부딪치자, 급격하게 감속되었고 파고역시 줄었다. 인도네시아와 태국은 바닷물의 골과 함께 파도가 강타해서, 바닷물이 먼저 빠져나가고 이후에 파괴적인 물마루가 해변을 강타한 것과는 다르게, 스리랑카에는 물마루가 먼저 강타했다. 하지만, 최초 쓰나미 물마루는 1미터정도로 거대하지 않았다. 일부 지역에서는 1차 쓰나미가 나타났는지 모를 정도였으며, 첫 번째와 두 번째 쓰나미 사이 바닷물이 빠져나가는 것을 지켜본 후 알게 됐다. 바닷물은 빠르게 빠져나갔고, 아체 지방과 태국처럼 해변 바닥이 들어나자, 사람들은 형형색색의 물고기를 줍고자 해안가로 달려갔다. 일부는 고기를 담을 가방을 들고 해변으로 다가가기도 했다. 이런 사람들 대부분은 두 번째 파도 물마루에 의해서 강타 당했고, 두 번째 파고는 5내지 12미터의 범위였다.[11] 심지어 인도네시아에서 1시간 30분전에 쓰나미 재해가 발생했었지만, 스리랑카에 어떠한 경보 신호도 전해지지 않았다.

쓰나미로부터 강타당한 스리랑카의 첫 도시는 올루빌Oluvil이라는 어촌이었다.[12] 올루빌이 최초로 피해 입은 이유는 스리랑카 동쪽 끝 지역일 뿐만 아니라, 바다 쪽을 향한 해저협곡의 끝부분과 인접해 있었기 때문이다. 올루빌 강타 후 20분이 지나서, 400킬로미터에 달하는 스리랑카 동쪽 연안이 쓰나미로 휩쓸렸다. 이곳들은 관광객들이 찾는 지역은 아니었다. 관광객들은 21년째 신할레스Sinhalese 정부군과 타밀Tamil 반군간의 전쟁장소를 피해 남쪽해안을 선호했다. 동쪽 연안지역은 가난하고 황폐한 지역이여서 어부들과 쌀농사 농부들이 해안가에 나무로 지어진 작은 집에 살고 있었기에, 11미터 쓰나미가 강타했을 때 살아남은 사람이 거의 없었다. 스리랑카 사망자의 절반은 동쪽 연안에서 발생했는데, 약 15,000 명이 죽고, 10,000 명이 다쳤으며, 800,000 명이 집을 잃었다.[13]

올루빌 도심에서는 단지 2명만이 사망했다. 올루빌로부터 단지 12킬로미터 북쪽에 위치한 칼무나이Kalmunai도심에서는 8,500명이 넘는 사망자가 발생했고, 이곳은 스리랑카에서 가장 큰 충격을 받은 도시였다. 올루빌에서는 바닷물이 빠른 조류처럼 상승한 반면, 칼무나이에서는 12미터 쓰나미가 강력한 힘으로 강타했다.[14] 올루빌 어민들은 이것을 은혜라고 여겨지지만, 여기에는 왜 올루빌 주민들이 살아남을 수 있었던 과학적인 이유가 존재했다. 칼무나이에서 가족을 잃고 살아남은 사람들은 이와 같은 비극적인 손실에 대해서 이해할 수 없었다. 이런 피해는 바닷속 해저지각의 모양에 의해서 결정 난 것이었다. 올루빌은 바다 쪽을 향한 해저협곡의 마루 부분과 인접해 있었고, 칼무나이는 바다 쪽을 향한 해저협곡의 골짜기 부분에 해당한다. 해저 협곡의 골짜기는 도파관처럼 작용해서 쓰나미의 에너지가 굴절에 의해서 골짜기로 집중되어 졌고, 이와 같은 굴절의 이유는 쓰나미와 같은 장파장의 속도가 수심에 좌우되기 때문이었다(5장 및 7장 참조). 골짜기 양쪽 깊은 수심에서 쓰나미의 일부분이 물마루위의 얕은 물에서의 쓰나미보다 빠르게 퍼져나갔다. 그래서 파도 앞부분이 골짜기로 휘어지며 에너지가 골짜기로 집중되어 훨씬 큰 쓰나미를 발생시켰고, 해안가에 부딪칠 때 큰 피해를 초래했다. 반면에, 파도의 에너지는 연안에 부딪칠 때 해저협곡 깊은 수심으로부터 분산되어졌다. 스리랑카 동쪽 외해에는 반복되는 패턴을 가진 해저 협곡과 해저 골짜기가 놓여 있는데, 이런 특성이 죽음과 파괴의 패턴을 만들어냈다. 칼무나이 부근에서 쓰나미의 높이가 11미터 이상인 곳이 최소 5곳이었고, 5미터 이하인 곳도 있었다. 일부 마을의 모든 것들은 전부 휩쓸려 나갔지만, 다른 곳은 최소한의 재산과 인명피해만 발생한 곳도 있었다.

사상자수는 튼튼한 식물의 형태나 모래 언덕 같은 해안가에 위치한 자연적인 보호물에 영향을 받기도 했다. 연안 모래톱은 일부 파괴되기도 했지만, 쓰나미 에너지를 흡수하는데 큰 역할을 했다. 방파제 구실을 하는 보초도는 본토를 강타할 수 있는 쓰나미의 파고를 낮추었다. 뿌연 색깔의 11미터 파고가 보초도를 향해 부딪칠 때 누군가가 "바닷물이 몰려오고 있다!"하고 외쳤다. 이 소리를 들은 30명의 고아들과 직원들은 선박에 올라탔고, 호수를 빠져나가 안전한 본토로 향했다. 으르렁거리는 바닷물은 고아원을 파괴시켰고, 섬을 통과하여 늪으로 퍼져가면서, 선박을 뒤쫓듯 뒤따랐다. 하지만 쓰나미의 거대한 에너지가 섬을 통과하면서 잃고 말았고, 일부에너지만이 얕은 호수물을 통과해서 퍼져나갔을 뿐이었다. 그리고 고아들을 실은 선박은 쓰나미보다 가까스로 빠르고 안전하게 본토에 도착할 수 있었다.[15]

쓰나미 파도의 앞부분이 스리랑카 동부 해안에 정면으로 부딪쳤지만, 남쪽 해안은 비스듬히 부딪쳤다. 파도 앞부분의 일부는 깊은 바다를 통해 전파되어 왔기에 얕은 바다를 통한 쓰나미보다 훨씬 빨랐다. 남부 연안을 따라서, 쓰나미 파도 높이는 일반적으로는 동쪽에서 서쪽으로 갈수록 감소되었고, 대부분 3미터 이하를 나타냈으나, 동부 해안은 7미터를 넘는 곳도 있었다.

최고 쓰나미 파고는 얄라 국립공원Yala National Park에서 기록되었고, 이곳은 남부 해안의 동쪽 끝에 위치하고 있었다. 연안 해저 지형의 특성으로 쓰나미가 집중적으로 피해를 끼친 곳은 50킬로미터나 되는 야생 보전 지역이었다. 쓰나미의 파고는 12미터가 넘었고, 쓰나미는 모래 언덕에 의해 보호받지 못한 지역에 막대한 재산피해와 인명피해를 일으켰다. 그러나 야생 보호지역에 있는 동물은 한 마리도 죽지 않았다. 공원 및 공원 주변에서 코끼리와 들소들이 내륙으로 달아났고, 새들이 바다로부터 멀리 내륙으로 날아갔다는 보고가 있었다. 동물들은 쓰나미로부터 초저주파를 감지하고 행동했다. 불행하게도 스리랑카 남부 해안에서 약 10,000명의 사람이 죽었다.[17]

굴절된 쓰나미 파도는 휘어진 해안선을 따라 서쪽과 북쪽으로 전파되어 갔다. 스리랑카 서쪽 연안에서 쓰나미 파도는 갈수록 약해졌고, 남부 갈로 도심 옆을 지날 때는 대략 4미터였던 파고가 북부지역 수도 콜롬보Colombo에 다다랐을 때는 2미터보다 작았다. 하지만, 10미터 쓰나미가 파랠리야Peraliya마을(갈라 북서쪽 13킬로미터)을 강타했는데, 이 마을은 해안가로부터 철로가 가까이 설치되어 있는 곳이었다. 새무드라데비Samudradevi로 명명된 여객열차가 콜롬보를 출발한 것은 오전 9시이었고, 정원을 초과한 8개의 열차는 1,700을 넘는 승객을 싣고 남쪽도시 갈라Gala로 가고 있었다. 여행객이 많았던 이유는 지진 당일은 연휴였고, 보름달이 뜨는 휴일 있다. 불교신자들은 보름달이 뜨는 날에 기도를 올리기 위한 성지를 가거나 친척들을 방문하기 위해서 열차를 많이 이용했다. 불행하게도 열차가 페렐라리아 지방에 도달하는 시각은 최초 쓰나미가 전파되었던 오전 9시 15분과 정확히 일치했다. 첫 번째 파도는 약했지만, 열차길을 휩쓸고 가기에 충분할 정도인 허리까지 오는 높이였다. 마을 고등학교에서 얼마 떨어지지 않은 지점에 열차는 멈춰 섰다. 쓰나미가 마을을 혼동에 빠뜨렸고, 열차지붕위가 튼튼하고 안전하다고 여긴 사람들은 아이들을 열차위로 끌어올렸다. 바닷물은 빠져나갔고, 열차는 움직이지 못했다. 아마도 사람들이 지붕위에 있었기 때문이었을 것이다. 열차가 떠나지 못하고 남아 있던 것은 치명적인 실수였다. 왜냐하면 약 10분 뒤에 두 번째 파도가 몰려왔고, 10미터 파고와 매우 강력한 힘을 갖고 있었기에 열차선로를 구부러뜨리고, 열차를 주택가로 처박았다. 세 번째 파도는 높지는 않았지만 여전히 위력을 유지하고 있었다. 거의 1,700여명의 모든 승객은 목숨을 잃었고, 게다가 200여명의 마을주민도 사망했다. 이것은 역사상 최악의 열차사고로 기록되었고, 1981년 인도에서 발생했던 두 번째 최악의 사고보다 두 배에 해당하는 희생자를 발생시켰다.[19]

최초 지진발생 후 2시간 30분이 지나서, 하와이에 있는 태평양 쓰나미 경보 센터에 있는 과학자들은 인터넷을 통해 스리랑카의 희생자 소식을 접했다.[20] 이제 쓰나미가 발생된 것은 분명해 보였다. 오직 쓰나미만이 이런 재앙을 일으킬 수가 있었다. 과학자들은 '지금 쓰나미 전파 경로에 있을 사람들에게 경보를 해야 하는가?' 고민했다.

경보 센터의 과학자는 수마트라 지진에 의해서 거대한 지진이 발생했다는 것을 깨달았다. 하지만, 이제 막 재해 보도를 시작하는 언론에서는 전혀 다루고 있지 못했다. 예로써, 로이터 통신사는 아체 연안 지진, 대형 파도, 해수면 상승 등을 언급했으며, 로이터는 "갑작스런 바닷물 범람"이 밴다 아체를 강타했다고 사실만을 보도했다. 여기에 덧붙이기를 "바닷물이 어디 어디 왔는지 아직까지 확인되고 있지 않다"고 전했다.[21] 한 시간 뒤에도 일부 뉴스 기사에서는 여전히 스리랑카를 강타한 거대한 파도는 지진과 연관된 것으로 보인다고 전했다. 뉴스 매체는 쓰나미가 발생시킨 높은 파도에 대한 보도가 늦어지고 있었고, 쓰나미 경로에 대해서 경보를 제공할 수 있는 위치에 있지도 못했다.

인도는 바로 다음 차례였다. 경보의 메시지를 전달할 수 있는 최소한의 정보가 있었다. 다름 아닌 지진에 의해서 피해를 입은 카 니코바 군 기지로 부터 정보가 전달되었다. 인도 현지 시각 오전 7시 50분, 공군 기지의 최종 메시지는 "섬이 가라앉고 있다. 세상이 온통 물바다이다"였다. 이 메시지를 받은 시점은 쓰나미가 첸나이 지방과 인도 본토를 강타하기 1시간 15분 전이었다. 그러나 쓰나미가 강타하기 50분 전까지인 현지시각 오전 8시 15분이 되어서 공군 전대장은 공군 기동대 장교를 시켜 국방부에 보고했다.[22] 이에 대한 대응은 어떠했을까? 첸나이 지방 어떤 공무원이나 혹은 정부 고위 관리가 카 니코바 지진 재해에 대해서 정확히 이해했는지 확인하는 것은 불확실하다. 카 니코바 로부터 전해진 공군 기지의 메시지로 부터, 전달자는 지진이 섬이 가라앉고 있기에 "세상이 온통 물바다이다"라고 전달한 이유가 상부에서 쉽게 믿어지리라고 생각했을 것이다. 이것은 정부의 무능에 관한 문제라기보다는 쓰나미에 대한 교육 부족이었는지 모른다. 만약 이런 메시지가 지휘계통에 신속하게 전달되어 졌다 하더라도, 과연 누가 쓰나미가 카 니코바에 타격을 가했으니 곧 인도 본토를 강타하리라고 생각을 할 수 있었을까? 이유가 어떻든지, 어떠한 경보도 일반인에게 전달되지 않았다. 다른 인도 정부기관인 인도 기상청역시 지진에 관한 정보를 안다만과 니코바 섬에 있는 관측소로부터 받았다. 기상청은 지진 자료를 수많은 지진계로부터 받아 분석했지만, 어느 누구도 쓰나미가 인도를 향하고 있다는 생각은 추호도 하지 못했다.[23]

서쪽으로 이동하는 쓰나미의 일부분이 스리랑카 북부를 통과하여 인도 동부 해안을 강타했다. 이곳은 스리랑카의 북동부로부터 320킬로미터 북쪽에 위치해 있었다. 쓰나미는 첸나이 도시를 현지시각 오전 9시 5분에 강타했다. 이것은 지진 발생 후 2시간 36분 지나서였고, 스리랑카에 처음으로 쓰나미의 피해를 입은 지 50분 후였다.[24] 쓰나미는 또한 비샤카파남 도시를 강타했고, 이곳은 인도 동부 해안에서 640킬로미터 북동쪽 위치에 있었고, 거의 첸나이와 비슷한 시각에 쓰나미 피해를 받았다. 두 도시에서 쓰나미 파고의 높이는 인도 해안을 따라 나타난 파고 보다 낮았다. 하지만 쓰나미는 여전히 위력을 갖고 있었고 취약한 지역에 있는 사람들에게는 몹시 위험했다. 힌두교 종교를 믿고 있는 주민에게 사건당일은 보름달이 뜨는 날이었기에 햄기나푸디 해안에서 어린이와 여성들은 종교절차에 따라 목욕을 하고 있었다. 그때 쓰나미가 들이 닥쳤고, 시체가 해안에 쓸려 다니고 바다로 휩쓸려가기도 했다.[25]

인도에서 가장 높은 쓰나미의 파고와 재산피해 그리고 인명 손실은 첸나이 Chennai 남쪽 지역에서 발생했다. 거대한 검은 바닷물의 벽이 타랑감바디 어촌에 오전 9시 17분에 들이 닥쳤을 때, 대부분의 남성들은 바다에서 조업 중이었다.[26] 연안으로부터 몇 킬로미터 떨어진 곳에서 조업 중이던 선원들은 어선의 낯선 수면 상승을 경험했고 바다가 검은색으로 변하는 것을 인식하기는 했지만, 그들이 집으로 돌아와서 떠다니는 시신들을 보기 전까지는 실체를 모르고 있었다. 그러는 동안 연안에서는 일요일을 맞아 어린이들은 학교가 있는 육상이 아닌 해변 통나무집에서 지내고 있었다. 그들의 엄마들은 집에서 가정 일을 하거나 어시장에 있거나 자녀들과 해변을 산책하고 있었다. 비명이 시작됐고 거대한 파도가 해변으로 들이닥쳤을 때는 그들은 자녀를 위해 달려갔고 해변에서 도망쳤다. 최초 파도가 마을을 강타한 것은 단지 사람의 키보다 조금 큰 파도였다. 그래서 일부 엄마들과 어린이들은 지면에서 충분히 높은 곳으로 올라갈 수 있었다. 하지만 많은 엄마들은 남겨진 어린 자녀들을 데리러 다시 해변으로 내려갔다. 그러던 차 두 번째 커다란 파도가 몰려왔고, 나무보다 높은 파고를 보였다. 바닷물이 모든 것을 휩쓸었을 때, 자녀를 꽉 잡고 있던 부모의 손은 풀리고 자녀들은 실종됐다. 일부 남성들은 밀려드는 바닷물보다 빠르게 달릴 수 있었고, 그리고 만약 바닷물에 갇히게 되는 경우에는 나무를 붙잡거나 목숨을 건질 수 있는 구조물에 의지했다. 타랑감바디Tharangambadi에서 바닷물이 빠져나가고 난 뒤 206명의 시신을 발견했으며, 이중 84명은 어린이, 96명은 여성, 단지 26명만이 남성이었다. 그곳에는 최소 200명의 실종자가 발생했고, 이들 대부분은 어린이 들이었다.[27] 쓰나미 다음날, 합동 묘소에는 어린이 시체를 많이 포함하고 있었다. 마지막 기도에서 사제가 찬송할 때, 여성들은 국화꽃을 내려놨고 향을 피웠다. 흐느끼는 부모들은 묘소를 위해 땅을 파낸 자리 곁에 서서 줄맞춰 누워있는 작은 시신을 응시했다. 많은 부모들은 마지막 이별 인사를 하기 위해 기다리고 있었다.[28]

나가파티남Nagapattinam지역에서 6,000명 이상의 사망자가 발생했다. 소수의 마을들은 사상자 거의 없이 쓰나미를 모면했다. 왜냐하면 마을 앞에 습지가 놓여 있거나, 비교적 높은 지대에 위치해 있거나, 드물게 방파제 뒤에 위치해 있기도 했기 때문이다. 해변가에 심어 놓은 마무들이 날루베타파티Naluvedapathy 마을을 구하기도 했다.[29] 타랑감바디Tharangambadi부터 남쪽으로 약 40킬로미터 떨어진 또 다른 벨랑카니Velankanni해변에서 2,000명의 사망자가 발생했다. 이들 중 크리스마스를 맞아 아름답고 성스러운 해안가를 찾은 관광객이 많았다.[30] 지리적으로 인도 남쪽 해안은 스리랑카에 의해서 쓰나미로부터 다소 가려지고 보호되어진 곳이다. 스리랑카 남쪽을 통과한 쓰나미의 일부가 곧장 서쪽으로 이동했다면 인도 남부는 피해가 발생하지 않았을 수도 있었다. 하지만 북쪽으로 굴절되어진 쓰나미는 인도 남부지방의 끄트머리 부분을 강타했다.[31] 쓰나미의 파고는 인도 남부에서는 다소 낮아졌지만, 앞바다에서 조업하던 400여명의 어부들이 목숨을 잃었다.[32] 다시 한 번, 동물들은 바다물이 빠져나갈 때 어떻게 행동하는지 알고 있다는 것을 확인할 수 있었다. 인도 타밀나두 연안 India's Tamil Nadu coast을 따라 수천 명이 목숨을 잃었지만, 인도-아시아 뉴스는 대부분의 동물들은 피해 받지 않았다고 보도했다. 플라밍고는 보통 이 시기에 포인트 캘리미어 야생 보호지역에서 번식을 하는데, 쓰나미가 도달하기 전 고지대로 날아간 모습이 확인되었다.[33]

쓰나미가 스리랑카를 강타하고 나서 한 시간 지나, 미국 대사는 태평양 쓰나미 경보 센터에 여진에 대비한 통보 시스템을 구축하고자 전화를 걸었다. 필요하면 그는 이정보를 스리랑카 수상에게 전달하고자 했다. 태평양 쓰나미 경보센터의 회원국이었던 인도네시아와 태국을 제외하고는 경보센터는 쓰나미 전파를 경보해줄 수 있는 인도양 국가의 해당 연락처를 갖고 있지 못했다. 하지만, 그들은 인도양 서쪽에 위치한 국가들에게 연락하고자 시도했다. 일요일은 이를 쉽지 않게 했고, 게다가 많은 나라에서는 크리스마스 연휴기간이기도 해서 더욱 쉽지 않았다.[34] 경보센터는 미국 국무부 작전 센터 U.S. State Department Operations Center 로 인도양 서쪽 국가 및 아프리카 동쪽 해안국가 들에게 곧 닥칠 쓰나미 위협에 관한 내용을 전달했다. 국무부는 마침내 마다가스카와 모리셔스에 있는 미국 대사와 컨퍼런스 콜을 시도했다. 이들은 해당 국가에 쓰나미 경보를 알렸고, 피해 예상국인 케냐, 소말리아, 세이셸 제도Seychelles에도 정보를 전달했다.[35] 경보센터에 있었던 과학자들은 만약 이런 지진과 쓰나미가 태평양 지역에 발생했다면, 그들은 수천 명의 목숨을 살릴 수 있었을 것이다. 이제 경보의 메시지가 동아프리카에 전달되었지만, 과학자들의 아쉬움을 달래주지는 못했다.

쓰나미가 스리랑카를 강타하고 나서 한 시간 지나, 뉴스는 인도에서 지진 진동을 감지했다는 소식을 전했다. 하지만, 뉴스에는 어떠한 사망이나 재난에 관한 단어는 사용되지 않았다. 일부 뉴스는 스리랑카를 강타한 거대한 파고가 지진과 관련된 것인가에 대한 의문을 제기하기도 했다. 지진 후 3시간 41분이 경과한 뒤에, 로이터 통신사는 인도네시아 정부가 아체 지방이 쓰나미에 의해 강타 당했다고 공식적으로 언급했다는 소식을 타전했다.

이때까지, 쓰나미로 인한 재해의 대부분이 발생했고 사망자 약 297,800명중 99.9%가 사망했다. 이후 9시간 동안 쓰나미가 인도양 주변국가 10여 곳을 강타했지만, 사망자는 313명만이 발생했을 뿐이었다. 로이터 통신사는 지진 발생 2시간 후부터 4시간 10분까지 100명이 태국의 푸켓에서 사망했다고 보고했다. 직후에 스리랑카에서 쓰나미가 100 명을 사망케 했다는 보고가 계속됐고, 인도네시아 연안을 따라 상승한 바닷물이 인명피해를 초래했다는 기사가 나왔다. 30분후, 인도네시아, 태국, 스리랑카, 인도에서 쓰나미로부터 사망자가 발생했다는 소식이 나왔지만, 소수의 인명피해만 보도되었다. 최초로 대량 인명 피해소식이 나오기 시작했지만, 이러한 보고들은 태국과 스리랑카에 집중되어졌다. 왜냐하면 훨씬 심한 타격을 받은 인도네시아 수마트라섬 아체 지방 보다 많은 관광객들이 그곳에 있었기 때문이다.[36]

타이와 스리랑카 해변에 위치하고 있는 많은 호텔들은 인터넷 망이 연결되어 있었고, 핸드폰 사용이 자유로웠다. 그곳에는 이메일로 사진을 전송하거나 비디오를 업로드 하는데 익숙한 수십 개 국으로부터 온 관광객이 머물고 있었다. 일부는 블로그를 통해 전 세계로 지진과 쓰나미에 관한 많은 정보를 제공하기도 했다. 태국으로부터 전해진 비디오는 바닷물이 후퇴하면서 수백 미터의 해저면이 물 밖으로 드러났고, 가족과 어린이들이 호기심에 가득차서 이 광경을 걸어 다니면서 살펴보고 있는 모습이 담겨있었다. 비디오에서는 최초 쓰나미가 몰려올 때는 그다지 바닷가의 풍경이 위험해 보이지는 않았다. 수평선에 하얗게 요동치는 바닷물이 멀리 보였을 때, 이것은 풍파가 기다란 암초 벽에 부딪쳐서 생기는 단순한 현상인 듯 했다. 하지만, 이러한 낯선 현상은 파도가 가까이 다가올수록 증폭되었다. 촬영한 사람은 무슨 일이 있는지 모르고 낯선 경험을 기록했을지라도 일반인이 비디오를 볼 때는 이곳에서 얼마나 끔직한 일이 있었는지 알고 있었고, 물 빠진 해변으로 다가갔던 관광객들이 수 분후 죽을 것이라는 것도 알고 있었다. 35미터나 되는 쓰나미가 아체연안을 강타하는 비디오는 없었고, 만약 있었다면 훨씬 무시무시했을 것이다. 추후 쓰레기로 가득 찬 바닷물 밴다 아체 도심을 휩쓸고 다니는 비디오는 다소 어두침침한 영상을 보여줬지만, 아체 해안에서 경험된 끔직한 공포는 전달하기에는 역부족이었다.

지진 발생 후 4시간 27분이 지나서, 태평양 쓰나미 경보 센터는 다른 지진 모델을 사용한 하버드대학 지진 센터로부터 지진 규모에 대한 예상치를 전달받았다. 새로운 예측치 규모 8.9 지진은 초기 발표한 규모 8.0 지진보다 약 30배의 파괴력을 갖고 있었다. 규모가 증가되는 것은 쓰나미에 의한 파괴력이 인도양 전체에 걸쳐 나타날 수 있다는 것을 의미했다. 더 많은 자료를 확보하여 하루 뒤 지진 규모는 9.0 이상으로 수정되었고, 몇 차례 계산을 반복한 뒤 9.2 또는 9.3으로 수정되었다. 규모 9.3의 지진은 수마트라 지진을 세계 지진 역사에서 두 번째로 강한 지진으로 기록되게끔 할 수도 있었다. 역사상 가장 큰 규모의 지진은 1960년에 칠레 연안에서 발생한 것이었다. 그리고 규모 9.3지진은 초기 규모 8.0 보다 150배 강한 위력을 갖고 있었다. 두 번째 큰 규모가 되는 것은 중요한 문제가 아니었으나, 이번 지진은 지구 역사상 가장 위협적인 쓰나미를 발생시켰다.[37]

쓰나미는 계속되어, 인도양으로 퍼져나갔다. 기본적으로 북-남 방향의 단층 절개면으로 인해, 쓰나미파도는 1차로 대서양을 건너 서진했다. 그러나 해양의 수심구조가 보다 큰 역할을 하기 시작했다. 쓰나미는 해저 골짜기를 따라 이동하는 경향을 보였다. 일부의 파도 에너지는 여전히 깊은 바다의 경로를 따라 움직였고, 이러한 파도는 최초로 먼 연안에 도착했다. 하지만, 골짜기 뒤에 도달하는 파도가 훨씬 큰 위력을 갖고 있었다.[38] 쓰나미는 말디브Maldives (82명 사망), 디에고 가르시아Diego Garcia[39], 로드리게스Rodrigues, 마우리티우스Mauritius같은 인도양 서쪽 해안 국가를 차례대로 강타했다.[40] 그러고 난 뒤 세이셀 제도Seychelles 를 강타했는데, 쓰나미 도착 전에 경보메시지를 받았지만, 2명의 사망자를 발생시켰다.[41] 비슷한 시각, 쓰나미는 중동의 오만 연안에 도착했고, 강력한 해류가 사라라 항구에 정박 중이던 선박들을 큰 혼란에 빠뜨렸다.[42] 예멘 소코트라 섬에서는 6미터 파도가 나타났지만 사망자는 1명뿐이었다.[43] 소말리아 남쪽에서는 가장 높은 평균 수면의 파고가 10미터에 달했다.[44] 진앙으로부터 5,000 킬로미터나 떨어져 있었지만, 쓰나미는 여러 소말리아 어촌을 휩쓸고 지나가 최소 298명의 목숨을 빼어갔다. 쓰나미는 인디아 서쪽해안으로 전파되어, 파키스탄과 인접한 오카 지방에 도달하였지만, 얕은 바다에서 마모되어 거의 알아보기 힘든 상태였다.[45]

그 다음으로 쓰나미는 케냐를 강타했지만, 케냐 정부는 이미 관련 정보를 전달받은 상태였다. 몸바사 Mombasa 항구 비상 계획은 경찰, 해군, 항구 관계자의 상호 협조아래 이행되었다. 이러한 비상조치는 유류 오염이나 화재에 대비한 것이었지만, 이런 것들은 그들이 할 수 있는 최상의 조치였다. 뉴스 미디어는 소식을 알렸고, 지역 관계자는 케냐 해안에 동원되었고, 라디오 메시지는 선박으로 전송되고, 경찰은 해변을 소개시켰다. 이날은 케냐에서 박싱데이 Boxing Day였기에, 수천 명이 몸바사Mombasa 조모케냐타 해변 Jomo Kenyatta Beach에 나와 있었다.[46] 많은 관광객들이 소개 명령에 따르지 않은 경우에는, 무장 병력을 투입시켜 바다로부터 군중들을 이동시켰다. 쓰나미가 강타했을 때, 최초 파도는 크지 않았고, 그래서 사람들은 바닷물이 빠져나가는 것과 보트가 물 빠진 해변위에 놓인 것을 지켜봤다. 반면 해류는 강했다. 강에 있는 하마는 바다 쪽으로 8킬로미터나 끌려 나갔다. 그래서 수영 중에 경보메시지를 듣지 못한 3명만이 케냐의 사망자일 뿐이다. 바닷물은 8번 내지 10번정도 들이닥쳤고, 매번 10분 정도씩 머물렀고, 파고는 1.6미터 정도였으며, 다시 빠져나갔다.[47]

쓰나미는 탄자니아를 덮쳤고, 최소 10명의 10대들이 다 에 살람 Dar es Salaam 근처 해변에서 수영하다 변을 당했다.[48] 그곳에서 쓰나미가 모잠비크 Mozambique, 코모로스 열도 Comoros Islands, 남 아메리카로 이동했고, 1미터 이하의 파고로 엘리자베스 항구Port Elizabeth에 도달했다. 쓰나미가 진앙의 남쪽인 호주 해안과 심지어 남극까지도 도달했지만, 거의 확인할 수 없을 정도였다.

심해 골짜기와 대륙붕을 통과해서, 쓰나미는 인도양을 떠나 대서양으로 향했다. 굴절력이 파도의 전면을 희망봉 부근에서 굽어지게 했고, 쓰나미는 아프리카 서해안의 대륙붕을 따라 전파됐다. 쓰나미가 가나 타코라디Takoradi에 도달했을 때, 파고는 골과 마루간 높이가 0.01미터였다.[49] 굴절은 쓰나미 파도 에너지를 집중시켰고 인도양 남서쪽 산령은 대서양 중앙산령까지 도파관역할을 수행했다. 이러한 대서양 중앙산령은 남부 대서양의 중앙까지 도파관으로 작용했다. 산령의 중턱 부근에서 일부 쓰나미 파도는 남아메리카로 퍼져나갔다. 결국에는 브라질 상파울로에 1.3미터의 쓰나미가 도착했고, 아르헨티나 부에노스아이레스에 0.3미터 높이 파도가 도착했다.[50] 쓰나미는 북부 대서양으로 이동했고, 수많은 검조기에 관측되어졌다. 진앙으로부터 22,000킬로미터 이상을 퍼져나가는데 29 시간이 소요됐고, 북대서양에서 나타난 쓰나미의 최고높이는 캐나다 핼릭스에서 0.4미터, 뉴저지 애틀랜틱시티에서 0.2 미터로 나타났다. 아마 파도는 대서양 중앙 해령의 북쪽 부분을 따라 가다 동쪽으로 전파됐고, 어느 시점에 파도의 일부분은 핼릭스와 애틀랜틱시티로 직행했다.[51] 북 아메리카 태평양 연안에는 다른 경로를 통해서 쓰나미가 도달했다. 진앙부터 23,000킬로미터를 28시간동안 이동한 쓰나미는, 미국 멕시코 연안과 캐나다를 따라 설치된 대부분의 검조기에서 파고가 고작 0.01 미터로 기록되어 졌다. 하지만 여러 지점에서 높은 파고를 보이기도 했다. 예를 들면, 멕시코 맨자닐로Manzanillo에서 1 미터를 보였고, 캘리포니아 크레센트 시티Crescent City에서 0.6미터로 검측 되었다. 이러한 다소 높은 관측값은 여러 만과 항구에서 자연 진동 주기가 쓰나미의 주기와 거의 일치되어서 중첩현상이 발생한 것이었다.

탄자니아에서 쓰나미에 의해 10명의 사망자가 마지막으로 발생했다. 물론 여전히 인도네시아 아체 등에는 부유물에 의해 부상당하거나 오염된 물을 마셔서 폐 또는 위가 오염물에 감염되어 고통 받고 있는 사람들을 제외한 사망자를 의미한다. 정확한 사망자 집계는 애시 당초 알기 어려웠다. 아래의 숫자는 최적의 추정치이고 상대적인 규모를 고려하여 수정한 통계치일뿐이다. 쓰나미에 의한 최종 사망자는 최소 297,000 명이다. 인도네시아 수마트라섬 아체 지방 에서 발생한 사망자는 242,347명으로 전체 사망자의 82%에 달한다. 스리랑카 에서는 30,957명 (10%) 의 목숨을 잃었다. 인도 는 16,389명 (6%)이 사망했고, 태국은 7,593 명 (3%)이 사망했으며 사망자와 사망자로 추정되는 실종자의 대부분은 외국인으로 밝혀졌다. 인도양 에서 인명피해가 발생한 국가로는 소말리아(298명), 몰디브(82명), 말레이시아(68명), 미얀마(61명), 탄자니아(10명), 케냐(3명), 세이셀(2명), 방글라데시(22명) 이었다. 세계적인 관광 추세로 인해, 특히 태국 과 스리랑카 에서는 40여 개국에서 관광 온 약 4,000명이 사망했다. 이들은 스웨덴, 독일, 그리고 영국으로 부터 관광차 온 사람들이 대부분이었다. 총 사망자수는 너무나 충격적이어서 믿을 수 없을 만큼 많았다. 일부 비극적인 이야기가 보도되어졌지만, 아무리 보도 자료가 많은 수의 사망자와 관련된 이야기를 보도하려 해도 여전히 들어보지도 못한 가슴 아픈 이야기가 297,000개나 남아 있다는 사실에 슬퍼해야 했다.

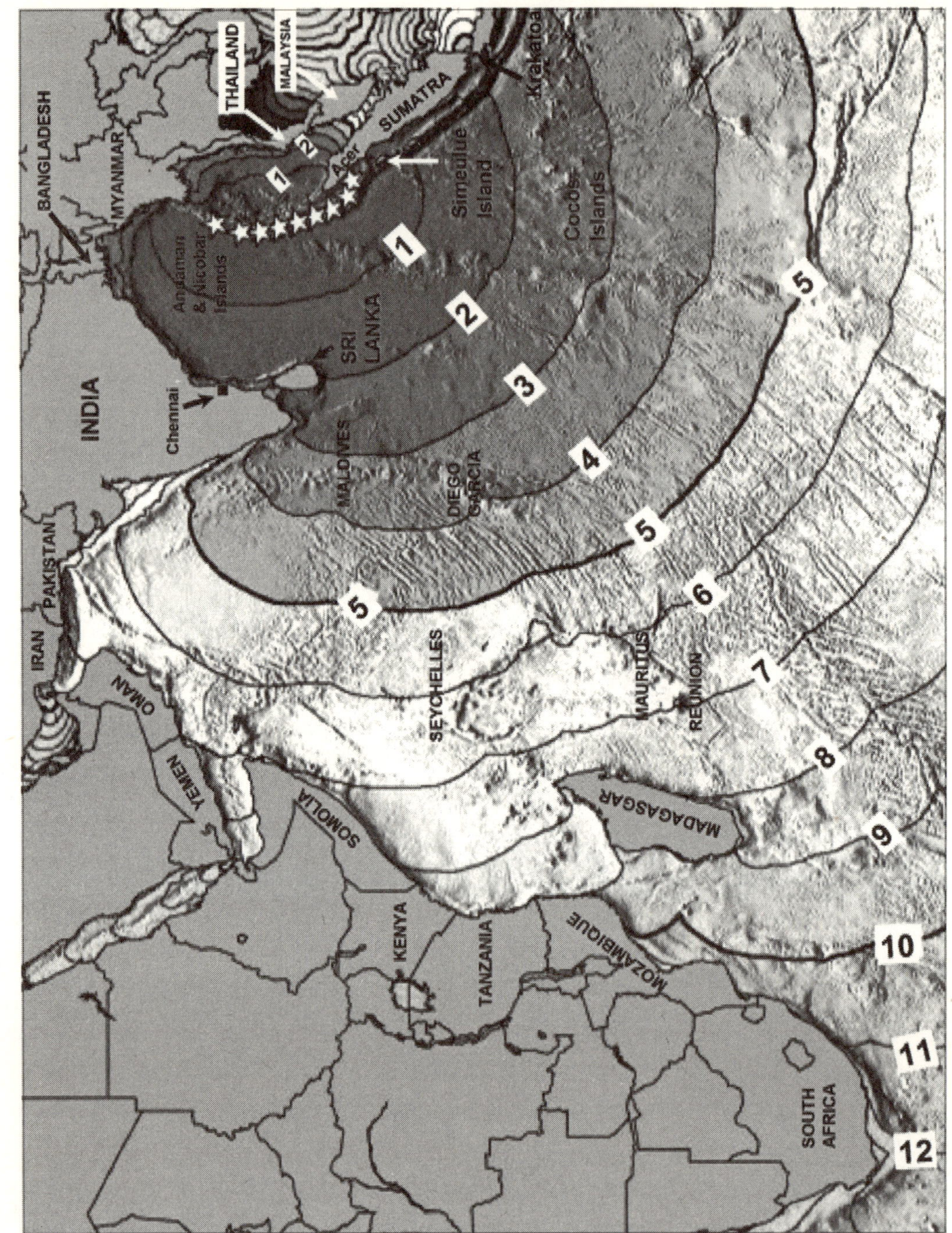

그림 9.1 인도네시아 쓰나미가 인도양 주변국가에 도달하는 시간을 나타내는 자료

단기간 발생하는 기후 재앙 중에 오직 쓰나미만이 전 세계를 일시에 충격에 빠뜨리게 할 수 있다. 바다 가까이 거주하던 전 세계 사람들이 거의 동시에 목숨을 잃었다. 인도네시아,

태국, 스리랑카, 인도, 소말리아에서 부모들은 익사한 아이들의 일로 슬퍼해야 했다. 세계적인 관광 추세 때문에, 비통한 감정은 전 세계 40여 개국으로 퍼져나갔다. 현대 통신장비를 통해서, 쓰나미가 초래한 무섭고 비극적인 이야기는 전 세계로 급히 타전되었다. 지구촌에서는 자발적으로 터져 나오는 원조와 자원봉사를 통한 도움의 손길이 전해졌다. 음식, 구급약품, 옷가지가 가장 먼저 전달되어졌고, 차후에 수천 명의 자원봉사자는 집짓기 운동에 동참했다. 이런 활동은 복구에 실질적인 영향을 주었고, 그 정신과 노력은 매우 높게 평가되어졌다. 2009년 2월 23일 쓰나미 박물관이 밴다 아체지방의 공원에서 개장되었다. 이 박물관은 쓰나미 때 파괴되지 않은 기념 비행기로부터 가까운 곳에 자리 잡았다.[53] 쓰나미는 복구 활동시 협동정신을 갖게 해준 것을 비롯해서 사람들의 인생과 정치적인 갈등상황에 영향을 끼쳤다. 재난후 8개월이 지나서 쓰나미 평화 협정이 아체 반군 과 인도네시아 정부 간에 체결되었다. 2006년 12월 아체 지역 정당 은 선거에서 승리했고 과거에는 반군이었던 사람이 민주적인 절차에 의해 선출된 최초의 지도자가 되었다.[54] 불행하게도 스리랑카에서는 일시적으로 내전의 긴장감이 감소되기도 했으나, 재난구호시 여러 방법이 통일화되지 못하고 편중되어 종족간 차이가 강화되어지고 말았다. 2009년 5월 정부군 에 의해서 반군이 군사적으로 진압되면서 내전이 종식되었다.[55]

예상대로 쓰나미에 대한 인식은 12월 26일 인도네시아 재해 이후로 모든 국가에서 높은 수준을 보이고 있다. 사람들은 쓰나미에 대해서 고생하며 교육받고 있다. 2005년 3월 28일 오후 11시 9분, 2004년 12월 진앙으로부터 남동쪽으로 110킬로미터 떨어진 곳에 지진이 발생했을 때 교육의 효과가 입증됐다. 태평양쓰나미센터는 8.6규모 지진 발생 12분이 지나서 보고서를 배포했고, "지진은 주변해역에 파괴적인 쓰나미를 발생시킬 수 있다."는 주의사항을 포함하고 있었다. 이 보고서는 진앙으로부터 960킬로미터 이내에 위치한 해안가에 있는 사람들은 대피해야 한다고 제안했다. 인도양을 둘러싼 정부들은 즉시 대응했고, 비록 깊은 밤에 발생한 지진이었으나, 일부는 진동을 느끼자마자 대피하기도 하는 등 사람들은 이 제안에 따라 대피했다. 아체, 태국, 말레이시아, 스리랑카, 인도에서 수백만 명이 육상으로 이동했고, 때로는 피난 행렬이 심각한 교통체증을 초래하기도 했다. 쓰나미는 발생되었지만, 지진의 규모를 통해 예측되어진 것보다 훨씬 약한 위력을 보였다. 잘못된 경보임에도 불구하고 신문은 피난민들이 "나중에 후회하는 것보다 조심하는 것이 낫다Better safe than sorry"는 말을 인용했다.[56] 지진 발생 장소에 DART 도 없고 실시간 검조기도 없었기에, 지진이 지메울루에를 타격하기 전까지 쓰나미의 발생을 확인할 방법은 없었다. 이번 경우에 모든 이들에게 행운이 따랐을 뿐이었지만, 이번 지진은 다시 한 번 실시간 쓰나미 경보 시스템이 인도양에 설치되어져야 한다는 것을 지적해 주었다.

수십 년 동안 심각한 지진이나 쓰나미가 발생하지 않았었지만, 인도양에서 지난 3개월 사이에 2개의 쓰나미가 발생했다. 1년 후 세 번째 쓰나미가 발생했다. 2006년 7월 17일, 현지 시각 오후 3시 19분, 인도네시아 자바 섬 남쪽해안으로부터 217킬로미터 떨어진 해저에서 지진이 발생했다. 2005년 지진보다 규모가 7.7로 작았지만, 국지적 쓰나미를 발생시켜 700명이 목숨을 잃었고 수천 명이 부상당했다. 지진이 해저 산사태를 촉발시켰던 것으로 추측하고 있다. 태평양쓰나미경보센터는 지진 발생후 17분이 지나서 최초 보고서를 배포했고 국지성 쓰나미의 가능성을 언급했다. 특별히 자바와 호주 크리스마스 섬에 쓰나미가 발생할 것이라는 정보를 포함하고 있었다. 이 내용은 자바에 쓰나미가 타격을 가하기 20분전에 배포됐지만, 인도네시아 정부 관료들은 일반인에게 이 정보를 전달하지 않았었다. 사상 자수는 훨씬 증가할 수 있었지만, 일반인들이 쓰나미에 대해서 인지하고 있었기에, 지진의 진동과 바닷물의 후퇴할 때 사람들은 내륙으로 달려갔다.[57]

1년 뒤 4번째 지진이 같은 해역에서 발생했다. 2007년 9월 12일 오후 6시 10분, 규모 8.5 지진이 수마트라 앞바다에서 발생했고, 이곳은 2004년 진앙으로부터 남동쪽으로 1,100 킬로미터 떨어져 있었고, 크라카토 지역에서 북서쪽으로 410킬로미터 떨어져 있었다. 이때까지 인도양 쓰나미 경보 센터가 설립되어 국제 협력 기금을 통해 운영되어지고 있었다. 태평양 쓰나미 경보 센터에서는 지진 발생 후 14분후에 보고서를 배포했고, 이것은 이전 인도양 지진을 위해 배포되었던 보고서와는 확연히 다른 차원이었다. 보고서는 쓰나미 주의보가 20여 개국에 해당할 뿐만 아니라, 쓰나미 발생 시 각국까지 쓰나미 도달시간을 포함하고 있었다. 당시 발생해역에는 보다 나은 쓰나미 예측을 위한 장비들이 설치되어 있었으며, 이와 같은 장비가 운데는 두개의 DART 부이와 십여 개의 실시간 검조기를 포함하고 있었다. 쓰나미는 소규모로 판명 났고 큰 피해를 초래하지 않았지만, 시스템은 완벽하지 않고 개선의 여지가 있어도 당시 정상 가동되어 졌다.[58]

2009년 가을까지 인도양에는 4개의 DART 부이가 설치되었는데, 이중 두개는 미국에 의해서 지원받은 것이었지만 태국과 인도네시아에 의해서 운영되어졌고, 나머지 두개는 호주에서 운영했다. 인도양은 또한 31개의 실시간 검조기가 설치되어 졌고, 100개가 넘는 지진계가 가동되고 있었다. 일시적으로 NOAA의 태평양 쓰나미 경보 센터와 일본 기상청에서 쓰나미 주의보와 경보를 제공하고 있었다. 그러나 26개국에서 경보센터가 설립되어졌고, 2011년까지 5개의 인도양 쓰나미 주의보 제공 기관 (호주, 인도, 인도네시아, 말레이시아, 태국 아시아 재해 대비 센터) 이 설립되어져서 미국과 일본이 수행해오던 업무를 인계받게 될 예정이었다.[59]

태평양 쓰나미 경보 시스템은 한층 더 발전되었다. 2008년 3월 28일 이래로, 해당지역에는 39개의 미국 DART 부이가 있었고, 대부분은 환태평양 조산대 안에 있었지만, 일부는 미국 대서양 연안과 카리브해에 있었고, 끝쪽에 위치한 두개는 서해안 알라스카 쓰나미 경보센터에 의해서 운영되어졌다. 모든 DART부이의 관리와 운영은 NOAA부이센터National Data Buoy Center에 의해서 이뤄졌다. 태평양 쓰나미 경보 센터는 2009년 들어서 새로운 쓰나미 예보 모델을 가동시켰다. 이 모델은 해양대기청NOAA 태평양해양환경연구소Pacific Marine Environment Laboratory에 의해서 고안된 것이었고, 이 연구소는 DART 부이를 제작한 곳이다. 예보시스템은 수리역학 쓰나미 모델을 2004년 쓰나미로부터 얻은 교훈을 기반으로 개선시킨 것이었다.[60] 이렇듯 개선된 시스템은 2009년 8월 10일 안다만 열도 부근 지진이 발생시킨 쓰나미를 통해 최초로 시범 운영을 실시했다. 이 지진은 2004년 진앙의 북쪽이었으며, 비록 쓰나미의 파고가 4인치로 낮았지만, DART부이와 검조기는 모델의 예보결과를 확인시켰다. 이때 사용된 실시간 검조기, DART부이, 동시관측장비, 쓰나미 경보에 대한 국제협력과정 등은 전지구해양관측시스템Global Ocean Observing System (GOOS)업무의 일환이었다.

1775년 리스본 쓰나미는 지진으로 초래된 쓰나미에 대해서 처음으로 과학적인 조사를 실시했고, 막대한 자료를 확보하는 계기가 됐다. 1883년 크라카토 쓰나미는 새롭게 개발된 전신망과 과학적인 도구의 힘을 입어 화산폭발로 초래된 쓰나미가 끼친 전 세계에 대한 영향을 살펴볼 수 있었다. 2004년 인도양 쓰나미는 가장 광범위한 과학적인 자료를 제공했다. 이런 자료는 인공위성 및 이전까지 대형 쓰나미를 위해 사용된 적이 없는 다른 전 지구 자료 수집 장비로 부터 얻어졌다. 이러한 자료들은 지진에 의한 초래된 쓰나미에 대해 이해하는데 큰 도움이 되었고, 쓰나미에 대해서 잘 알게 된 지식은 보다 나은 예측을 위해 사용됐다. 2004년 12월까지 쓰나미를 직접 관측할 수 있는 검조기 및 DART 부이 이외에, 위성 고도측량법satellite altimetry, GPS, 디지털지진계digital seismoloty, 인공위성을 통한 초음파 infrasound , 중력 gravity, 자기장 magnetic 관측 기술에 큰 발전이 있었다. 모든 장비들은 쓰나미를 탐지하거나 쓰나미를 만들어낼 수 있는 지진에 대해서 보다 많은 정보를 얻는데 가치 있다고 판명되었다. 만약 이런 장비들을 통해 실시간 정보가 얻어지면, 보다 나은 쓰나미 예측을 개선시키기 위한 연구를 이끌어 갈수 있으리라 여겼다.

2004년 쓰나미에 의해서 촉발된 현대적인 발전들을 보다 잘 이용하기 위해서는, 우리는 쓰나미 예측의 범주를 두 가지 형태로 나누어야 한다고 여긴다. 첫 번째 유형은 지진, 화산 폭발, 산사태에 의해서 발생되어진 쓰나미를 예측하는 것이다. 이것은 어디로 쓰나미가 전파되어 갈 것인가, 언데 특정한 해안가를 덮칠 것인가, 해안에 도달할 때 얼마나 높은 파고를 보일 것인가를 예측하는 것이다. 두 번째 유형은 쓰나미 발생 전에 지진, 화산 폭발, 산사태가 일어나서 쓰나미를 발생여부를 예측하는 것이다.

첫 번째 예측 유형은 지진, 화산 폭발, 산사태가 발생하고 나자마자 시작된다. 먼저, 쓰나미가 발생할 것인가를 판단해야 하고, 이후 쓰나미의 위력과 전파해 나갈 방향을 예측해야 한다. 이를 위해서는 두 가지 보편적인 접근방법이 있을 수 있다. 하나는 쓰나미를 빠르게 발견해서 신속하게 경보를 가능케 하는 것이다. 몇 분안에 진앙으로부터 근접한 해안은 생사가 결판난다. 최소 7가지 다른 방법이 2004년 수마트라 쓰나미를 발견하는데 사용되어졌다. 우리가 알고 있는 두 가지 쓰나미 발견법은 DART부이와 검조기를 이용하는 것이다. 이것들은 매우 정확하게 쓰나미를 발견할 수 있지만, 수백 개를 바다에 설치했다 하더라도, 쓰나미가 발생되는 곳에서 가까운 곳에 하나도 없을 수도 있었다. 따라서 연구자들은 쓰나미를 탐지할 수 있는 장비를 대안으로 찾고자 했다. 이미 지진이 발생시키는 지진파자료를 통해 지진 규모와 진앙을 찾는데 사용하는 중요성을 살펴봤다. 하지만, 쓰나미 역시 지진파를 해안가 부근에서 생성시킨다. 연안에 설치된 지진 관측소에서는 저주파 신호를 지진계로 탐지할 수 있고, 검조기에서 쓰나미를 탐지할 때와 거의 동시에 확인되어진다. 지진계를 갖고 있지만 검조기가 없는 해안가 지진 관측소에서는 저주파 지진 신호가 도달할 때 걸린 시간과 수리 역학적 쓰나미 모델이 쓰나미의 가능성을 예측할 때 걸린 시간이 거의 같다.[61] 우리는 이미 태국, 스리랑카, 인도네시아에서 코끼리가 저주파 신호를 탐지해서 쓰나미를 피해 달아났던 것을 살펴본 바 있다. 이러한 음파가 실시간 음파 관측 장비에 의해서 보다 쉽게 발견될 수 있다.[62] GPS 또한 쓰나미가 미치는 영향을 찾아내서 쓰나미를 탐지하는데 이용할 수 있다고 여겨진다.[63] 쓰나미가 깊은 바다로 퍼져나가는 것은 수중 음파를 발생시키고, 이것은 수중 음향기에 의해 탐지되어 진다.[64] 이미 살펴본 바와 같이, 위성 고도 측량법은 직접적으로 2004년 쓰나미를 탐지하는 것이 가능했지만, 오직 위성이 인도양 위에 머무를 때만 가능한 일이었다.[65] 비록 수리 역학적 쓰나미 모델을 증명하기 위해 사용한다손 치더라도, 위성 고도 측량법은 향후 위성이 보다 나은 시공간적 범위를 가져야만 신속한 쓰나미 확인을 위해 사용이 가능할 수 있다.

쓰나미 발생을 판정하기 위한 다른 접근법은 실제 쓰나미의 탐지를 위한 방법을 포함하고 있지 않다. 반면 쓰나미가 발생했을 때 나타나는 현상을 포함하고 있다. 두 가지 방법이 있을 수 있다. 하나는 지진에 의해 발생한 지진파기록을 이용하는 것이다. 이런 자료는 여러 곳에 있는 지진계로 부터 얻을 수 있다. 우리가 살펴본바와 같이, 지진 진앙의 중심 위치는 3곳 지진계를 통한 지진파 자료로써 구해진다. 이런 3곳의 지진계가 진앙에 가까울수록, 태평양 쓰나미 경보 센터는 지진 발생장소를 더 빨리 알아낼 수 있다. 따라서 보다 많은 지진계가 설치될수록 좋은 결과를 얻을 수 있다. 2004년 이후 인도네시아에서 지진계가 많이 설치되었기에, 2010년 5월 9일 수마트라 북서부 해안에서 규모 7.3의 해저 지진이 발생했을 때, 지진 발생 위치를 찾는데 4분밖에 걸리지 않았다. 경보 센터는 지진발생 후 8분 만에 보고서를 배포했다.[66] 하지만 과학자들은 단지 이런 정보로 지진 위치를 계산해내는것을 초월하고자 노력하고 있다.

그들은 지진파를 사용해서 지진이 쓰나미를 발생시킬 수 있는지를 신속하게 판별하는데 사용하고자 한다. 앞서 4가지 형태의 지진파 (P, S, Rayleigh, Love waves)을 논의한 바 있으나, 이외에도 다른 지진파 (T, W, etc)가 있으며, 이중 어떤 것들이 쓰나미가 발생되었을 때 높은 비율로 나타나는가 확인하는데 사용된다.[67] 다음 방법은 GPS 자료를 활용한 것이다. GPS 자료의 주요 활용은 GPS 수신기의 위치를 정확하게 계산해 내는 것이다. 설치된 고정밀 GPS 지점을 활용하여, 어떻게 육지가 움직이는지 계산해 낼 수 있다. 게다가 지진 발생 직후부터 해저지각이 해저 지진을 뒤따라 움직이기 시작할 때까지 연속적으로 관측이 가능하다. 이것은 충분한 연직 지각 이동이 쓰나미를 만들어내기에 충분한가를 판별할 수 있다. 게다가 분석의 결과는 수리역학적 쓰나미 모델을 구동하는데 사용되어 진다.[68] 물론, 이런 방법이 잘 이용되기 위해서는 쓰나미 발생여부를 매우 신속하게 해야 한다.

일단 쓰나미가 발생하면 다음 단계는 쓰나미 파도가 어디로 전파되는가를 판단하는 일이다. 자료 분석은 수리 역학적 쓰나미 모델을 위해 초기 조건을 만들어내는데 사용되어 진다. 이후에 쓰나미 모델은 비교적 정확하게 쓰나미가 어디로 전파될지, 어느 해안이 타격받을 지, 얼마나 커다란 쓰나미가 해안가에 도달할지 예측한다.[69] 쓰나미 모델의 다음 단계는 고해상도 수심자료를 활용해서 어떤 지역이 쓰나미를 증폭시킬 수 있는지를 예측한다.

쓰나미 예측의 일반적인 두 번째 형태는 발생 전에 쓰나미를 예측하는 것이다. 다시 말하면, 지진, 화산 폭발, 산사태와 같은 쓰나미를 발생 시킬 수 있는 자연 현상을 예측하는 일이다. 이것은 극히 어렵고, 아직까지는 대부분의 경우에 불가능하다. 하지만, 이런 예측은 연구할 가치가 높은 일이다. 왜냐하면 희생자 대부분이 발생되는 연안지역은 지진, 화산활동, 해저 산사태가 일어나는 곳과 매우 가까이 위치하고 있으며, 쓰나미는 발생한지 수분 안에 해안가 희생자를 덮친다. 이렇기에 해안가 지진, 화산활동, 해저 산사태 등은 일종의 경보와도 같다. 실제로 이와 같은 쓰나미를 발생시키는 현상들을 예측하는 것에 대해 어느 정도 희망은 있다. 거대한 화산 폭발은 종종 작은 예비 화산 활동 이후에 발생한다. 이것은 사람들에게 해안가에서 멀리 떨어진 곳으로 피신하라는 경보의 메시지와 같다. 산사태 이전에, 바다 상층부와 하층부에서 퇴적물의 느린 축적을 측정할 수 있고, 이를 통해 해저면 불안정이 증가하는 것을 알 수 있다. 하지만 현재까지는 언제 불안정의 임계점에 도달해서 산사태가 일어나는지를 알기는 어렵다. 그러나 누적 퇴적물을 측정하기 위해 설치된 실시간 관측 장비인 경사계 tiltmeters는 갑작스런 변동을 탐지해서 산사태의 발생 가능성을 경보하고 있다.[70] 지진은 예측이 훨씬 어렵다. 거의 지진의 전조를 찾기는 힘들다. 지질학자들은 다른 지진의 전조를 찾아서 지진이

임박한 지역을 찾고자 많은 자료들을 분석하고 있지만, 아직까지 운이 좋은 것은 아니지만, 매우 긍정적인 일부학자들도 있다.[71]

현대의 사용가능한 어떠한 경보 시스템도 아체 북서쪽 해변을 따라 살고 있는 사람들에게 경보하는데 충분히 빠르지 못하다. 이곳은 지각이 흔들리고 나서 18분 뒤, 바닷물이 빠져나간 후 13분 뒤에 쓰나미로부터 강타 당했기 때문이다. 단지 교육을 통한 쓰나미에 대한 의식을 갖는 것만이 도움이 되었을 뿐이다. 만약 바다물이 빠져나간 순간에 르학느가 만의 해변에 있던 사람들이 내륙으로 달려가기 시작했다면, 심지어 30초 동안 이어진 지진에 의한 최초 지각의 흔들림을 경험한 뒤 육지로 피신했다면 그들의 목숨을 구할 수 있었을 것이다. 심지어 10층 건물 높이의 어마어마한 크기의 두 번째 파도가 타격을 가해 마을이 파괴될 수는 있었을지 몰라도 사람들이 목숨을 잃지는 않았을 것이다. 다른 지역도 마찬가지 였을 것이다. 우리는 주민들이 자연의 쓰나미 경보신호를 깨닫고, 육상으로 피신하거나 튼튼한 건물의 옥상으로 올라가서 살아남은 사례들을 살펴본 바 있다. 만약 더 많이 쓰나미에 대해 의식을 갖고 있었다면, 인도네시아와 11개국에서 수십만 명의 목숨을 잃지 않았을 수도 있었다.

물론, 2004년 12월 26일 이후 인도양 주변국가에서 쓰나미에 대한 인식은 높아졌다. 학교에서는 교육용 교재가 구비되었고, 해안가를 따라서는 쓰나미 발생 시 행동요령과 같은 간판이 세워졌다. 하지만, 쓰나미 인식에 대한 실제 교육 소재는 사망한 300,000명에 관한 기억을 잃지 않고 간직하고 있어야 하는 것이다. 불행하게도, 우리는 시간이 흘러감에 따라 그러한 인식을 서서히 잃어가고 있다. 만약 몇 개의 쓰나미 경보가 허위 경보로 밝혀지면 훨씬 빠르게 잊힐 것이다. 많은 쓰나미 허위 경보가 많을수록 사람들은 쓰나미 경보를 무시하려 하게 될 뿐만 아니라, 그들은 쓰나미 경보에 대해서 화를 낼 것이다. 2007년 6월 7일, 아체 지방 에서 큰 피해를 입은 지역에서 쓰나미 경보가 잘못 발효되고 이를 통해 주민들이 혼동에 바지고 난 뒤에, 느학 느가 근처 주민들이 돌멩이를 쓰나미 신호에다 던졌고 전선을 잘라버리는 사태가 발생했다. 3일 후 밴다 아체 지방에서 몇 번의 쓰나미 신호음이 실수로 전파되어졌고, 주민들 수천 명은 고지대로 대피하여 교통 정체가 발생하기도 했다. 두 번의 허위 경보는 기술적인 문제 때문이었지 부정확한 예측 때문은 아니었지만, 사람들의 신뢰에 끼친 영향은 별 차이가 없었다.[72]

사람들이 잠자고 있는 한밤중에 쓰나미가 발생하게 되면 쓰나미 지각능력은 별 소용이 없다. 전 세계적인 쓰나미 경보시스템이 필요하다는 데는 의심의 여지가 없다. 하지만 대중은 소수에 의해 설치된 소형, 최신 기술 장비에 의해 살아남는다. 더 좋은 이름이 있을 수도 있지만, 우리는 건조 해양 저층 센서 dry-sea-bottom sensor라 부를 수 있다. 간단한 형태로는 이것은 바다 밑바닥에 놓인 압력센서일 수 있다. 이것은 연안으로부터 충분히 떨어진 거리에 위치하게 되면 쓰나미 도달 전 바닷물이 빠져나갈 때를 제외하고는 결코 건조한 상태가 나타나지 않게 된다. 이런 압력 센서는 해양 저층이 건조한 상태가 되면 신호를 경보음의 형태로 연안으로 보낼 수 있다. 필수적으로 우리는 쓰나미에 대한 자연적 경보를 인식하기 위한 장치를 사용하고 있다. 이것은 사람들이 보지 못하는 경우나 사람들이 충분히 빠르게 경보 받지 못하게 되는 경우에 사용될 수 있다. 이러한 시스템은 국지적으로 발생해서 국제 경보 시스템에 의해 탐지되지 못한 쓰나미에 대해서 경보를 제공할 수 있다. 이것은 쓰나미를 지각하는 사람들이 다른 사람들을 육상으로 이동케 하는 것과는 상관없다. 이것은 홍보 사이렌 같은 일반 경보음을 발생시켜 사람들이 대응하도록 한다. 만약 물마루가 먼저 도착하는 쓰나미가 발생하게 되면, 보다 복잡한 장치가 수면의 수위상승을 인식할 수 있도록 프로그램화 되어져야 한다. 이것은 DART 부위가 작동하는 원리와 유사하다. 비록 비싼 면이 있지만, 연안에서 DART 부위는 다음 선택이 될 수 있다. 또한 지진 장치를 육상에 추가해서 지진의 진동이 30초 이상 지속되면 경보음을 발생시키도록 고안되어져야 한다. 최소한의 경비와 최소한의 장비 유지의 관점에서, 건조 해양 저층 센서를 바다 저층 위 무겁고 단단한 평판에 고정시킬 수 있다. 이때 음향 및 라디오 통신을 가까운 해안과 할 수 있도록 고안하게 되면 연안에 거주하는 지역민이 자신들을 보호하기 위해 할 수 있는 간단한 장비가 될 수 있을 것이다.

만약 건조 해양 저층 센서가 미국령 사모아 및 통가 인근 해변에서 2009년 9월 29일에 작동되었다면, 해저 지진 발생 후 수 분 내에 이 섬들이 쓰나미에 강타 당했을 때, 약 190명의 사망자중 대부분은 목숨을 구할 수 있었을 것이다. 전체 마을이 물에 잠겼었다. 태평양 쓰나미 경보 센터로부터의 경보는 지진 발생 후 16분이 지나서 전해졌다. 이는 지진 자료를 분석하고 예측 모델을 돌려서 인간이 얻을 수 있는 신속한 정보였다. 하지만 지진은 사모아 열도에 너무나도 가까이서 발생했고, 경보가 전달되어졌을 때는 쓰나미가 이미 마을을 파괴하고 사람들의 목숨을 뺏어간 뒤였다. 규모 8.3 지진이 오전 6시 48분 사모아 남쪽 169킬로미터 해상, 통가 북쪽 670킬로미터 해상에서 발생했다. 사모아 거주민은 지진의 진동을 감지했다. 많은 이들은 이런 진동이 보통보다 오래 지속됐다는 것을 알았고, 그들은 즉시 내륙으로 달려가서 언덕위로 올라갔다. 하지만 진동이 멈추자, 많은 사람들은 단순히 그들의 일을 계속했다. 일부는 쓰나미 경보가 있을 수 있는지 듣고자 기다렸지만, 어떤 정보도 듣지 못했고, 그들은 괜찮다고 생각했다. 약 5분 뒤 사람들은 바닷물이 빠져나가는 것을 보고 다시 내륙으로 피신했다.

하지만 다른 사람들은 여전히 자고 있거나 이러한 것을 몇 번의 초기 파도가 치기 전까지는 모르고 있었다. 당시 파고는 4미터 내지 7미터였으며, 집이 물에 완전히 잠길 정도였다. 사모아 남부 해안은 대부분 피해를 입었다. 아피아Apia 인근 북부 해안에서는 경보후 사이렌이 울렸고 이를 통해 소득이 있었다. 미국령 사모아에서는 지진의 진동의 길이 때문에, 지역 NOAA기상서비스국National Weather Service Office에서는 공식적인 경보가 태평양 쓰나미 센터로 부터 오는 것을 기다리지 않고 자체 경보 알람을 발효시켰다. 이런 알람 효과는 섬 전체 사이렌 시스템의 부족으로 제한적이지만, 파고 라디오 방송국으로부터 알람을 전해 듣고 사람들이 매우 잘 대처를 했다. 이들은 태평양 쓰나미 경보 센터와 함께 국가 기상 서비스에 의해서 사전에 훈련과 교육을 받은 적이 있었고, 사전에 정부에 의해 대피 훈련이 시행된 것과 쓰나미 게시물 등이 전시된 것들이 이들의 행동에 부분적으로 작용했다. 차후 섬의 조사결과 쓰나미 파고가 해수면의 높이보다 2미터 내지 13미터 높이로 덮친 것을 알 수 있었다. 2009년 사모아 열도에서의 사망자는 2004년 인도네시아의 사망자보다 훨씬 적었다. 하지만, 개인적인 비극적 이야기는 유사했다. [73] 쓰나미 징후에 관한 지식이 여러 사람의 목숨을 살렸지만, 이런 징후를 인식하지 못한 사람들에게 경보를 전달할 수 있는 쉬운 방법은 없었다. 심지어 거대한 종소리가 영향을 줄 수도 있다. 칠레 연안 로빈슨 크로소 섬에서 2010년 2월 27일 지진에 의해서 거대지진이 발생했을 때, 섬 주민을 위해 비상종을 울려서 700여명을 구하기도 했다.

해저 지진이 발생했을 때, 바다는 즉시 반응한다. 쓰나미는 수분내 인근 연안을 강타하고 다른 국가의 해안으로 수시간내 전파되어진다. 지진의 발생을 미처 예보하지 못했을 경우 남은 경우의 수는 이후 예측이라도 초고속으로 이뤄져서 피해를 줄이는 것과 아니면 최악의 대참사 둘 중 하나일 수밖에 없다. 앞 장에서 살펴본 폭풍해일과 풍파와 같은 경우에, 구명 예측들은 다소 긴 시간의 여유를 갖는다. 해양 예측들은 훨씬 긴 정해진 시간을 갖는데, 왜냐하면 엘니뇨와 지구 온난화처럼 전 지구 기후 현상을 다루고 있기 때문이다. 이것들은 해양에서 조절작용을 통해 중요한 역할을 한다. 적절한 예보가 수많은 인명을 구할 수 있다는 것을 쓰나미와 같이 피해가 즉각적인 경우에만 국한되는 것이 아니다. 다음 장에서는 기후와 바다의 중장기적 상호작용에 대한 이해가 어떻게 훨씬 더 많은 생명을 구할 수 있게 작용했는지 살펴보겠다.

제10장

지구기후의 조정자, 바다

엘니뇨, 기후변화, 전지구해양 관측시스템

이전 장에서 우리는 인명을 구하기 위한 해양 예측의 중요성에 대해서 살펴봤다. 주안점은 쓰나미, 폭풍 해일, 이상 파도 등과 같은 곧 닥칠 재난을 예측하는 것이었다. 이러한 재난은 하루, 몇 시간, 또는 해저 지진부근에서 발생된 쓰나미의 경우에는 30분 이내에 도달할 수 있는 것들이다. 반면, 훨씬 먼 미래를 위한 예측들도 있다. 이런 것들은 수년, 수십 년, 수백 년, 혹은 그 이상의 기간에 걸쳐 진행되어온 환경의 변화와 바다의 힘에 의해 큰 영향을 받거나 발생되어진 변화로 인해 초래될 수 있는 재앙을 예측하는 것이다. 거대한 쓰나미가 모든 도시를 휩쓰는 것, 폭풍 해일이 도시를 물바다로 만드는 것, 이상 파도가 유조선을 쓰러뜨리는 것과 같은 극적 상황이 부족하지만, 이러한 먼 훗날의 재앙 역시 인명의 손실을 초래하고 심각한 경제적 타격을 입힐 수 있다.

가장 중요한 사례로는 엘니뇨와 기후 변화이다. 엘니뇨는 약 2년에서 7년을 주기로 발생하고, 기후 변화는 최근 수십 년간 심각한 영향을 주고 있는 지구 온난화의 영향과 관련하여 재앙을 초래한다. 둘다 전 세계에 영향을 줄 수 있는 전 지구적인 현상들이다. 둘 다 행성규모를 갖고 있는 막대한 바다의 힘을 나타내주며, 전 지구 기상 패턴 형성과 기후 조절에 중요한 역할을 하고 있고 있는 바다의 힘을 보여준다. 엘니뇨의 개시와 영향을 예측할 수 있는 것과 지구 온난화의 영향을 예측할 수 있는 것은 막대한 경제적인 이득과 함께 미래 위험 상황에 대한 준비를 가능해 함으로써 많은 생명을 구하게 할 수 있다. 과거 강력한 엘니뇨와 극적인 기후 변화로 인해서 수 없이 많은 목숨을 잃은 바 있다.

역사에 기록된 최대 규모 엘니뇨 2개는 19세기 말에 발생했다. 이때는 엘니뇨가 페루 어부들 이외에는 알려지기 전이었다. 어부들은 매년 크리스마스 부근 페루부근의 바닷물이 더워지는 것에 최초로 이름을 붙였다. 엘니뇨의 이름은 아기 예수를 의미하는 "어린 남자 아이"의 뜻을 갖고 있었다. 하지만 수년마다 수온 상승이 심해지자, 마침내 이런 이름은 단지 가끔씩 발생하는 극단적 온난화 현상으로 사용되어 졌다. 얼마 지나지 않아 페루 연안에서 발생한 엘니뇨가 전 세계 기후 현상의 초기 단계로 인식되어 졌다. 엘니뇨는 해양과 대기의 상호작용이었으며, 이러한 영향들은 전 세계에서 느낄 수 있었다. 이러한 현상은 차후에 엘니뇨-남방진동 El Nino - Southern Oscillation (ENSO)라 불려졌다. 남방 진동Southern Oscillation 은 태평양에서 대기 압력이 매우 느린 속도로 상하 운동하는 것에 붙여진 이름이었다. 즉 인도네시아에서 대기 압력이 낮을 때 남 아메리카지역의 기압이 높고, 반대의 경우도 마찬가지였다. 훨씬 뒤늦게 남방 진동이 열대 태평양을 가로질러 수온이 천천히 상승과 하강하는데 관련되어져 있다고 밝혀졌다. 엘니뇨의 존재는 페루 인근 태평양 동쪽연안의 수온이 따뜻해진 시기였다.

1876년 12월 페루 연안 수온이 평소보다 높았고, 이런 엘니뇨는 2년간 계속되었고 전 세계에 엄청난 피해를 끼쳤다.[1] 페루 연안에서 가장 중요한 상업 어종이 멸치였고, 이것은 풍부해서 어부들이 말 그대로 손으로 주워 담을 정도였고 어선들은 그물이 아닌 호스로 고기를 빨아 당겼다. 엄청 많은 멸치는 유럽으로 수출되어 졌다. 엘니뇨로 수온 상승이 나타나면, 멸치가 사라졌고 페루 어업이 붕괴했다. 겉보기에 한계가 없어 보였던 멸치 개체수는 바닷새의 개체수를 지탱하고 있었는데, 이러한 바닷새의 개체수가 엄청나서 그들의 배설물인 구아노guano가 페루 인근 섬에 쌓여 산을 이룰 정도 였다. 당시 바닷새의 배설물은 세상에서 가장 값비싼 비료였고 수백만 톤이 프랑스, 영국, 다른 유럽국가로 수출되어졌다. 멸치가 사라지자, 구아노 새Guanay Cormorant 들이 감소했고 배설물 축적도 중단됐다. 구아노 수출 후 다시 언덕을 충분히 채우지 못한데다 엘니뇨로 비가 많이 내려 언덕에 쌓이는 구아노를 쓸어가 버려서, 구아노 언덕이 축소되었다. 구아노 언덕들이 수십 년에 걸쳐서 만들어진 이유는 페루는 지구상의 건조한 곳 중 한 곳이었기 때문이었다. 하지만 엘니뇨 기간에는 폭우가 쏟아졌고, 홍수가 발생해서 수천 명의 사망자가 발생했으며 섬에 쌓인 구아노가 바다로 흘러들어갔다. 어업이 무너짐과 동시에 구아노 비료 산업역시 무너졌다. 어업과 비료수출업이 중요한 수입원이었던 페루 정부는 이런 충격으로 흔들렸고 2년 후 칠레와의 전쟁에서 패배했다.[2]

하지만 이러한 엘니뇨의 강력한 위력은 여전히 나타나고 있다. 엘니뇨가 비교적 건조한 페루에 강한 비를 내리게 한 반면에, 서쪽으로 태평양을 건너 인도양에서는 엘니뇨로 인해 일반적으로 비에 젖고 녹음이 푸르렀던 들판에 가뭄이 찾아왔다. 엘니뇨는 비를 내리게 하는 몬순monsoon을 중단 시켰고, 1877~1879년 발생한 가뭄은 기아와 질병을 초래했다. 사망자수는 엄청났는데, 인도에서 1천만 명, 중국에서 1천만 명에서 2천만 명 사이, 남아프리카, 네덜란드 동 인도 (현재 인도네시아), 베트남, 필리핀, 한국에서도 사망자가 발생했다.[3] 20년 후인 1899~1900년에 걸쳐 두 번째 강한 엘니뇨가 다시 한 번 몬순을 중단시켜 인도와 중국, 아프리카에 가뭄을 초래했다. 이러한 가뭄은 인도에서 8백만명, 중국에서 1천만 명, 그 밖에 브라질과 아프리카에서도 사망자가 발생했다.[4]

이러한 두개의 비극적 기아 발생시, 어느 누구도 엘니뇨에 대해 들어보지 못했고, 다만 페루인들은 자신들의 지역에서 발생하는 현상으로만 알고 있었다. 인도에 머물고 있던 영국 과학자는 왜 몬순이 중단되었는지 연구하기 시작했고, 그들은 언제 다시 이런 일이 발생하게 될지 여러 방법으로 이해하고자 노력했다. 남방 진동을 알게 되는 과정에서 밝혀졌지만, 사람들이 해양이 이러한 전 지구적 현상에서 중요한 역할을 하고 있음을 알게 되기까지는 65년이라는 긴 시간이 걸렸다. 일단 ENSO가 밝혀지고 난 뒤에, 역사학자들과 고기후학자들은 수많은 엘니뇨 피해를 과거의 기록에서 찾아냈다. 심지어 고대 이집트역시 엘니뇨의 피해를 받았다. 역사학자들은 파라오 국왕들은 그들의 기술자들로 하여금 나일강의 홍수를 정규적으로 측정하게 했으며, 이때 나일로미터 Nilometers라는 수위계를 사용했다고 밝혔다.

왜냐하면 나일강의 범람은 이집트에게 중요한 의미를 가졌다. 강물은 농업에 필수적이었으며 기름진 토양은 곡식을 풍성하게 만들었다. 나일강의 흐름은 에티오피아 강수량과 연관되어져 있었고, 이 지역의 강수량은 몬순과 연관되어져 있었다. 심각한 엘니뇨가 발생했을 때, 나일로미터에 따르면 나일강은 수량이 감소했고, 이집트는 가뭄과 기아 및 정치적으로 불안한 상황까지 겪어야만 했다.[5] 아프리카에서는 20세기 정치 사건에서도 엘니뇨의 영향을 받았다. 1972~1973년 엘니뇨는 심각한 가뭄을 에티오피아에 초래시켰다. 이로써 기아와 폭동이 나타났고, 하일르 셀라시 정권이 전복당했다. 10년 후 다른 가뭄이 1982~1983 엘니뇨에 의해서 발생했을 때, 정권을 빼앗겼던 셀라시가 무력을 사용해서 정권을 다시 찾았다. 이러는 동안 백만 명이 굶어 죽거나 정치적인 혼동 상황에서 사살되었다. 이것들은 단지 엘니뇨가 발생시킨 역사적인 사건의 일부일 뿐이다. 과학자들은 나이테, 산호 및 퇴적층 자료를 통해 얻은 고기후 연구결과로 130,000년 전까지 거슬러 올라가 엘니뇨의 기록을 찾아냈으며, 심지어 일부 엘니뇨는 소빙하기Little Ice Age (AD 1300 ~ 1850) 및 중세온난기Medieval Warm Period (AD 900 ~ 1300)동안에도 발생했음을 밝혔다.

엘니뇨는 ENSO 순환의 가장 잘 알려진 부분이지만, 남아메리카 태평양 연안을 따라 평소보다 수온이 낮은 기간 역시 발생하며, 이를 라니냐La Nina라고 부른다. 전 세계 기상에 관한 라니냐의 영향들은 일반적으로 엘니뇨의 영향과 상반되는 경향을 보인다. 최근 2007년 12월에 시작해서 2008년까지 이어진 강한 라니냐는 미국에서 2007~ 2008년 겨울철 낮은 기온 발생에 큰 기여를 했다.[6] 같은 겨울 중국의 동부, 남부, 중부 지역에서는 50년 만에 최악의 폭설이 중국 설날인 2월 7일 하루 전에 쏟아져 5백 8십만명 열차승객의 발이 묶여 고향을 찾는데 어려움을 겪었다.

기아발생시 비축된 곡식은 적절하게 활용이 가능하기에, 엘니뇨로 초래될 수 있는 가뭄과 기아에 관한 정확한 예측은 수많은 목숨을 구할 수 있었을 것이다.[7] 오늘날은 국제 구호단체와 국가들이 엘니뇨와 같은 자연 재해가 발생했을 때 도움의 손길을 뻗치고 있다. 따라서 엘니뇨 예측이 19세기말에 예측되어 가뭄으로 굶어 죽었던 사람들에게 큰 도움이 되었을 법한 효과를 발휘하지는 못하고 있다. 하지만, 발생할 가뭄에 대한 이해는 경제적인 이익을 발생시킬 수 있는 대비책을 마련할 수 있다. 예를 들어 농부는 가뭄에 강한 종자로 변경하거나 가뭄에 영향을 덜 받는 지역에서 경작할 수도 있다. 만약 엘니뇨 예측이 미래 홍수지역을 예측할 수 있다면, 이런 홍수대비책을 마련하여 인명 구조에 적용할 수 있을 것이다. 1997~1998년 발생한 20세기 최대의 엘니뇨는 전 세계에 큰 영향을 끼쳤다. 캘리포니아에는 홍수로 광범위한 지역에 산사태가 발생했고, 이로써 집들이 바다로 휩쓸려갔다. 1998년 심야 TV 에서 놀림감으로 사용하던 말은 엘니뇨를 조롱하는 것들뿐이었다. 6개월 전 미국 해양대기청의 국가환경 예측 센터에 의한 엘니뇨 예측에는 캘리포니아 지역에 폭우를 포함하고 있었다. [8] 결과적으로, 광범위한 재산의 손실은 1조원이상 발생했고, 이는 1982~1983년 엘니뇨보다는 적은 수치였다. [9] 오늘날 6개월에서 1년 전에 나오는 엘니뇨에 대한 정확한 예측은 컴퓨터 모델을 통해서 얻어진다. 현재 태평양에 걸친 부이 관측을 통해 얻어서 수백만 기가바이트의 실시간 자료를 컴퓨터 모델이 활용하고 있다.[10] 하지만 이런 시스템으로도 우리는 특수한 지역에 대해서 엘니뇨가 미치는 특별한 영향을 예측하는 것은 여전히 어렵다.

물론 기후는 ENSO 보다 훨씬 긴 시간 규모로 변화하고 있으며, 지구는 약 80,000년에서 120,000년을 주기로 빙하기에서 다른 시기로 변화하고 있다. 또한 짧은 시간 규모로 변화하는 기후 변동을 포함하여 모든 기후 변화는 해양의 변화와 대기와의 상호작용과 관련되어 있다. 지구는 약 20,000년 전 마지막 최대 빙하기부터 더워지고 있다. 그러는 와중에 유럽등지에서 눈에 띄게 기후변동이 진행되어 왔다. 기온은 다소 변동이 있었으나, 중세 온난기 기온은 현대와 비슷하게 높았고 소빙하기 때는 낮았다. 마지막 대형 빙하기의 끝무렵에는, 1.6킬로미터 두께를 갖는 빙하가 지구 육지의 1/3이상을 덮고 있었고, 해수면은 현재보다 100미터 낮았었고, 대륙붕의 대부분지역은 사람이 걸어서 아시아와 북 아메리카를 횡단할 수 있을 만큼 노출된 상태였다. 기후가 따뜻해짐에 따라, 빙하는 녹아서 바다로 들어갔고, 사람들이 북아메리카에서 남아메리카 서쪽 연안을 따라서 이동할 수 있는 해안로가 노출되었다. 이후에 중세 온난기 기간에 가뭄이 수세기에 걸쳐 발생하여 중앙아메리카 마야 왕국을 붕괴시켰다. 이러한 온난화시기에 북쪽지방에서는 바이킹이 북서서양으로부터 온난화로 당시에는 실제 녹색을 보였던 그린란드 식민지까지 육상과 해상을 정복했다. 당시 영국인들은 그들의 땅에서 포도밭을 성공적으로 심고 가꾸기 시작했다. 그러나 소빙하기 동안에 이러한 포도밭은 사라졌고, 바이킹은 그들의 북대서양 식민지를 포기해야만 했다. 발틱해는 수년 동안 얼어버렸고, 대서양 국가들은 몹시 추운 겨울을 보냈다. 짧아진 경작 기간과 함께 많은 가족이 죽거나 다쳐서 농사가 실패할 수밖에 없었다.

물론 오늘날 지구 온난화가 기후문제에 있어 최고의 관심사이다. 지구 온난화가 의미하는 바는 지난 1~2세기 동안에 걸쳐 증가한 지구 기온과 관련되고, 이산화탄소의 대기 중 증가로 인해 온실효과가 강화되어 발생한 것으로 과학자들은 믿고 있다.[11] 인류에 의해 초래된 이산화탄소의 증가에 따른 지구 기후 시스템의 반응을 정확하게 예측하는 것이 중요하다고 여겨진다. 인류는 화석 연료 사용을 통해 지난 2세기동안 막대한 양의 이산화탄소를 대기 중으로 배출했다. 또한, 인류가 행한 수세기에 걸친 벌목으로 인해 대기로 부터 이산화탄소를 흡수하는 자연의 자정 능력이 감소되었다. 이 결과 증가된 이산화탄소는 온실 기체로 작용해서 지구가 우주로 방출시키는 열을 가두어서, 이로 인해 빙하기 이후 지속되어온 자연적인 온난화 현상을 가중시키는 추가적인 온난화를 나타나게 했다. 지난 세기에 걸쳐 자연적인 온난화 이외에 추가된 인위적인 온난화가 온실효과 때문에 발생한 것인가에 대한 논쟁은 여전히 논란이 많다. 지구는 천체 궤도운동에 영향을 받으며, 천체 순환에 대한 지구반응을 예측하는 것은 지구 기후 변화를 이해하는데 있어서 매우 중요하기 때문이다.[12]

해양은 기후변화 및 지구 온난화의 영향을 이해하는데 있어서 중요한 역할을 담당한다. 해양은 지구로 들어오는 태양열을 흡수하는 최대의 매체이며, 해양은 대기보다 4천배 높은 효율로 에너지를 저장한다. 이산화탄소가 기후에 영향을 끼칠 때 해양은 중요한 역할을 담당하며, 해양은 대기보다 500배 많은 이산화탄소를 저장하고 있다. 바다속 식물성플랑크톤은 육상에서 나무, 풀, 식물처럼 이산화탄소를 흡수한다. 그리고 식물성 플랑크톤이 대기를 향해 배출하는 가스는 대기 중 에어로솔의 상당한 부분을 차지한다. 이런 에어로솔은 구름을 생성시키는 응결핵이 되며, 이는 아직 잘 알려지지 않은 기후변화의 중요한 한 부분이다.[13] 비록 기후변화로 인해 바닷물의 양이 변할지라도, 해양은 지구상 물의 약 97%를 차지하고 있다. 빙하시대동안 바다로부터 전해진 물은 눈으로 쌓여 넓은 지역에 1.6킬로미터 높이의 빙하를 형성했고, 이런 이유로 바다 수위는 낮았다. 따뜻한 간빙기동안에는 빙하상태로 존재하던 물이 녹아 바다로 돌아갔고, 해수면은 상승하게 됐다.

해류는 지구 적도의 열을 차가운 지역으로 전달하는 중요한 역할을 한다. 대서양에서 바람에 의해 형성되는 멕시코 만류는 대서양 열 염분 순환과 연관된 밀도류로 중요한 역할을 담당한다. 멕시코 만류는 따뜻한 고염분 바닷물을 대서양 표면을 따라 북쪽으로 이동시킨다. 멕시코 만류가 북대서양에 이르면, 따뜻한 고염분 바닷물은 냉각되고, 열을 북반구 대기로 방출하고, 이런 결과로 차가운 바닷물이 깊숙이 가라앉는다. 이런 심층수는 매우 느리게 남쪽으로 이동하여 남대서양을 지나 태평양과 인도양에서 서서히 용승하여 표층수가 된 후 다시 대서양으로 흘러든다. 이러한 열염분순환을 컨베이어 벨트라고 부르고 있다. 전체 여정을 위해서 6백년에서 1천년 정도의 시간이 필요하다. 열염분 순환 강도의 대규모 변화는 빙하시기의 발생과 종료시점에 나타나며, 소규모 변화는 작은 기후 변동과 일치하는 것으로 여겨진다. 북대서양에 담수 유입이 갑작스럽게 증가된 경우에 열염분 순환이 지극히 약화된 경우가 발생했다. 반면, 남쪽으로부터 염분을 이동시키는 다양한 기작은 열염분 순환을 강화시키기도 했다.

엘니뇨를 예측하거나 이해하고 장기 기후 변화를 이해하기 시작한지 50년 밖에 되지 않았다. 두 경우 모두 전 세계로부터 해양과 기상 관측 자료를 얻게 되면서 연구가 가능해 졌으며, 이러한 자료를 기반으로 대규모 역학 모델을 슈퍼컴퓨터상에서 실험할 수 있게 되었다. ENSO 순환을 최초로 이해한 것은 1904년으로 거슬러 올라간다. 인도 기상청 영국인청장이었던 길버트 워커경은 전 세계 기상 자료를 분석해서 최초로 남태평양에 걸쳐 대기 압력의 상하운동을 발견했다.[14] 하지만 1957년이 되어서야 남방 진동과 엘니뇨와의 연관이 제이콥 비야크니스에 의해서 밝혀졌다. 그는 UCLA University of California at Los Angeles 에서 미대륙간 열대 참치 위원회를 위해 일하던 노르웨이 기상학자였다. 비야크니스는 1957년 7월부터 1958년 12월까지 진행된 국제지구관측년 1957~1958동안 67개국으로부터 얻어진 태평양의 해양 및 기상자료들을 분석하였다. 그는 열대 태평양 수온의 아노말리가 태평양에 걸친 대기 압력의 아노말리와 연결되어 있다고 판단하였고, 최초로 이러한 해양-대기 상호작용을 밝혀냈다.[15] 1970년대에 하와이 대학 해양학자였던 클라우스 위르키는 태평양주변 검조기로부터 해수면자료를 분석하여 엘니뇨를 이해할 수 있는 거대한 연구성과를 남겼다.[16] 열 확장 때문에 바닷물이 더워지면, 해수면이 상승했다. 반면 바닷물이 차가워지면, 해수면은 하강했다. 이런 자료를 기록하던 중, 위르키는 거대한 따뜻한 바닷물 덩어리가 서태평양에서 동태평양으로 이동하고 난 뒤 캘리포니아 북쪽과 칠레 남쪽으로 이동하는 것을 밝혔다.[17]

엘니뇨의 과학적인 이해를 위해서 TOGA Tropical Ocean Global Atmosphere와 같은 대형 해양 관측 프로그램을 활용하기 시작했고, 이런 TOGA 는 열대태평양에 걸쳐 1994년부터 70여개의 부이를 계류시키고 있다.[18] 3년 후, 부이 자료는 엘니뇨현상을 최초로 완벽히 재현했고 예측을 가능토록 했다. 마침내, 특별히 개발된 해양수치모델이 기상 모델과 결합되어 엘니뇨의 시작을 6개월 이전에 예측하는 것이 가능해졌다. 이러한 모델은 나플라스 Laplace가 조석을 이해하고 예측할 목적으로 개발했던 역학모델이 효시였다 (제1장 참조). 해양 모델은 수온과 염분에 관한 방정식을 추가하였다. 기상 모델은 기온, 습도, 대기 압축률, 그밖에 다른 대기 효과들을 추가하였다. 엘니뇨의 성공적인 예측을 위해서, 해양 모델과 대기 모델은 결합되어졌고, 이들은 하나의 모델로 완성되었다. 해양 현상을 위해서 대기로부터 전달받은 에너지 자료를 갖고 해양모델을 구동했는데, 이때 입력 자료로 사용되는 관측 자료를 경계조건 boundary conditions이라 불려졌다.

마찬가지로, 해양 표면으로부터 전달받은 열에너지 및 해양으로부터 대기로 들어가는 수증기를 포함한 경계조건을 사용해서 기상 모델이 구동하게끔 짜여졌다. 하지만 해양과 대기가 상호 영향 받는 현상을 위해서는, 둘 다 큰 변화를 갖기에 두 모델의 결합은 불가피했다. 태평양과 전 세계로부터 얻어진 수십억 개나 되는 자료 격자점은 모델을 초기화해서 구동시키는데 이용되어진다. 아직 분명하지 않은 것은 어떤 것이 엘니뇨의 시작 시 방아쇠 기능을 하는 가이며, 무엇이 엘니뇨를 종료케 하느냐이다. 엘니뇨가 발생하지 않을시, 서태평양에 저기압과 동태평양에 고기압이 나타나고, 무역풍은 적조를 따라 서쪽을 향해 분다. 이것은 따뜻한 표면 바닷물을 서태평양으로 밀고, 이곳에는 캐나다 면적만큼의 따뜻한 바닷물이 쌓이게 되어, 더운 공기의 증발을 초래하고 이로써 남동아시아와 인도양에는 폭우가 쏟아진다. 동시에, 서향 무역풍은 바닷물을 남아메리카 해안으로부터 밀어내면서 차갑고 영양분이 풍부한 심해수를 동태평양 표면으로 끌어올리고, 이를 통해 멸치가 먹을 수 있는 플랑크톤이 증가하며 육상은 건조해진다. 엘니뇨 시기에는 동태평양의 저기압과 서태평양의 저기압이 발생하며, 무역풍이 약해지고, 서태평양의 바닷물이 동쪽으로 이동하게 된다. 이것은 상황을 역전시켜, 폭우와 홍수가 동태평양에 나타나고 가뭄이 서태평양과 인도양 지역에 나타난다. 이러한 동 태평양의 용승은 중단되고, 따뜻한 바닷물과 영양분이 적은 바닷물로, 식물성플랑크톤의 번식이 왕성하지 못하며, 멸치는 풍부하지 못하고, 구아노 새들은 죽게 된다. 따뜻해진 바닷물은 캘리포니아 북부와 칠레남부까지 이동하게 된다. 상황이 전환되어 무역풍이 시작되었을 때, 만약 무역풍 방향으로 기상상황이 강화되어 나타나게 되어 일반적인 상황을 넘어서게 되면, 남아메리카 연안에 바닷물이 극도로 차갑게 되며, 라니냐 상태가 된다.

엘니뇨의 시작시기에, 해양은 대기에 영향을 끼치고, 대기는 해양에 영향을 끼치며, 동일 방향으로 서로가 영향을 끼친다. 서쪽으로 불어가는 무역풍은 동쪽의 따뜻한 바닷물에 의해 느려지게 되며 동쪽으로 방향을 바꾸게 된다. 이러한 풍향의 전이는 따뜻한 바닷물을 더욱 동쪽으로 이동시키게 된다. 왜냐하면 지구 자전의 효과는 바닷물의 움직임을 풍향과 일직선이 되게 만들기 때문에, 이러한 포지티브 피드백 매커니즘은 적도에서 따뜻한 물의 움직임이 동쪽으로 향할 때 나타나게 된다.[19] 하지만, 따뜻한 바닷물과 무역풍 전이중 어느 것이 먼저 나타나는지, 왜 움직임을 만드는지 아직까지 명확하지 않다. 비록 초기 방아쇠 매커니즘에 대한 이해가 부족하지만, 태평양에 구축된 충분한 실시간 자료를 활용하여, 엘니뇨에 관한 단기 예측은 가능해졌다.

장기 기후 예측 역시 해양 대기 결합 모델을 필요로 했지만, 모델의 복잡함과 정확한 예측을 위한 어려움은 ENSO를 예측하는 것보다 훨씬 커졌다. 지구 기후 시스템보다 복잡한 현상은 드물며, 인류가 이산화탄소를 사용해 발생한 온실효과는 이런 시스템의 일부에 불과했다. 비록 해양과 대기가 가장 중요한 요소였으나, 지구의 모든 부분들은 생물권 biosphere, 빙권 cryosphere, 지각권geosphere 의 조합으로 구성되어 있었다.[20] 일반적으로 생물권은 탄소순환, 이산화탄소에 의한 지구온난화 및 다른 메탄과 같은 온실효과 가스들을 모사하는데 중요한 역할을 한다. 다른 중요한 역할은 오랜 시간에 걸친 태양 복사의 변동을 모사하는 것이며, 특별히 지구에 도달하는 태양광의 양적 변동을 계산하는 것이다. 예를 들면, 20,000년, 40,000년, 100,000년 순환으로 지구의 자전축 tilt of the Earth's axis이 변화하게 될 때, 태양 주위를 도는 지구의 궤도 모양이 변하게 된다. 비록 이것은 얼마만큼 영향을 미치는지는 아직 잘 알려져 있지 못하지만, 이러한 3개의 순환은 빙하기 결정에 영향을 미치는 것으로 보인다. 이것은 해양을 포함해서 포지티브 피드백 매커니즘을 포함하는 것으로 여겨진다.

모델을 통해 이론을 확인하기 위해, 모델은 관측결과를 비교적 정확하게 재현해야 한다. ENSO 현상은 매 2년에서 7년을 주기로 발생하며, 엘니뇨가 발생하고 난 후에야 모델이 엘니뇨를 얼마나 잘 재현했는지 확인할 수 있다. 백년 후 또는 먼 미래의 기후 변화 예측할 때는 모델을 현상과 비교하여 평가하는 것이 불가능하다. 가능한 방법은 기후모델이 과거의 기후변화를 재현할 수 있는가 확인하는 것이지만, 이러한 경우 생길 수 있는 문제는 모델 결과와 비교할 수 있는 적절한 과거의 관측 자료를 보유하고 있는가이다. 장비를 통한 관측기록은 50년에서 150년 전으로 거슬러 오르며, 이러한 자료는 기상 및 해양 관측 요소들이다. 이보다 과거의 관측 자료를 위해서 나이테, 산호 및 퇴적층 자료를 통해 프록시 자료를 개발하였다. 이런 자료는 과거의 기온 및 수온, 해수면 높이, 이산화탄소, 그 밖의 다른 고기후 지표들을 제공해 준다. 이것들은 수천 년 전으로 거슬러 올라가지만, 프록시 자료는 간접적인 측정법으로 특별한 방사성 동위원소의 비율에 기반한 것이기에 때론 특수한 질문에 대답하기 어려운 불확실성을 내재하고 있다. 또한 오랜 기간 재현되어야 하기 때문에, 기후모델은 ENSO모델보다 시공간적으로 간격이 커지게 되며, 단기예측에 사용된 물리과정들이 모두 사용되어지지 못한다.

가장 복잡한 기후모델은 과거 수세기동안 이산화탄소농도 증가전후를 예측하는 것이다. 이산화탄소 증가를 포함하는 모델은 동일 기간에 걸쳐 대기 온도 상승을 재현할 수 있다. 이산화탄소 증가가 없는 모델의 경우는 대기 온도가 빙하기가 끝난 이후부터 증가하지만, 큰 폭의 증가는 없다. 하지만, 모든 모델들이 전구 평균 온도 상승에 일치하는 결과를 보인다 할지라도, 특정 지역에 발생하게 될 기후변화에 대해서 일치하는 값을 보이지는 않는다. 따라서 예측된 지역에 대한 결과는 정확함이 떨어지며, 국지적인 지구 온난화 효과가 발생하게 되면 인간의 건강을 해칠 수 있다. 물론, 홍수, 가뭄, 기아 등이 지구 온난화와 상관없이 발생할 수도 있다. 우리는 이미 19세기 끝 무렵에 두개의 강력한 엘니뇨가 몬순을 중단시키고 수백만 명이 기아로 사망했던 것을 알고 있다. 전례 없는 규모의 가뭄, 폭염, 홍수가 지구 온난화에 대한 관심을 정당화 시키는 와중에, 비판자들은 이러한 지역적인 불확실성을 지구 온난화를 무시하기 위한 변명으로 사용할 것이다. 하지만 이외에도 처참한 재앙의 결과가 존재한다.

지구온난화에 따른 해수면 상승이 초래하게 될 재앙이 지구에 미칠 영향은 엄청날 것이며 빠르게 진행될 것이다. 왜냐하면 대략 전 세계 인구의 절반정도가 연안에 인접하여 살고 있기 때문이다.[21] 이미 언급한 바와 같이, 마지막 빙하기동안 해수면은 현재보다 100미터 낮았었다. 지금은 물에 잠겨있는 대륙붕이 20,000년 전에는 육지였다. 대략 8,000년 전, 100미터의 해수면 상승이 빙하의 붕괴와 해빙에 의해서 발생한 바 있다. 보다 최근에는 해수면상승이 따뜻해진 해양 상층부의 열 확장의 결과로 나타난다. 지난 세기동안 해수면은 대략 0.2미터 정도 상승했다. 그러나 만약 그린랜드나 남극빙하가 빠르게 녹기 시작한다면, 해수면은 훨씬 빠르게 상승하게 될 것이다. 그린랜드 빙하가 모두 녹으면 약 8미터의 해수면 상승을 초래하게 된다. 반면 남극 빙하가 모두 녹으면 해수면은 80미터 정도 상승할 것이다. 완전히 녹기 위해서는 수세기의 시간이 필요하겠지만, 해수면 상승이 발생하는데 전체 빙하가 녹을 필요는 없다. 빙하가 녹으면 해양으로 빠르게 이동해가고 빙산으로 쪼개진다. 이러한 빙산은 녹아서 바닷물이 되는 것과 비슷하게 해수면을 상승시키는 효과를 나타낸다. 심각한 질문으로는 얼마나 빠르게 이러한 빙하가 바다로 이동해 가는 가이며 이런 기작이 얼마나 빠르게 진행되고 있는가이다. 빙하 아래쪽에 있는 빙하의 녹은 물은 윤활유와 같은 기능을 해서, 빙하를 바다로 훨씬 빠르게 이동시킨다.[22] 최근 그린란드와 남극의 빙하이동 예측에서는 전 지구 해수면의 상승이 2100년까지 1~2 미터까지 나타날 것으로 전망하고 있다. 이러한 해수면 상승은 심한 경제적 충격을 초래할 수 있으며 많은 국가의 연안지역에 피해를 끼칠 수 있다.[23] 위성 자료를 통해 2002년부터 2009년까지 그린란드와 남극에서 해빙이 이전에 비해 두 배 정도 심각해진 것을 확인할 수 있었다.[24] 해수면이 현재보다 높았으나 대기 온도는 약간 높았던 마지막 간빙기(약 130,000 년 전)에 관한 고기후 연구에서는 이전에 가능하다고 생각했었던 것보다 해수면이 더 높게 나타날 수 있는 발생기작에 대해서 알려준다.[25]

지구 온난화는 전 지구 인구의 1/6에 해당하는 사람들에게 영향을 미칠 수 있다. 이들은 대부분 여름에 물 사용을 위해 산악빙하나 눈덩이로 덮인 들판에 의지하며 살아가는 사람들이다. 온난화로 눈이 녹게 되면 강의 최대 수위가 늦은 겨울이나 초봄에 나타나게 된다. 농사를 위해서는 여름과 가을에 물이 가장 많이 필요한 시점이기에, 충분한 물을 확보할 수 있는 시설을 갖춰놓지 않으면, 녹은 물은 모두 바다로 흘러가게 된다.[26] 또 다른 이산화탄소 증가에 따른 전 지구적인 영향중의 하나는 해양산성화ocean acidification이며, 이것은 식물성 플랑크톤과 다른 지구 생태계에 영향을 미치게 된다. 해양 산성화가 생태계에 끼치는 영향에 대해서는 아직 연구가 진행 중이지만 여러 심각한 문제를 발생시킬 것으로 여겨진다.[27]

지구 온난화를 약화시키는 노력과는 별도로 정확한 기후예측은 매우 중요한 일이다. 기후예측 모델은 어떻게 바람의 형태가 변화하고 강수량이 변화하는지, 가뭄과 홍수가 나타날 곳은 어디인지, 물 부족으로 위협받을 곳에 대한 대책과 같은 지구온난화에 따른 국지적인 영향 예측에 높은 신뢰도를 보여야만 한다. 기후 모델이 계속 발전되어져야 하고 현대식 전 지구 관측 시스템으로부터 얻어진 자료가 모델을 위해 사용되어져야만 할 것이다. 또한 고기후 연구를 통한 자료 확보가 요구되며, 이 경우 고기후를 정확하게 연구해서, 미래 기후를 예측하는데 사용해야 할 것이다.

지구 대기 온도를 낮추기 위해 제안된 여러 안건들을 적용해서 미래 상황을 예측하기 위해서는 보다 정확한 모델이 요구된다.[28] 이러한 지구공학 기술들은 부작용과 이해하지 못하는 포지티브 피드백 매커니즘을 가질 수 있다. 기후 예측 모델은 이 같은 예상되는 위험상황을 판단 할 수 있는 도구로 자리잡아가고 있다. 예를 들어, 지구온난화에 대한 통제 방법은 화산 폭발이 지구의 열을 식히는 방법과 비슷해 보이기도 한다. 화산 폭발은 이산화황을 대기 성층권으로 이동시키고, 이는 황산염입자를 통해 태양빛을 반사시켜 지구를 냉각시킨다. 물론 냉각 외에 다른 효과들도 있다. 인도네시아 탐보라Tambora 화산 폭발후 1년이 지나, 중요한 냉각 효과가 나타나기도 했다(제7장). 1816년은 "여름이 없던 해year without a summer"로 회자되는데, 다름 아닌 6월에 뉴잉글랜드에 눈이 내렸고, 7월 4일 미국 남부에는 서리가 내렸다. 차가운 기류는 미국 북동부와 북유럽의 농사를 망쳤고, 이로 인해 기아와 사망자가 발생했다. 이러한 화산폭발은 또한 인도와 중국의 몬순을 방해했다. 1991년 피나투보 화산Mount Pinatubo 폭발은 전 지구 기온을 낮추는 효과뿐만 아니라 전 지구 강수량을 감소시키고 가뭄을 증가시켰다.[29] 심지어 인류가 이산화황을 대기 중에 증가시켜 지구의 기온을 낮출 수 있지만, 이산화탄소 농도는 점점 증가할 것이고 이를 통한 악영향에 대응하는 것을 불가하다. 해양의 산성화가 더욱 악화되는 것은 하나의 예에 불과하다. 또한, 인위적인 작용으로 기후가 원치 않는 방향으로 나타나는 국가가 이산화황 주입을 방해하거나 중단시키면, 온난화는 훨씬 빠르게 진행되어 생태계시스템에 적응할 시간적 여유 부족으로 훨씬 막대한 피해를 초래할 수도 있다.[30] 또한 냉각효과가 도를 넘는 경우에 대한 가능성을 배제할 수는 없다. 만약 포지티브 피드백 메커니즘이 시작되어져서 이산화황 주입을 중단시켜도 지구를 계속 냉각시키게 되면, 우리는 빙하기로 전환되어질 수도 있다. 이것은 또 다른 형태의 파괴적인 기후변화이며 수많은 사람들의 목숨을 앗아갈 수 있고 막대한 경제적 피해도 끼칠 수 있다. 우리는 이런 모든 가능성을 완벽하게 이해할 수 있는 보다 나은 기후모델을 필요로 하고 있다.[31]

또 다른 지구공학적인 해결책으로는 수천 톤의 철 화합물iron compound을 해양에 투입하여 식물성 플랑크톤의 번식을 자극시켜, 이런 생물체가 보다 많은 이산화탄소를 사용케 하는 것이다. 증가된 식물성 플랑크톤 또한 다량의 이산화메틸 황화물 입자dimethyl sulfide particles를 방출하게 한다. 이러한 입자는 구름형성시 응결핵으로 작용하고, 따라서 구름형성을 증가시켜 태양빛을 우주공간으로 더 많이 반사시킬 수 있다. 다른 제안사항으로는 바다 표면을 휘저어서 염분 입자를 대기 중으로 분산시키는 것이고, 이러한 작용은 대기 중 염분을 증가시켜 구름 형성시 응결핵으로 작용할 수 있게 만든다. 또한 철 화합물 해결책과 유사하게 심해에서 표층으로 인공적으로 염분을 뿜어 올려서 식물성 플랑크톤의 번식을 돕도록 하는 것이다. 이러한 모든 지구공학적인 해결책들은 고려해보는 것만으로도 매우 위험하게 여겨진다. 우리들은 단지 한정된 경우에만 지구 기후를 갖고 의도적인 실험을 할 수 있을 것이다. 만약 그린란드와 남극이 급속히 녹아 바다로 흘러들어가는 경우와 같이 극단적인 기후 재앙이 발생하게 되면, 인위적인 지구공학적인 방법들을 시도해 볼 수 있을 것이다. 우리는 기후시스템에 대한 보다 나은 이해를 해야 하며 어떠한 일이 벌어질지 예측할 수 있는 모델을 준비해야 한다.

하지만 우리가 화석연료 사용을 계속한다면, 기후변화 재앙이 미래 어느 시점에 일어날지를 어떻게 확신할 수 있나? 물론 기후모델 예측에는 불확실성이 존재하며, 특히 지역 규모의 예측은 불확실성이 더욱 심하게 나타난다. 하지만, 과학적 연구의 불확실성을 원인으로 제시하면서 일부 비평가들은 경제적이며 정치적인 이유를 토대로 다른 과학적 연구에 비해 기후변화 연구 분야에 훨씬 높은 기준을 제시하고 있다. 우리가 하고자 하는 일은 단순한 위험평가 뿐 아니라, 이러한 위협을 최소화하고자 할때 발생하는 비용과 위험비용을 비교하는 것이다. 우리는 지구 온난화 논쟁에 있어 극단적인 두 경우의 입장에서 발생하는 모든 결과들을 살펴보고자 하는 것이다. 하나는 극단적인 지구온난화 부정론자의 입장이며, 다른 하나는 심판론자의 입장이다. 만약 우리가 지구 온난화를 약화시키기 위해 많은 돈을 투자했고 부정주의자들이 옳다면, 사용되어진 비용은 우리의 경제에 심한 타격을 줄 것이다. 만약 우리가 지구 온난화를 약화시키기 위한 조치를 취하지 않았고 심판론자 입장이 맞다면, 전례 없는 인류의 고통을 치러야 했을 것이다. 두 입장은 또한 불확실성에 대해 다른 견해를 갖고 있다. 부정론자는 지구 온난화가 발생하거나 재난을 초래하는 것이 확실해지기 이전에는 소위 문제라는 것에 돈을 낭비해서는 안 된다고 여긴다. 심판론자는 이러한 불확실성때문에 지구온난화에 대해 걱정을 더 많이 해야 한다고 생각한다. 왜냐하면 만약 우리가 복잡한 기후 시스템에서 발생하는 비선형 피드백 매커니즘을 완벽하게 이해하고 있지 못하면, 문제는 우리가 생각하는 것 이상으로 심각해질 수 있다고 여긴다. 금성에서 발생한 것과 같은 극단적인 기후변화는 논외로 해야 할 것이다. 하지만, 큰 차이를 보이는 두 가지 견해는 기후변화 문제를 해결하는데 최선의 접근방법은 아닐 것이다.

실제로 모델 예측에 있어서 불확실성이란 어떤 것인가? 이것은 오랫동안 토론에 붙여진 논쟁거리이다. 최근 IPCC보고서는 모델 결과들을 90% 정도 신뢰한다고 말하고 있다. 하지만 일부 비판론자들은 기후 시스템의 복잡성에 대해서 심각히 고려해야 한다고 말하고 있다.[32] 과학의 다른 영역에서는 50-50 확률로 불행한 결과를 발생시키는 연구조차 진행될만한 충분한 가치가 있다고 여기기도 한다. 하지만, 비판론자들은 대기 중 이산화탄소를 감소시키는 비용이나, 증가를 억제시키는데 발생하는 비용이 미국 경제에 악영향을 끼칠 수 있다는 입장이다. 오늘날 이러한 논의는 크게 중요시 되지 못하고 있다. 먼저, 고유가로 인해 대체 에너지가 더 이상 훨씬 비싸지 않게 되었다. 그 다음으로 지구 온난화 이외에도 기름에 대한 믿음으로부터 벗어나야할 다른 이유가 생기게 되었다. 2008년 경제 위기 이전에 기름 가격은 엄청나게 높았기에 경제적, 정치적 중요한 관심사였다. 경제는 회복되었고, 기름가격에 대한 관심은 여전했다. 약 70%의 기름이 중동을 포함한 미국 이외의 지역에서 미국으로 수입되어지며, 미국은 오일 생산국의 수출 보류 가능성에 대해 매우 취약한 구조를 갖고 있다. 이러한 국가적 안전보장 문제에 관한 해결책은 중동 지역에 대한 오일 해외의존도를 감소하는 것이며, 이러한 해결책은 지구 온난화 문제를 해결하기 위한 진전을 가져올 수 있다.

경제적, 정치적, 국가적 안전보장 문제 및 지구 온난화 문제를 풀 수 있는 해결책은 태양, 풍력, 지열, 파도, 해류, 해수온도차발전ocean thermal energy conversion (OTEC)과 같은 재생에너지를 개발하는 것이다. 작금의 경제 난국을 대처하기 위해서, 재생 에너지 시스템 생산은 2차 세계대전 당시 증가된 전시 생산 효과와 비슷한 성장 가능성을 갖고 있다. 비록 프랭클린 루스벨트가 불황을 타개하기 위해서 모든 것을 다 했을 지라도, 2차 세계 대전을 승리하기 위해 사용했던 생산 활동이 마침내 미국 경제를 경기호황으로 이끌었다. 재생 에너지 시스템을 건설하는 것과 같은 실제 생산 활동에 자금을 투자하는 것은 경제를 호황으로 전환시킬 수 있는 자극제가 될 뿐만 아니라, 정치적인 파장 등을 고려한 중동지역에 대한 의존도를 벗어나게 해 줄 것이다. 중대한 "부가적인 효과"는 이산화탄소 배출을 감소시킬 것이다.

이 책을 통해서 해양 예측이 두 가지 중요한 활동과 관련되어 있음을 알게 됐다. 하나는 관측 장비를 통해서 얻어진 많은 자료들을 습득하는 것이다. 이런 자료는 해양의 다른 성질과 특징을 위해 고안되어진 관측 장비를 통해서 얻는다. 다른 하나는 해양의 물리현상을 이해하려는 인류의 노력이다. 이런 노력은 해양의 움직임을 이해하고 해양의 물리현상을 수학식으로 나타낼 수 있는 모델을 개발하는 것이다. 많은 양의 해양과 기상 자료를 모델 입력인자로 사용하는 것은 많은 해양 현상을 기술하고 이해하게끔 해준다. 현대 기술을 통해, 1세기 전에는 상상 못한 해양의 자연요소를 측정하는 수많은 방법이 개발되어졌다. 현재 관측은 위성과 육상-해상에 설치된 관측기지에서 이뤄진다. 예측을 위해서 실시간 자료를 확보하는 것이 중요하며, 자료는 모델로 신속하게 전달되어져서 모델이 구동되어져야 함을 강조해 왔다. 현대 인터넷 세대에게 이러한 실시간 자료 전달은 더 이상 문제가 될 게 없다. 그리고 컴퓨터 성능이 증가됨에 따라, 대기모델과 결합되는 해양 수치 역학 모델들은 점차 대형화 되어졌으며, 시공간 해상도가 훨씬 증가되어 모델 정확도를 개선시키고 있다.

우리는 관측과 모델링이 수세기에 걸쳐 어떤 발전을 해왔는지 살펴봤다. 최초의 해양 관측은 BC 2세기에 셀레커스에 의해서 페르시아 만의 조석 관측을 기록하면서 시작됐지만, 2천

년이 지난 시점에서 단순한 조석관측기에서 자기검조기로 발전했다. 이러한 검조기들은 바다 표층의 연직 이동을 지속적으로 기록하고, 이를 통해 조석뿐만 아니라 다른 수위의 변동 상황을 보여준다. 이후 우리는 이러한 검조기를 통해 태풍에 동반된 강풍으로 초래된 폭풍해일의 크기를 측정하고, 지진과 화산폭발에 의해 발생한 쓰나미를 탐지하는데 사용하고 있다. 검조기는 엘니뇨로 초래된 따뜻한 바닷물에 의해 해수면이 천천히 변화하는 것을 측정하며, 검조기는 발전이 진행 중인 관측기기이며 이를 통해 해양현상을 이해하는데 사용되어진다. 왜냐하면 이러한 검조기들 중 대부분은 1백년 이상 작동되어졌기 때문에, 검조기들은 해수면의 상승에 대해서 신속한 정보를 전달하고, 기후 변화와 지구온난화 영향을 판단하는 잣대로 사용되어진다. 해수면 검조기라 불리는 게 타당한 검조기는 해양 관측 장비가 다목적이 되어야 함을 보여준다. 해수면 관측망이 설치된 전 세계 많은 국가들에서는 검조기를 전지구해양관측시스템 구축을 위한 인류의 첫걸음으로 여기고 있다.

풍파 역시 수위 검조기로 측정되어지지만, 풍파는 보통 노이즈로 처리되어진다. 풍파는 부이에 설치된 엑셀레로미터Accelerometers와 같은 방법 등으로 보다 정확하게 측정되어져서 파도가 이동해갈 방향까지 나타낼 수 있다. 샘플링은 진동마다 에너지를 나타내는 스펙트럼 분석을 할 수 있을 정도로 빠르게 이뤄진다. 비록 쓰나미가 해수면 검조기에 의해 상당히 빠르게 조사되어져도, 쓰나미 또한 DART 부이와 연결된 저층 압력 센서와 같은 특별한 관측 장비에 의해 측정된다. 다른 해양 관측 기기들은 수온, 염분, 해류의 속도와 방향 같은 파라미터를 관측하기 위해서 개발되어졌다. 이러한 자료들은 엘니뇨와 기후변화시 해양의 역할을 이해하는데 사용되어졌고, 이후에는 탄소, 생물학적 화합물, 다른 해양 파라미터 관측 값을 얻는데 사용되어졌다. 우리는 이 책에서 개별적인 관측소로부터 TOGA처럼 실시간 자료를 위한 영구 관측 망과 같은 해양연구를 위한 복합적인 관측소로 발전되어왔는지 살펴봤다. 그리고 위성으로부터 얻을 수 있는 다양한 해양 자료의 중요성에 대해서 살펴봤다.

초기 수리역학 모델은 조석을 이해하고자 시도한 라플라스의 연구로부터 시작되었다. 하지만, 그의 모델은 조화예측기법에 따른 라플라스 공식Laplace's work을 활용한 통계모델의 한 형태였다. 이런 최초의 조석 예측 모델은 다른 해양 현상을 위해서 사용될 수는 없었는데, 그의 모델은 단지 조석이 특별한 주파수에서 에너지를 갖고, 이런 조석은 달, 지구, 태양의 천체운동에 의해서 결정되어지기 때문이었다. 하지만, 라플라스 역학 모델은 다른 역학 모델로 발전되어 폭풍해일과 쓰나미를 예측하거나 재현할 수 있는 모델이 되었고, 엘니뇨와 기후변화를 기상 모델과 결합하여 예측할 수 있게 되었다. 풍파 모델은 한편으로는 바람에 의한 파도의 생성을 표현할 때는 짧은 공간 규모로 다뤄져야 하며, 다른 한편으로는 해양 표면을 따라 수천 킬로미터를 퍼져나가는 너울을 고려할 때는 전 지구 공간 규모로 시뮬레이션 되어야 한다. 그리고 전 지구 기상 모델은 너울을 발생시키는 폭풍우를 예측해야하고, 해양으로 퍼져나가는 파도와 너울이 재현되어야 한다. 사실상 모든 상황에서 정확한 예측을 위해서 전 지구적인 모델링이 요구되며, 이를 위해 전 지구적인 관측 자료가 필요한 것이다.

너무 당연한 것은 일정한 간격을 갖고 있는 격자점에서 전 지구 해양 관측 시스템이 필요하다는 것이다. 이것은 기술개발을 통해서 시스템을 완성시킬 수 있을 것이다. 20세기 후반까지 우리는 종관 해양 관측을 위한 인공위성, 신속한 통신망, 해양 모델링과 자료 저장과 분석을 위한 고성능 컴퓨터, 해양 특성을 관측할 수 있는 신기술을 개발했다. 전 지구 해양 관측 시스템Global Ocean Observing System (GOOS)은 1991년에 4개의 국제기구에 의해서 공식적인 독립단체로 설립되었다.[33] 과거 수십 년에 걸쳐 GOOS 기반 하에 많은 관측시스템이 통합되어 전 세계 해역에 적용되어졌다. 엘니뇨 예측을 위한 TOGA, 기후 변화 시 해양역할을 이해하고자 운영되는 WOCEWorld Ocean Circulation Experiment와 같은 국제 프로그램은 과학 단체들이 실시간 전 지구 해양 자료 모니터링을 할 수 있도록 변화하였고, GOOS를 위한 재단을 설립했다.[34] GOOS와 같은 영구 통합 실시간 관측 시스템은 현시점에서 상호 연결된 해양 현상을 다룰 수 있는 최상의 시스템이라 여겨진다. 수세기동안 축적된 해양 과학 연구결과를 나타내는 GOOS와 해양 모델은 마침내 전 세계에서 필요로 하는 해양 예측을 제공하기 시작했다.

침묵의 봄Silent Spring 이 출간하기 10년 전, 레이첼 카슨Rachel Carson 이 1951년에 펴 낸 "우리 곁의 바다The Sea Around Us"의 마지막 장에 "우리의 모든 최신 장비가 심해 관측을 위해 사용되어져도, 어느 누구도 우리가 바다의 신비로움을 풀었다고 말할 수는 없을 것이다"라고 적고 있다.[35] 60년이 지난 시점에서 그녀가 언급한 우리의 해양 관측 능력은 대단하게 발전하고 있다. 풀리지 않은 문제들은 여전히 남아 있지만, 이러한 난제들이 풀리지 않은 채 남아있지는 않을 것이다. 아마 카슨의 언급은 비관적인 생각에서 나왔다기 보다는 바다의 장엄함을 극찬하기 위한 방법이었을 것이다. 하지만 증가하는 전 지구 해양 관측 시스템과 개선중인 모델들을 통해, 우리는 해양의 가장 중요한 미스터리를 풀고자 하며, 해양이 향후 어떤 영향을 끼칠 것인가를 예측하기 위해서 노력하고 있다. 일련의 진행상황은 바다의 장엄함을 폄하하고자 함이 아니며, 믿기 힘든 바다의 힘에 대한 찬사를 깎아 내리고자 함은 결코 아니다.

참고문헌

서문

1. 1989년부터 버마의 공식명칭은 미안마로 바뀌었다. 그러나 대부분의 사람들에게는 아직도 버마로 알려져 있다.
2. 과학용어에서 힘과 에너지 사이에는 차이점이 있다. 에너지는 일을 할 수 있는 능력으로 정의되지만 힘은 그 일을 하고 있는 비율이나 얼마나 빨리 에너지를 쓸 수 있는지를 의미한다.

제 1장

1. 이집트에서의 나폴레옹 이야기와 그가 홍해에서 탈출한 이야기는 다음 서적을 기본적으로 참고했다.
   Abbott, John S.C., 1852. "Napoleon Bonaparte," in Harper's New Monthly Magazine, vol. 4, no. 21, Feb. 1852, p. 310-330
   다음 자료는 그림 1.1의 정보를 담고 있다.
   Bourrienne, Louis Antoine Fauvelet de, 1891. The Memoirs of Napoleon, vol. 3, 1979, Scribner, New York, 459 pages, chap. 17.
2. Woolf, Stuart Joseph, 1991. Napoleon's Integration of Europe, Routledge, 319 pages, p. 190.
3. 1798년경에는 나폴레옹도 잘 알고 있었던 라플라스의 연구로 인해 조석 예측이 과학적으로 가능하게 되었다. 이 장에서 살펴본 것처럼 라플라스는 뉴턴의 중력이론을 활용해서, 최초로 정확한 조석 예측을 가능하게 만든 방정식들을 도출해 낸다. 나폴레옹이 이집트로 데려갔던 과학자 중에는 푸리에Jean-Baptiste Fourier라는 훌륭한 수학자가 있었는데 그는 후일 더욱 정확한 조석예측 기술들을 발전시키게 된다.
   McLynn, Frank, 2002. Napoleon: A Biography, Arcade, 739 pages, p. 2627, 138, 159-161, 171.
4. 더 정확하게는, 저조 시점에서 고조 시점 까지 약 6.21시간이 소요된다. 조석 주기 (완전히 조석이 하나의 순환을 완료하는 시간, 예를 들면 고조 시점에서 다음 고조 시점까지)는 12.42시간이다.(또는 12시간25분) 두 번의 순환은 24.84시간에 완료 되고 이것이 태음일(달에 대한 지구의 자전주기)의 길이이다. 이는 태양일(태양에 대한 지구의 자전주기)보다 약 50분이 길다.
5. Abbott, op. cit., Bourrienne, op. cit.
6. Abbott, op. cit.
7. Towers, John Robert, 1959. "The Red Sea," Journal of Near Eastern Studies, vol. 18, no. 2, p. 150-153.
8. Holland, F.W., 1868. "On the Peninsula of Sinai," in Proceedings of the Royal Geographical Society of London, vol. 12, no. 3, p. 190-195
   마지막에 있는 사무엘 베이커Samuel Baker의 언급을 참조할 것. 다른 작가들도 모세가 들판에서 자라서 자연에 대해 잘 알고 있었다고 쓰고 있는 데, 일부는 15번에서 언급한 아르타파누스Artapanus

(8040 BC)의 책을 인용하기도 했다.

9. 다음은 관련된 정보이다. (1) 조석을 제외하고는 다른 해양현상을 이런 목적으로 예측하기 힘들다. 어떤 사람들은 쓰나미가 이집트군인들을 쓸고 갔다고도 하는데, 쓰나미는 지진이나 화산으로 발생하는 것이기 대문에 예측이 불가능하고 이스라엘 사람들을 구할 수 있도록 딱 그 시점에 쓰나미가 발생하는 것은 더욱 불가능하다. 폭풍해일 같은 경우도 당시에는 예측하는 것이 불가능했기 때문에 폭풍해일을 이용할 수는 없었을 것이다. (2) 성경에서는 물이 왼쪽에도 있었고 오른쪽에도 있었다고 이야기 하고 있는데 이는 당시에 수에즈만이 저조로 바닥이 드러나 있었고 수심은 이스라엘 사람들이 걸어서 건널 정도로 낮았다는 것을 의미한다. 이전 언급한 것처럼 그 지역은 나폴레옹도 걸어서 건넜던 곳이다. 다른 참고문헌에서는 수에즈 지역의 일반적인 여울에 대해 서술한 것을 찾아볼 수 있는데 특히 홀랜드Holland의 책에서 케넬리Kennelly도 이에 대해 언급한 것이 있다. 그렇지만 출애굽 시기에는 해수면이 높아서 그 정로도 낮은 여울은 좀더 북쪽에 만들어졌을 것이다. (3) 어떤 성경학자들은 성경에서의 번역 상의 오류를 지적하는데 바닷물이 파라오의 군사들을 덮칠 때 (영화 십계에서 묘사한 것처럼) 양쪽에서 물기둥처럼 덮친 것이 아니라 나폴레옹이 1789년에 경험했고 오늘날 몽셀미셸에서 볼 수 있는 것처럼 평야와 같은 물이 서서히 다가오는 것으로 묘사하는 것이 맞다고 주장한다.

   Boyle, Marjorie O'Rourke, 2004. " 'In the Heart of the Sea': Fathoming the Exodus," Journal of Near Eastern Studies, vol. 63, no. 1, p. 17-27.

10. Parker, Bruce, 2000. "The Perfect Storm Surge," Mariners Weather Log, vol. 44, no. 2, August 2000, p. 412.

11. 비교적 최근에 발표된 두개의 해양학 연구에서는 바람이 물을 밀어 올려서 바닷물을 마르게 만들었고 바람이 멈추자 다시 방향이 바뀌어서 물이 되돌아왔다는 내용의 연구결과를 내놓았다.

    Nof, Doron, and Nathan Paldor, 1992. "Are There Oceanographic Explanations for the Israelites' Crossing of the Red Sea?" Bulletin of the American Meteorological Society, vol.73, no. 3, p. 305-314.

    Volzinger, Naum, and Alexei Androsov, 2003. "Modeling of the Hydrodynamic Situation during the Exodus," Izvestiya, Atmospheric and Oceanic Physics, vol. 39, no. 4, p. 482-496.

    그렇지만 연구자들은 이 후 연구에서 홍해 북부의 바닷물을 밀어 올릴 정도의 바람은 그 바람의 속도와 방향을 고려했을 때 거의 2,400년에 한 번 정도 불까 말까 하나는 연구결과도 내놓았다.

    Nof, Doron, and Nathan Paldor, 1994. "Statistics of Wind over the Red Sea with Application to the Exodus Question," Journal of Applied Meteorology, vol. 33, p. 1017-1024.

12. 1660년경에는 더 큰 조차가 관측된 적도 있었는데, 어떤 책에는 "수에즈에서는 보통 1.8미터 정도의 수심을 가지고 있는데, 대조 때는 2.7미터가 되고, 11월 초부터 다음해 4월 말까지 달마다 수심이 달라져서 어떨 때는 3.6미터까지 되기도 한다."라는 기록이 있기도 하다.

13. 해수면이 높았기 때문에 기원전 13세기에 이집트인들은 나일강과 수에즈만을 잇는 운하를 만들어야만 했다. 그 운하는 그 후 2천년 동안 몇 차례 다시 만들어졌는데 시간이 지나면서 다시 해수면이 낮아졌고 운하는 결국 쓸모없게 되었다. 해수면이 2천 년간 점점 낮아진 이유는 육지쪽이 지역적으로 상승했기 때문이라고 한다. 나일강과 수에즈 만 사이의 운하는 출애굽이 있었던 기원전 12세기에서 15세기 사이부터 운영되고 있었다고 하는데 이에 대한 자료들은 스트라보의 지리학Strabo's Geography (19번 참조) 같은 서적들에 많이 등장하고 있다. 해수면은 조개나 산

호조각 같은 해저 퇴적물을 가지고 추측을 하게 되는데 이곳에서 발견되는 퇴적물들은 그곳이 오늘날보다 해수면이 높았다는 것을 보여주고 있다.

Fairbridge, R.W., 1961. "Eustatic Changes in Sea Level," in Physics and Chemistry of the Earth, ed. L.H. Ahrens, F. Press, K.Raukawa, and S.K. Runcorn, vol. 4, Pergamon, New York, p.99-185.

이 지역의 지각운동으로 인해 출애굽 이후에는 육지가 상승했고 이로 인해 상대적으로 해수면은 낮게 보이게 되었다.

14. Kirsch, Jonathan, 1998. MosesA Life, Ballantine, New York, 415 pages.

출애굽기를 출판할 때 세 명의 신학자들이 각기 다른 설명을 했는데 이를 네 번째 저자가 합쳤다는 내용의 자료를 참고할 수 있다.

15. Eusebius of Caesarea, ca. ad 263-339. Praeparatio Evangelica (Preparation for the Gospel), chap. 27, bk. 9. He quotes from Artapanus, Concerning the Jews, 1903, transl. E.H. Gifford.

16. Panikkar, N.K., and T.M. Srinivasan, 1971. "The Concept of Tides in Ancient India," Indian Journal of History of Science, vol. 6, no. 1, p. 36-50.

17. 이렇게 조석이 작은 이유는 조석이 생기기에는 지중해의 크기가 너무 작고(이 장에서 뒷부분에서 설명하고 있다) 지중해와 대서양과의 연결통로도 너무 작아서 대서양의 조석이 영향을 미치지도 못하기 때문이다.

18. Harris, Rollin A., 1898. "Manual of Tides," pt 2, chap. 5, in app. 8, in Report of the Superintendent, U.S. Coast and Geodetic Survey, 1897, Washington, DC, Government Printing Office.

19. 피테아스는 달의 모양과 조석의 변화가 관련이 있고, 소조와 고조가 보름 간격으로 반복된다는 것을 알고 있었다. 그가 쓴 책은 남아있지 않지만 초기 그리스 로마의 저술 중에서 조석에 대해 통찰력을 보여주었던 스트라보의 지리학(AD 22)에 그의 책을 인용한 부분이 있다.

The Geography of Strabo, transl. Horace Leonard Jones, 8 vols., Harvard Univ. Press, Cambridge, MA, 1969; originally written by Strabo sometime before ad 24.

20. Strabo, op. cit. 밤하늘에 황도 12궁이 있다는 발견을 포함해서 초기의 천문학에서의 진보는 주로 바빌로니아에서 일어나게 된다. 연속적인 고조 사이에 높이 차이가 발생하는 것을 일조부등 diurnal inequality이라고 한다.(이 장에서 곧 일조부등이 생기는 원인을 설명할 것이다)

21. Harris, op. cit.

22. 알렉산더 대왕과 조석해일에 대한 이야기는 다음 두 권의 책에 서술되어 있다.

Quintus Curtius Rufus, ca. ad 53, The History of Alexander, transl. John Yardley, bk. 9, sec. 8, Penguin, 1984, p. 232-235

Arrian, ca. ad 140s, The Campaigns of Alexander, transl. Aubrey de Selincourt, Penguin, 1958, p. 326-333.

23. Rufus, op. cit., p. 232.

24. 이전과 동일, p. 233.

25. 이전과 동일.

26. 이전과 동일., p. 234.

27. 긴 파를 가지는 조석과 쓰나미에 대한 잘못 된 표현인 조석파를 혼동하면 안 된다. 쓰나미는 천문적 조석현상과는 전혀 관계가 없고 지진이나 화산활동으로 발생하는 것이다. (7장 참조)

28. Parker, Bruce, 1999. "Tides in Shallow Water," Mariners Weather Log, vol. 43, no. 3, Dec.

1999, p. 16-24.

29. 프로코피오스와 순교자 저스틴의 이야기는 다음의 서적에서 인용한 것이다.
Gill, Adrian, 1984. "Walter, Aristotle and the Tides of the Euripus," in A Celebration in Geophysics and Oceanography.1982, Scripps Institution of Oceanography, Univ. of California, La Jolla, CA.

30. Tsimplis, M.N., 1997. "Tides and Sea-Level Variability at the Strait of Euripus," Estuarine, Coastal and Shelf Science, vol. 44, p. 91-101.
Tsimplis took Elias the Cretan's quote from Miaoulis, A.A., 1882. On the Tides of Euripos, ed. Koromilas, Athens, 28 pages (in Greek).

31. Parker, Bruce B., 2007. Tidal Analysis and Prediction, NOAA Special Publication NOS CO-OPS 3, U.S. Dept. of Commerce, 378 pages.

32. Defant, Albert, 1942. "Scylla and Charybdis and the Tidal Currents in the Straits of Messina." International Hydrographic Review, vol. 19, August 1942, p. 30-41.
데판트Defant는 1783년 2월의 지진으로 스킬라의 바위가 바다 속으로 가라앉았고 호머가 이야기 했던 소용돌이나 으르렁 거리는 소리는 사라지게 되었다고 했다. 원래 그곳에는 해협을 넓고 깊게 만들었던 지질 구조상의 움직임들이 있었다고 보인다. 그리고 카리브티스 조수 소용돌이도 지금보다는 호머시대에 더 격렬했던 것 같다.

33. 조수 소용돌이가 어떻게 만들어지는지를 간단히 설명하자면, 먼저 물이 해협의 넓은 쪽에서 좁은 쪽으로 흐를 때 해안가를 따라 흐르던 조류가 좁은 곳에 들어오면서 흐름이 갑자기 빨라진다는 것부터 이야기해야 한다. 그런데 조류의 방향이 바뀌어 좁은 곳에서 다시 넓은 곳으로 조류가 빠져나가게 되어도 빠르게 들어오던 조류는 해협 전체의 흐름을 왼쪽이나 오른쪽으로 갑자기 바꿀 수 없다. 반면에 해류도 관성이 있어서 해협의 중간흐름은 일정정도 직선으로 계속 흐르려고 하고 해협의 가장자리에 있는 물도 역시 계속 같은 방향으로 움직이려고 하게 된다. 해안선 좁아지면서 구부러져 있기 때문에 가장자리의 흐름은 해협의 가운데로 오게 되서 중간을 흐르는 해류와 만나게 되고 이런 과정으로 회전하는 소용돌이가 생기게 되는 것이다.

34. Azzaro, F ., F . D ecembrini, F . R affa, a nd E . C risafi, 2 007. " Seasonal Variability of Phytoplankton Fluorescence in Relation to Straits of Messina (Sicily) Tidal Upwelling," Ocean Science, vol. 3, p. 451-460.

35. Julius Caesar, ca. 52 BC. The Conquest of Gaul, transl. S.A. Handford, bk. 3, Penguin, 1982, p. 79.

36. 이전과 동일., bk. 4, p. 101.

37. Cartwright, David Edgar, 1999. TidesA Scientific History, Cambridge Univ. Press, 292pages, p. 13-14.
스페인 세빌리Seville의 대주교인 이시도르Isidore(AD 560-636)는 당시 그리스로마 사람들의 생각했던 일반적인 조석의 원인에 대해 책을 썼다. 그는 달이 조석에 영향을 주고 있다는 것을 썼을 뿐 아니라 지구라는 괴물의 몸 안에 흐르는 액체의 진동에 대한 내용도 언급했다. 중세 영국의 노섬브리아Northumbria 왕국에 살았던 베다 대주교Venerable Bede (673-735)는 그의 책에서 영국해안에서의 조석을 관찰한 내용에 대해 서술했다. 그는 선원들의 관찰을 기반으로 해서 고조는 남쪽에서 보다 북쪽에서 일찍 생긴다는 내용을 서술했다.

38. Cartwright, D.E., and C.P. Conway, 1991. "Maldon and the Tides," CambridgeReview, vol.

112, p. 180-183.
앵글로 색슨지역의 지도자는 정정당당한 전투를 해야 한다고 해서 바이킹들이 좁은 길목을 건너서 섬으로 오도록 하는 것을 허용했었는데 만일 그러지 않았다면 조석을 이용해서 바이킹을 막을 수 있었을 것이다.

39. Gillingham, John, 1989. "William the Bastard at War," in Studies in Medieval History Presented to R. Allen Brown,"ed. C. Harper-Bill, J. C. Holdsworth, and J. L. Nelson. Boydell Press, p. 141-158.

40. 첸탕강은 여러가지 이름으로 언급되는데, 어떤 것들은 중국어를 번역하는 과정에서 달라진 것이다. 이런 이름으로 치엔탕Ch'ien-T'ang, 찐엔탕Tsien-tang, 체강the River Che, 치강the River Chih 등이 있다.

41. Scidmore, Eliza R., 1900. "The Greatest Wonder in the Chinese World, the Marvelous Bore of Hang-Chau," Century Magazine, April 1900, vol. 59, no. 6, p. 852-859.
그림 1.2는 이 책에서 인용했다.

42. Moore, W. Osborne, 1999. Report of the Bore of the Tsien-Tang Kiang, Hydrographic Office, Admiralty, London.

43. 옌관에서 조석해일의 조석표 는 인쇄되어서 가지고 다닐 수도 있는데, 이렇게 인쇄된 형식은 200년 전부터 유럽에서 사용되던 것이었다. 이 조석표 에 대해서는 다음 책에 상세히 서술되어 있다.
A.C. Moule in "The Bore on the Ch'ien-T'ang River in China," in T'oung Pao, 1923, vol. 22, nos. 15, p. 135-188.

44. 예를 들면 이와 관련한 참고자료는 같은 시기 메이쉥Mei Sheng이 쓴 시에서 발견된다. Joseph Needham's Mathematics and the Sciences of the Heavens and the Earth, 1959., vol. 3 of Science and Civilisation in China, Cambridge Univ. Press, page 485.

45. 이전과 동일.

46. 지구의 회전축이 여름에는 태양 쪽으로 기울어져 있고 겨울에는 태양반대편으로 기울어져 있어서 여름에 북반구에서는 달이 적도 북쪽에서 나타난다.

47. Yang, Zuosheng, K.O. Emmery, and Xui Yui, 1989. "Historical development and use of thousand-year old tide-prediction tables," Limnology and Oceanography, vol. 34, no. 5, p. 953-957.

48. 이 이야기는 왕청Wang Chung의 룬헹Lun Heng에도 나오는 데, 그는 조셉 니드햄Joseph Needham이 쓴 것처럼(44참조) 그런 이야기가 어리석은 것이라는 것을 보여주려고 길게 서술하고 있다. 1274년에 첸유에유Ch'ien Yueh-yu도 이를 말도 안된다고 했고 이를 무얼A.C. Moule이 다시 반복했다.(43참조)

49. Yang, Emmery, and Yui, op. cit.

50. Cook, James, 1784. A Voyage to the Pacific Ocean, vol. 2, Lords Commissioners of the Admiralty, London, p. 395-396.
1794년 조지 밴쿠버 선장George Vancouver이 쿡 강은 강이 아니라고 선언한 다음부터는 쿡 강Cook's River은 쿡 만Cook Inlet으로 이름이 바뀌고 턴어게인 강River Turnagain은 턴어게인 암Turnagain Arm으로 이름이 바뀐다.

51. 달이 자오선을 통과하는 때와 고조 시점의 시간차를 부르는 다른 용어들도 있었는데, 조후시 외에도 vulgar establishment, high water full and change, tide hour, and lunitidal interval와 같은 용어들이 사용되었다.

52. Hughes, Paul, 2006. "The Revolution in Tidal Science," Journal of Navigation, vol. 59, p.

445-459.

런던 조석표는 1213년에 사망한 애보트 존 월링포드Abbott John Wallingford가 만든 것으로 알려져 있다. 이 조석표는 6개의 행과 30개의 열을 가지고 있는데 첫 번째 행에는 초승달이 뜬 날을 시작으로 날짜들이 적혀있다. 두 번째와 세 번째 행에는 '런던교에서 홍수가 나는' 시와 분이 적혀 있는데, 조류가 밀려들 때는 홍수와 비슷하기 때문에 오늘날의 과학자들을 이것을 고조 시점으로 해석한다. 다섯 번째와 여섯 번째 행에서는 달이 얼마나 떠 있는지를 알려주는데 매일 48분씩 늘어나게 된다.

53. Howe, D erek, 1993. "Some Early Tidal D iagrams," Mariner's Mirror, vol. 79, no. 1, p. 27-43.

프랑스 왕인 찰스 6세를 위해 만들어진 카탈란 지도집Catalan Atlas은 아브라함 크레스크Abraham Cresques가 만들었다.

54. 이 조석표는 프랑스 브리타니 지방의 브레스트Brest 부근에 살던 기욤 브라우스콘Guillaume Brouscon이 만들었는데 1543년에 만든 것은 아래의 전자도서관에서 찾을 수 있다.

Bancroft Library of the University of California at Berkeley, HM 46, fols. 3-6.

이 자료는 다음 자료를 디지털화 한 것이다.

Dutschke, C.W., and R.H. Rouse, 1989. Guide to Medieval and Renaissance Manuscripts in the Huntington Library. Huntington Library Press, Henry E. Huntington Library and Art Gallery, San Marino, CA.

55. Cartwright, Tides, p. 20-22.

조석시계에서 톱니바퀴의 비율은 양력 대신 음력을 기준으로 제작되었다.

56. 이전과 동일., p. 28-35. 고대와 중세시기에 만들어진 이상한 조석이론들도 일부 지지층을 형성했었다.

57. 자연적인 진동 주기는 비록 약하긴 하지만 물의 깊이에 의해서도 영향을 받는다. 자연 주기는 유역의 폭에 비례하고 깊이의 제곱근에 반비례해서, 얕은 지역은 같은 폭의 깊은 지역보다 더 긴 자연 주기를 가지게 된다.

58. 갈릴레오가 화형당할 뻔한 위기를 모면하면서 조석이론은 발전시킨 이야기는 다바 소벨Dava Sobel이 쓴 갈릴레오의 딸Galileo's Daughter 부분에 나온다.

A Historical Memoir of Science, Faith, and Love, Penguin, 2000.

59. 뉴턴이 만든 공식에 따르면 기조력은 달(또는 태양)의 질량에 비례하고, 달(또는 태양)로부터 거리의 세제곱에 반비례한다고 한다. 태양의 질량은 달의 약 2천7백만 배에 달하지만, 거리도 거의 400배가 멀어서 거리의 세제곱을 하면 5천9백만 배 차이가 나기 때문에 태양의 기조력은 달은 약 46%에 불과하다.

60. 기본적인 조석 주기는 하루에 두 번을 의미하는 반일주조이다. 하루에 한번만 고조가 생기는 조석주기는 일주조라고 한다. 유역이 적정한 크기라면 유체역학으로 인해 일주조의 크기가 커질 수도 있는 데 남중국해나 미국의 걸프 연안에서 이런 현상이 일어나기도 한다.

61. Halley, Edmund, 1697. "조석에 관한 정확한 이론은 아이작 뉴턴의 훌륭한 저작인 자연철학의 수학적 원리에서 나온 것인데 이 책은 고(故) 제임스 왕에게 헌정되어졌다고 말해 진다." Philosophical Transactions, vol. 19, p. 445-457.

62. Cartwright, Tides, p. 39-40.

63. 공진현상은 에너지가 자연적인 진동주기가 동일한 빈도로 투입될 때 발생해서 큰 진동을 만들어

낸다. 간단한 진자의 자연 진동주기는 진자가 앞뒤로 한번 왔다 갔다 하는데 걸리는 시간을 의미한다. 만약 진자가 가장 높은 곳에 도달해서 막 되돌아가려고 하는 시점에 그 진자를 친다면, 우리는 진자가 더 높게 올라갈 수 있는 정확한 시점에 에너지를 투입한 것이 된다. 이것은 해역의 자연적인 진동과 동일한 방향으로 조석에너지를 투입한 것과 똑같다.

64. 원지점-근지점 효과(달의 타원형 궤도로 인해 지구와의 거리가 바뀌는 현상) 때문에 해역의 크기가 조석진동의 크기를 증가시킬 수도 있다. 미국의 대서양 연안에서는 대조-소조 효과보다 원지점-근지점 효과가 더 크다. 타히티는 매일 정오와 자정에 고조가 되는 세계에서 몇 안 되는 지역인데 이는 유체역학으로 인한 것이다. 이것은 타히티의 남태평양 쪽 지형이 달에 의해 발생하는 조석 진동을 약화시키는 반면 태양에 의해 발생하는 조석 진동은 감소시키기 않기 때문이다. 태양이 영향을 주는 조석 주기는 12시간 간격인데 비해 달이 영향을 주는 조석 주기는 12시간 25분이기 때문에 타히티에서는 고조가 점점 늦어지는 일이 없다. 고조는 항상 태양이 머리 바로 위에 있거나(정오) 지구 정반대 쪽에 있을 때(자정) 발생하게 되는 것이다. 타히티는 태음 조석 측면에서는 조석이 발생하지 않는 무조점에 가깝다. 욕조에서 물이 찰랑거리는 것처럼 해수면은 무조점의 반대쪽에서 천천히 오르락내리락하는 것이다.

Marmer, H.A., 1927. "The Truant Tides of Tahiti," Natural History, vol. 27, no. 5, p. 430-438.

65. 조류가 만의 위쪽으로 흐르게 되면 북반구에서는 코리올리 힘에 의해서 물이 오른쪽으로 휘게 되고 조수도 오른쪽이 높아지는 반면 왼쪽은 낮아진다. 조류가 만의 바깥쪽으로 빠져나간 지 6시간이 지나면 다시 들어오게 된다. 그래서 오른쪽 해안가가 고조 때는 더 높고, 저조 때는 더 낮게 되어서 왼쪽 해안보다는 더 큰 조차를 가지게 된다. 남반구에서는 이 방향이 반대로 바뀌게 된다.

66. Harris, "Manual of Tides," chap. 7, p. 422-437.

Cartwright, Tides, op. cit., p. 68-75.

위 두 책은 모두 라플라스의 유체역학에 대한 기여를 자세히 설명하고 있다. 카트라이트는 라플라스의 획기적인 1776년 저작 중 프랑스어로 쓰인 처음 세 페이지를 다시 반복해서 인용하고 있다.

"Recherches sur plusieurs points du system du monde," Memoires del'Academie Royale des Sciences, vol. 89, p. 177-264.

67. 운동에 대한 이런 방정식들은 오일러가 소규모 운동을 파악하기 위해 1755년에 발전시킨 방정식들에 기반을 두고 있었다.

68. 운동량 보전법칙에 관한 방정식들은 물체의 힘은 질량 곱하기 가속도(F=ma)라는 뉴턴의 두 번째 법칙에서 나왔다. 운동량 자체는 질량 곱하기 속도인데 뉴턴 방정식에서의 질량 곱하기 가속도는 운동량이 변화하는 정도를 의미한다. 조석 모델에서 유의미한 운동 방정식을 얻기 위해서는 뉴턴의 두 번째 법칙이 다른 형태로 바뀌어야 한다. 그 형태에서는 운동량 변화의 정도는 질량과 마찰처럼 물에 영향을 주는 힘에 비례하게 된다.

Parker, op. cit., 2007.

69. 코리올리의 힘이 어떤 것인지를 보다 정확히 알려면 다음 책을 참조할 것.

Parker, Bruce, 1998. "The Coriolis Effect: Motion on a Rotating Planet," Mariners Weather Log, vol. 42, no. 2, p. 17-23.

70. 우리는 이 장에서 빈도는 주기와 반비례한다는 것을 살펴보았었다. 예를 들면 태양으로 인해 생기는 기본 조석은 12시간의 주기를 가지는데 이는 12시간당 1사이클 또는 하루에 2사이클의 빈도와 동일한 의미이다. 달로 인해 발생하는 기본적인 조석 주기는 12.42시간의 주기를 가지고

있으며 이는 하루에 1.93사이클의 빈도를 가지는 것이라고 할 수 있다. 달의 타원형 궤도로 인해 조석은 12.66시간의 주기를 가지게 되고 이는 하루에 1.90사이클의 빈도와 동일한 의미를 가진다. 또한 달, 태양, 지구간의 상대적인 운동으로부터 다른 빈도들이 발생하게 된다. 태음빈도와 태양빈도간의 차이는 매우 작게 나타날 수도 있지만 각자 그 단계를 달리하면서 또한 초승달에서 다음 초승달이 되는 기간인 14.8일 동안의 효과들과 결합하면서 다양하게 나타난다.

71. Hutchinson, William, 1787. A Treatise On Practical Seamanship, 2nd ed., 280 pages, p. 169.

제 2장

1. 북대서양의 유체역학적 효과로 인해 달이 지구와 가장 가까워져서 발생하는 추가적인 기조력은 태양의 기조력 보다 크다.
2. Olson, Donald W., and Russell L. Doescher, 1993. "Astronomical Computing: The Boston Tea Party," Sky and Telescope, vol. 86, no. 6, p. 83-86.
3. Drake, Francis S., 1884. Tea Leaves: Being a Collection of Letters and Documents Relating To the Shipment of Tea to the American Colonies In the Year 1773, By the East India Tea Company, Boston, MA, A. O. Crane, 375 pages.
   이 책은 많은 목격담 뿐 아니라 신문, 편지, 항해일지의 발췌본들을 포함하고 있다. 다음 문단에서의 인용문들은 이 책에서 인용했다.
4. Carpenter, Daniel H., 1901. History and Genealogy of the Carpenter Family in America, The Marion Press, Jamaica, Queensborough, New York, 370 pages.
5. Allston, F. F. W., 1844. "On Planting and Preparing Rice," Southern Agriculturist, Horticulturist, and Register of Rural Affairs, vol. 4, no. 1, p. 6-25.
   조석이 있는 강에서는 고조 시점에 발생하는 범람을 이용해서 벼농사를 하는 지역에 물을 대기도 했었다. 이런 기술이 발생하기 전에는 캐롤라이나에서의 벼농사는 수지를 맞출수 없었다.
6. 식민지시대의 달력은 조석예측 뿐 아니라 일출, 일몰, 월출, 월몰 같은 천문학적 정보, 그리고 가끔 천문학적으로 정해지는 종교적인 기념일을 알려주기도 했다. 거기에는 조석과는 달리 천문학적으로 예측하기 힘들어서 거의 틀린 정보를 줄 수 밖에 없었던 날씨예보도 있었다. 각 달력은 자신들만의 추가적인 정보도 가지고 있었는데 프랭클린의 경우에는 재미있는 글들이 실려 있었다. 벤자민 베네커는 볼티모어에 사는 흑인이었지만 노예가 아닌 자유인이었다. 독학으로 과학자, 천문학자, 발명가가 되었던 그는 달력을 만들기 위해 자기가 스스로 천문학과 관련된 계산을 했다. 그는 또한 그의 달력을 노예제도의 불합리성을 설명하기 위해 사용하였고 그의 독자들에게 그가 흑인임을 명확히 보여주기 위해 표지에 그의 사진을 싣기도 했다. 그가 만든 체사피크만의 조석표의 오른쪽 위에는 다음과 같은 말을 적어 놓기도 했다. "비인간적인 노예무역은 1567년경 퀸 엘리자베스 시대에 시작되었다." 조석표 아래에는 세 개의 역사적인 사실을 적어놓았는데 "바늘은 퀸 메리 시대에 흑인이 런던에서 만들었다. 그러나 그는 그 기술을 가르쳐주지 못하고 죽었으며 1566년 독일인인 엘리아스 그로로제Elias Grorose가 가르쳐 줄 때까지는 잊혀져 있었다." 베네커는 그의 첫 번째 달력 복사본을 국무성 장관이던 토마스 제퍼슨에게 보냈다. 그는 동봉한 편지에서 "모든 인간은 평등하게 태어났다"라고 선언한 것과 맞지 않게 제퍼슨이 아직도 노예를 소유하고 있던 것을 비난하기도 했다.

Bedini, Silvio A., 1999. The Life of Benjamin Banneker, 2nd ed., Maryland Historical Society, Baltimore, MD, 428 pages, p. 156-165.

7. Banneker, Benjamin, 1792. Benjamin Banneker's Pennsylvania, Delaware, Maryland, and Virginia Almanack, for the Year of Our Lord 1792, printed and sold by William Goddard and James Angell, Baltimore, MD. Library of Congress Rare Books and Special Collections Division, Washington, DC, digital ID: rbcmisc ody0214.
8. Staples, William R., 1845. The Documentary History of the Destruction of the Gaspee, Compiled for the Providence Journal, Knowles, Vose, and Anthony, Providence, RI, 56 pages. 인용된 사람은 이브람 보웬Ephraim Bowen으로 개스피 공격에 참여했던 사람이다.
9. Parker, Bruce, 2009. "Tide Prediction in Colonial America," Hydro International, vol. 13, no. 4, p. 28-31.
10. 이전과 동일.
11. Fischer, David Hackett, 1995. Paul Revere's Ride, Oxford Univ. Press, 464 pages.
12. 이전과 동일.

    Olson, Donald W., and Russell L. Doescher, 1992. "Astronomical Computing: Paul Revere's Midnight Ride," Sky and Telescope, vol. 83, p. 437-440.
13. Thomson, William, 1868. "Report of the Committee for the Purpose of Promoting the Extension, Improvement and Harmonic Analysis of Tidal Observations," in Report of the 38th Meeting of the British Association for the Advancement of Science, London, p. 489-510.
14. Ferrel, William, 1874. Tidal Researches, U.S. Coast Survey Report, Washington, DC, 268 pages. 페럴은 또한 지구 대기 문제에 라플라스의 조석 방정식과 비슷한 역학 방정식들을 적용해서 기상학에 있어서의 큰 진전을 가져왔다.
15. Darwin, George Howard, 1883. "The Harmonic Analysis of Tidal Observations," British Association Report for 1883, p. 40-118.

    이 방법을 발전시킨 미국 최고의 과학자는 폴 스크루만Paul Schureman이다.

    Paul, 1924. Manual of Harmonic Analysis and Prediction of Tides, Special Publication 98, Coast and Geodetic Survey, U.S. Dept. of Commerce, Washington, DC, 317 pages.
16. Parker, Bruce B., 2004. "Tides," in Encyclopedia of Coastal Science, ed. M. Schwartz, Kluwer Academic, Encyclopedia of Earth Sciences Series, p. 987-996.

    보다 자세한 논쟁을 알기 위해서는 다음을 참조할 것.

    Parker, Bruce B., Tidal Analysis and Prediction, NOAA Special Publication NOS CO-OPS 3, U.S. Dept. of Commerce, 378 pages.
17. 각 음표는 특정 빈도에서의 음향에너지를 나타낸다. 첫 번째 배음은 기본적인 음표 빈도의 두배를 가진다. 이와 같이 첫 번째 배조(M_4)는 기본 조석 분조(M_2)의 두배의 빈도를 가진다. 얕은 물길에서는 하루에 약 네 번의 사이클을 가지고 6.21시간의 주기를 가지는 M_4의 자료와 하루에 6번의 사이클을 가지고 4.14시간의 주기를 가지는 M_6의 자료를 분석해야만 한다. 이런 배조가 커지면 조석 곡선은 두배로 높은 고조와 두배로 낮은 저조를 보여준다. 그리고 배조가 더 커지면 조석해일에서 본 것처럼 매우 빠르게 상승하는 고조가 생기게 된다. 얕은 물에서의 효과는 비선형적인 효과라고 언급되는데 이는 유체역학적 방정식에서 중요한 변수(조석 높이와 조류 속도 등)를 가지게 되는 항이 더 많아지기 때문이다. 결과적으로는 어떤 빈도들 간에 상당히 큰

에너지 교환이 있게 된다.

18. 조석측정은 기준점이라고 불리는 고정된 참조점을 가지고 있어야만 한다. 보통은 오랜 기간 동안의 조석자료를 확보하고 평균저조mean low water(MLW)를 결정한 다음 그것을 참조점으로 사용한다. 그러나 이 조석 기준은 사실 표준점이라고 해야 하는데 이곳에는 땅 (또는 땅이 전체적으로 움직이지 않는다면 수직적으로 움직이지 않을 다른 고체) 위의 단단한 암석에 동판을 박아 놓는다. 그곳에는 조석이 아닌 다른 수직적 기준형태 뿐만 아니라 조석기준의 다른 형태들이 있다.(65번 참조)

19. Palmer, Henry, 1831. "Description of a Graphical Register of Tides and Winds," Philosophical Transactions of the Royal Society of London, vol. 121, p. 209-213.
팔머Palmer는 조석연구가이자 자신만의 방법으로 조석표를 만든 윌리암 러벅William Lubbock을 위해 검조기를 만들었다. 러벅의 방법은 수년간의 자료에서 발견되는 상관관계를 이용해서 조석을 예측하는 것이었다. 러벅의 조석표는 19세기 영국에서는 가장 정교한 것이었지만 한달의 자료만으로도 더 정확한 예측을 할 수 있는 조화분석이 등장하면서 사라지게 되었다.

20. Hunt, Edward Bissel, 1853. "Saxton's Self-Registering Tide Gauge," in Appendix of the Report of the Superintendent United States Coast Survey, Washington, DC, p. 94-96.

21. 7장 35번 참조.

22. Harris, Rollin A., 1898. "Manual of Tides," pt. 2, chap. 1, p. 482-483, in Appendix 8 of the Report of the Superintendent, U.S. Coast and Geodetic Survey, 1897, Government Printing Office, Washington, DC. 그림 2.1은 이 책의 483페이지에서 인용한 것이다. 다음 책도 참조할 것. "An Automatic Tidal Indicator," New York Times, Jan. 29, 1894.

23. Thomson, William, 1881. "The Tide-Gauge, Tidal Harmonic Analyzer and Tide Predictor," Proceedings of the Institute of Civil Engineers, vol. 65, p. 4-74.

24. Ferrel, William, 1884. "Description of a Maxima and Minima Tide Predicting Machine," in Appendix 10 of the Report of the Superintendent United States Coast Survey, 1883, Washington, DC, p. 253-272. 페렐의 조석예측기계는 켈빈의 것과는 약간 달랐다. 조석곡선을 그리고 그 곡선에서 고조와 저조를 도출하는 것이 아니라 조금 다른 수학적 방법을 사용해서 직접적으로 고조와 저조의 시간과 높이를 계산하였다. 그렇지만 완전한 조석곡선을 예측하는 것은 많은 이점이 있었다. 그래서 연안조사국의 두 번째 조석예측기계는 그런 방법을 사용했다.

25. Tierney, Samuel, 1912. "The Harris Tidal Machine," Science, n.s., vol. 35, no. 895, (Feb. 23), p. 306-307.
조석예측기계는 다음 책에서 상세히 설명하고 있다.
Description of the U.S. Coast and Geodetic Survey Tide-Predicting Machine No. 2, Special Publication 32, U.S. Coast and Geodetic Survey, Dept. of Commerce, 1915, 35 pages.
그림 2.2는 이 책에서 인용한 것이다.
The U.S. Coast and Geodetic Survey was the new name for the U.S. Coast Survey as of 1878.

26. Zetler, Bernard D., 1991. "Military Tide Predictions in World War II," in Tidal Hydrodynamics, ed. Bruce B. Parker, Wiley, New York, p. 791-797.

27. 이전과 동일. 이런 조화상수들 중 일부는 전쟁 전에 일본인들에 의해 출판되었고 모나코의 국제수로기구에서 구할 수 있었다. 처음에는 일본인들이 잘못된 자료를 일부러 출판하지 않았을까

의심도 했었지만 이 조화상수들은 다른 자료들로부터 구해진 상수들과도 잘 맞아 떨어졌다.
28. 타라와를 다루고 있는 많은 자료들은 다음의 책들에서 나온 것이다. McKiernan, Patrick, 1962. "Tarawa: The Tide That Failed," U.S. Naval Institute Proceeding, vol. 88, no. 2, p. 38- 49. Alexander, Joseph H., 1997. Utmost Savagery: The Three Days of Tarawa, Ivy Books, New York, 352 pages. Kernan, Michael, 1993. "Heavy fire . . . unable to land . . . issue in doubt," Smithsonian Magazine, Nov., p. 118-131.
29. Olson, Donald, 1987. "The Tide at Tarawa," Sky & Telescope, vol. 74, no. 5, p. 526-528.
30. U.S. Coast and Geodetic Survey, 1942. Tide Tables, Pacific Ocean and Indian Ocean For the Year 1943, U.S. Dept. of Commerce, U.S. Government Printing Office, p. 278.
31. 일본의 조석표도 타라와를 보조정점으로 포함하고 있었지만 보다 멀리 떨어진 뉴질랜드 오클랜드지역을 기준정점으로 사용하고 있었다. Hydrographic Department, Imperial Japanese Navy, 1940. Tide Tables, Part II, 1941, p. 145.
32. Alexander, Joseph H., 1995. "David Shoup, Rock of Tarawa," Naval History, vol. 9, no. 6, p. 19-24. Years later Shoup became Commandant of the Marine Corps.
33. "Knox Upholds Plan of Tarawa Action," New York Times, Dec. 1, 1943.
34. Letter to the Hydrographic Office of the Navy Department, January 26, 1944. From archive at National Ocean Service, NOAA.
35. 상륙작전을 지휘하는 해군측 작전수뇌부는 오퍼레이션 넵튠Operation Neptune이라고 불리웠다. Eisenhower, Dwight D., 1948. Crusade in Europe, Doubleday, Garden City, NY, 559 pages, p. 239n.
36. 롬멜은 유타해안 뒤쪽의 방어거점인 W5 지점을 순찰하면서 "그들은 고조 때에 올 것이다 "라고 아서 얀케 소위에게 말했다. From Carell, Paul, 1964. Invasion. They're Coming, Translated by E. Osers, Bantam Books, New York, 288 pages, p. 29. Rommel repeated that opinion many times.
37. June 27, 1940, letter from Lieutenant Colonel E.I.C. Jacob to Captain R.V. Brockman. CAB 120/444, Public Record Office, Kew, London, UK.
38. June 30, 1940, letter from General H.L. Ismay to Captain R. Brockman, Admiralty. CAB 120/444, Public Record Office, Kew, London, UK.
39. July 1, 1940, letter from Captain R. Brockman to Lieutenant Colonel E.I.C. Jacob with accompanying report by Director of Navigation. CAB 120/444 Public Record Office, Kew, London.
40. "Tide Tables Banned," Liverpool Daily Post (UK), Nov. 15, 1940.
"Notice by the Admiralty," London Gazette, Nov. 15, 1940.
41. Fergusson, Bernard, 1961. The Watery Maze, Holt, Rinehart, and Winston, New York, 445 pages, p. 300.
42. Eisenhower, op. cit.
Engineer Operations by the VII Corps in the European Theater, vol. 2, section entitled "Breaching of Beach Obstacles", p. 2-12, 1948.
43. Eisenhower, op. cit.
44. 5개의 노르망디 해안(유타, 오마하, 골드, 주노, 스워드)에 대한 공격개시시간은 오전 6:30, 6:30,

7:15, 7:15, 7:15이었다. 뒤의 세 개의 해변에 대한 공격개시시간은 오전 7:25, 7:35/7:45, 7:25으로 다시 바뀌었다. 주노에 대해서는 서쪽 여단과 동쪽 여단을 구분해서 두 개의 작전시간이 있었다. WO 205/530, Public Record Office, Kew, London.

45. Centenary Report and Annual Reports (1950.1945), Liverpool Observatory and Tidal Institute, 1945, 24 pages.
"The Tides and Our Invasion. Liverpool's Part in Landings," Liverpool Daily Post (UK), July 25, 1944.
46. 이전과 동일, Centenary Report.
47. "Tides of Time Change for the Eyes on the Hill. Observatory in Transfer to University," Liverpool Daily Post (UK), Apr. 1, 2000. 리버풀 조석 연구소의 직원들과 저자가 인터뷰 한 자료도 참고했음. 50번 참조.
48. Centenary Report, op. cit.
49. Morgan, Frederick, 1950. Overture to Overlord, Hodder and Stoughton, London, 296 pages. 모건 장군은 연합군 총사령관의 참모장이었다.
50. 도슨-파커슨간의 편지 복사본들은 토마스와 발레리 도슨(아서 도슨의 아들과 며느리)으로부터 얻었다. 발레리는 전쟁 후 비드스톤 관측소의 리버풀 조석 연구소에서 일하게 되고결국 조석분야의 책임자가 된다. 1987년에 비드스톤 관측소는 프라우드맨 해양연구소Proudman Oceanographic Laboratory(POL)로 바뀐다. 편지들과 신문기사들은 POL의 도서관과 자료실에서 얻었다. 2001년 3월에는 전쟁기간 중 도슨과 일한 적이 있는 조안 로시터Joan Rossiter와 에스텔 길버트Estelle Gilbert를 도슨의 집에서 만나서 이야기를 들었고, 전쟁 후에 연구소에 들어와서 다음과 같은 글을 쓴 조이스 스코필드Joyce Scoffield도 만났다.
Bidston Observatory: The Place and the People, Countyvise, 2006, 344 pages.
51. 1944년 4월 22일, 파커슨이 해군 수로국 문장이 새겨진 편지지에 써서 도슨에게 보낸 편지 1페이지. 토마스와 발레리 도슨(아서 도슨의 아들과 며느리)의 개인 문서보관소에서 받음
52. Moitoret, Victor A., 1971. Fifty Years of Progress, 1921.1971, International Hydrographic Organization, Monaco, 21-V-1971, 30 pages. 프라우드맨 해양연구소의 데이비드 블랙맨은 이 기호가 실제 IHB 기호임을 확인했다.
53. Hydrographic Department, 1943. The Admiralty Tide Tables, sec. A. Home Waters (British Isles, Europe, and North-west Coast of Africa), pt. 2, 1944 ed., p. 41; 정점 1592 (Merville-Ouistreham), 1593 (Courseulles), 1594 (Port-en-Bessin) 은 정점 1582 (Le Havre)를 참고해서 계산된 것이다.
54. 이전과 동일., pt. 1, p. 272.
55. Glen, N.C., 1985. "D-Day Bathymetric Survey," Hydrographic Journal, no. 35, p. 5-7. 추가적인 정보는 글렌이 저자에게 보낸 2001년 8월 22일자 편지에서 얻었다. Strutton, Bill, and Michael Pearson, 1959. The Secret Invaders, British Book Centre, New York, 286 pages.
56. 1943년 10월 9일, 파커슨이 해군 수로국 문장이 새겨진 편지지에 써서 도슨에게 보낸 편지 3페이지. 토마스와 발레리 도슨(아서 도슨의 아들과 며느리)의 개인 문서보관소에서 받음. 천해 상수의 특징을 보기위해서는 17번 참조.
57. Walters, Roy A., 1987. "A Model for Tides and Currents in the English Channel and Southern North Sea," Advances in Water Resources, vol. 10, no. 3, p. 138-148.

Le Provost, Christian, Gilles Rougier, and Alain Poncet, 1981. "Numerical Modeling of the Harmonic Constituents of the Tides, with Application to the English Channel," Journal of Physical Oceanography, vol. 11, no. 8, p. 1123-1138.

58. " 'Dr Tides' Retires," Liverpool Daily Post (UK), 1960. 이 기사에서 도슨은 '나는 내 동료한 명과 같이 우리가 어디를 예측하고 있는지를 추측할 수 있었다.'라고 말한 것을 인용하고 있다. 이 기사의 복사본은 영국 리버풀에 있는 프라우드맨 해양연구소 문서보관소에서 얻었다.

59. Seiwell, H.R., 1947. "Military Oceanography in World War II," The Military Engineer, vol. 39, no. 259, p. 202-210.
그림 2.4는 이 책에서 인용한 것이다.
Seiwell, H.R., 1947. "Tidal Illumination Diagrams," Science, vol. 106, no. 2743, p. 76-77.

60. 1944년 6월 3일, 롬멜의 일기(롬멜의 부관이 쓴 것으로 보임) 중 도입부에서는 다음과 같이 언급하고 있다. "1944년 6월 5일에서 8일 동안에는 조석이 좋지 않다는 사실 때문에 연합국이 공격해 올 것이라는 부담을 덜게 되었다" from The Rommel Papers, ed. B. H. Liddell-Hart, Chap. 21 (written by Lieutenant General Fritz Bayerlain), p. 470. General Gerd von Rundstedt (talking to B. H. Liddell-Hart): "정말 놀라운 것은 상륙날의 시간이었다. 왜냐하면 우리 해군측에서는 연합군이 고조시점에 상륙할 것이라고 말해왔기 때문이다" In Liddell-Hart, B. H., 1948. The Generals Talk, Quill, New York, p. 242.

61. Passmore, N. M., July 1944, "Omaha Beach.Tidal Observations." Former SECRET document signed by Lieutenant Commander N. M. Passlore, giving tidal observations made, by the H.M.S. Gulnare; 이것은 3일간(7월 5일에서 7일)의 예측된 조석과 관찰된 조석 간의 높이 차이가 평균 9센티미터 보다 작았다는 것을 보여준다. 또한 시간 오차도 22분 이하였다. 영국 톤튼Taunton의 영국 수로국 문서보관소 자료.

62. Report On Naval Combat Demolition Units in Operation "Neptune" as part of Task Force 122, submitted by H. L. Blackwell, Jr. D-V9G, USNR, July 5, 1944.

63. 이전과 동일. 유타 해변에서는 U소대가 계획된 상륙지점의 1,370미터 남쪽에 상륙했었다. 그러나 이 때문에 그들은 적들의 포격을 상당히 피할 수 있었다. 6명의 폭파전문가들이 죽었고 11명은 부상당했다. 오전 8시경, 전체 해안의 방해물들이 제거되었다.

64. 1970년 해양대기청이 만들어지기 전에도 간간히 조직개편이 있었다. 1965년네는 미국 기상국Weather Bureau과 연안측지국Coast and Geodetic Survey(이는 일시적으로 국가해양조사국National Ocean Survey, 줄여서 NOS로 불리기도 했다)이 통합되어 환경과학청ESSA(Environmental Science Services Administration)이 만들어졌었다.

65. Parker, B., K. Hess, D. Milbert, and S. Gill, 2003. "A National Vertical Datum Transformation Tool," Sea Technology, vol. 44, no. 9. p. 1-15. 위치정보시스템은 수신기와 세 개 이상의 GPS 위성간 거리를 측정하는 것으로, 특정한 기준점으로부터의 정확한 위치를 알 수 있게 해준다. 시스템 자체가 여러 조석 기준점을 가지고 있어서(18번 참조) 해수면 높이를 알 수 있게 해준다.

66. Cartwright, David E., 1991. "Detection of Tides from Artificial Satellites (Review)," in Tidal Hydrodynamics, ed. Bruce B. Parker, Wiley, New York, p. 547-567. 레이다는 무선신호가 해수면에 도달했다가 다시 위성으로 돌아오는 시간을 계산함으로써 해수면의 높이를 파악한다. 위성으로 해수면을 측정하는 데 있어서 표본산출비율은 매우 낮다. 아마 하루에 한두개 정도 밖에 측정하지 못할 것이다. 그런데 만일 일년간의 자료가 있다면 조화분석을 통해 조화상수들을 구할 수 있

게 되는 것이다.

67. Parker, op cit., 2007, chap. 8, "The Use of Numerical Hydrodynamic Models for Prediction of Tides and Tidal Currents."
68. 예측의 정확도는 역사적 사건이 발생한 이후 바다나 강의 깊이와 해안선이 얼마나 변화 했느냐에 달려 있다. 그런 변화는 물길의 유체역학적 움직임에 변화를 주어 조석과 조류를 변하게 만든다. (그러나 깊은 물길은 그런 변화에 영향을 적게 받는 편이다)
69. PORTS 시스템은 과거 연안측지국이었던 국가해양국(NOS)가 운영하고 있는데 특히 국가해양국 내에서 조석과 조류 프로그램을 담당하고 있는 해양연구활용센터Center for Operational Oceanographic Products and Services(CO-OPS)에서 담당하고 있다. PORTS 시스템을 위한 수치적 유체역학 예측모델은 연안조사연구소Coast Survey Development Laboratory에서 개발하였다. 저자는 다른 시기에 이 두 조직을 이끈 적이 있었다. 해양모델에 영향을 주는 바람 자료는 기상 예측모델이 제공해 주는데 이는 해양대기청 기상국의 환경예측센터National Centers for Environmental Prediction가 운영하고 있다. PORTS의 실시간 조류 자료는 항만에서 유류오염사고가 났을 때 방제작업을 하는데도 중요하다.

    Parker, Bruce B., 1995. "P.O.R.T.S. Makes Navigation Safer," Proceedings of the Marine Safety Council, vol. 52, no. 5, p. 30-32.

    Parker, Bruce B., 2002. "Integrated Real-Time/Forecast Information for Safe, Efficient, and Environmentally-Friendly Ports," Singapore Maritime and Port Journal, vol. 1, p. 1-10.
70. Tyler, Patrick E., 2004. "19 Die as Tide Traps Chinese Shellfish Diggers in England," New York Times International, Feb. 8.
71. BBC News, March 24, 2006. This quotation and the preceding one are from Det. Supt. Mick Grad Gradwell of the Lancashire Police, in "Man Guilty of 21 Cockling Deaths," 18:39:20 GMT,

    http://news.bbc.co.uk/go/pr/fr/-/1/hi/england/lancashire/4832454.stm.
72. Lawrence, Felicity, et al., 2004. "Victims of the Sands and the Snakeheads," Guardian (Manchester, UK), Feb. 7.
73. BBC News, op. cit. 이로 인해 '외국인 노동자 고용주 허가법'이 만들어졌고 2006년 10월부터 발효되어 허가기관도 설립되었다. 이 사건은 또 영국에서 언제나 이용만 당하면서도 끔찍한 조건에서 살고 있는 불법 이주노동자들(대부분은 중국의 푸젠성에서 온 노동자들이었다)의 참상을 알리는 계기가 되었다.

제 3장

1. Eliot, John, 1900. Hand-book of Cyclonic Storms In the Bay of Bengal, 2nd ed., vol. 1, Meteorological Department of the Government of India, Calcutta, 310 pages, p. 210.
2. 이전과 동일., p. 211-213.

    엘리엇이 인용한 바람과 기상에 대한 언급은 벵골만 주변에 있던 배들의 항해일지에서 나온 것이다.
3. 이전과 동일., p. 212.
4. 이전과 동일., p. 215.
5. Gastrell, J. E., and Henry F. Blanford, 1866. Report on the Calcutta Cyclone of the 5th October 1864. O. T. Cutter, Military Orphan Press, Calcutta, 175 pages, p. 33.

6. A Brief History of the Cyclone At Calcutta and Vicinity, 5th October 1864, 1865. Calcutta, O. T. Cutter, Military Orphan Press, 332 pages, p. 195.
7. 이전과 동일., p. 195.
8. 이전과 동일., p. 166.
9. Buckland, C. E., 1901. Bengal Under the Lieutenant-Governors, S.K. Lahiri & Co,, Calcutta, vol. 1, 1,100 pages, p. 298-299.
10. Graham, C., 1878. Life in the Mofussil, Or, the Civilian In Lower Bengal, vol. 2, Kegan Paul & Co,, London, 284 pages, p. 275.
11. Eliot, op. cit., p. 216.
12. Eliot, op. cit., p. 217.
13. Graham, op. cit., p. 125.
14. Rao, S. R., 1973. Lothal and the Indus Civilization, Asia Publishing House, Bombay, 215 pages.
15. Frazer, James George, 1919. Folk-Lore in the Old Testament, vol. 1, Macmillan, London, 568 pages, p. 183-185.
16. Ryan, William, and Walter Pittman, 1998. Noah's Flood. The New Scientific Discoveries about the Event That Changed the World, Simon and Shuster, New York, 319 pages. 이 이야기는 빙하가 닫힌 바다인 흑해로 흘러들어왔고 이로 인해 가장 약한 지점이 넘쳐서 거대한 홍수를 만들어 냈다는 것이다.
17. Poebel, Arno, 1913. "Important Historical Documents Found in the Museum's Collection of Ancient Babylonian Clay Tablets," Museum Journal, vol. 4, no. 2, p. 37-50, University Museum, Univ. of Pennsylvania. 수메르 홍수 이야기에서 노아의 역할은 지우수드라Ziusudra라는 이름의 남자가 한다.
18. Emerson, B. K., 1896. "Geological Myths," Science, vol. 4, p. 328-344. 바빌로니아의 홍수이야기는 기원전 1300년에서 1000년 경에 쓰여진 길가메시 서사시에 나오는데, 여기에서의 우트나피쉽Ut-napishtim이라는 남자가 노아와 같다. 기원전 800년에서 600년 사이에 쓰여진 그리스판 신화에서는 듀칼리온Deucalion이 방주를 만든다. 코란의 무슬림 신화에서는 노아처럼 성경적 설명의 많은 부분을 같이 사용하고 있다. 인디안 신화는 그리스 신화와 동일한 시기에 쓰여진 것 같다.
19. 이전과 동일.
20. Frazer, James George, 1916. "Ancient Stories of a Great Flood," Journal of the Royal Anthropological Institute of Great Britain and Ireland, vol. 46, p. 231-283. 점토판의 글을 번역하면서 허리케인이라는 용어를 사용했지만 점토판이 쓰여졌던 시기의 사람들이 허리케인이나 회전하는 폭풍에 대해 알고 있었던 것은 아니다. 저자는 매우 큰 폭풍이라는 것을 말하고 싶었던 것으로 보이고, 번역자는 허리케인이라는 용어를 사용해서 기술적 의미가 아니라 단지 저자의 의도를 전달하려고 한 것 같다. 그렇지만 우리가 살펴본 것처럼 실제로 유프라테스 계곡의 저지대를 침수시킨 폭풍해일은 페르시아만의 허리케인이 만들어낸 것 같다.
21. Suess, Eduard, 1885. Das Antlitx der Erde (The Face of the Earth). Transl. B.C. Sollas, 1904, Oxford, UK, Clarendon Press, 482 pages, p. 71.
22. Parker, Bruce, 2000. "The Perfect Storm Surge," Mariners Weather Log, vol. 44, no.2, August 2000, p. 412.

23. Louie, Kin-sheun, and Kam-biu Liu, 2003. "Earliest Historical Records of Typhoons in China," Journal of Historical Geography, vol. 29, no. 3, p. 299-316. 이들이 고대문헌을 조사한 바에 따르면 중국 문자 주평은 453년 쉔후아옌Shen Huai-yuan이 써서 후에 많이 인용된 난위에지南岳指, Nanyue Zhi라는 책에 처음으로 나온다.

24. 이전과 동일.

25. 남반구에서는 사이클론이 시계방향으로 회전하기 때문에 사이클론 눈의 북쪽에서는 반대로 서쪽으로부터 바람이 불어 온다.

26. Louie and Liu, op. cit.

27. Louie and Liu, op. cit. 진탕추에서는 "연나라11년 음력 8월에 룽츠하오Rongzhou에 루평이 생겨서 바닷물이 도시로 넘쳤다"라는 서술이 있다. 후에 출판된다른 책은 다음과 같은 내용을 확인해주고 있다. "미츠하오Mizhou에 강한 비바람이 불어서 바닷물이 넘치고 도시가 침수되었다" 이 책들에서는 바람보다는 해일로인해 피해가커졌다고 말하고 있다. 진탕추15장 첫번째 문장에 나오는룽츠하오Rongzhou는 해안가에서는 멀리 떨어져 있는데 미츠하오와 같은 한자를 가지고 있어서 잘못 쓰인 것 같다. 루이와 리우는1044년에서 1066년 사이에 쓰여진신탕추Sin Tang Shu에서 다음과 같은 구절이 있다는 것을 발견해서 이러한 사실을 입증했다. "연나라 11년 음력 6월, 미츠하오에 강한 비바람이 불어 바닷물이 넘치고 도시가 침수되었다" 미츠하오는 오늘날 산동성에 있는 가오미시Gaomi City이다.

28. Needham, Joseph, 1954. Science and Civilisation in China, vol. 3, chap. 21, Cambridge Univ. Press. 니드햄Needham은 19세기에 멩구안 Meng Guan이 쓴 책을 인용하고 있다.

29. Louie and Liu, op. cit., p. 306. 리우가 890년 쓰여진 링비아오루이Ling Biao Lu Yi에서 인용하고 있는 중요한 구절은 "썰물이 되기 전에 주평이 도착했고 파도는 해안가를 휩쓸었다. 가옥은 침수되었고 농작물을 쓸려갔으며 배들은 침몰했다. 난츠훙Nanzhong에서는 이를 조석이 겹쳐졌다는 뜻으로 타차오ta chao라고 부른다. 보통은 해일이라는 뜻의 하이차오hai chao나 하늘로 솟구치는 물이라는 만 시안man tian이라고도 한다." 루이와 리우는 8,9세기에 주평이나 주무를 언급하고 있는 수많은 시들도 발굴했는데 이는 이 당시의 중국인들이 이에 대해 잘 알고 있었음을 보여준다.

30. 일본을 쿠빌라이 칸이 침공할 때 그와 함께 있었던 마르코 폴로는 그의 책에서 그 사건의 일부에 대해 설명하고 있다.

Polo, Marco, ca. 1299. The Travels of Marco Polo the Venetian, ed. John Masefield, 1908 edition, J. M. Dent, London, 461 pages, p. 325-327.

Neumann, J ., 1975. "Great Historical Events That Were S ignificantly A ffected by the Weather: I. The Mongol Invasions of Japan," Bulletin of American Meteorological Society, vol. 56, no. 11, p. 1167-1171.

Winters, Harold A., 1998. Battling the Elements, Johns Hopkins Univ. Press, Baltimore, MD, 318 pages, p. 915.

31. 순교자피터는 1511년 '순교자 피터의 80년The Eight Decades of Peter Martyr d'Anghera'으로 알려진 그의 책 ' 신세계에 대하여de Orbo Novo (On the New World)'에서 처음으로 콜럼부스가 허리케인을 만난 사건에 대해 적고 있다. 그는 라틴어로 쓴 그의 책에서 후라케인furacane이란 말을 포함해서 여러 용어들을 정확한 의미로 사용하고 있다. 콜럼부스가 진짜로 허리케인이나 바다위의 토네이도 같은 물기둥을 봤는지에 대해서는 약간 다른 의견도 있다. 그러나 "바다가 땅위로 올라와서 전보다 더 1큐빗cubit만큼 높아졌다"는 설명을 보면 콜럼부스가 실제 허리케인을 만났던 것 같다. 다만, 혼란스러운 부분은 "이 대기의 폭풍(그리스인들이 타이폰즈Tiphones이라고 불렀던 소용돌이바람)을 그들은 후케인즈Furcanes라고

불렀다"라는 부분인데 그리스 말로 타이푼typhoon은 문자 그대로 물기둥이라는 의미로 사용되었기 때문이다.(35의 타이푼 관련 용어를 참조) 그러나 이 부분의 설명은 계속되어 러드럼Ludlum은 다음과 같이 번역했다(34참조) '그 누구도 나무를 뿌리채 뽑을 정도로 그렇게 거칠고 격렬한 후케인즈는 보지 못했었다. 그것은 어떤 해일이나 폭풍보다도 더 땅을 황폐하게 만들어버렸다'. 맥넛MacNutt (1912)는 이를 번역하면서 우라칸huracán은 유카탄Yucatan의 신화에 나오는 바람의 신이라고 주석에 추가했다.

32. Emanuel, Kerry, 2005. Divine Wind, T he History and Science o f Hurricanes, Oxford Univ. Press, 285 pages, p. 1820.

33. 소라고둥은 바람의 신인 우라칸huracán과 동일 시 되어 왔기 때문에 이 나선형의 팔은 소라고둥의 껍질이 열렸을 때 나오는 나선형 모양에서 온 것인지도 모른다. 그러나 캐리브해 주민들이 허리케인을 작은 물기둥(소용돌이바람)이 커진 것으로 보았을 가능성도 있다. 이 물기둥은 토네이도가 바다에서 생긴것으로 그 회전방향을 관찰하기는 좀더 쉬웠을 것이다.

34. Ludlum, David M., 1963. Early American Hurricanes, American Meteorological Society, 198 pages.

Mulcahy, Matthew, 2006. Hurricanes and Society in the British Greater Caribbean, 1624-1783, Johns Hopkins Univ. Press, 257 pages.

35. 타이푼typhoon이라는용어의 기원은 아직 논쟁 중이다. 인도양에서 동아시아지역에 이르기까지 그 용어는 다양하게 사용되었다.

Yule, Henry, and A. C. Burnell, 1903. Hobson-Jobson, A Glossary of Colloquial Anglo-Indian Words and Phrases, John Murray, London, 1,021 pages, p. 947-950.

중국어에서 타이푼은 타이펑taifeng인데 18세기 까지는 사용되지 않았던 것으로 보인다. Louie and Liu, op. cit., p. 299. 타이푼이라는 용어를처음 한 것은 극동지역으로 항해했었던 리차드 핵러트Richard Hakluyt였다. 그는 1598년에 큰 파도를 만드는 토폰touffons이 그의 배를 해안가로 밀어 올렸다고 쓰고 있는데 토폰touffon이 끝나고 파도가 물러가자 자신들의 배가 육지로 1.6 킬로미터나 올라와있는 것을 알게 되었다고 했다.

Haklyt, Richard, 1598. 1600. The Principal Navigations Voyages Traffiques & Discoveries of the English Nation, vol. 3, J.M. Dent, London, 370 pages, p. 258-259.

윌리엄 댐피어 선장Captain William Dampier은 1699년 그가 세차례의 세계일주를 한 경험을 토대로 쓴 책에서 투폰tuffoons을 만났던 것에 대해 쓰고 있다. 그는 바람이 방향이 일정한 영역을 중심으로 빙빙 돌았는 데 그 중심은 고요한 시점이 있었다고 했다. 그는 또 "강력한 바람 때문에 바닷물이 육지로 밀려왔고, 5-7미터 정도 깊이의 항구에 있는 배는 뭍에 얹히게 만들었다.

Dampier, William, 1699. Voyages and Descriptions, vol. 2, pt. 3, chap. 6, p. 279.293, ed. John Masefield, E. Grant Richards, London, 1906, 607 pages.

36. 버지니아 제임스타운에 있었던 영국 식민지에 1667년 9월 6일 이상한 폭풍우가 몰아 쳤는데, 바람이 세게 불어서 바다는 그 전에 마을 전체가 잠기던 높이보다 3.6미터 정도 더 넘치게 되었고 마을 주민들과 가축들은 대부분 잠기게 되었다. Anonymous, 1667. S trange News from Virginia, a pamphlet published in London.

37. Piddington, Henry, 1869. The Sailor's Horn-Book For the Law of the Storms, 5th ed., William and Norgate, London, 377 pages, p. 10-11. 1844년에 피딩턴은 순환하고 심하게 휘어지는 바람을 '사이클론'이라는 용어로 부르자고 제안했다. 이 용어는 뱀이 똘똘감긴 것을 의미하는 그리스어에서 유해한 것이었다. 이는 반드시 원형이라는 의미는 아니면서도, 원형으로 움

직인다는 것을 충분히 표현할 수 있는 말이었다. 과학자들이 열대성 저기압의 원인은 무엇이고 어떻게 원형으로 움직이는 지에 대해 토론하고 있었기 때문에 '원형으로 움직이는 경향'을 언급한 것은 다분히 외교적인 표현이었다.

38. 일부 경험들에 대해서는 35와 36을 참조할 것. 15세기보다 이른 시기에는 유럽인들이 인도양을 여행하거나 극동지방을 여행하면서 기록한 부분부분의 기록들이 있다. 예를들면 마르코 폴로는 쿠빌라이 칸 함대를 격파하고 일본을 구한 태풍에 대해 쓰고 있다. 30참조.

39. Tacitus, ad 117. Annals, bk. 1, chaps. 68.70, in The Annals of Tacitus, bks. 1.6, transl. George Gilbert Ramsay, 1904, John Murray, London, p. 83. 타키투스는 "땅에 홍수가 나서 바다와 강변 그리고 들판이 모두 한 면으로 보인다"라고 적고 있다. 로마 푸빌리우스 비텔리우스의 두 지역은 폭풍해일을 겪게 되었다. "물건들과 동물들, 시체들이 한데 섞여서 떠내려가고 모든 지역이 휩쓸렸다. 어떤 사람들은 가슴을 물 위에 내놓고 어떤 사람들은 머리만 내놓고 있었다. 용감한 사람이건 겁쟁이건 모두 똑같이 자연의 힘에 쓸려가게 되었다."

40. Pliny the Elder, ad 79. Natural History, bk. 16, in Natural History, A Selection, transl. John F. Healy, 1991, Penguin, p. 206. 각양각색의 작은 거주용 언덕들이 연안 저지대에 점점히 만들어졌다. 이러한 언덕들을 프리슬란트의 네덜란드 사람들은 떼프terp라고 부르고 덴마크인들은 쵸프torp, 독일 사람들은 바프트warft라고 부른다.

41. Jordan-Bychkov, T.G., and B.B. Jordan, 2002. The European Culture Area: A Systematic Geography, Roman and Littlefield, 437 pages, p. 72.

42. 폴더라는 용어는 플란더스 평야Flanders Plain에서 1138년에 처음 사용되었다.

이전과 동일., p. 73.

폴더안의 물이 빠진 땅은 점점 단단해지면서 낮아지게 되고, 결국 지면이 해수면 보다 낮게 된다. 그러면 저조 시에 물을 빼내는 것이 불가능해지고 펌프를 이용해서 물을 빼내야 한다. 초기에 풍차를 이용해서 펌프를 돌렸는데 풍차는 물통을 가진 바퀴를 돌리는 방식으로 물을 퍼 올렸다. 물통은 나중에 아르키메데스의 스크류Archimedes screw로 대체된다. 마을은 보통 하나의 폴더나 몇 개의 폴더가 합쳐진 지역 내에서 발달하게 되었다. 정치적 지도자는 보통 제방관리자거나 주민들에 의해 선출된 부유한 지주가 담당했다. 그들은 제방 관리 위원회의 도움을 받아 제방을 유지 보수하는 일도 담당했다.

43. Barry, Sally C., transl., 2005. "Flemish Lace in the Old Catholic Church on Nordstrand," Old Catholic Parish, Nordstrand, Uthlande-Verlag Nordstrand, p. 7.

44. Steensen, Thomas, 2008. Das "danische Holland," Nordfriesland, no. 162, Juni 2008, p. 17-26.

Reinhardt, Andreas, ed., 1984. Die erschreckliche Wasser-Fluth, 1634, issue. 9, North Local Association, Husum Printing, 204 pages.

45. Leeghwater's account is quoted in full in Rheinheimer, Martin, 2003. Mythos Sturmflut, Demokratische Geschichte. Jahrbuch fur, Schleswig-Holstein, vol. 15, S. 9-58.

46. 남아있는 곳들 중에서 가장 큰 두 곳은 펠웜Pellworm과 노드스트랜드Nordstrand 제도로 불렸고, 다른 작은 곳들은 할리겐Halligen으로 불렸다. 그곳은 나중에 '물 속에 있는 갈갈히 찢어진 육지, 조석에 의해 매일 씻겨지는 가장 초록색의 초원' 등으로 묘사되게 된다. From Ward, Adolphus W., 1921. Collected Papers.Historical, Literary, Travel and Miscellaneous, vol. 5, Cambridge Univ. Press, p. 83.

47. Barry, op. cit., p. 9. Reinhardt, op. cit. 1634년 폭풍해일의 파괴력은 그림 3.1에서도 볼 수 있다. 이 것의 제목은 '끔찍한 홍수Die erschreckliche Wasser-Fluth'이고 1683년 쓰여진 에버하드하펠Eberhard Happel의 책 '세상에서 가장 궁금한 것들 Die gr.ssten denkwurdigkeiten der Welt'에서 인용한 것이다.

48. 폭풍해일에서 살아남은 사람들은 집과 풍차, 그리고 삶을 송두리째 잃어버렸다. 그래서 대부분의 프리슬란트인들은 고향을 떠나게 된다. 어떤 사람들은 미국으로, 특히 네덜란트의 식민지였던 뉴암스테르담으로 떠나게 되는데 이 곳은 후에 영국이 지배하면서 뉴욕으로 이름이 바뀐다. 나중에 브롱크스로 이름을 바꿨던 조나스 브록Jonas Bronck은 뉴욕시의 자치구 땅을 소유한 프리슬란트 사람이었다. 뉴암스테르담의 마지막 시장이었던 피터 스타이버슨트Stuyvesant는 후일 월스트리트라는 이름의 기원이 되었던 방어벽을 만들 때 그의 프리슬란트 경험을 이용할 수 있었다.

49. Franklin, Benjamin, 1760. "On the northeast storms in North America," a letter to Alexander Small in London, May 12, 1760, from The Works of Benjamin Franklin, 1838, vol. 6, ed. Jared Sparks, Hilliard, Gray and Company, Boston, MA, 677 pages, p. 219-222.

50. Franklin, Benjamin, 1750. A letter to Jared Eliot, 13 February 1750, from The Works of Benjamin Franklin, 1838, vol. 6, ed. Jared Sparks, Hilliard, Gray, Boston, MA, 677 pages, p. 105-108.

51. Franklin, Benjamin, 1747. A letter to Jared Eliot, 16 July 1747 from The Works of Benjamin Franklin, 1838, vol. 6, ed. Jared Sparks, Hilliard, Gray and Company, Boston, MA, 677 pages, p. 79-80.

52. Franklin, op. cit., 1760.

53. Franklin, Benjamin, 1753. A letter to John Perkins, 4 February 1753, from The Works of Benjamin Franklin, 1838, vol. 6, ed. Jared Sparks, Hilliard, Gray, Boston, MA, 677 pages, p. 145-159.

54. Varenius, Bernhard, 1650. A Compleat System of Geography, Explaining the Nature and Properties of the Earth, transl. Mr. Dugdale in 1734, London, 521+ pages. 1650년에 그는 '타이폰은 강력한 바람이어서 모든 방향에서 불어오고 사방으로 돌아다닌다. 바다와 육지 모두에서 사납게 불어와서 큰 배도 바다 저 멀리 보내버린다. 그 원인은 물론 어딘가로 부터 불어오는 바람인데, 방해물 때문에 다시 돌아가거나 빙빙 돌기도 한다. 우리는 물 속에서 물이 장애물을 만나면 소용돌이가 생기는 것을 볼 수 있는데 매서운 바람도 다른 바람을 만나면 그렇게 될 수도 있다'라고 설명을 했다. 그의 설명은 잘못된 것이긴 하지만 발레니우스Varenius는 정확히 회전하는 대기의 운동을 인지하고 있었다.

55. Langford, 1698. "Captain Langford's Observations of His Own Experience upon Huricanes and Their Prognosticks," Philosophical Transactions, vol. 20, p. 407-416.

56. Capper, James, 1801. Observations on Winds and Monsoons. Quoted in Rosser, W.H., 1876. The Law of Storms Considered Practically, Charles Wilson, London, 108 pages, p. 7. 캐퍼는 선장들에게 다음과 같은 지침을 내렸다. '만약 갑자기 바람이 변하고 격렬해지면 배는 소용돌이의 중심에 가까이 있는 것일 지도 모른다. 그렇지 않고 바람이 한 곳에서 오래 불어오고 변화가 점진적이라면, 배는 소용돌이의 끝 쪽에 있는 것이다'

57. Donnelly, J. P., S. Roll, M. Wengren, J. Bulter, R. Lederer, and T. Webb, 2001. Sedimentary Evidence of Intense Hurricane Strikes from New Jersey," Geology, vol. 29, no. 7, p. 615-618. 이런 열대성 저기압의 과거기록을 연구하는 paleotempestology 방식으로는 대형 폭풍

해일이 만들어낸 세가지 중요한 침수 퇴적물을 찾을 수 있다. 중간 퇴적층은 1821년 허리케인이 만들어낸 것이다. 이 연구는 다른 허리케인이 1278년과 1438년 사이의 어느시점에 뉴욕을 지나갔다는 것도 보여주고 있다. 세 번째 퇴적층은 가장 최근에 만들어져서 가장 위쪽에 있는 작은 층인데 1962년에 온대성 저기압이 만든 폭풍해일이 지나간 흔적이다.

58. Redfield, William C., 1831. "Remarks on the Prevailing Storms of the Atlantic Coast, of the North American States," American Journal of Science and Arts, vol. 20, p. 17-51, New Haven. p. 21-22.
59. Espy, James P., 1841. The Philosophy of Storms. Boston, MA, Charles C. Little and James Brown, 552 pages.
60. 북반구에서 허리케인이 시계 반대방향으로 원형의 바람 패턴을 가지게 되는 것은 지구의 자전 때문이다. 허리케인은 고기압으로 둘러쌓인 저기압 중심을 가지게 된다. 이 저기압 중심부에서는 공기가 바다에서 온 열과 습기 때문에 위로 올라가게 되고 이에 따라 주변의 공기는 중심부로 들어와서 위로 올라간 공기를 대체하려고 한다. 동서남북에서 오는 공기의 흐름은 북반구에서는 코리올리의 힘에 의해 오른쪽으로 밀리게 된다. 이러한 여러 측면의 움직임은 저기압 중심에서 가운데의 큰 기어를 주변부의 작은 기어들이 돌리는 것처럼 시계반대방향의 흐름을 만들어낸다. 작은 기어는 큰 기어가 도는 반대방향으로 돌게 된다. Parker, Bruce, 1998. "The Coriolis Effect: Motion on a Rotating Planet," Mariners Weather Log, vol. 42, no. 2, p. 17-23.
61. Ferrel, William, 1856. "An Essay on the Winds and the Currents of the Ocean," Nashville Journal of Medicine and Surgery, vol. 11, no. 4-5. 기상학에서의 획기적인 연구를 약간 성격이 다른 잡지에 발표했었다. 우리가 1장에서 본 것처럼 미국 조석예측기계를 처음으로 만들었던 페럴은 똑똑했지만 부끄러움을 많이 탔는데, 이 잡지의 편집장이 그의 친구였던 것이다.
62. 이전과 동일., p. 191.
    H. H. K, 1901. "What Is a Storm Wave?" Monthly Weather Review, Oct., p. 460-463.
63. Piddington, op. cit., 1869, p. 195.
64. Piddington, Henry, 1853. "On the Cyclone Wave in the Sunderbunds. A letter to the Most Noble the Governor-General of India, Calcutta." Letter is quoted in Prichard, 1869 (Note 65) and cited in Piddington, op. cit., 1869. 이 편지의 복사본이 예일 대학교 도서관에 있다.
65. Prichard, Iltudus T., 1869. The Administration of India from 1859 to 1868, vol. 1, Macmillan, p. 227-230.
66. Buckland, op. cit., p. 407.
67. See note 36 in Chapter 6.
68. Norgate, Fred, 1874. "The Telegraph in Storm-Warnings," Nature, vol. 10, p. 125. 사이클론이 이미 지나간 지역에서 풍향 자료를 전신으로 받아서 사이클론을 예측하는 것은 과거에 사이클론이 어떻게 이 지역을 지나갔느냐는 것 뿐 아니라 어떻게 시간에 따라 바람의 방향이 바뀌는지를 알아야 한다.
69. Henry, Joseph, 1859. "On the Application of the Telegraph to the Premonition of Weather Changes," Proceedings of the American Academy of Art and Sciences, vol. 4, p. 271-275.
70. Cox, John D., 2002. Storm Watchers, Wiley, 252 pages, p. 51-56.
71. 이전과 동일., p. 75-83.

Anderson, Katherine, 1999. "The Weather Prophets: Science and Reputation in Victorian Meteorology," Historical Society, vol. 37, p. 179-216.

Dry, Sarah, 2007. Fishermen and Forecasts: How Barometers Helped Make the Meteorological Department Safer in Victorian Britain, Discussion Paper 46, Centre for Analysis of Risk and Regulation, London School of Economics and Political Science, Oct., 30 pages. 피츠로이는 일찍이 비글호의 선장이었고 찰스 다윈이 배의 박물학자로 선택한 사람이었다.

72. 해안가에 사는 사람들은 종종 조석이란 말을 천문적인 영향이건 바람의 영향이건 수위의 변화를 뜻하는 말로 사용한다. 이 경우에서 색스비 조석은 색스비 돌풍의 영향으로 엄청나게 큰 고조가 생겼다는 것을 뜻한다.

73. Moncton Times Daily Morning News (Saint John, Canada), Friday, Oct. 8, 1969, p. 3.

74. Saxby, S.M., 1864. Saxby's Weather System, or Lunar Influence on Weather, 2nd ed., London, Longmans, 132 pages. (1861년 첫판이 출판 되었을 때는 제목에 그의 이름이 없이 기상예언이라는 제목으로 불리웠다) 색스비는 컴버랜드라고 불리는 쉬어니스에 있는 경비함에서 근무했었다. 그는 다른 종류의 일도 하고 있었는데, 런던의 로이드사의 대리인이었으며, 개량 윈치, 증기기관 보일러, 창문 블라인드를 발명하기도 한 발명가이기도 했다. 그는 증기기관, 천문항해 그리고 기상예보를 위한 그 자신만의 방법에 대해서도 책을 몇 권 썼다. 색스비의 달을 이용한 기상예측에 대해 반대한 피츠로이를 다시 반박하는 내용을 다룬 기상 예보 책도 썼다. (피츠로이에게는 유감스러운 일이지만 피츠로이의 책과 색스비의 책은 모두 같은 출판업자에 의해 출판되었다.)

75. Saxby, S.M., 1868. Letter to The Standard, London, Friday, Dec. 25, no. 13,851, p. 5.

76. Saxby, S.M., 1869. Letter to The Standard, London, Thursday, Sept. 16, no. 14,078, p. 2.

77. 색스비는 바라던 평판을 얻었다는 측면에서 운이 좋았다. 스탠다드에 보낸 그의 편지는 펀디만 부근에 살고 있던 아마추어 기상학자, 프레드릭 앨리슨Frederick Allison에게 전달 되었는데 그는 할리팩스의 Evening Express에 정기적으로 기상 칼럼을 쓰고 있었다. 10월 1일, 앨리슨은 강력하게 색스피의 예측을 믿는다고 썼다. "나는 강한 돌풍이 10월 5일 화요일에 여기로 올것이라고 믿고 있다" From Allison, Frederick, 1869. Letter to Evening Express (Halifax, Nova Scotia, Canada), Friday, Oct. 1, p. 2.

78. Moncton Times Daily Morning News (Saint John, Canada), Friday Oct. 8, 1869, p. 2.

79. Udias, Agustin, 2003. S earching the Heavens and the Earth: The History of Jesuit Observations, Kluwer Academic, 369 pages.

80. Larson, Erik, 1999. Isaac's Storm, Crown, New York, 323 pages, p. 71-72.
Cox, John D., 2002. Storm Watchers, Wiley, 252 pages, p. 51-56.

제 4장

1. Vines, Benito, 1885. Practical Hints in Regard to West Indian Hurricanes, transl. Lieut. George L. Dyer, USN, U.S. Hydrographic Office, Bureau of Navigation, no. 77, Government Printing Office, Washington, DC, 15 pages.

2. Larson, Erik, 1999. Isaac's Storm, Crown, New York, 323 pages, p. 71.72. Cox, John D., 2002. Storm Watchers, Wiley, 252 pages, p. 112-114.

3. 1934년 5월 5일 기상국에서 더글러스Douglas 여사에게 전달한 기상예측과 종관상태를 기록한 보고서 참조
4. Cox, John D., 2002. Storm Watchers, Wiley, 252 pages, p. 118.
5. Sallenger, Abby, 2009. Island in a Storm, Public Affairs, New York, 284 pages.
6. 클라인은 기상예보에 관해서 훌륭한 명성을 갖추고 있었지만, 그들은 강가의 범람에 대해서만 예측했을 뿐이었다. 그는 당시에는 허리케인과 폭풍해일에 대해서는 과학적인 이해가 충분하지 못했다고 여겨진다. Cox, John D., 2002. Storm Watchers, Wiley, 252 pages, p. 118-120.
7. Cline, Isaac M., 1900. "Special Report on the Galveston Hurricane of September 8, 1900," in E. B. Garriott, "Forecasts and Warnings, West Indian Hurricane of September 1-12, 1900," Monthly Weather Review, vol. 28, no. 9, p. 371-377.
8. 윌프리드 스턴 Wilfrid Stearns 에 의해 출판된 논문에서 허리케인이 접근할 때 나타나는 여러 가지 징후들에 대해서 기록되어 있다.
Stearns, Wilfrid D., 1894. "Storms of the Gulf of Mexico and Their Prediction," American Meteorological Journal, vol. 10, p. 497-504.
9. Larson, Erik, 1999. Isaac's Storm, Crown, New York, 323 pages, p. 140.
Young, S.O., 1900. "Story of the Hurricane Which Swept Galveston," Galveston Dailey News, no. 172, Sept. 12.
10. Larson, Erik, 1999. Isaac's Storm, Crown, New York, 323 pages, p. 188.
11. Larson, Erik, 1999. Isaac's Storm, Crown, New York, 323 pages, p. 71-72.
Cline, Isaac Monroe, 1951. Storms, Flood and Sunshine, Pelican, 352 pages.
Cline, Joseph Leander, 1946. When the Heavens Frowned, Mathis, Van Nort, 221 pages.
12. 아마도 더많은 사상자가 발생했을 수도 있다. 지금은 총사망자수가 8,000명에서 12,000명으로 인용되어진다.
13. Cline, Isaac M., 1920. "Relation of Changes in Storm Tides on the Coast of the Gulf of Mexico to the Center and Movement of Hurricanes," Monthly Weather Review, vol. 48, no. 3, p. 127-146.
14. Cline, Isaac M., 1900. "Special Report on the Galveston Hurricane of September 8, 1900," in E. B. Garriott, "Forecasts and Warnings, West Indian Hurricane of September 1-12, 1900," Monthly Weather Review, vol. 28, no. 9, p. 374.
15. Jarvinen, Brian R., 2006. Storm Tides In Twelve Tropical Cyclones (Including Four Intense New England Hurricanes). Internal report for the National Hurricane Center, National Weather Service, NOAA, p. 99 pages.
16. Eliot, John, 1877. Report of the Vizagapatam and Backergunge Cyclones, Bengal Secretariat Press, Calcutta, 187 pages, p. 180.
Buckland, C. E., 1901. Bengal Under the Lieutenant-Governors, S. K. Lahiri, Calcutta, vol. 1, 1,100 pages, p. 298-299, p. 575.
"The Cyclone Wave in Bengal," Leeds Mercury (UK), no. 12068, Dec. 13, 1876.
17. IOC, 1988. Project Proposal on Storm Surges for the Northern Part of the Indian Ocean. IOC/E C-XXXI/7, Thirty-first Session of the IOC Executive Council, Paris, p. 17-27
18. Flierl, G. R., and A. R. Robinson, 1972. "Deadly Surges in the Bay of Bengal: Dynamics

and Storm-Tide Tables," Nature, vol. 239, p. 213-215.
19. 멕시코만은 조차가 상대적으로 크지 않은 해역에 해당하므로, 덜 중요시 되어진다.
20. Parker, Bruce, 1998. " The Coriolis Effect: Motion on a Rotating Planet," Mariners Weather Log, vol. 42, no. 2 , p. 17-23.
Parker, Bruce, 2000. "The Perfect Storm Surge," Mariners Weather Log, vol. 44, no. 2, Aug., p. 4-12.
21. 북반구에서 해류는 코리올리 힘에 의해서 진행방향의 우측으로 바닷물을 이동시키고, 남반구에서는 반대로 나타난다.
22. 가급적 정확한 예측을 위해서 해양학자들은 대기에 의한 효과들을 결합시킨다.
23. Wheeler, W. H., 1906. A Practical Manual of Tides and Waves, Longmans, Green, London, p. 201.
24. "Thames Floods, Investigation into Causes, a North Sea Surge," Times (London), no. 45031, Oct. 23, 1928.
Doodson, A. T., and J. S. Dines, 1929. "Meteorological Conditions Associated with High Tides in the Thames," Geophysical Memoirs, no. 47, U.K. Meteorological Office, London, p. 26.
25. "Weather Forecast," Times (London), no. 52533, Jan. 30, 1953. "Weather Forecast," Times (London), no. 52534, Jan. 31, 1953.
26. Baxter, Peter J., 2005. "The East Coast Big Flood, 31 January.1 February 1953: A Summary of the Human Disaster," Philosophical Transactions of the Royal Society, A, vol. 363, p. 1293-1312.
27. Grieve, Hilda, 1959. The Great Tide, County Council of Essex, Chelmsford, UK, Waterlow 883 pages, p. 233.
28. Meadows, Dick, "1953 floods hero returns to remember," BBC News, Jan. 23, 2003, news.bbc.co.uk/2/hi/uk_news/england/2678215.stm.
29. Baxter, Peter J., 2005. "The East Coast Big Flood, 31 January.1 February 1953: A Summary of the Human Disaster," Philosophical Transactions of the Royal Society, A, vol. 363, p. 1302.
30. Baxter, Peter J., 2005. "The East Coast Big Flood, 31 January.1 February 1953: A Summary of the Human Disaster," Philosophical Transactions of the Royal Society, A, vol. 363, p. 1308.
31. Gerritesen, Herman, 2005. "What Happened in 1953? The Big Flood in the Netherlands in Retrospect," Philosophical Transactions of the Royal Society, A, vol. 363, p. 1271-1291.
32. Gerritesen, Herman, 2005. "What Happened in 1953? The Big Flood in the Netherlands in Retrospect," Philosophical Transactions of the Royal Society, A, vol. 363, p. 1271-1291.
33. 한스 브링커Hans Brinker 이야기는 1865년 매리 닷지Mary Mapes Dodge에 의해 쓰여진 이야기다.
34. Gerritesen, Herman, 2005. "What Happened in 1953? The Big Flood in the Netherlands in Retrospect," Philosophical Transactions of the Royal Society, A, vol. 363, p. 1281.
35. 폭풍 해일 경보 시스템은 영국해안에 38개가 설치된 뒤 이후 45개까지 확대되었다.
36. Schneer, Jonathan, 2005. The Thames, Yale Univ. Press, New Haven, CT, 330 pages, p. 249-262.

37. Gerritesen, Herman, 2005. "What Happened in 1953? The Big Flood in the Netherlands in Retrospect," Philosophical Transactions of the Royal Society, A, vol. 363, p. 1285-1286.
38. Bijker, Wiebe E., 2002. "The Oosterschelde Storm Surge Barrier," Technology and Culture, vol. 43, no. 3, p. 569-584.
39. Reid, Robert O., 1955. "Status of Storm-Tide Research," Science, vol. 122, no. 3178, p. 1006-1008.
Defant, Albert, 1961. Physical Oceanography, vol. 2, MacMillan, New York, 590 pages, p. 229-237.
40. Harris, D. Lee, 1962. "The Equivalence between Certain Statistical Prediction Methods and Linearized Dynamical Methods," Monthly Weather Review, vol. 90, p. 331-340.
Pore, N.A., 1964. "The Relation of Wind and Pressure to Extratropical Storm Surges at Atlantic City," Journal of Applied Meteorology, vol. 3, no. 2, p. 155-163.
41. Jelesnianski, C., 1967. "Numerical Computations of Storm Surges with Bottom Stress," Monthly Weather Review, vol. 95, no. 11, p. 740-756.
42. Hansen, W., 1956. "Theorie zur Berechnung des Wasserstandes und der Stromungen in Randmeeren nebst Anwedungen," Tellus, vol. 8, no. 3, p. 287-300.
43. 성공적인 최초 기상위성 TIROS-1 는 1960년 4월 1일 National Aeronautics and Space Administration (NASA)에 의해 발사되어 NOAA 의 전신인 U.S. Environmental Science Services Administration (ESSA)에 의해서 운영되었다.
Burroughs, William J., 1991. Watching the World's Weather, Cambridge Univ. Press, p. 196.
44. Dunn, Gordon E., 1962. "The Tropical Cyclone Problem in East Pakistan," Monthly Weather Review, vol. 90, no. 3, p. 83-86.
Sullivan, Walter, 1970. Cyclone May Be The Worst Catastrophe Of Century," New York Times, Nov. 22
Anderson, Jack, 1970. "Hurricane Victims, 'Died Needlessly in Pakistan,' " Washington Merry -Go-Round, Washington Post, Jan. 31.
45. Zeitlin, Arnold, 1970. "Story of the Pakistan Storm," Associated Press story in the Oakland Tribune, Dec. 6, p. 24C.
46. Zeitlin, Arnold, 1970. "Story of the Pakistan Storm," Associated Press story in the Oakland Tribune, Dec. 6, p. 24C.
47. "The Survivors on Devastated Island Wait for Food, Water and Medicine," Daily Telegraph (London), Nov. 17, 1970, reprinted in New York Times, Nov. 18, 1970.
48. "The Survivors on Devastated Island Wait for Food, Water and Medicine," Daily Telegraph (London), Nov. 17, 1970, reprinted in New York Times, Nov. 18, 1970.
49. Moraes, Dom, 1971. The Tempest Within, Barnes & Noble, New York, 103 pages, p. 65.
50. Frank, Neil L., and S.A. Husain, 1971. "The Deadliest Tropical Cyclone in History?" Bulletin of the American Meteorological Society, vol. 52, no. 6, p. 438-444.
51. Blood, Archer K., 2002. The Cruel Birth of Bangladesh.Memoirs of an American Diplomat, Univ. Press Limited, Dhaka, Bangladesh, 373 pages, p. 77.
Siddiqi, Abdul Rahman, 2004. East Pakistan, The Endgame.An Onlooker's Journal, 1969. 1971,

Oxford Univ. Press, 260 pages, p. 46.
52. Schanberg, Sydney H., 1970. "Foreign Relief Spurred," New York Times, Nov. 24 (written Nov. 22).
53. Schanberg, Sydney H., 1970. "Pakistanis Fear Cholera's Spread," New York Times, Nov. 23 (written Nov. 22).
54. Associated Press , 1970. "Disputes Snarl Cyclone Relief," Charleston Daily Mail, Nov. 23, 1970.
55. Siddiqi, Abdul Rahman, 2004. East Pakistan, The Endgame.An Onlooker's Journal, 1969.1971, Oxford Univ. Press, 260 pages, p. 48.
56. 이 책의 내용은 방글라데시 국가 탄생에 관한 매우 간략한 배경만을 언급하고 있음.
Blood, Archer K., 2002. The Cruel Birth of Bangladesh.Memoirs of an American Diplomat, Univ. Press Limited, Dhaka, Bangladesh, 373 pages, p. 77.
57. Haque, C. Emdad, and Danny Blair, 1992. "Vulnerability to Tropical Cyclones: Evidence from the April 1991 Cyclone in Coastal Bangladesh," Disasters, vol. 16, no. 3, p. 217-229.
58. 1960년대와 1970년대 초기 컴퓨터 처리능력은 뛰어난 편이 못 되었다. 컴퓨터로 폭풍해일을 계산하는 경우에 있어 처리시간이 실제 폭풍해일이 해안가로 도달하는데 걸린 시간보다 오래 걸리기도 했다.
59. Jelesnianski, C.P., Jye Chen, and Wilson A. Shaffer, 1992. SLOSH: Sea, Lake, and Overland Surges from Hurricanes, NOAA Technical Report NWS 48, National Weather Service, NOAA, p. 71.
60. Jelesnianski, C.P., Jye Chen, and Wilson A. Shaffer, 1992. SLOSH: Sea, Lake, and Overland Surges from Hurricanes, NOAA Technical Report NWS 48, National Weather Service, NOAA, p. 64.
61. 미 공병대와 U.S. Army Corps of Engineers 와 여러 대학들은 ADCIRC (Advanced Circulation) 과 같은 폭풍해일 컴퓨터 모델을 보유하고 있다.
Resio, Donald T., and Joannes J. Westerink, 2008. "Modeling the Physics of Storm Surges," Physics Today, vol. 61, no. 9, p. 33-38.
62. Parker, Bruce B., 1996. "Monitoring and Modeling of Coastal Waters in Support of Environmental Preservation," Journal of Marine Science and Technology, vol. 1, no. 2, p. 75-84.
63. NOAA에서 발표된 기상특보를 참고하고 있다.
Hurricane Katrina Advisory Number 19, released by NHC at 10:00 p.m. on Saturday, August 27.
Hurricane Katrina Advisory Number 23 was released at 10:00 a.m. on Sunday, August 28.
Hurricane Katrina Advisory Number 24 was released at 4:00 p.m. on Sunday, August 28.
The "Hurricane Katrina Forecast Timeline" from the NOAA National Hurricane Center, NOAA, Department of Commerce, summarizes events.
64. Glahn, B., A. Taylor, N. Kurlowski, and W.A. Shaffer, 2009. The role of the SLOSH model in National Weather Service storm surge forecasting. National Weather Digest, vol.33, no. 1, p. 3-14.
Committee of Homeland Security, 2006. Hurricane Katrina: A Nation Still Unprepared, Special

Report of the Committee on Homeland Security and Governmental Affairs, U.S. Senate, S. Rept. 109.322, 109th Cong., 2nd sess, 74 pages. p. 42-46.

65. Mayfield, Max, 2005. Written testimony for Oversight Hearing on NOAA Hurricane Forecasting before the Select Committee For Hurricane Katrina, U.S. House of Representatives, Sept. 22.

66. House Committee on Science, 2005. Failing to Protect and Defend: The Federal Emergency Response to Hurricane Katrina, Democratic Staff of the House Committee on Science, Oct. 20, 2004, ver. 1.0a.

67. The "Hurricane Katrina Forecast Timeline" from the NOAA National Hurricane Center, NOAA, Department of Commerce, summarizes events.

68. Select Bipartisan Committee, 2006. A Failure of Initiative. Final Report of the Select Bipartisan Committee to Investigate the Preparation for and Response to Hurricane Katrina, Feb. 15, U.S. Government Printing Office, Washington, DC.

69. Select Bipartisan Committee, 2006. A Failure of Initiative. Final Report of the Select Bipartisan Committee to Investigate the Preparation for and Response to Hurricane Katrina, Feb. 15, U.S. Government Printing Office, Washington, DC.

70. Knabb, Richard D., Jamie R. Rhome, and Daniel P. Brown, 2005. Tropical Cyclone Report, Hurricane Katrina, 23.30 August 2005. National Hurricane Center, National Weather Service, NOAA, Dec. 20 (updated Aug. 10, 2006).

Resio, Donald T., and Joannes J. Westerink, 2008. "Modeling the Physics of Storm Surges," Physics Today, vol. 61, no. 9, p. 33-38.

Glahn, B., A. Taylor, N. Kurlowski, and W.A. Shaffer, 2009. The role of the SLOSH model in National Weather Service storm surge forecasting. National Weather Digest, vol.33, no.1, p. 3-14.

71. Mouawad, Jad, 2005. "No Quick Fix for Gulf Oil Operations," New York Times, Aug. 31.

72. Select Bipartisan Committee, 2006. A Failure of Initiative. Final Report of the Select Bipartisan Committee to Investigate the Preparation for and Response to Hurricane Katrina, Feb. 15, U.S. Government Printing Office, Washington, DC.

73. Shaw, A. M., 1929. "An Estimate of Storm-Tide Hazards to New Orleans." Engineering News-Record, vol. 102, May 2, 1929, p. 698-702.

74. Das, Saudamini, and Jeffrey R. Vincent, 2009. "Mangroves Protected Villages and Reduced Death Toll during Indian Super Cyclone," Proceedings National Academy of Sciences, vol. 106, no. 18, p. 7357-7360.

75. 비록 통계에 포함되지 못한 사망자가 있었지만, 대부분은 2007년 방글라데시에서 발생한 폭풍해일로 인한 사망자수를 1만명 이상으로 추측하고 있다.

76. Paul, Bimal Kanti, 2009. "Why Relatively Fewer People Died? The Case of Bangladesh's Cyclone Sidr," Natural Hazards, vol. 50, no. 2, p. 289-304.

Page, Jeremy, 2007. "Thousands Saved by Megaphone Messengers," Times (London), Nov. 24.

77. "A Year after Storm, Subtle Changes in Myanmar," New York Times, Apr. 29, 2009.

78. Webster, Peter J., 2008. "Myanmar's Deadly Daffodil," Nature Geoscience, vol. 1, p. 488-490.
79. Resio, Donald T., and Joannes J. Westerink, 2008. "Modeling the Physics of Storm Surges," Physics Today, vol. 61, no. 9, p. 33-38.

제 5장

1. Morison, Samuel Eliot, 1955. The Battle of the Atlantic, Little Brown, p. 306.
2. Satchell, Alister, 2001. Running the Gauntlet: How Three Giant Liners Carried a Million Men to War, 1942-1945. Naval Institute Press, 256 pages, p. 69.
3. 선박의 단위에 사용되는 총 톤수는 일반적으로 무게의 단위로 사용하지 않고, 용적의 개념으로 사용하고 있다.
4. Reynolds, David, 1995. Rich Relations, The American Occupation of Britain. 1942.1945, Random House, 555 pages, p. 242-243.
5. Parrent, Erik, 1996. 47th Bomb Group (L), Turner Publishing, 104 pages, p. 11.
6. MacGregor, Mildred A., 2008. World War II Front Line Nurse, Univ. of Michigan Press, 456 pages, p. 28-30.
   Kelly, Carol. A., 2007. Voices of My Comrades: America's Reserve Officers Remember World War II, Fordham Univ. Press, 547 pages, p. 78-79.
   Satchell, Alister, 2001. Running the Gauntlet: How Three Giant Liners Carried a Million Men to War, 1942.1945. Naval Institute Press, 256 pages, p. 69.
7. MacGregor, Mildred A., 2008. World War II Front Line Nurse, Univ. of Michigan Press, 456 pages, p. 28-30.
8. Parrent, Erik, 1996. 47th Bomb Group (L), Turner Publishing, 104 pages, p. 11.
9. Butler, Daniel A., 2002. The Age of Cunard: A Transatlantic History, 1839.2003, Lighthouse Press, 476 pages, p. 316-317.
10. Satchell, op. cit.
    Carter, Walter F., 2004. No Greater Sacrifice. No Greater Love: A Son's Journey to Normandy, Smithsonian Books, 224 pages, p. 54-55.
11. Gleichauf, Justin F., 2002. Unsung Sailors: The Naval Armed Guard in World War II, Naval Institute Press, 456 pages, p. 145-146. The author quotes Private First Class Raymond Roy, an army guard on the Queen Mary.
    Butler, op. cit.
12. Rutgers Oral History Archives of WW-II, Interview with Charles Mickett, Jr., Oct. 24, 1997.
    MacGregor, Mildred A., 2008. World War II Front Line Nurse, Univ. of Michigan Press, 456 pages, p. 28-30.
13. "Disaster Averted by the Queen Mary," New York Times, Oct. 1, 1943.
14. "Disaster Averted by the Queen Mary," New York Times, Oct. 1, 1943.
15. "Giant British Ships for Atlantic Only," New York Times, July 3, 1945.

16. Virgil's Aeneid, bk. 1, transl. Michael J. Oakley, 1995. Wordsworth Editions, 226 pages, p. 6-7.

17. 명확한 용어를 사용하는데 있어서 차이가 있을 수 있지만, 모든 번역물들은 대형 파고가 나타났다는 사실에 대해서는 별 이견이 없었다.

18. Plutarch, ca. ad 100. Lives of the Noble Greeks and Romans, chap. on Themistocles, transl. John Dryden, Collier, 1909, 403 pages.

19. Neumann, J., 1973. "The Sea and Land Breezes in the Classical Greek Literature," Bulletin American Meteorological Society, vol. 54, no. 1, p. 5-8.
Strauss, Barry, 2004. The Battle of Salamis: The Naval Encounter That Saved Greece.and Western Civilization, Simon and Schuster, New York, 294 pages.

20. 좁은 해협과 같은 지형효과에 의해 해류가 가속되어지는 현상이 발생한다.

21. Plutarch, ca. ad 100. Lives of the Noble Greeks and Romans, chap. on Themistocles, transl. John Dryden, Collier, 1909, 403 pages.

22. Strauss, Barry, 2004. The Battle of Salamis: The Naval Encounter That Saved Greece.and Western Civilization, Simon and Schuster, New York, 294 pages.

23. Strauss, Barry, 2004. The Battle of Salamis: The Naval Encounter That Saved Greece.and Western Civilization, Simon and Schuster, New York, 294 pages.

24. 해륙풍sea breeze and land breeze은 해안 지방이나 큰 호수와 만나고 있는 지방에서 부는 바람이다. 낮에는 바다에서 육지로 해풍이 불고, 밤에는 육지에서 바다나 호수쪽으로 육풍이 분다.

25. Aristotle, ca. 350 bc. Problems, bk. 23. "Problems Connected with Salt Water and the Sea," transl. W.S. Hett, William Heinemann, London, revised and reprinted 1957, 456 pages, p. 13-41.

26. Plutarch, ca. ad 100. Plutarch's Miscellanies and Essays Comprising All His Works Collected Under the Title "Morals," ed. William W. Goodwin, 6th ed., 1898, vol. 3, Natural Questions, sec. 12, p. 503.

27. Plutarch, ca. ad 100. Plutarch's Miscellanies and Essays Comprising All His Works Collected Under the Title "Morals," ed. William W. Goodwin, 6th ed., 1898, vol. 3, Natural Questions, sec. 12, p. 503.

28. Pliny the Elder, ca. ad 77.79. Natural History, 37 vols., transl. Philemon Holland (in 1601), vol. 1, George Barclay, 1848, p. 141.

29. Bede, ca. 731. The Complete Works of Venerable Bede. Transl. J.A. Giles, vol. 2, Ecclesiastical History, bks. 1.3, Whittaker, London, 1843, p. 315.

30. Leonardo, ca. 1500. Notebooks. Compiled by Irma A. Richter, Oxford Univ. Press, 2008, 392 pages, p. 23-24.

31. Dampier, William, 1699. Voyages and Descriptions, vol. 2, ed. John Masefield, E. Grant Richards, London, 1906, 607 pages, p. 319

32. Deacon, Margaret, 1997. Scientists and the Sea, 1650-1900, A Study of Marine Science, Ashgate, UK, 459 pages, p. 123.

33. 풍파wind waves는 짧은 파장을 갖고 심해표면을 따라 이동한다. 이 책에서 다뤄지는 천해파의 속도는 수심에 비례하여 깊은 곳에서 빠르게 이동하며, 심해파의 속도는 파장에 비례하여 긴 파장

의 파가 빠르게 이동한다.
34. Craik, Alex D. D., 2004. "The Origins of Water Wave Theory," Annual Review of Fluid Mechanics, vol. 36, p. 1-29.
Darrigol, Olivier, 2003. "The Spirited Horse, the Engineer, and the Mathematician: Water Waves in the Nineteenth-Century Hydrodynamics," Archive for the History of Exact Sciences, vol. 58, no. 1, p. 21-95.
35. Snodgrass, F. E., G. W. Groves, K. F. Hasselmann, G. R. Miller, W. H. Munk, and W. H. Powers, 1966. "Propagation of Ocean Swell across the Pacific," Philosophical Transactions of the Royal Society of London, A, Mathematical and Physical Sciences, vol. 259, no. 1103, p. 431-497.
36. William, 1964. Waves and Beaches, Anchor Books, Doubleday, 267 pages, p. 62-63.
37. Cornish, Vaughan, 1910. Waves of the S ea and Other Water Waves, T. Fisher Unwin, London, 370 pages, p. 92.
38. Craik, Alex D.D., 2005. "George Gabriel Stokes on Water Wave Theory," Annual Reviews of Fluid Mechanics, vol. 37, p. 23-42.
39. Franklin, Benjamin, 1774. "Of the stilling of waves by means of oil. Extracted from sundry letters between Benjamin Franklin, LL.D.F.R.S. William Brownrigg, M.D.F.R.S. and the Reverend Mr. Farish," Philosophical Transactions of the Royal Society, vol. 64, p. 445-460.
40. Franklin, Benjamin, 1774. "Of the stilling of waves by means of oil. Extracted from sundry letters between Benjamin Franklin, LL.D.F.R.S. William Brownrigg, M.D.F.R.S. and the Reverend Mr. Farish," Philosophical Transactions of the Royal Society, vol. 64, p. 445-460.
41. Franklin, Benjamin, 1774. "Of the stilling of waves by means of oil. Extracted from sundry letters between Benjamin Franklin, LL.D.F.R.S. William Brownrigg, M.D.F.R.S. and the Reverend Mr. Farish," Philosophical Transactions of the Royal Society, vol. 64, p. 445-460.
42. 선원들에 의해 불려진 Cat's paws 는 선박을 이동시켜 줄 수 있는 최초의 신호로 여겨졌다.
43. Parker, Bruce, 1999. "How Does the Wind Generate Waves?" Mariners Weather Log, vol. 43, no. 1, p. 17-22.
44. Tanford, Charles, 2004. Ben Franklin Stilled the Waves, Oxford Univ. Press, 267 pages.
Huhnerfuss, Heinrich, 2006. "Oil on Troubled Waters.A Historical Survey," in Marine Surface Films, ed. Martin Gade, Heinrich Huhnerfuss, and Gerald Korenowski, Springer, Berlin, 341 pages, p. 3-12.
45. Memoires inedits de L'Abbe Morellet, deuxieme edition, Paris, MDCCCXXII
Tome Premier, 204, and reproduced in The Writings of Benjamin Franklin, ed. Albert H. Smyth, vol. 1, Macmillan, London, 1905.
46. 장파 전달 속도는 수심의 제곱근에 비례한다. 또한 마찰효과에 의해서 파의 속도가 감소되고, 천해에서 파장의 변화가 발생한다.
47. 천해에서 발생하는 효과들은 파동역학 방정식에서 비선형항으로 표현된다 (2장 참조, 6장 20번 참조)
48. 파도가 두 섬사이로 통과하는 경우에 회절현상이 나타나며, 직선의 파면을 가졌던 물결이 좁은 틈을 지나면서 반원에 가까운 모양으로 퍼져나간다.

49. Longuet-Higgins, M.S., and R.W. Stewart, 1964. "Radiation Stress in Water Waves: A Physical Discussion, with Applications," Deep-Sea Research, vol. 11, p. 529-562.

50. 수영하다 놀란 사람들은 파도를 뚫고 헤쳐가려고 시도했지만, 결국 체력은 고갈되어 익사되고 말았다. 이 경우, 해안선과 평행하게 수영해서 이안류를 벗어난뒤 해안으로 빠져나와야만 했다.

51. Lewis, David, 1975. We, the Navigators.The Ancient Art of Landfinding in the Pacific. University Press of Hawaii, Honolulu, 348 pages. p. 84-96.

52. 에디스톤 등대Eddystone Light는 세 번 재건축되어졌다. 세 번째 재건축은 존 스미튼John Smeaton에 의해서 1759년에 이뤄졌다. 이 등대는 1840년에 15미터의 파도가 몰아쳐서 큰 충격을 받았고, 등대 문짝이 떨어져 나가기도 했다.

The Family Magazine or Monthly Abstract of General Knowledge, 1843, vol. 1, Burgess and Zeiber, Philadelphia, p. 78.

Hardy, W.J., 1895. Lighthouses, Their History and Romance, The Religious Tract Society, 224 pages, p. 120-139.

Defoe, Daniel, 1704. The Storm, ed. Richard Hamblyn, Penguin reprint 2005, 228 pages, p. 148-149.

Brayne, Martin, 2002. The Greatest Storm, Britain's Night of Destruction, November 1703, Sutton Publishing, 240 pages, p. 77-87.

De Wire, Elinor, 1993. "Great Waves at Rock Lighthouses," Mariners Weather Log, Fall 1993, p. 38-40.

53. Bathurst, Bella, 1999. The Lighthouse Stevensons, Harper Collins, New York, 268 pages.

54. Stevenson, Thomas, 1886. The Design and Construction of Harbours, A Treatise On Marine Engineering, 3rd ed., Adam and Charles Black, Edinburgh, UK, 355 pages, p. 52-53.

55. Stevenson, Thomas, 1886. The Design and Construction of Harbours, A Treatise On Marine Engineering, 3rd ed., Adam and Charles Black, Edinburgh, UK, 355 pages, p. 56.

56. De Wire, Elinor, 1993. "Great Waves at Rock Lighthouses," Mariners Weather Log, Fall 1993, p. 38-40.

57. Stevenson, Thomas, 1886. The Design and Construction of Harbours, A Treatise On Marine Engineering, 3rd ed., Adam and Charles Black, Edinburgh, UK, 355 pages, p. 27-30.

58. Stevenson, Thomas, 1886. The Design and Construction of Harbours, A Treatise On Marine Engineering, 3rd ed., Adam and Charles Black, Edinburgh, UK, 355 pages, p. 67-68.

59. Stevenson, Thomas, 1886. The Design and Construction of Harbours, A Treatise On Marine Engineering, 3rd ed., Adam and Charles Black, Edinburgh, UK, 355 pages, p. 69-70.

60. 미 공병단 Army Corps of Engineers은 침식을 막기 위해 320미터 길이와 12미터의 두께를 갖는 해안벽을 설립하고자 한다. 공병단은 해안벽이 1946년에 건설된 것보다 개선된 기능을 할 것으로 기대한다. 서프라이더 재단Surfrider Foundation은 이 프로젝트를 반대했는데, 그 이유는 이러한 프로젝트로 인해서 전 세계적으로 유명한 알라마Alama의 파도타기에 피해를 입힐 수 있다고 여겼기 때문이다.

Kilgannon, Corey, 2006. "For Montauk, It's Lighthouse vs. Surf's Up!" New York Times, Nov. 14.

61. Eisenhower, Dwight D., 1949. Crusade in Europe, Doubleday, New York, 559 pages, p. 70

Eisenhower quotes from Message 1406, from General Handy to General Marshall, Aug. 23, 1942, AGO.

62. Eisenhower, Dwight D., 1949. Crusade in Europe, Doubleday, New York, 559 pages, p. 70
63. Churchill, Winston S., 1950. The Hinge of Fate, vol. 4, The Second World War, Houghton Mifflin, Boston, MA, 917 pages, p. 478-480.
64. Bates, Charles, 2005. HYDRO to NAVOCEANO, 175 Years of Ocean Survey and Prediction by the U.S. Navy, Corn Field Press, Rockton, IL, 329 pages, p. 66-68. Seiwell, H. R., 1947. "Military Oceanography in World War II," The Military Engineer, vol. 39, no. 259, p. 202-259.
65. Sverdrup, H.U., M.W. Johnson, and R.H. Fleming, 1945. The Oceans: Their Physics, Chemistry and General Biology, Prentice-Hall, New York, 1,087 pages.
66. Munk, Walter, and Deborah Day, 2002. "Harald U. Sverdrup and the War Years," Oceanography, vol. 15, no. 4, p. 7-29.
67. Munk, Walter, and Deborah Day, 2002. "Harald U. Sverdrup and the War Years," Oceanography, vol. 15, no. 4, p. 7-29.
Munk, Walter, 1980. "Affairs of the Sea," Annual Reviews of Earth and Planetary Sciences, vol. 8, p. 1-17.
68. Sverdrup, H.U., and W.H. Munk, 1947. Wind, Sea, and Swell: Theory of Relations for Forecasting, pub. 601, Hydrographic Office, U.S. Navy Dept., 44 pages.
69. Bates, Charles, 2005. HYDRO to NAVOCEANO, 175 Years of Ocean Survey and Prediction by the U.S. Navy, Corn Field Press, Rockton, IL, 329 pages, p. 66-68.
Williams, Kathleen B., 2001. Improbable Warriors, Women Scientists and the U.S. Navy in World War II, Naval Institute Press, Annapolis, MD, 280 pages.
70. 멍크Munk가 언급하길, 스버드럽Sverdrup이 관측자료를 일반화 하는데 있어서 가장 뛰어나다고 말한바 있다.
Munk, Walter, and Deborah Day, 2002. "Harald U. Sverdrup and the War Years," Oceanography, vol. 15, no. 4, p. 7-29.
71. 과거의 자료를 가지고 현재를 파악하는 것을 Hindcast라고 하며, 현재의 자료를 바탕으로 미래를 예측하는 것을 Forecast라고 구분한다. 과거 자료를 활용해서 기존의 알고 있는 현상과 비교하는 이유는 새로운 예측 방법이 유용한지 검증할 수 있는 유용한 방법이다.
Munk, Walter, and Deborah Day, 2002. "Harald U. Sverdrup and the War Years," Oceanography, vol. 15, no. 4, p. 7-29.
72. 파랑의 감쇠는 파랑 산란과 기하학적 퍼짐현상에 기인하여 발생한다.
73. Munk, Walter, 1980. "Affairs of the Sea," Annual Reviews of Earth and Planetary Sciences, vol. 8, p. 1-17.
74. Bates, Charles C., and John F. Fuller, 1986. America's Weather Warriors, 1814.1985, Texas A&M Press, College Station, 340 pages, p. 70-71.
75. Bates, Charles C., and John F. Fuller, 1986. America's Weather Warriors, 1814.1985, Texas A&M Press, College Station, 340 pages, p. 70-71.
76. Fuller, John F., 1990. Thor's Legions.Weather Support to the U.S. Air Force and Army,

1937.1987, American Meteorological Society, Boston, MA, 443 pages, p. 67.
77. Fuller, John F., 1990. Thor's Legions.Weather Support to the U.S. Air Force and Army, 1937.1987, American Meteorological Society, Boston, MA, 443 pages, p. 67.
78. Eisenhower, Dwight D., 1949. Crusade in Europe, Doubleday, New York, 559 pages, p. 239.
79. Fuller, John F., 1990. Thor's Legions.Weather Support to the U.S. Air Force and Army, 1937.1987, American Meteorological Society, Boston, MA, 443 pages, p. 70.
Bates, Charles C., and John F. Fuller, 1986. America's Weather Warriors, 1814-1985, Texas A&M Press, College Station, 340 pages, p. 70-71.
80. Patton, George S., 1995. War as I Knew It. Houghton Mifflin Harcourt, reissued (originally published 1947), 425 pages, p. 8-9.
81. Fuller, John F., 1990. Thor's Legions.Weather Support to the U.S. Air Force and Army, 1937.1987, American Meteorological Society, Boston, MA, 443 pages, p. 70.
82. Howe, George F., 1957. Northwest Africa: Seizing the Initiative in the West, Office of the Chief of Military History, Department of the Army, Government Printing Office, Washington, DC, 675 pages, p. 69-70.
83. Boyle, Harold V., 1942. "French Fought on for Honor's Sake," New York Times, Nov. 16 (but article written on Nov. 9).
84. Howe, George F., 1957. Northwest Africa: Seizing the Initiative in the West, Office of the Chief of Military History, Department of the Army, Government Printing Office, Washington, DC, 675 pages, p. 69-70.
85. Patton, George S., 1995. War as I Knew It. Houghton Mifflin Harcourt, reissued (originally published 1947), 425 pages, p. 8-9.
86. Boyle, Harold V., 1942. "French Fought on for Honor's Sake," New York Times, Nov. 16 (but article written on Nov. 9).

제 6장

1. Morgan, Frederick, 1950. Overture to Overlord, Hodder and Stoughton, London, 296 pages.
2. Marshall, George C ., H. H. A rnold, and E rnest J . K ing, 1947. The War Reports, J.B. Lippincott Company, 801 pages, p. 183.
3. Munk, Walter, and Deborah Day, 2002. "Harald U. Sverdrup and the War Years," Oceanography, vol. 15, no. 4, p. 7-29.
4. Munk, Walter, 1980. "Affairs of the Sea," Annual Reviews of Earth and Planetary Sciences, vol. 8, p. 1-17.
5. 스크립스 해양연구소에서 스베드럽-멍크Sverdrup-Munk 파동예측에 대해 훈련받은 미국인은 베이츠 Charles Bates와 크롬웰 John Cromwell 이었다. 영국의 서톤 C.T. Suthons에 의해서 개발된 예측기법을 훈련받은 전문가는 캐터리 H.W. Cauthery 였다.
6. Bates, Charles C., 1949. "Utilization of Wave Forecasting in the Invasions of Normandy, Burma, and Japan," Annals of the New York Academy of Science, vol. 51, p. 545-573.
Cromwell, J. C., and C. C. Bates, 1944. Final Report of Swell Forecast Section, Admiralty, vol.

1, Sept., Naval Meteorological Branch, Hydrographic Department, Admiralty, London, 17 pages.

7. Bates, Charles C., 1949. "Utilization of Wave Forecasting in the Invasions of Normandy, Burma, and Japan," Annals of the New York Academy of Science, vol. 51, p. 545-573.
Cromwell, J. C., and C. C. Bates, 1944. Final Report of Swell Forecast Section, Admiralty, vol. 1, Sept., Naval Meteorological Branch, Hydrographic Department, Admiralty, London, 17 pages.

8. Stagg, James M., 1971. Forecast for Overlord, Ian Allan, London, 128 pages.
Petterssen, Sverre, 2001. Weathering the Storm, ed. James R. Fleming, American Meteorological Society, Boston, MA, 329 pages.
Shaw, R. H., and W. Innes, eds., 1984. Some Meteorological Aspects of the D-Day Invasion of Europe, June 6 1944, American Meteorological Society, Boston, MA, 170 pages.

9. Bates, op. cit., 1949. Bates, Charles C. and John F. Fuller, 1986. America's Weather Warriors, 1814.1985. Texas A&M Press, College Station, 340 pages, p. 91.

10. 노르망디 상륙작전을 위한 차선의 작전개시일은 2주 후로 예측되었고, 2주후 조석은 비슷한 상황일 것으로 전망되었으나, 보름달이 나타나지 않는 기상상황으로 인해 독일군에 의해 이미 설치되어진 해안가의 장애물을 연합군이 식별하는데 어려움을 초래할 수 있는 상황이었다.

11. Eisenhower, Dwight D., 1949. Crusade in Europe, Doubleday, New York, 559 pages, p. 239.

12. Stagg, James M., 1971. Forecast for Overlord, Ian Allan, London, 128 pages.
Petterssen, Sverre, 2001. Weathering the Storm, ed. James R. Fleming, American Meteorological Society, Boston, MA, 329 pages. p. 104-114.
Shaw, R. H., and W. Innes, eds., 1984. Some Meteorological Aspects of the D-Day Invasion of Europe, June 6 1944, American Meteorological Society, Boston, MA, 170 pages.

13. Stagg, James M., 1971. Forecast for Overlord, Ian Allan, London, 128 pages.
Petterssen, Sverre, 2001. Weathering the Storm, ed. James R. Fleming, American Meteorological Society, Boston, MA, 329 pages. p. 115-120.
Eisenhower, Dwight D., 1949. Crusade in Europe, Doubleday, New York, 559 pages, p. 239.

14. Fuller, John F., 1990. Thor's Legions.Weather Support to the U.S. Air Force and Army, 1937.1987. American Meteorological Society, Boston, MA, 443 pages, p. 92.

15. Chalmers, W.S., 1959. Full Cycle, The Biography of Admiral Sir Bertram Home Ramsey, Hodder and Stoughton, London, 288 pages, p. 223-224.
Vian, Philip, 1960. Action This Day, A War Memoir, Frederick Muller, London, 223 pages, p. 135.
Edwards, Kenneth, 1946. Operation Neptune, Collins, London, 319 pages, p. 116, 145-146.
Lewis, Jon E., ed., 2004. D-Day as They Saw It, Carroll and Graf, New York, 314 pages, p. 49, 62-63, 96, 127.

16. Chalmers, W.S., 1959. Full Cycle, The Biography of Admiral Sir Bertram Home Ramsey, Hodder and Stoughton, London, 288 pages, p. 223-224.
Vian, Philip, 1960. Action This Day, A War Memoir, Frederick Muller, London, 223 pages, p. 135.
Edwards, Kenneth, 1946. Operation Neptune, Collins, London, 319 pages, p. 116, 145-

146.
17. 당시 폭풍우는 영국해협에 막대한 영향을 미쳐 이동식 항구를 파괴했고, 과수나무의 절반정도를 파괴시킬 만큼 위력이 대단했다.
18. Bates, Charles C., and John F. Fuller, 1986. America's Weather Warriors, 1814.1985, Texas A&M Press, College Station, 340 pages, p. 97.
19. Seiwell, H.R., 1947. "Military Oceanography in World War II," The Military Engineer, vol. 39, no. 259, p. 202-259.
20. 이러한 수리역학방정은 1장에서 다룬적있는 라플라시안 방정식과 유사하지만, 다른 시간과 공간 규모를 갖는다.
21. Phillips, Owen M., 1957. "On the Generation of Waves by Turbulent Wind," Journal of Fluid Mechanics, vol. 2, p. 417-445.
Miles, John W., 1957. "On the Generation of Surface Waves by Shear Flow," Journal of Fluid Mechanics, vol. 3, p. 185-204.
Jeffreys, Harold, 1925. "On the Formation of Water Waves by Wind." Proceedings of the Royal Society of London. Series A, vol. 107, no. 742, p. 189-206.
22. Mitsuyasu, Hisashi, 2002. "A Historical Note on the Study of Ocean Surface Waves," Journal of Oceanography, vol. 58, p. 109-120.
LeBlond, Paul H., 2002. "Ocean Waves: Half-a-Century of Discovery," Journal of Oceanography, vol. 58, p. 3-9.
23. Tolman, Hendrik L., 2009. User Manual and System Documentation of WAVEWATCH III TM, version 3.14, National Centers for Environmental Prediction, National Weather Service, NOAA, May 2009, 187 pages.
WAMDI Group, 1988. "The WAM Model.A Third Generation Ocean Wave Prediction Model," Journal of Physical Oceanography, vol. 18, p. 1775-1810.
24. Warwick, Ronald W., 1996. "Hurricane Luis, the Queen Elizabeth 2 and a Rogue Wave," Marine Observer, vol. 66, p. 134.
Warwick, Ronald, 1999. QE2, Norton, 224 pages, p. 167-168.
25. Draper, L., 1964. "Freak Ocean Waves," Oceanus, vol. 10, no. 4, p. 13-15.
26. Churchill, D.D., S.H. Houston, and N.A. Bond, 1995. "The Daytona Beach Wave of 3.4 July 1992: A Shallow-Water Gravity Wave Forced by a Propagating Squall Line," Bulletin of the American Meteorological Society, vol. 76, no. 1, p. 21-32.
27. 그림 6.1의 원본은 레섬 W. J. Leatham 에 의해서 그려진 것이며, 1841년에 리브 R. G. Reeve에 의해서 새겨진 것이다.
28. Lavrenov, I . V., 1998. "The Wave E nergy Concentration a t the Agulhas Current Off South Africa." Natural Hazards, vol. 17, p. 117-127.
29. Gaddis, Vincent H., 1964. "The Deadly Bermuda Triangle," Argosy, Feb., p. 28-29, 116-119.
30. U.S. Coast Guard, 1964. Summary of Findings, Marine Board of Investigation, March 17, 1964, U.S. Coast Guard Headquarters, Washington, DC.
31. Cox, Mike, 206. Texas Disasters: True Stories of Tragedy and Survival, Globe Pequot, 242

pages, p. 167-176.
"Tragedies: Sulphur Queen's End," Newsweek, Mar. 4, 1963, p. 29-30. "The Queen with the Weak Back," Time, Mar. 8, 1963.

32. Cameron, T. Wilson, 1993. "The Treachery of Freak Waves," Mariners Weather Log, Fall 1993, p. 35-37.
33. Whitemarsh, R. P., 1934. "Great Sea Waves," U.S. Naval Institute Proceedings, vol. 60, no. 8, p. 1094-1103.
34. Petrow, Richard, 1969. "The Death of World Glory," Popular Mechanics, July, p. 106-111, 198-199. Bamberger, Werner, 1968. "Tanker's Sinking Is Laid to Massive Wave," New York Times, July 28.
35. Draper, op. cit.
36. Haver, Sverre, 2004. "A Possible F reak Wave E vent Measured a t t he Draupner Jacket January 1, 1995," Proceedings, Rogue Waves 2004, Oct. 20-22, Brest, France.
37. Skourup, J., N.-E.O. Hansen, and K. K. Andreasen, 1997. "Non-gaussian Extreme Waves in the Central North Sea," Transactions of the ASME, vol. 119, Aug., p. 146-150.
38. Wright, C. W., et al., 2001. "Hurricane Directional Wave Spectrum Spatial Variation in the Open Ocean," Journal of Physical Oceanography, vol. 31, p. 2472-2488.
39. 위성을 활용한 파고측정에는 두가지 방법이 활용된다. RA$_{\text{Radar Altimeter}}$는 해수면의 한지점에서 위성과 해양 표면 사이의 거리를 측정하여 파고를 계산하고, SAR$_{\text{Synthetic Aperture Radar}}$는 Active 센서로 해양파동의 패턴을 관측하고 해수면의 영상, 연안지역의 해양과 육상의 상호관계, 해양과 담수빙하와 눈을 관찰해 영상을 제공한다.
40. 미국 NASA가 보유한 JASON-1, JASON-2, TOPEX/Poseidon 위성과 유럽 우주 센터의 ERS-1, ERS-2, Envisat, 캐나다 RADARSAT, 독일 TerraSAR-X 위성은 고해상도의 RA, SAR을 장착하고 있다.
41. Rosenthal, Wolfgang, and Susanne Lehner, 2007. "Rogue Waves: Results of the MaxWave Project," Journal of Offshore Mechanics and Arctic Engineering, vol. 130, no. 2, p. 21006 -21013.
42. Wang, D. W., D. A. Mitchell, W. J. Teague, E. Jarosz, and M. S. Hulbert, 2005. "Extreme Waves under Hurricane Ivan," Science, vol. 309, no. 5736, p. 896.
43. Liu, P. C., H. S. Chen, D.-J. Doong, C. C. Kao, and Y.-J. G. Hsu, 2009. "Freaque Waves during Typhoon Krosa," Annales Geophysicae, vol. 27, p. 2633-2642.
44. Susman, Tina, 2005. "Nightmare Trip. Seven-Story Wave Slams into Norwegian Cruise Ship off Virginia," Newsday, Apr. 18.
45. Yamaguchi, Mari (Associated Press), 2008. "Four Die as Fishing Boat Capsizes off Japan Coast," Seattle Times, June 24.
Japan Times, June 24, 2008.
46. 20번 참조
47. 이상파랑이란 파의 중첩등으로 인해 발생되는 비정상적인 높은 파도로 돌발 중첩파$_{\text{Rogue wave}}$라고 불린다.
48. Rosenthal, Wolfgang, and Susanne Lehner, 2007. "Rogue Waves: Results of the MaxWave

Project," Journal of Offshore Mechanics and Arctic Engineering, vol. 130, no. 2, p. 21006-21013.

49. Tamura, H., and T. Waseda, 2009. "Freakish Sea State and Swell-Windsea Coupling: Numerical Study of the Suwa-Maru Incident," Geophysical Research Letters, vol. 36, L01607.
50. Sheffiff, Lucy, 2007. "Satellites Track Freak Waves to Reunion," Register (London), May 18. "Huge Waves That Hit Reunion Island Tracked from Space," ESA News, European Space Agency, May 16, 2007.
51. Collard, F., F. Ardhuin, and B. Chapron, 2009. "Monitoring and Analysis of Ocean Swell Fields from Space: New Methods for Routine Observations," Journal of Geophysical Research, vol. 114, no. C7, C07023.

제 7장

1. 첫 네 문장은 아래 참고자료로부터 기인한다 (1) Braddock, 1755. A letter from Mr. Braddock to Dr. Sanby (a chancellor of the Diocese of Norwich, England), written November 13, 1775 (2) Various authors, 1755a. A collection of twenty-one eyewitness l etters published i n " An a ccount of the E arthquake, November 1, 1755," Philosophical Transactions of the Royal Society, vol. 49, p. 398-444, 1756. (3) Chase, Thomas, 1775. "An account of what happened to Mr. Thomas Church, at Lisbon, in the great Earthquake: written by himself, in a letter to his Mother, dated the 31st of December, 1775," The Gentleman's Magazine, Feb. 1813, p. 105-110, 201-206, 314-317.
2. 바다위 선박에서 충격적인 쓰나미를 목격한 경험담에 따르면 '끓는 물' 같았다는 표현하고 있다. (제 9장 참조).
3. Shrady, Nicholas, 2008. The Last Day, Viking, p. 20-23.
4. Baptista, M. A., S. Hector, J. M. Miranda, P. Miranda, and L . Mendes Victor, 1998. "The 1755 L isbon Tsunami: Evaluation of the Tsunami Parameters," Journal of Geodynamics, vol. 25, no. 2, p. 143-157.
5. 1755년 11월 지진발생에 관한 26명의 목격자 보고서를 참조했다. Various authors, 1755b. A collection of twenty-six eyewitness letters in "An account of the Earthquake, November 1, 1755," Philosophical Transactions of the Royal Society, vol. 49, p. 351-398, 1756.
6. Affleck, 1755. "An Account of the Agitation of the Sea at Antigua, Nov. 1, 1755," by Captain Affleck of the Advice Man of War, written June 3, 1756, Philosophical Transactions of the Royal Society, vol. 49, p. 668-670, 1756.
7. 윌리엄 보레이스 William Borlase 의 1756년 발간된 관측일지에 기록된 1755년 대지진에 관한 기록을 참조했다.
8. Atwater, B. F., M.-R. Satoko, S. Kenji, T. Yoshinobu, U. Kazue, D. K. Yamaguchi, 2005. The Orphan Tsunami of 1700. Univ. of Washington Press, Seattle, 133 pages, p. 41.
Cartwright, J. H. E. and H. Nakamura, 2008. "Tsunami: A History of the Term and of Scientific Understanding of the Phenomenon in Japanese and Western Culture," Notes and Records of the Royal Society, vol. 62, p. 151-166.

9. 쓰나미는 풍력파 및 조석과 같은 중력파임을 설명하고자 했다.
10. 해저지진 발생시 초래되는 칼데라 caldera 현상에 대해서 설명하고자 했다.
11. 35번 참고.
12. 해저지각 변동이나 해저 화산 폭발시 쓰나미가 발생하는데, 깊은 바다에서 파장은 수백 킬로미터이나 파고는 채 1미터도 안돼는 경우가 나타나서 해저면에 의한 마찰 효과가 표면에 비해 상대적으로 덜 나타나게 돼서 세력을 유지한 채 장거리까지 전파 될 수 있다.
13. 12,000 년 동안 8개의 쓰나미가 발생되었다고 예측한 연구 결과는 해당지역의 바다 저층으로부터 확보한 퇴적물을 분석하여 얻어진 자료에 해당한다.
14. Gutscher, Marc-Andre, 2005. "Destruction of Atlantis by a Great Earthquake and Tsunami? A Geological Analysis of the Spartel Bank Hypothesis," Geology, vol. 33, no. 8, p. 685-688.
15. 미노스인들은 그리스인들이 미노스 왕에 관한 여러 신화들을 만들어내기 이전에도 기록할 수 있는 문자체제를 갖고 있었다.
16. 방사성 동위원소를 통한 지질학적, 고기후학적 연구 자료는 테라섬 화산폭발 당시 쓰나미의 잔재가 나타났음을 밝히고 있다.
Bruins, H. J., J. A. MacGillivray, C. E. Synolakis, C. Benjamini, J. Keller, H. J. Kisch, A. Klugel, J. van der Plicht, 2008. "Geoarchaeological Tsunami Deposits at Palaikastro (Crete) and the Late Minoan IA Eruption of Santorini," Journal of Archaeological Science, vol. 35, p. 191-212.
17. Smid, T.C., 1970. Tsunamis in Greek Literature. Greece and Rome, 2nd ser., vol. 17, no. 1, p. 100-104. The Peloponnesian War, between Sparta and Athens, lasted from 431 to 404 bc.
18. See, T. J. J., 1907. "On the Temperature, Secular Cooling and Contraction of the Earth, and on the Theory of Earthquakes Held by the Ancients," Proceedings of the American Philosophical Society, vol. 46, no. 186, p. 191-299.
19. Alianus (ad 175,235) in De Natura Animalium (The Nature of Animals).
20. 1 시로 One shiro 는 15.13 에이커에 acres 해당한다 .
21. Nihongi, Chronicles of Japan from the Earliest Times to A.D. 697, transl. W.G. Aston, vol. 2, Transactions and Proceedings, The Japan Society, London, suppl. 1, 1896.
Cartwright and Nakamura, op. cit., 2008.
22. Guidoboni, Emanuela, 1998. "Earthquakes, Theories from 1600 to 1800," in Sciences of the Earth, An Encyclopedia of Events, People, and Phenomena. vol. 1, ed. Gregory A. Good, Garland, Taylor & Francis, New York, p. 205-214.
23. Oeser, Ebhard, 1992. "Historical Earthquake Theories from Aristotle to Kant," in Historical Earthquakes in Central Europe, vol. 1, ed. R. Gutdeutsch, G. Grunthal, and R. Musson, Band 48, p. 11-31.
Michell, op. cit. p. 611-612.
24. 폼발 후작은 리스본 재난 이후 포르투갈 정부를 이끌어간 수상이 된 사람이다.
25. Michell, John, 1760. "Conjectures concerning the cause, and observations upon the phaenomena of earthquakes; particularly of that great earthquake of the first of November, 1755, which proved so fatal to the city of Lisbon, and whose effects were felt as far as Africa, and more

or less throughout almost all Europe," Philosophical Transactions of the Royal Society, vol. 51, p. 566-634.

26. 정확한 진앙의 위치에 대해서는 여전히 의견이 갈린다. 하지만, 현대 계산법에 따르면 리스본 남서쪽 250 킬로미터 부근에서 지진이 최초 발생한 것으로 추정된다.

27. 당시 미셸 Michell, John 은 지진이 해저지각의 연직운동에 의해서 발생한다고 여겼다. 그의 이런 주장은 화산 폭발등을 직접 수차례 관찰하고 나서 기록한 연구결과등에 바탕을 두고 있는 것이었다.

28. Needham, Joseph, 1959. Mathematics and the Sciences of the Heavens and the Earth, vol. 3, Science and Civilisation in China, Cambridge Univ. Press, 926 pages, p. 626-635.

29. 새롭게 구축된 미국 해양조사원 조석부서는 스위스 출신의 매리 토머스 Mary Thomas 를 조석 전문가로 채용했다, 그녀는 미국 연방정부에서 채용된 두 번째 여성 전문가로 기록되어진다.

30. Bache, Alexander Dallas, 1856. "Notice of Earthquake Waves on the Western Coast of the United States, on the 23d and 25th December, 1854," app. 51, Report of the Superintendent of the Coast Survey 1855, Washington, DC, A.O.P Nicholson, p. 342-346.

31. 시모다 항구는 port of Simoda 현재 시모다로 Shimoda 불려지며, 니폰섬은 the island of Niphon 현재 혼슈로 Honshu 불려진다.

32. Perry, Matthew C., 1856. Narrative of the Expedition of an American Squadron to the China Seas and Japan, compiled by Francis L. Hawks, U.S. Navy, Washington, DC. Appleton, New York, 624 pages, p. 587-589.

33. Hearn, Lafcadio, 1896. "A Living God," Atlantic Monthly, vol. 78, no. 470, Dec., p. 833-841.
Atwater et al., op. cit., 2005.
Ohta, H., T. Pipatpongsa, and T. Omori, 2005. "Public Education of Tsunami Disaster Mitigation and Rehabilitation Performed in Japanese Primary Schools," Proceedings International Conference Geotechnical Engineering for Disaster Mitigation and Rehabilitation, World Scientific, Singapore, p. 141-150.

34. 1932년 후쿠타 에이쇼에 의해 만들어진 목판화는 쓰나미 대피 당시 상황을 묘사하고 있다.

35. Bache, A. D., 1855. "Note on Earthquake Waves on the West Coast of the USA, 23 and 25 December, 1854," Proceedings, American Association for the Advancement of Science, 9th meeting, p. 153-160.

36. Hilgard, J . E ., 1872. "On t he E arthquake-Wave o f August 14, 1868," Report of the Superintendant of the U.S. Coast Survey During the Year 1869, app. 13, p. 233-234. : U.S. Navy, 1868. Report of the Secretary of the Navy, With an Appendix Containing Bureau Reports, Government Printing Office, Washington, DC, xix.xx.

37. U.S. Coast and Geodetic Survey, 1885. Report of the Superintendent of the U.S. Coast and Geodetic Survey, for the fiscal year ending June 1884, Government Printing Office, Washington, DC, 622 pages, p. 63-64, 71.

38. 쓰나미가 발생하여 내륙으로 전파되는 경우 평소의 파고의 높이보다 높게 밀어닥치는 최대 파고의 높이가 피해의 정도를 나타내수는 지표로 사용될 수 있다.

39. Winchester, Simon, 2003. Krakatoa: The Day the World Exploded: August 27, 1883. Harper Perennial, London, 416 pages. : Symons, G. J., ed., 1888. The Eruption of Krakatoa and

Subsequent Phenomena, Report of the Krakatoa Committee of the Royal Society, London, 491 pages. See especially part 3 by Captain W. J. L. Wharton and Captain Sir R. J. Evans, "On Seismic Sea Waves Caused by the Eruption of Krakatoa, August 26th and 27th, 1883," p. 89-151.

40. Winchester, Simon, 2003. Krakatoa: The Day the World Exploded: August 27, 1883. Harper Perennial, London, 241 pages.
41. Simkin, Tom, and Richard S. Fiske, 1983. Krakatoa 1883, The Volcanic Eruption and Its Effects, Smithsonian Institution, Washington, DC, 464 pages.
42. Clarke, Arthur C., 1957. The Reefs of Taprobane: Underwater Adventures around Ceylon, Harper, 205 pages.
43. 유럽에서 관측된 조위곡선은 매우 낮은 수치였지만, 인지할 수 있을 정도의 특성은 보유하고 있었다.
44. 탐보라 화산 폭발은 크라카토아 화산 폭발보다 큰 규모로 발생했지만, 쓰나미의 경우에는 탐보라 화산 폭발에 의해서 발생한 것이 크라카토아 화산에 의해서 초래된 경우보다 크지 않았다.
45. Winchester, Simon, 2003. Krakatoa: The Day the World Exploded: August 27, 1883. Harper Perennial, London, 205-206 pages.
46. Verbeek, R. D. M., 1886. Krakatau, Government Printing Office, Batavia, Government of the Netherlands, 567 pages. One aspect that was not understood, and is still debated, was exactly how the tsunamis were produced. : Nomanbhoy, N., and K. Satake, 1995. "Generation Mechanism of Tsunamis from the 1883 Krakatau Eruption," Geophysical Research Letters, vol. 22, no. 4, p. 509-512.
47. Nagaoka, H., 1907. "The Eruption of Krakatoa and the Pulsation of the Earth," Nature, vol. 76, p. 89-90.
    Dewey, J., and P. Byerly, 1969. "The Early History of Seismometry (to 1900)," Bulletin of the Seismological Society of America, vol. 59, no. 1, p. 183-227.
48. von Rebeur-Paschwitz, Ernst, 1889. "The Earthquake of Tokio, April 18, 1889," Nature, vol. 40, p. 294-295.
49. Milne, John, 1900b. Seismological Investigations. Fifth Report of the Committee, Report British Association for the Advancement of Science, p. 59-108.
50. 이 자료의 출처는 웹사이트를 참조했다 (www.ngdc.noaa.gov/hazards/tsu_db.shtml). : Geist, E. L., and T. Parsons, 2008. "Distribution of Tsunami Interevent Times," Geophysical Research Letters, vol. 35, L02612.
51. Fryer, G. J., W. Philip, and L. F. Pratson, 2004. "Source of the Great Tsunami of April 1, 1946: A Landslide in the Upper Aleutian Forearc," Marine Geology, vol. 203, p. 201-218.
52. Shepard, F. P., G. A. MacDonald, and D. C. Cox, 1950. "The Tsunami of April 1, 1946," Bulletin of the Scripps Institution of Oceanography, vol. 5, no. 6, p. 391-528, Univ. of California Press, La Jolla.
53. "Hawaii Lacked First Wave Warning," New York Times, April 2, 1945 (written April, 1).
54. Zetler, Bernard D., 1965. "Tsunamis and the Seismic Sea Wave Warning System," Mariners

Weather Log, vol. 9, no. 5, p. 149-152.

Zetler, Bernard D., 1988. "Some Tsunami Memories," Science of Tsunami Hazards, The International Journal of the Tsunami Society, vol. 6, no. 1, p. 57-61.

55. Zerbe, W. B., 1948. "A Seismic Sea Wave Detector," Journal, Coast and Geodetic Survey, no. Jan. 1, 1948, p. 51-55.
56. 지진계는 광학기술을 자료 저장시 활용했고, 지진 발생시 나타나는 진자운동을 기록하여 해당지역에 지진이 확인되기 이전에 관련 정보를 전달하는데 사용된다.
57. "CAA Stations to Help Detect Tidal Waves," New York Times, Aug. 15, 1949.
58. Zetler, Bernard D., 1947. "Travel Times of Seismic Sea Wave to Honolulu," Pacific Science, vol. 10, no. 3, p. 185-188. : U.S. Coast and Geodetic Survey, 1965. Tsunami Travel Time Charts, for Use in the Seismic Sea Wave Warning System, rev. ed., Coast and Geodetic Survey, U.S. Department of Commerce, Rockville, MD. [그림 7.3 참조]
59. 54번 참조
60. 미국 지리조사원에서 조사한 역대 최대규모의 지진은 다음과 같다 : 규모 9.5 1960 Chile; 규모 9.2 1964 Prince William Sound, Alaska; 규모 9.0 1952 Kamchatka, Russia; 규모 8.6 1957 Aleutian Islands, Alaska.
61. Coast and Geodetic Survey (W.B. Zerbe), 1953. The Tsunami of November 4, 1952 as Recorded a t Tide S tations, Special Publication 300, Coast and Geodetic Survey, U.S. Dept. of Commerce, Government Printing Office, Washington, DC, 62 pages.
62. Salsman, Garrett C., 1959. The Tsunami of March 9, 1957, as Recorded at Tide Stations, Technical Bulletin 6, Coast and Geodetic Survey, U.S. Dept. of Commerce, Government Printing Office, Washington, DC, 18 pages.

    Dudley and Lee, op. cit., 1998.
63. Johnston, Jeanne B., 2003. Personal Accounts from Survivors of the Hilo Tsunamis of 1946 and 1960: Toward a Disaster Communication Model, Master's Thesis, Univ. of Hawaii, May 2003, 142 pages.

    Atwater, B.F., M. Cisternas, J. Bourgeois, W.C. Dudley, J.W. Hendley II, and P.H. Stauffer, 1999. Surviving a Tsunami.Lessons from Chile, Hawaii, and Japan, Circular 1187, U.S. Geological Survey, Dept. of the Interior, Government Printing Office, Washington, DC, 20 pages. [그림 7.2 참조]
64. 지형의 영향으로 일부 깔때기 모양의 만에서 거대한 파고가 나타났다.
65. 5장 참조, 68번 참조, 9장 참조.
66. Zetler, op. cit., 1988.

    Japan Meteorological Agency, 1963. The Report on the Tsunami of the Chilean Earthquake, 1960, Technical Report 26, Mar., Tokyo.
67. Woods, M. T., and E. A. Okal, 1987. "Effect of Variable Bathymetry on the Amplitude of Teleseismic Tsunamis: A Ray-Tracing Experiment," Geophysical Research Letters, vol. 14, no. 7, p. 765-768.
68. Sullivan, Walter, 1960. "U.S., Japan and Russia Set up Alarm System for Tidal Waves," New York Times, Aug. 5.

69. Bryant, Edward, 2008. Tsunami, The Underrated Hazard, 2nd ed., Springer-Praxis, Chichester, UK, 330 pages. The title of this book was very appropriate when the first edition came out in 2001.
70. Whitmore, P., et al., 2008. "NOAA/West Coast and Alaska Tsunami Warning Center Pacific Ocean Response Criteria," Science of Tsunami Hazards, vol. 27, no. 2, p. 1-21.
71. 2004년 인도양 쓰나미 이후, 알라스카 쓰나미 경보센터의 업무로 미국 대서양, 멕시코만, 푸에르토리코, 버진 아일랜드, 캐나다 대서양 연안에서 발생하는 쓰나미에 대한 업무가 추가되었다.
72. Ulrich, Howard, 1958. "Night of Terror (as told to Vi Haynes)," The Alaska Sportsman, Oct., p. 11, 42-44. Miller, Don J., 1960. Giant Waves in Lituya Bay Alaska, Geological Survey Professional Paper 354-C, U.S. Geological Survey, Government Printing Office, Washington, DC, 86 pages. : Fritz, H. M., F. Mohammed, and J. Yoo, 2009. "Lituya Bay Landslide Impact Generated Mega-tsunami 50th Anniversary," Pure Applied Geophysics, vol. 166, p. 153-175.
73. Prior, D. B., et al., 1989. "Storm Wave Reactivation of a Submarine Landslide," Nature, vol. 341, p. 47-50.
74. "Tidal Wave Sweeps East Coast of Burin," Free Press (St. John's, Newfoundland), Nov. 26, 1929, vol. 30, no. 18. : Ruffman, Alan, and Violet Hann, 2006. "The Newfoundland Tsunami of November 18, 1929: An Examination of the Twenty-eight Deaths of the South Coast Disaster,' " Newfoundland and Labrador Studies, vol. 21, no. 1, p. 1719-1726.
75. Bondevik, S., S. Dawson, A. Dawson, and O. Lohne, 2003. "Record-Breaking Height for 8000-Year-Old Tsunami in the North Atlantic," EOS, Transactions, American Geophysical Union, vol. 84, no. 31, p. 289-293.
76. Ward, S. N., and S. J. Day, 2001. "Cumbre Vieja Volcano.Potential Collapse and Tsunami at La Palma, Canary Islands," Geophysical Research Letters, vol. 28, p. 3397-3400.
77. Masson, D. G., C. B. Harbitz, R. B. Wynn, G. Pedersen, and F. Lovholt, 2006. "Submarine Landslides: Processes, Triggers and Hazard Prediction," Philosophical Transactions of the Royal Society, A, vol. 364, p. 2009-2039.
78. Reid, H. F., 1911. "The Elastic-Rebound Theory of Earthquakes." Bulletin of the Department of Geology, University of California Publications, vol. 6, no.19, p.413-444.
79. For a detailed history of this story see: Oreskes, Naomi, 1999. The Rejection of Continental Drift: Theory and Method in American Earth Sciences, Oxford Univ. Press, 420 pages. : Frankel, Henry, 1998. "Continental Drift and Plate Tectonics," in Sciences of the Earth, An Encyclopedia of Events, People, and Phenomena, ed. Gregory A. Good, Garland, New York, p. 118-136.
80. Wegener, Alfred, 1924. The Origin of Continents and Oceans (English edition of 1922 German 3rd edition), Methuen, London, 212 pages.
81. Holmes, Arthur, 1944. Principles of Physical Geology, Thomas Nelson, London, 532 pages.
82. Holmes, Arthur, 1931. "Radioactivity and Earth Movements." Transactions, Geological Society of Glasgow, vol. 18, p. 559-606.
83. Vine, F. J., and D. Matthews, 1963. "Magnetic Anomalies over Oceanic Ridges," Nature,

vol. 199, p. 947-949.

84. 지구 내부를 암석권과 연약권으로 구분하는 것은 역학적 성질 차이 때문이다. 암석권은 온도가 더 낮고, 더욱 단단한 반면, 연약권은 더 높고 역학적으로 더 약하다.

85. 79번 참조.

86. 아래 웹사이트를 참조한 자료이다 (neic.usgs.gov/neis/epic).

87. 90번 참조

88. 차세대 수위 관리 시스템은 The Next Generation Water Level Measurement System 미국 해양대기청 해양국에 의해서 개발되고 관리되어졌다.

89. Bernard, E. N., Mofjeld, H. O., Titov, V., C. E. Synolakis, and F. I. Gonzalez, 2006. "Tsunami: Scientific Frontiers, Mitigation, Forecasting and Policy Implications," Philosophical Transaction of the Royal Society, A, vol. 364, p. 1989-2007.

90. 태평양 해양환경 연구소는 시애틀에 위치하고 있으며 미국 해양대기청의 해양대기 연구소의 부처로 소속되어 있다.

91. 8장 참조.

92. Newcomb, K. R., and W. R. McCann, 1987. "Seismic History and Seismotectonics of the Sunda Arc," Journal of Geophysical Research, vol. 92, no. 81, p. 421-439. Natawidjaja, D. H., et al., 2006. "Source Parameters of the Great Sumatran Megathrust Earthquakes of 1797 and 1833 Inferred from Coral Microatolls," Journal of Geophysical Research, vol. 111, B06403, p. 1-37.

제 8장

1. 순다 협곡의 총길이는 2,500 킬로미터이며, 자바섬 동쪽 끝부터 인도 안다만 열도 북쪽끝까지 이어져 있다.

2. 해저지진 발생시 평평한 인도지판은 유라시아 지판의 미얀마도형지판의 밑으로 들어갔다.

3. 인도양 주변국은 여러 시간대를 사용하고 있으며, 본문에서 사용된 지진 발생시각은 다음과 같다 : 7:59 a.m. local Indonesian time; 0:59 a.m. UTC (Universal Time Coordinated); 8:59 a.m. in Malaysia (+8); 7:59 a.m. in Thailand and Indonesia (+7); 7:29 a.m. in Myanmar (+6.); 6:59 a.m. in Sri Lanka (+6); 6:29 a.m. in India, including the Nicobar and Andaman islands (+5.); 5:59 a.m. in the Maldives (+5); 4:59 a.m. in Oman, Mauritius, and the Seychelles (+4); 3:59 a.m. in Yemen, Somalia, Kenya, Tanzania, and Madagascar (+3); and 2:59 a.m. in Mozambique and South Africa (+2). At the Pacific Tsunami Warning Center in Hawaii, the time of the earthquake was 2:59 p.m. in the afternoon of the day before (.10).

4. 지진이 발생하면서 최초로 에너지가 방출된 곳을 진원hypocenter이라 하고, 진원 바로 위에 있는 지표상의 지점을 진앙epicenter 이라고 한다.

5. Pietrzak, J. A., et al., 2007. "Defining the Source Region of the Indian Ocean Tsunami from GPS, Altimeters, Tide Gauges, and Tsunami Models," Earth and Planetary Letters, vol. 261, p. 49-64.
   Subarya, C., et al., 2006. "Plate-Boundary Deformation Associated with the Great Sumatra-Andaman Earthquake," Nature, vol. 440, p. 46-51

Ammon, C. J., et al., 2005. "Rupture Process of the 2004 Sumatra-Andaman Earthquake," Science, vol. 308, p. 1133-1139

Stein, S., and E. A. Okal, 2005. "Speed and Size of the Sumatra Earthquake," Nature, vol. 434, p. 581-582

Kennett, B. L. N, and P. R. Cummins, 2005. "The Relationship of the Seismic Source and Subduction Zone Structure for the 2004 December 26 Sumatra-Andaman Earthquake," Earth and Planetary Science Letters, vol. 239, p. 1-8.

6. 순다 협곡의 균열은 140 ~ 200 킬로미터에 달했다.
7. 제 7장 35번 참조
8. Ando, M., M. Nakamura, Y. Hayashi, M. Ishida, and D. Sugiyanto, 2009. "Observed High Amplitude Tsunami 0.5.20 km away from the Northern Sumatra Coast during the 2004 Sumatra Earthquake," Journal of Asian Earth Sciences, vol. 36, p. 98-109.
9. 선원들은 바닷물의 이상한 요동현상을 바다지진이라고 불렀다.
10. 8번 참조
11. Bearak, Barry, 2005. "The Day the Sea Came," New York Times Magazine, Nov. 27. This excellent and moving article provides one of the best accounts of the tsunami in Banda Aceh (Sumatra, Indonesia) from the perspective of six people who survives the tsunami but lost families and homes. ; Ando et al., op. cit. Other information came from newspaper articles too numerous to list here.

    Carnes, Tony, 2006. "Walking the Talk after Tsunami," Christianity Today, Mar. 1, 2006. The article is about Breueh villagers who were killed by the tsunami.
12. JTIC, 2009. Smong: Local Knowledge of Tsunami among the Simeulue Community, Nangroe Aceh Darussalam, Jakarta Tsunami Information Centre, 50 pages.

    McAdoo, B., L. Dengler, M.G. Prasetya, and V. Titov, 2006. Smong: How an Oral History Saved Thousands on Indonesia's Simeulue Island during the December 2004 and March 2005 Tsunamis," Earthquake Spectra, vol. 22, no. 53, p. S661-S669.
13. Gaillard, J.-C., et al., 2008a. "Ethnic Groups' Response to the 26 December 2004 Earthquake and Tsunami in Aceh, Indonesia," Natural Hazards, vol. 47, p. 17-38.
14. Park, J., K. Anderson, R. Aster, R. Butler, T. Lay, and D. Simpson, 2005. "Global Seismographic Network Records the Great Sumatra-Andaman Earthquake," EOS, Transactions, American Geophysical Union, vol. 86, no. 6, p. 57, 60-61.
15. 제7장 90번 참조. NOAA News, 2005. "NOAA and the Indian Ocean Tsunami," NOAA News, story 2358, Jan. 28, 2005, www.noaanews.noaa. gov/stories2004/s2358.htm; Revkin, Andrew C., 2004. "How Scientists and Victims Watched Helplessly," New York Times, Dec. 31

    Watson, P., B. Demick, and R. Fausset, 2005. "A Tremor, Then a Sigh of Relief, before the Cataclysm Rushed In," Los Angles Times, Jan. 2; Kayal, Michele, and Matthew L. Wald, 2004. "At Warning Center, Alert for the Quake, None for a Tsunami," New York Times, Dec. 28; Kerr, Richard A., 2005. "Failure to Gauge the Quake Crippled the Warning Effort," Science, vol. 37, Jan. 14, p. 201; Gower, J., and F. Gonzalez, 2006. "U.S. Warning System Detected the Sumatra Tsunami," EOS, Transactions of the American

Geophysical Union, vol. 87, no. 10, p. 105-112. ; Thomas, Evan, and George Wehrfritz, 2005. "Tide of Grief," Newsweek, vol. 145, no. 2, p. 22-45; Kelman, Ilan, 2006. "Warning for the 26 December 2004 Tsunamis," Disaster Prevention and Management, vol. 15, no. 1, p. 178-189 Tsunami Bulletins put out by the Pacific Tsunami Warning Center were found in the PTWC message archive at www.prh.noaa.gov/ptwc/.

16. 해저 지진 정보를 전달받은 관련기관은 다음과 같다: West Coast/Alaska Tsunami Warning Center, USGS's National Earthquake Information Center (NEIC), the Japanese Meteorological Agency's tsunami warning center, Geoscience Australia, and Russia's Yuzhno- Sakhalilnsk Tsunami Warning Center.
17. 3번 참조.
18. International Tsunami Information Centre (ITIC), 2005. "North of Macquarie Island," Tsunami Newsletter, vol. 37, no. 1, p. 6.
19. "False Alarms in Tsunami Warnings," Associated Press, Feb. 13, 2005.
20. 15번 참조.
21. 8번 참조. Bearak, 2005, specifically, the story of Jaloe the fisherman.
    Yulianto, E., F. Kusmayanto, N. Supriyatna, and M. Dirhamsyah, 2009. Surviving a Tsunami.Lessons from Aceh and Southern Java, Indonesian. IOC Brochure 2009.1. Intergovernmental Oceanographic Commission (IOC), UNESCO, Jakarta Tsunami Information Centre.
    Meek, James, 2005. "Life among the Ghosts of Banda Aceh," Guardian (UK), Dec. 23. One of the moving stories is about a fisherman who was at sea when the earthquake and tsunami occurred.
22. Lines, David, 2006. "An Eyewitness Account," In S tatus of Coral Reefs in Tsunami Affected Countries: 2005, ed. C. Willerson, D. Souter, and J. Goldberg, Global Coral Reef Monitoring Network, Australia Institute of Marine Science, 150 pages, p. 45
    Chamim, Mardiyah, 2005. History Grows in Our Kampong, Notes from Aceh, Tsunami Hot Zone, Chapter 12, http://acehjourney.net/wp-content/uploads/2009/04/bab-12_1_ eng.pdf.
23. Paris, R., F. Lavigne, P. Wassmer, and J. Sartohadi, 2007. "Coastal Sedimentation Associated with the December 26, 2004 Tsunami in Lhok Nga, West Banda Aceh (Sumatra Island)," Marine Geology, vol. 238, p. 93-106.
24. Meek, James, 2005. "From One End to Another, Leupeng Has Vanished as if It Never Existed," Guardian (UK), Jan. 1.
    Lavigne, F., et al., 2009. "Reconstruction of Tsunami Inland Propagation on December 26, 2004 in Banda Aceh, through Field Investigations," Pure and Applied Geophysics, vol. 166, p. 259-281.
25. 24번 참조.
26. Webb, Sara, 2008. "Aceh's Former Fighters Guide "Guerrilla Tourists," Reuters, Feb. 18.
    Gaillard, J.-C., E. Clave, and I. Kelman, 2008b. "Wave of Peace? Tsunami Disaster Diplomacy in Aceh, Indonesia," Geoforum, vol. 39, p. 511-526.
27. Meek, James, 2005. "In the Town of Ghosts, First Sign of Order," Guardian (UK), Jan. 3.
28. Gaillard et al., op. cit., 2008b

Aglionby, John, 2004. "Stench of Dead Bodies Is All Around," Guardian (UK), Dec. 31.
Suryana, A'an, 2005. "Tsunami Victims Tell of Their Fight for Survival," Jakarta Post, Jan. 3.

29. 21번 참조.
30. 21번 참조.
31. Lavigne et al., op. cit., 2009. Many pictures showing the devastation in Sumatra caused by the 2004 tsunami can be found at the "Photo Gallery of Northwestern Sumatra" taken by U.S. Geological Survey personnel during their January 20-29, 2005, survey of that area. walrus.wr.usgs.gov/tsunami/sumatra05/photos.html. 그림 8.1 참조
32. 21번 참조. Meek, James, 2005. "Life among the Ghosts of Banda Aceh," Guardian (UK), Dec. 23.
33. "Woman Rescued after 5 Days Adrift," CNN.com, Jan. 3, 2005, http://cnn.com.
34. 21번 참조.
35. 쓰나미 침범시 시장은 차량으로 도주하지 않고 시민들을 대피시키기 위해 현장에 머물다 익사했다. 그의 시신은 다음달인 1월 17일 발견됐다. "Mayor of Banda Aceh's Body Found" (English title), Jan 19, 2005, Endonesia, (article is in Indonesian), http://www.endonesia.com/mod.php?mod=publisher&op=v ie warticle &artid=308.
36. Bearak, op. cit., 2005.
    Perlez, Jane, 2005. "For Many Tsunami Survivors, Battered Bodies, Grim Choices," New York Times, Jan. 6.
37. Elliott, Michael, 2005. "Sea of Sorrow," Time, vol. 165, no. 2, p. 22-39.
38. Purwana, Ibnu, and Fauzi, 2003. "International Seminar/Workshop on Tsunami: In Memoriam 120 Years of Krakatau Eruption-Tsunami and Lesson Learned from Large Tsunami,' Jakarta-Anyer, Indonesia, 26-29 August 2003," Tsunami Newsletter, vol. 35, no. 5, Aug..Dec., p. 22-24.
39. Lander, J. F., L. S. Whiteside, and P. A. Lockridge, 2003. "Two Decades of Global Tsunamis, 1982.2002," Science of Tsunami Hazards, vol. 21, no. 1, 88 pages.
40. IOC, 2000. International Co-ordination (IOC) Group for the Tsunami Warning System in the Pacific, Seventeenth Session, Seoul, Republic of Korea, October 4.7, 1999, IOC/ITSU-XVII/3, Paris, Feb. 8, 65 pages.
41. 이곳에는 53개의 사람이 거주하지 않는 섬들과 바위뿐인 지역이 위치하고 있었다.
42. Sundar, V., S. A. Sannasiraj, K. Murali, and R. Sundaravadivelu, 2007. "Runup and Inundation along the Indian Peninsula, Including the Andaman Islands, due to Great Indian Ocean Tsunami," Journal of Waterway, Port, Coastal, and Ocean Engineering, ASCE, vol. 133, no. 6, p. 401-413.
    Cho, Y.-S., C. Lakshumanan, B.-H. Choi, and T.-M. Ha, 2008. "Observations of Run-up and Inundation Levels from the Teletsunami in the Andaman and Nicobar Islands: A Field Report," Journal of Coastal Research, vol. 24, no. 1, p. 216-223.
43. Glass, Nick, 2005. "Tsunami Disaster: 갽Stone Age' Life of Island Tribes People Helped Them Survive 갽Black Sunday,' " Independent (UK), Jan. 16.
    Stone, Richard, 2006. "After the Tsunami: A Scientist's Dilemma," Science, vol. 313, p.

32-35
Pandey, Geeta, 2005. "Eyewitness: Remote Tragedies," BBC News, Jan. 3; "Two Babies Find Life among Deadly Waters," CNN.com, Jan. 1, 2005, http://cnn.com
Bhaumik, Subir, 2005. "Tsunami Folklore Saved Islanders,' " BBC News, Jan. 20
Thangaraj, K., G. Chaubey, T. Kivisild, A. G. Reddy, V. K. Singh, A. A. Rasalkar, and L. Singh, 2005. "Reconstructing the Origin of Andaman Islands," Science, vol. 308, p. 996.
44. Misra, Neelesh, 2005. "Nat Geo TV Shows Help Tsunami Islanders Save 1,500," Associated Press, Jan. 7.
45. Gupta, Shishira, and Amitav Ranjan, 2004. "Govt Got Wind 1 Hr before Waves Hit Chennai," Indian Express, Dec. 30.
Agence France-Presse, 2004. "First Tsunami Alert Lost in Indian Bureaucracy," Dec. 30.
46. 리히터 지진계와 같은 지진의 규모는 로그 단위계를 사용해서 단위 1의 증가는 10배의 위력이 커지는 것을 의미한다.
47. "Strong Quake Hits Indonesia, At Least Nine Killed." Reuters, Dec. 26, 2004; "Powerful Earthquake Rock Indonesia's Aceh." Associated Press, Dec. 26, 2004; "A Strong Quake Jolts Sumatra Island," United Press International, Dec. 26, 2004; "Panic After Quake Rocks Indonesia's Sumatra Island," Agence France-Pressure (AFP), Dec. 26, 2004.
48. 4번, 37번 참조.
49. 태국과 인도네시아는 동일한 시간대를 사용하고 있다.
50. Kietpawpan, M., P. Visuthismajarn, C. Tanavud, and M. G. Robson, 2008. "Method of Calculating Tsunami Travel Times in the Andaman Sea Region," Natural Hazards, vol. 46, p. 89-106.
51. 4번, 37번 참조.
52. Ioualalen, M., J. Asavanant, N. Kaewbanjak, S. T. Grilli, J. T. Kirby, and P. Watts, 2007. "Modeling the 26 December 2004 Indian Ocean Tsunami: Case Study of Impact in Thailand," Journal of Geophysical Research, vol. 112, C07024.
53. Bell, R., H. Cowan, E. Dalziell, N. Evans, M. O'Leary, B. Rush, and L. Yule, 2005. "Survey of Impacts on the Andaman Coast, Southern Thailand Following the Great Sumatra- Andaman Earthquake and Tsunami of December 26, 2004," Bulletin of the New Zealand Society for Earthquake Engineering, vol. 38, no. 3, p. 123-148.
Ghobarah, A., M. Saatcioglu, and I. Nistor, 2006. "The Impact of the 26 December 2004 Earthquake and Tsunami on Structures and Infrastructure," Engineering Structures, vol. 28, p. 312-326.
54. Thanawood, C., C. Yongchalermchai, and O. Densrisereekul, 2006. "Effects of the December 2004 Tsunami and Disaster Management in Southern Thailand," Science of Tsunami Hazards, vol. 24, no. 3, p. 206-217.
Kietpawpan et al., op. cit., 2008; Bell et al., op. cit., 2005; Ghobarah et al., op. cit., 2006; Ioualalen et al., op. cit., 2007.
55. Richburg, Keith B., 2005. "Hope Fades on Identifying Missing Foreigners," Washington Post, Jan. 2; Elliot, op. cit., 2005; Ghobarah et al., op. cit., 2006; Bell et al., op. cit., 2005.

56. Goodman, Peter S., 2004. "For Many, a Moment's Difference between Life and Death," Washington Post, Dec. 30.
Ioualalen et al., 2007; Bell et al., op. cit., 2005; Ghobarah et al., op. cit., 2006.
57. Koh, H. L., S. Y. The, P. L.-F. Liu, A. I. Md. Ismail, H. L. Lee, 2009. "Simulation of Andaman 2004 Tsunami for Assessing Impact on Malaysia," Journal of Asia Earth Sciences, vol. 36, p. 74-83.
Yalciner, A. C., D. Perincek, S. Ersoy, G. S. Presateya, R. Hidayat, B. McAdoo, 2005. Report on December 26, 2004, Indian Ocean Tsunami, Field Survey on Jan 21.31 at North of Sumatra. ITST of IOC, UNESCO, Mar. 8.
58. Satake, K., et al., 2006. "Tsunami Heights and Damage along the Myanmar Coast from the December 2004 Sumatra-Andaman Earthquake," Earth, Planets and Space, vol. 58, p. 243-252.

제 9장

1. Goodnough, Abby, 2005. "Survivors of Tsunami Live on Close Terms with Sea," New York Times, Jan. 23.
"Elders' Knowledge of the Oceans Spares Thai Sea Gypsies' from Tsunami Disaster," AP Worldstream, Jan. 1, 2005; Arunotai, Narumon, 2008. "Saved by an Old Legend and a Keen Observation: The Case of Moken Sea Nomads in Thailand," in Indigenous Knowledge for Disaster Risk Reduction: Good Practices and Lessons Learned from Experiences in the Asia-Pacific Region, UN International Strategy for Disaster Reduction, Bangkok, Thailand, July, p. 73.77.
2. "Girl, 10, Used Geography Lesson to Save Lives," Daily Telegraph (UK), Jan. 1, 2005.
3. "Fast-Thinking Father Saved Family and Tourist Bus," Times (London), Jan. 5, 2005.
4. Elliott, Michael, 2005. "Sea of Sorrow," Time, vol. 165, no. 2, p. 22-39.
McMahon, Neil, 2005. "Survivors Thank Man Who Read the Waves," Sydney Morning Herald, Jan. 8.
5. Bendeich, Mark, 2005. "Elephants Saved Tourists from Tsunami," Reuters, Jan. 2.
6. Sabine, Charles, 2005. "Senses Helped Animals Survive the Tsunami," NBC News, Jan. 6.
7. Highfield, Roger, 2005. "Did They Sense the Tsunami? Telegraph (UK), Jan. 8.
Reuter, T., and S. Nummela, 1998. "Elephant Hearing," Journal of the Acoustical Society of America, vol. 104, pt. 1, p. 1122.1123; O'Connell-Rodwell, Caitlin E., 2007. "Keeping an Ear' to the Ground: Seismic Communication in Elephants," Physiology, vol. 22, p. 287-294; Le Pichon, A., P. Herry, P. Mialle, J. Vergoz, N. Brachet, M. Garces, D. Drob, and L. Ceranna, 2005. "Infrasound Associated with 2004.2005 Large Sumatra Earthquakes and Tsunami," Geophysical Research Letters, vol. 32, L19802.
8. Henley, Thom, 2005. "Tsunami Sense," Greater Phuket Magazine, July 7.
9. Sri Lankan Time (SLT) was six hours after UTC in 2004; in 2006 it was changed to five and a half hours after to match Indian Standard Time (IST).
10. Gower, Jim, 2005. "Jason 1 Detects the 26 December 2004 Tsunami," EOS, Transactions

of the American Geophysical Union, vol. 86, no. 4, p. 37-38.

Smith, W. H. F., R. Scharroo, V. V. Titov, D. Arcas, and B. K. Arbic, 2005. "Satellite Altimeters Measure Tsunami," Oceanography, vol. 18, no. 2, p. 11-13; Ablain, M., Jo. Dorandeu, P.-Y. Le Traon, and A. Sladen, 2006. "High Resolution Altimetry Reveals New Characteristics of the December 2004 Indian Ocean Tsunami," Geophysical Research Letters, vol. 33, L21602.

11. Wijetunge, J.J., 2009a. "Field Measurements and Numerical Simulations of the 2004 Tsunami Impact on the East Coast of Sri Lanka," Pure and Applied Geophysics, vol. 166, p. 593-622.

    Wijetunge, J. J., 2009b. "Field Measurements and Numerical Simulations of the 2004 Tsunami Impact on the South Coast of Sri Lanka," Ocean Engineering, vol. 36, p. 960-973.

    Liu, P. L.-F, et al., 2005. "Observations by the International Tsunami Survey Team in Sri Lanka," Science, vol. 308, p. 1595; Elliot, op. cit., 2005.

12. Bhattacharje, Yudhijite, 2005. "In Wake of Disaster, Scientists Seek out Clues to Prevention," Science, vol. 307, p. 22-23.

13. Wijetunge, op. cit., 2009a; Rohde, David, 2005. "In a Corner of Sri Lanka, Devastation and Divisions," New York Times, Dec. 31; Tucker, Neely, 2005. "Cloudy Future, as the Rains Fall, Tsunami Survivors Look toward a Harsh Tomorrow," Washington Post, Jan. 6; Lancaster, John, 2004. "For Rich and Poor, Waves Bring Ruin," Washington Post, Dec. 29.

14. 13번 참조.

15. The story of Dayalan Sanders and the Sri Lanka orphans is told in Lancaster, John, 2004. " Outracing the Sea, Orphans in His Care," Washington Post, Dec. 30.

16. Fernando, P., E. D. Wikramanayake, and J. Pastorini, 2006. "Impact of Tsunami on Terrestrial Ecosystems of Yala National Park, Sri Lanka," Current Science, vol. 90, no. 11, p. 1531. 1534; "Life in Sri Lanka Beyond the Beach," Times (London), Mar. 26, 2005

    Highfield, op. cit., 2005.

17. 19번 참조.

18. Pattiaratchi, C. B., and E. M. S. Wijeratne, 2009. "Tide Gauge Observations of 2 004.2007 Indian Ocean Tsunamis from Sri Lanka and Western Australia," Pure and Applied Geophysics, vol. 166, p. 233-258.

19. Wijetunge, J. J., 2005. "Field Measurements of the Extent of Inundation in Sri Lanka Due to the Indian Ocean Tsunami of 26 December 2004," International Symposium Disaster Reduction on Coasts, Scientific-Sustainable-Holistic-Accessible, Nov. 14.16, Monash Univ., Melbourne, Australia.

    Steele, John, 2004. "One Train, More than 1,700 Dead," Guardian (UK), Dec. 29; Tucker, Neely, 2005. "Village of Lost Souls, the Waters Recede along with Hope," Washington Post, Jan. 3.

20. 15번 참조. Merrifield, M. A., et al., 2005. "Tide Gauge Observations of the Indian Ocean Tsunami, December 26, 2004," Geophysical Research Letters, vol. 32, L09603.

21. Soetjipto, Tomi, 2004. "Strong Quake Hits Indonesia, at Least Nine Killed," Reuters, Dec. 26.
22. Gupta and Ranjan, op. cit., 2004; "First Tsunami Alert Lost in Indian Bureaucracy," Agence France-Presse, Dec. 30.
23. Gupta and Ranjan, op. cit., 2004; "First Tsunami Alert . . . ," op. cit., 2004.
"Govt Not to Join World Tsunami Warning System, to Strengthen Its Own Network," Tribune (Chandigarh, India), Dec. 29, 2004.
Bhattacharje, op. cit., 2005.
24. 본문에 기술된 시각은 2004년 당시 현지 시각을 의미한다. 2006년 스리랑카는 시간대를 인도와 맞추기 위해서 UTC 보다 5시간 30분 빠르게 변경했다.
25. McFadden, Robert D., 2004. "Walls of Water Sweeping All in Their Path: Families, Communities, Livelihoods," New York Times, Dec. 27; Rajaraman, R., S. J. Winston, T. S. Murty, H. Achyuthan, and N. Nirupama, 2006. "Numerical Simulation of Tsunamis on the Tamil Nadu Coast of India," Marine Geodesy, vol. 29, p. 167-178
Sundar, V., S.A. Sannasiraj, K. Murali, and R. Sundaravadivelu, 2007. "Runup and Inundation along the Indian Peninsula, Including the Andaman Islands, due to Great Indian Ocean Tsunami," Journal of Waterway, Port, Coastal, and Ocean Engineering, ASCE, vol. 133, no. 6, p. 401-413.
26. 타랑감바디지역 앞쪽에 넓게 분포한 대륙붕으로 인해 첸나이에 도달한 쓰나미보다 타랑감바디지역에는 12분이나 늦게 쓰나미가 전파되었다.
27. Waldman, Amy, 2004. "Motherless and Childless, an Indian Village's Toll," New York Times, Dec. 31.
Sheth, A., S. Sanyal, A. Jaiswal, and P. Gandhi, 2006. "Effects of the December 2004 Indian Ocean Tsunami on the Indian Mainland," Earthquake Spectra, vol. 22, no. S3, p. S435-S473.
28. Lakshmi, Rama, 2004. "The Water Has Eaten My Child," Washington Post, Dec. 28.
"India: Mass Graves for Hundreds of Children," Independent (UK), Dec. 28, 2004.
Waldman, Amy, 2004. "In Drowned Village, Grim Searches, Quick Burials," New York Times, Dec. 31.
29. Raman, Sunil, 2005. "Tsunami Villagers Give Thanks to Trees," BBC News, Feb. 16.
30. 수천명의 숭배자들은 크리스마스를 기념하여 그곳에 머물고 있었고, 다음날 아침 많은 이들은 종교행사를 마치고 해안가에 나와 있었다. 최초 쓰나미는 오전 9시 20분 해안가를 강타했고, 이후 4개의 대형 쓰나미가 40분에 걸쳐 들이 닥쳤다.
31. 쓰나미 에너지가 지역마다 다르게 나타난 수리역학적인 이유로는 굴절과 회전효과를 들수 있다. 굴절은 매질의 상태가 변하는 경계면에서 비스듬히 입사하는 경우에 파장의 변화뿐만 아니라 진행방향도 변하게 되는 현상이다. 회절은 파동이 진행도중 장애물을 만나면 그 주위를 돌아서 전달되고, 좁은 틈이 있으면 틈을 통과한 파면이 원형으로 퍼져나간다. 회절은 파동의 파장이 길수록, 틈이 좁을수록 잘 일어난다.
32. Krishnakumar, R., 2005. "An Encounter at Kanyakumarki," Frontline, vol. 22, no. 2.
Kumar, P. S. Suresh, 2004. "400 Die, Thousands Homeless in Kanyakumari," Hindu (India), Dec.

27; Bapat, Arun, and Tad Murty, 2008. "Field Survey of the December 26, 2004 Tsunami at Kanyakumari, India," Science of Tsunami Hazards, vol. 27, no. 3, p. 72-86.

33. 7번 참조.

34. 인도양 주변국들은 쓰나미 발생이 연휴도중에 발생했다. 이날은 휜두교인과 불교인에게는 보름날 Full- Moon Day 였고, 기독교인들에게는 크리스마드 다음날이었고, 케냐, 탄쟈니아, 호주인들에게는 박싱데이 Boxing-Day 였으며, 남아프리카국가들에게는 종교기념일 Day of Goodwill이었다.

35. 제 8장 15번 참조.

36. 4번 참조.

37. Stein, S., and E. A. Okal, 2005. "Speed and Size of the Sumatra Earthquake," Nature, vol. 434, p. 581-582. The scientific consensus now seems to be 9.2.

38. Titov, V., A. B. Rabinovich, H. O. Mofjeld, R. E. Thomson, and F. I. Gonzalez, 2005. "The Global Reach of the 26 December 2004 Sumatra Tsunami," Science, vol. 309, p. 2045-2048.

39. Fritz, H. M., C. E. Synolakis, and Brian G. McAdoo, 2005. "Maldives Field Survey after the December 2004 Indian Ocean Tsunami," Earthquake Spectra, vol. 22, no. S3, p. S137. S154.

 Nagarajan et al., op. cit., 2006; Merrifield et al., op. cit., 2005; Lay, T., etal., 2005. "The G reat S umatra-Andaman E arthquake o f 26 December 2004," Science, vol. 308, p. 1127-1133.

40. Nagarajan, op. cit., 2006.

 E. A., A. Sladen, and E. A.-S. Okal, 2006. "Rodri.ues, Mauritius, and Reunion Islands Field Survey after the December 2004 Indian Ocean Tsunami," Earthquake Spectra, vol. 22, no. S3, p. S241-S261.

41. "How Kenya, Seychelles Avoided Tsunami Disaster," Afrol News, Jan. 3, 2005.

 Merrifield et al., op. cit., 2005.

42. Okal, E. A., H. M. Fritz, P. E. Raad, C. Synolakis, Y. Al-Shijbi, and M. Al-Saifi, 2006. "Oman Field Survey after the December 2004 Indian Ocean Tsunami," Earthquake Spectra, vol. 22, no. S3, p. S203-S218.

43. Socotra Island is east of the entrance to the Red Sea and about 1,100 miles north of the Seychelles.

 Fritz, H. M., and E. A. Okal, 2008. "Socotra Island, Yemen: Field Surveyof the 2004 Indian Ocean Tsunami," Natural Hazards, vol. 46, p. 107-117.

44. Clayton, Jonathan, 2005. "Somalia's Secret Dumps of Toxic Waste Washed Ashore by Tsunami," Times (London), Mar. 4.

 Fritz and Okal, op. cit., 2008.

45. Kurian, N. P., M. Baba, K. Rajith, N. Nirupama, and T. S. Murty, 2006. "Analysis of the Tsunami of December 26, 2004, on the Kerala Coast of India (Parts I, II, and III)," Marine Geodesy vol. 29, p. 265-270.

 Nagarajan, B., et al., 2006. "The Great Tsunami of 26 December 2004: A Description Based on Tide-Gauge Data from the Indian Subcontinent and Surrounding Areas," Earth,

Planets and Space, vol. 58, p. 211-215.
Merrifield et al., op. cit., 2005.

46. 36번 참조.

47. Blomfield, Adrian, 2004. "Evacuation from Beaches Cut Deaths by Hundreds in Kenya," Telegraph (UK), Dec. 29. "How Kenya, Seychelles . . . ," op. cit., 2005; Revkin, op. cit., 2004.

48. Blomfield, op. cit., 2004.
Majtenyl, Cathy, 2004. "Waves Kill at Least 10 off Tanzania Coast," VOA News, Nairobi, Dec. 28; Merrifield et al., op. cit., 2005.

49. Joseph, A., et al., 2006. "The 26 December 2004 Sumatra Tsunami Recorded on the Coast of West Africa," African Journal of Marine Science, vol. 28, p. 705-712.

50. Titov et al., op. cit., 2005; Dragani, W.C., E.E. D'Onofrio, W. Grismeyer, and M.E. Fiore, 2006. "Tide Gauge Observations of the Indian Ocean Tsunami, December 26, 2004, in Buenos Aires Coastal Waters, Argentina," Continental Shelf Research, vol. 26, pp, 1543-1550.
Candella, R.N., A.B. Rabinovich, R.E. Thomson, 2008. "The 2004 Sumatra Tsunami as Recorded on the Atlantic Coast of South America," Advances in Geoscience, vol. 14, p. 117-128.

51. Rabinovich, A.B., and R.E. Thomson, 2006. "The Sumatra Tsunami of 26 December 2004 as Observed in the North Pacific and North Atlantic Oceans," Surveys in Geophysics, vol. 27, p. 647-677.

52. Titov et al, op. cit., 2005; Rabinovich and Thomson, op. cit., 2006.

53. Williamson, Lucy, 2009. "Tsunami Museum Opens in Indonesia," BBC News, Feb. 23. "Indonesia Opens Tsunami Museum," Associated Press, Feb. 23, 2009.

54. Billon, Philippe Le, and A. Waizennegger, 2007. "Peace in the Wake of Disaster? Secessionist Conflicts and the 2004 Indian Ocean Tsunami," Transactions of the Institute of British Geographers, vol. 32, no. 3, p. 411-427.
Gaillard et al., op. cit., 2008b.

55. Silva, Kalinga, T., 2009. " 'Tsunami Third Wave' and the Politics of Disaster Management in Sri Lanka." Norwegian Journal of Geography, vol. 63, p. 61-72.
Hyndman, Jennifer, 2009. "Siting Conflict and Peace in Post-Tsunami Sri Lanka and Aceh, Indonesia." Norwegian Journal of Geography, vol. 63, p. 89-96.

56. Geist, E. L., S. L. Bilek, D. Arcas, and V. V. Titov, 2006. "Differences in Tsunami Generation between the December 26, 2004 and March 28, 2005 Sumatra Earthquakes," Earth, Planets and Space, vol. 58, p. 185-193.

57. Aglionby, John, 2006. "Official Failed to Pass on Tsunami Warning," Guardian (UK), July 18.
Ammon, C. J., H. Kanamori, T. Lay, and A. A. Velasco, 2006. "The 17 July 2006 Tsunami Earthquake," Geophysical Research Letters, vol. 33, L24308.

58. Borrero, J. C., R. Weiss, E. A. Okal, R. Hidayat, D. Suranto, D. Arcas, and V. V. Titov, 2009. "The Tsunami of 2007 September 12, Bengkulu Province, Sumatra, Indonesia: Post-tsunami

Field Survey and Numerical Modeling," Geophysical Journal International, vol. 178, no. 1, p. 180-194.
Normile, Dennis, 2007. "Tsunami Warning System Shows Agility. And Gaps in Indian Ocean Network," Science, vol. 317, Sept. 23, p. 1661.
59. "How the Indian Ocean Tsunami Warning System Works," Reuters, Oct. 28, 2009.
US IOTWS, US Indian Ocean Tsunami Warning System (IOTWS) Program Final Progress Report, August 1, 2005 to March 31, 2008. US Agency for International Development, US IOTWS Program Document no. 32-IOTWS-08, 61 pages.
60. NOAA, 2009. "Indian Ocean Tsunami Tests NOAA New Forecast System," Pacific Tsunami Warning Center media information, NWS, NOAA, August 2009, http://www.noaa.gov/features/03_protecting/tsunamiforecast.html.
61. About two hundred more seismographs have been installed since 2004. See: Yuan, X., R. Kind, and H.A. Pedersen, 2005. "Seismic Monitoring of the Indian Ocean Tsunami," Geophysical Research Letters, vol. 32, L15308.
62. Le Pichon, A., et al., 2005. "Infrasound Associated with 2004.2005 Large Sumatra Earthquakes and Tsunami," Geophysical Research Letters, vol. 32, L19802.
63. Occhipinti, G., P. Lognonne, E. A. Kherani, and H. Hebert, 2006. "Three- Dimensional Waveform Modeling of Ionospheric Signature Induced by 2004 Sumatra Tsunami," Geophysical Research Letters, vol. 33, L20104.
64. Okal, E. A., J. Talandier, and D. Reymond, 2007. "Quantification of Hydrophone Records of the 2004 Sumatra Tsunami," Pure and Applied Geophysics, vol. 164, p. 309-323.
65. 10번 참조.
66. Tsunami Bulletin Number 001, May 9, 2010 at 0608Z, from the message archive at: www.prh.noaa.gov/ptwc.
67. Kanamori, H., and L. Rivera, 2008. "Source Inversion of W Phase: Speeding up Seismic Tsunami Warning," Geophysics Journal International, vol. 175, p. 222-238
Okal, E. A., 2008. "The Generation of T Waves by Earthquakes," Advances in Geophysics, vol. 49, p. 1-65
Chew, S.-H., and K. Kuenza, 2009. "Detecting Tsunamigenesis from Undersea Earthquake Signals," Journal of Asian Earth Sciences, vol. 36, p. 84-92
Weinstein, S. A., and R. R. Lundgren, 2008. "Finite Fault Modeling in a Tsunami Warning Center Context," Pure and Applied Geophysics, vol. 165, p. 451-474
Salzberg, D. H., 2008. "A Hydroacoustic Solution to the Local Tsunami Warning Problem." American Geophysical Union Fall Meeting 2008, abstract #OS43D-1325. The work referenced above by Kanamori and Rivera and by Salzberg is being tested at the Pacific Tsunami Warning Center.
68. Blewitt, G., W. C. Hammond, C. Kreemer, H.-P. Plag, S. Stein, and E. Okal, 2009. "GPS for R eal-Time E arthquake S ource D etermination a nd T sunami Warning S ystems," Journal of Geodesy, vol. 83, p. 335-343.
Song, Y. Tony, 2007. "Detecting Tsunami Genesis and Scales Directly from Coastal GPS

Stations," Geophysical Research Letters, vol. 34, L19602.

69. Arcas, Diego, and Vasily Titov, 2006. "Sumatra Tsunami: Lessons from Modeling," Surveys in Geophysics, vol. 27, p. 679-705.

Gisler, Galen R., 2008. "Tsunami Simulations," Annual Review of Fluid Mechanics, vol. 40, p. 71-90.

Synolakis, Costas E., and Eddie N. Bernard, 2006. "Tsunami Science Before and Beyond Boxing Day 2004," Philosophical Transactions of the Royal Society, A, vol. 364, p. 2231-2265.

70. Brune, Sascha, 2009. "Landslide Generated Tsunamis.Numerical Modeling and Real-time Prediction," PhD diss., Dept. of Mathematics and Natural Sciences, Univ. of Potsdam, 83 pages.

Prior, D.B., et al., 1989. "Storm Wave Reactivation of a Submarine Landslide," Nature, vol. 341, p. 47-50.

71. Niu, F., P. G. Silver, T. M. Daley, X. Cheng, and E. L. Majer, 2008. "Preseismic Velocity Changes Observed from Active Source Monitoring at the Parkfield SAFOD Drill Site," Nature, vol. 454, July 10, p. 204-208.

Cyranoski, David, 2007. "In the Zone," Nature, vol. 449, p. 278-280; Campin, S., Y. Gao, and S. Peacock, 2008. "Stress-Forecasting (Not Predicting) Earthquakes: A Paradigm Shift? Geology, vol. 36, no. 5, p. 427-430

Uyeda, S ., T. Nagao, and M. Kamogawa, 2009. "Short-Term E arthquake Prediction: Current Status of Seismo-electromagnetics," Tectonophysics, vol. 470, p. 205-213.

72. "Villagers Damage Tsunami Siren after Snafu. False Alarm Triggers Panic in Region Hardest Hit by 2004 Killer Waves," Associated Press, June 7, 2007.

73. Perry, Michael, 2009. "Samoa Tsunami Toll May Exceed 100, Hundreds Injured," Reuters, Sept. 30.

Synolakis, Costas, 2009. "Being Ready for the Big Wave," Wall Street Journal, Oct. 4.

U.S. Geological Survey, 2009. "Notes from the Field.American Samoa Run-up Heights (Measured October 5.6, 2009)," Oct. 23.

74. Peachey, Paul, 2010. "How a 12-Year Old Girl Saved Her Chilean Island from Catastrophe," Independent (UK), Mar. 4.

제 10장

1. Kiladis, G. N., and H. F. Diaz, 1986. "An Analysis of the 1877.78 ENSO Episode and Comparisons with 1982.83," Monthly Weather Review, vol. 114, p. 1035-1047.
2. Gootenberg, Paul, 1989. Between Silver and Guano, Princeton Univ. Press, Princeton, NJ, 234 pages.
3. Young, John Russell, 1879. Around the World with General Grant, republished in 2002, ed. Michael Fellman, Johns Hopkins Univ. Press, Baltimore, MD, 449 pages.
4. Davis, Mike, 2001. "Late Victorian Holocausts.El Nino Famines and the Making of the Third World," Vero, New York, 464 pages.

5. Jarvis, C. S., 1935. "Flood-Stage Records of the River Nile," Transactions, American Society of Civil Engineers, vol. 101, p. 1012-1071.
6. 이 자료는 미 전역 겨울철 평균 기온을 분석한 결과에 기인한 내용이다. 참고로 미국 동부 해안의 겨울철 기온은 평년보다 다소 높은 분포를 보이기도 했다.
7. 4번 참조.
8. Barnston, A. G., et al., 1999. "NCEP Forecasts of the El Nino of 19997.98 and Its U.S. Impacts," Bulletin of the American Meteorological Society, vol. 80, no. 9, p. 1829-1852.
9. Changnon, Stanley A., ed., 2000. El Nino, 1997.1998.The Climate Event of the Century. Oxford Univ. Press, 215 pages. The 1997.1998 El Nino caused $1.1 billion in losses versus the 1982.1983 El Nino's $2.2 billion.
10. Chen, D., and M. A. Cane, 2008. "El Nino Prediction and Predictability," Journal of Computational Physics, vol. 227, p. 3625-3640.
11. 실제 대기에서 일어나는 온실개스(water vapor, carbon dioxide, methane, and other gases)에 의한 온실효과는 지구를 항상 일정한 온도로 유지시켜 주는 중요한 현상이다. 만약 온실효과가 없다면 지구는 낮에는 기온이 급격히 상승하고 밤에는 큰폭으로 기온이 떨어지게 된다. 온실효과는 그 자체가 문제가 되는 것이 아니라, 일부 온실효과를 일으키는 기체들이 과다하게 대기중에 방출됨으로써 야기시키게 되는 이상고온에 따른 지구온난화 현상을 이야기 하는 것이다.
12. 지구 빙하시대의 종료와 전이 시점을 예측하는데 있어서 천체궤도를 이해하는 것은 필수적인 요소이다.
13. 식물성플랑크톤에 의해 발생한 기체중 구름형성에 영향을 미치는 것은 dimethyl sulfide 이다.
14. Walker, Gilbert, 1923. "Correlation in Seasonal Variations of Weather VIII: A Preliminary Study of World Weather," Memoirs of the Indian Meteorological Department, vol. 24, pt. 4, Calcutta, p. 75-131.
15. Bjerknes, Jacob, 1961. " 'El Nino' Study Based on Analysis of Ocean Surface Temperatures 1935. 57," Bulletin, Inter-American Tropical Tuna Commission, vol. 5, no. 3, p. 219-303.
16. Wyrtki, Klaus, 1973. "Teleconnections in the Equatorial Pacific Ocean," Science, vol. 180, no. 4081, p. 66-68.
17. 서태평양으로부터 동태평양으로 적도를 따라 따뜻한 바닷물이 천천히 이동하는 것은 파동운동의 형태로 나타난다.
18. Cushman, Gregory T., 2004. "Choosing between Centers of Action.Instrument Buoys, El Nino, and Scientific Internationalism in the Pacific, 1957-1982," in The Machine in Neptune's Garden, ed. H. M. Rozwadowski and D. K. van Keuren, p. 133-182.
19. 17번 참조.
20. 장기 기후변화를 이해할 때 대륙이동으로 인한 육지와 해양의 상대분포에 미치는 영향을 이해하는것이 요구된다.
21. Parker, Bruce B., 1991. "Sea Level as an Indicator of Climate and Global Change," Marine Technology Society Journal, vol. 25, no. 4, p. 13-24.
22. Bell, Robin E., 2008. "The Unquiet Ice," Scientific American, vol. 298, no. 2, p. 60-67.
23. Pfeffer, W. T., J. T. Harper, and S. O. Neet, 2008. "Kinematic Constraints on Glacier Contributions to 21st-Century Sea-Level Rise," Science, vol. 321, p. 1340-1343.

24. Velicogna, I., 2009. "Increasing Rates of Ice Mass Loss from the Greenland and Antarctic Ice Sheet Revealed by GRACE," Geophysical Research Letters, vol. 36, doi:10.1029/2009 GL040222.
25. Overpeck, J. T., B. L. Otto-Bliesner, G. H. Miller, D. R. Muhs, R. B. Alley, and J. T. Kiehl, 2006. "Paleoclimatic Evidence for Future Ice-Sheet Instability and Rapid Sea-Level Rise," Science, vol. 311, p. 1747-1750.
26. Barnett, T. P., J. C. Adam, and D. P. Lettenmaier, 2005. "Potential Impacts of a Warming Climate on Water Availability in Snow-Dominated Regions," Nature, vol. 438, p. 303-309.
27. Cooley, S. R., H. L. Kite-Powell, and S. C. Doney, 2009. "Ocean Acidification's Potential to Alter Global Marine Ecosystem Services," Oceanography, vol. 22, no. 4, p. 172-179.
28. Bullis, Kevin, 2010. "The Geoengineering Gambit," Technology Review, vol. 113, no. 1, p. 50-56.
29. Hergerl, Gabriele C., and Susan Solomon, 2009. "Risks of Climate Engineering," Science, vol. 325, no. 5943, p. 955-956.
30. Ross, Andrew, and H. Damon Mathews, 2009. "Climate Engineering and the Risk of Rapid Climate Change," Environmental Research Letters, vol. 4, p. 1-6, 045105. doi:10.1088 /1748.9326/4/4/045105.
31. 지구공학적인 기술로 온난화를 경감시키는 기술이 미칠 수 있는 위험에 대해서는 스티븐 레빗과 스테판 더너의 책에서는 언급되어있지 못하다.
32. Solomon, S., et al., 2007. Fourth Assessment Report of the Intergovernmental Panel on Climate Change (IPCC), Cambridge Univ. Press, Cambridge, UK.
33. In 1990 the Intergovernmental Oceanographic Commission (IOC) of UNESCO (United Nations Educational, Scientific and Cultural Organization) passed a resolution to establish GOOS. A year later IOC was joined by the World Meteorological Organization (WMO), United Nations Environment Programme (UNEP), and the International Council for Science (ICSU) in setting up a GOOS support office and writing a development plan, which was implemented by the member nations of these four intergovernmental agencies.
34. Gould, W. John, 2003. "WOCE and TOGA.The Foundations of the Global Ocean Observing System," Oceanography, vol. 16, no. 4, p. 24-30. 35. Carson, Rachel L., 1951. The Sea Around Us. Oxford Univ. Press, New York, 230 pages, p. 216.

저자 소개

부르스 파커Bruce Parker는 어린 시절에 아버지와 스쿠버 다이빙을 하고 수상스키를 배우면서 바다를 경험하기 시작했다. 수 십 년 동안 그는 바다를 조사하고 연구하면서 많은 사람들을 만났고 결국 이 책에서 다루고 있는 해양학 분야의 세계적인 권위자가 되었다. 그는 브라운 대학에서 생물학과 물리학을 공부했으며, 메사추세스공대MIT에서 해양물리학 석사학위를 취득한 후 존스 홉킨스 대학에서 해양물리학 박사학위를 취득했다. 파커 박사는 미국 해양대기청NOAA에서 연안조사개발연구실Coast Survey Development Laboratory의 책임자로 일하였고 국가해양국National Ocean Service 수석과학자를 역임한 뒤 2004년 10월 해양대기청에서 퇴직하였다. 현재는 뉴저지에 있는 스티븐슨 기술연구소Stevens Institute of Technology의 해양센터에 연구교수로 재직 중이다. 그는 미국 상무부의 금메달과 은메달, 해양대기청의 동메달과 국제수로기구의 쿠퍼 제독 메달을 수상한 바 있다. 그는 또한 국제 해양학 자료 센터장, 지구 해수면 프로그램 수석조사원으로 일한 바 있으며, 미국 국가 조석 및 조류 프로그램을 운영하기도 했다. 파커 박사는 백 여편의 논문과 몇 권의 책을 저술했다.

찾아보기

ㅅ

ㅇ

ㅈ

역자약력

오현택	연세대학교 생물학과(학사) 및 대기과학과(석사)를 졸업 후 부경대에서 공학박사를 취득했고, 해양기술사 및 국제기술사 자격을 갖고 있다. 국립수산과학원에서 해양환경분야를 연구하다 취업휴직후 미국 조지아대학 해양학과에서 연구중에 있다.
이웅열	단국대학교 영어영문과 (문학사)와 부산대학교 국제전문대학원 (국제학석사)을 졸업하였고 한국해양연구원에서 국제협력경험을 쌓은 후 UNEP에서 근무하다가 현재는 한국해양연구원 국제기구팀장으로 재직중이다.
신재영	서울대학교 국사학과를 졸업하고 해군에서 복무했으며, 행정고시 합격 후 정부에서는 해양환경 및 해양정책 관련 업무를 담당했다. 현재는 국토해양부 소속 공무원이며, 미국 해양대기청에서 직무훈련 중에 있다.

역사를 뒤바꾼 바다의 힘

지은이와 협의 인지 생략

인　　쇄 : 2012년 07월 15일
발　　행 : 2012년 07월 25일
역　　자 : 오현택 · 이웅열 · 신재영
발 행 처 : 도서출판 아진
135-010
서울시 강남구 논현동 148-19 한미빌딩 201호
TEL:02-737-0663 FAX:02-737-0664
Homepage:ajin.to
E-mail:kgb@ajin.to
발 행 인 : 김　근　배
등록번호 : 제300-1995-56호
ISBN : 978-89-5761-330-6 93400

가격 20,000원